U0265178

南开大学化学学科创建 100 周年系列丛书

南开化学百年耕耘

南开大学化学学院　编

南开大学出版社

天津

图书在版编目(CIP)数据

南开化学百年耕耘 / 南开大学化学学院编. —天津：
南开大学出版社，2021.10
（南开大学化学学科创建 100 周年系列丛书）
ISBN 978-7-310-06137-2

Ⅰ.①南… Ⅱ.①南… Ⅲ.①南开大学－化学－学科
建设－研究 Ⅳ.①O6

中国版本图书馆 CIP 数据核字(2021)第 186544 号

南开化学百年耕耘
NANKAI HUAXUE BAINIAN GENGYUN

___

南开大学出版社出版发行
出版人：陈　敬
地址：天津市南开区卫津路 94 号　　邮政编码：300071
营销部电话：(022)23508339　营销部传真：(022)23508542
https://nkup.nankai.edu.cn

___

天津泰宇印务有限公司印刷　全国各地新华书店经销
2021 年 10 月第 1 版　　2021 年 10 月第 1 次印刷
240×170 毫米　16 开本　30.75 印张　2 插页　504 千字
定价：168.00 元

___

如遇图书印装质量问题,请与本社营销部联系调换,电话:(022)23508339

总　序

　　2021 年，是南开大学化学学科创建 100 周年的重要时间节点。自 1921 年南开大学建立化学系始，南开化学秉承"允公允能，日新月异"的校训，一步一个脚印行至今日。百年的风风雨雨，百年的沧桑巨变，记载着南开化学不平凡的发展历程。历经一百年的磨砺、坚韧、不懈、奋进，南开化学人始终心系祖国，脚踏实地，以严谨的科学理念和严格的学术精神，勤勉治学，育人不辍。

　　为纪念南开大学化学学科创建 100 周年，南开大学化学学院组织出版了"南开大学化学学科创建 100 周年系列丛书"。丛书包括《南开化学百年简史（1921—2021）》《南开化学百年耕耘》《南开化学百年树人》《南开化学百年贡献》四部作品，兹将各部作品的创作历程和主要内容简要介绍如下。

　　《南开化学百年简史（1921—2021）》　南开大学化学学科对国家经济建设和科技发展作出了重要贡献，是在海内外具有较大影响的高校化学学科。该书较为全面地还原和记录了南开大学化学学科创建以来机构、人员、教学、科研等方面的发展历程以及各种重要事件，展现了几代南开化学人的艰苦努力和忘我付出；在以往掌握的资料的基础上，通过查阅大量原始档案和文件，访问许多老教师以及邱宗岳、杨石先等学科开创者的亲属，并利用现代网络技术和数字化资源等，获得了很多新的线索和资料。该书分为"百年历程"（以文字记叙方式展示，着重记述重要人物、历史事件等）、"百年图史"（以照片和图表形式展示，包括不少具有重要历史意义的照片）、"百年纪事"（以纪年方式展示，力求详细记录学科发展史上的重要事件）三个部分，各部分内容平行但有侧重地呈现了南开大学化学学科的百年历史。

　　《南开化学百年耕耘》　在南开大学化学学科创建和发展的进程中，有一些伟岸的身影令人难以忘怀——邱宗岳、杨石先、张克忠、朱剑寒、高

百年耕耘

南开化学

振衡、何炳林、陈茹玉、陈荣悌、申泮文、王积涛、陈天池……他们将自己的人生融入了国家命运与时代变迁，融入了南开大学化学学科的发展，并因而不朽，因而伟大，因而纯粹；虽时光流转、岁月更迭，但仍令后人念之弥深，思之弥切，仰之弥高，历久而弥新。该书记录了自 1921 年以来在科研、教学、管理服务等方面作出突出贡献的南开化学人，共涉及 108 位教师，包括两院院士、讲席教授、杰出教授、长江学者、国家杰出青年科学基金获得者、学术带头人、国家级教学名师、天津市教学名师、长期从事"大班课"授课的教师、化学奥赛国家级教练，以及校级、院级与各系所主要负责人等。这 108 位教师是南开大学化学学科百年发展历程中不同阶段的代表人物，尽管工作岗位不同、经历不同，但他们都以各自的成绩与贡献诠释了对南开化学的无限热爱和对科教事业的无悔付出。

《南开化学百年树人》 百年之中，几代师长呕心沥血，无怨无悔，以渊博的学识、无私的奉献和严于律己、甘为人梯的高尚情操，潜移默化地影响着一代代后来者。百年间，南开化学的历届莘莘学子秉承"允公允能，日新月异"的校训，为着国家强盛、民族复兴的目标，严谨笃学，孜孜以求；成千上万的化学精英，从南开走上人生旅途，成为振兴祖国的砥柱中流。该书分为三部分：第一部分"峥嵘岁月"，收录了新中国成立前 9 位毕业生的文章，他们中有南开大学化学学科的首位毕业生赵克捷，有知名化学化工专家张燕刚，有"一二·九"运动领袖王绶昌，有民主党派的领导人江子砺……第二部分"院士风采"，收录了刘新垣等 9 位被评为院士的南开化学学子的辉煌事迹；第三部分"学子征文"，收录了 60 余篇各个时代学生代表的回忆文章，里面有对南开母校沧桑历史的回顾，也有对在南开大学化学学科沐受精心沾溉与良好教泽的感恩，特别是其中对师生情谊的描述令人感慨、动容。

《南开化学百年贡献》 自 1921 年邱宗岳先生创建南开大学化学系以来，南开化学一直秉承"知中国、服务中国"的理念，为国家培养了大量优秀人才，并致力于面向国家重大战略需求开展科学研究工作。学科创建伊始，南开化学即竭力为中国化工产业的兴起贡献自身力量——应用化学研究所与天津利中制酸厂、永利碱厂的密切合作，打破了日本在华北地区对酸碱工业的垄断；1949 年以来，南开化学更是开创了新中国的农药和高分子树脂工业，生产出全国首个"马拉硫磷"杀虫剂和用于铀元素富集的"离子交换树脂"，为我国的粮食安全、核工业发展等作出巨大贡献。该书梳理了南开大学化学学科发展历程中的重要科研教学贡献，图文并茂地展示学科风采，闪耀出南开化学在中国化学科教事业历史长河中独有的璀璨光芒。书中共收录教学科研成果百余项，覆盖所有南开大学作为第一完成单位的国家级奖项和省部级二等奖以上奖项，还涉及部分未获奖但对国家和社会具有突出贡献的成果。通过与成果相关完成人沟通，对成果进行整理合并，最终形成稿件 67 篇，未成稿成果全名单亦附于书后。

一百年来，南开大学化学学科紧随中华民族复兴的步伐，从近代以来的孱弱一步步走向当代的强盛，其间虽历经坎坷艰难，但始终初心不改，忠实履行着科研报国、教育兴国、实业救国的使命和担当。

百年沧桑，弦歌不辍，万千桃李，薪火相传。流金岁月，拾阶而上，俯仰天地，不胜感怀：我们何其有幸，躬逢其盛！忆往昔悲欣交集，看今朝扬眉吐气，展未来信心倍增，我们欣然领受历史的责任和担当，决意在新的征程中再创南开化学的辉煌。

南开大学化学学院

2021 年 9 月

百年耕耘

南开化学

目　录

百年耕耘

南开化学

邱宗岳

1890—1975

　　浙江省诸暨县人，化学教育家。南开大学化学系的创始人，理学院的奠基人之一。他将南开大学化学系办出了特色，注重学生的基础理论教育和实验训练，为国家培育出了大批科技人才。曾任民主促进会天津市委员会委员，天津市政治协商会议第一、二、三届委员，第三届全国人民代表大会代表，等等。

　　1915 年获美国加利福尼亚大学学士学位。1920 年获美国克拉克大学化学科学硕士和哲学博士学位。1921 年 8 月—1928 年 6 月任南开大学教授兼化学系主任、理学院院长和大学部主任。1928 年 9 月—1929 年 6 月任厦门大学教授兼化学系主任。1929 年 8 月—1938 年 8 月任南开大学教授兼化学系主任、理学院院长。1938 年 9 月—1946 年 6 月任西南联合大学教授。1946 年 9 月—1975 年 6 月任南开大学教授、化学系主任。其中1946—1952 年兼任理学院院长。1975 年 7 月 8 日病逝于上海。

百年耕耘

南开化学

邱宗岳 1890 年 6 月 5 日出生于浙江省诸暨县邱村的一个书香门第。他自幼好学，5 岁进私塾，读四书五经。1905 年应秀才考试，名列县榜榜首，崭露头角。当时清政府腐败无能，帝国主义列强纷纷染指亚洲大陆，举国上下力主维新图强。16 岁时，他毅然抛弃旧学，到杭州府学堂（该校后改名宗文中学、杭州第一中学）求新学，开始接受新思想、新知识。受"科学救国""教育救国"和"实业救国"思想的影响，他勤奋读书，1910 年以优异的成绩考取刚刚成立的清华留美预备学堂（清华大学的前身）。1911 年 4 月入学，7 月即远渡重洋，被首批选送去美国留学，成为清末最早出国学习理工科的留学生之一。

　　邱宗岳在美国学习近 10 年，鲜出校门，先后就读过几所著名的大学。1911 年 8 月—1915 年 6 月在西部的加利福尼亚大学学习，获得学士学位。1915 年 7 月—1916 年 9 月又到中部的芝加哥大学、东部的麻省理工学院和哥伦比亚大学读书，1916 年 10 月—1920 年 6 月在克拉克大学学习，获化学科学硕士和哲学博士学位。

　　邱宗岳在克拉克大学读书时，学习成绩优秀（专长物理化学），为当时的理论化学权威、著名化学家路易斯（G.N.Lewis）所器重。他曾在那里从事过热力学与相律学的研究，并在美国发表过论文。他通晓英文、德文、法文，后来又学习了俄文。

　　在美国学成之后，邱宗岳于 1920 年秋回国。在河南开封留美预备班任教一年后，受张伯苓校长教育救国精神的感召，1921 年他来到创建不久、待遇不高、困难重重的私立南开大学任教，并创建了化学系，任系主任。这是继北京大学之后，我国建立的第二个化学系。1929 年邱宗岳又与姜立夫、饶毓泰二位教授组建了南开大学理学院，并兼任理学院院长，成为奠基人之一。早在抗日战争爆发之前，该理学院就已经培育出一大批国内外知名的专家、学者，如数学家刘晋年、江泽涵、陈省身，植物学家殷宏章，物理学家吴大猷，化学家仉铁僪等。

　　南开大学化学系初创时期困难重重，没有实验室，不得不借用南开中学的化学实验室。因当时南开大学是私立学校，经费需靠向官绅募捐来维持，用邱宗岳的话来说："当时所谓办教育，实际上可以说是惨淡经营。"学校的经费紧张得连最简单的玻璃器皿都很难购置。邱宗岳总是把一个钱当作两个钱来用，购买软木塞都亲自去一个一个地挑选。对工作事必躬亲，兢兢业业。后来他曾笑谈："我没有经济不清的问题，化学系是我的，我的也是化学系的。"在这种困难的情况下，邱宗岳勇于开拓，首先开设定性分析、高等无机化学及实验课，后来又相继开设热力学、定量分析、相论、理论化学、普通化学等课程。他教学认真，条理清楚，立论严谨。他把西方近代化学的最新成就带到课堂上，深入浅出地传授给学生。有一次，美国罗氏基金团到南开大学参观，听他讲课，惊赞不已。他讲课的特点是语言简练，不求多，但求精，有重点。方法是重说理，循序渐进，听过他讲课的学生曾有这样的比喻：邱先生能把复杂的概念讲得像清水一样清晰透彻。他以严格认真著称，这是他教学上的另一特点。尽管他讲授一些课程已经有几十年的经验，但每次讲授时，总像对待一门新开的课那样认真准备，学生的习题和小考试卷助教改过之后，他还要亲自再看一遍，大考试卷总是他亲自批改。他经常告诫青年教师："要想检查自己的教学效果，除了要看自己已经讲了多少、讲清楚了多少以外，更主要的是要看同学们吸收掌握了多少。"他曾说过："我即使培养不出来高水平的研究生，也要培养出更多的合格的本科生。"南开大学物理化学教研室的中年教师基本上都是他培育起来的。

邱宗岳以满腔热情和艰苦创业的精神，为南开大学化学系的工作奠定了基础。1922年11月，部分仪器从美国运到学校。当时没有实验管理员，就请理科学生担任。1923年杨石先教授来校，同时第一届唯一的一名学生毕业，留校任助教，负责管理化学实验室。至此，化学系初具规模，共有教授3人，助教1人，实验室1个。从1927年到1937年，化学系的学生一直没有超过30名。实验室包括当时预科学生的化学实验室在内也只有4间房子，条件一直是较差的，但他始终精心安排，努力开创，从一点一滴做起，使化学系逐步发展壮大起来。

七七事变后，南开大学被日寇炸毁，邱宗岳留守天津，负责看管从学校抢运出来的部分仪器和图书，直到1938年全家才迁到昆明，开始在西南联合大学任教。由于日本帝国主义的入侵和国民党反动派的腐败，物价飞涨、民不聊生。当时邱宗岳虽为著名教授，生活却困难到连房租都交不上，他时常因胃溃疡吐血，为了生计还要四处奔波。有时需要变卖衣物或搞些副业来维持生计。但即使他生活潦倒，仍坚决顶住了国民党高官厚禄的利诱，始终坚守在教学岗位上。

残酷的现实使他对"科学救国"和"教育救国"的信念，由信仰到怀疑，最后感到此路不通。使他最痛心的是苦心创办的化学系正日益失去生机，看不见前途，失去了希望。

　　1945年抗战胜利前夕，西南联合大学的清华大学、北京大学和南开大学三校都在做复校的准备。邱宗岳与杨石先商议如何把南开大学化学系办出特色，他们决定化学系的发展方向是先以有机化学为重点，然后逐渐全面地发展起来。于是杨石先到美国去考察和访问，为南开化学系邀请到了物理有机化学家高振衡、金属有机化学家王积涛、有机化学家陈天池、高分子化学家何炳林和农药化学家陈茹玉等教授前来执教，使该系有机化学的师资力量雄厚，并且以注重学生的基础理论教育和实验训练而闻名于全国，成为我国的主要化学教育基地之一，为国家培养出大批科技人才。

　　邱宗岳虽然是以化学为专业，但在建筑方面亦有特长。南开大学于1923年建成的"思源堂"就是由他主持设计和督建的。这座三层高的大楼半层卧在地下，经济、实用、宏伟。近百年来这座大楼虽然经过日本侵略军炮火的洗礼和唐山大地震的震撼，至今仍然屹立在南开校园之中，成为日本侵略军轰炸后经过修复而仅存的一座建筑物。

　　1946—1952年，邱宗岳任南开大学化学系主任、理学院院长。他把几十年积累下的丰富教学经验，都传授给了几代化学系教师，在教学上给予他们很大的帮助。有人开玩笑地说，邱老的学生在化学系里已经有七八代了。分析一下，全系一百五十名教师当中，从副系主任、教研室主任、著名的教授直至青年教师，百分之九十以上都是他教过的学生。每到傍晚，邱宗岳的家里经常是宾客盈门，有的是来探讨学术上或教学上的问题，有的是教师的著作请邱老进行最后的审阅。20世纪50年代后期，党和国家为了照顾他的身体，不再给他分配繁重的教学工作，他就把自己的精力集中到培养青年师资上了。

　　物理化学教研室的青年教师到邱宗岳家里请教有关教学和科学研究方面的问题，已经逐渐形成了制度。这个教研室青年教师的一些课程，都是在邱宗岳耐心的指导下开设的。从编写课程讲稿开始，他就指导大家搜集资料，然后帮助大家弄懂不清楚的问题，等青年教师们编写出了讲稿以后，他还给做最后的修改。邱宗岳在修改讲稿时，就像完成一部著作那样认真，不仅逐句逐字地改，而且连标点符号、外文字母的大写或小写都从不放过。他这种严肃认真的治学态度，给青年教师们很大的教育和鼓舞。

　　在教学中，他对学生很严格，非常关心学生的学习和生活，师生关系融洽。这种关系充分体现了后来为人称道的南开优良校风。他器重人才，

鼓励先进，奖掖后进，诲人不倦，以极大的热情指导学生求知的门径。现在有些耄耋学者和知名教授都出自他的门下，他是南开大学最早的三位一级教授之一。

为了学习苏联的先进科学，1952 年夏天，63 岁的邱宗岳冒着酷暑开始学习俄文，并且主动要求参加俄文学习班的考试。为了克服年纪大、记忆力衰退等弱点，他把成串的俄文生字按它们的第一个字母的顺序逐个排列下来，编成生词表，每天都要读上几遍。就这样坚持不懈地努力学习，终于取得全系最好的成绩。1960 年他在指导青年教师进行科学研究的时候，遇到了有关统计学的问题，为了更好地钻研这门学问，他和年轻人一道去听"统计力学"讲座。他这种干到老、学到老的治学态度，更加赢得南开师生的尊敬。

20 世纪 50 年代初，邱宗岳既要承担繁重的教学任务，又要主持化学系的行政工作，将全部的精力奉献给南开的教育事业。

邱宗岳在生活上严格要求自己，衣食住行都注意勤俭节约。为支援农业生产，他曾将积存的 1 万多元存款捐献给他的家乡。他从美国留学回来后，就把他 14 岁时在家乡通过封建婚姻成婚的妻子马昭娥接了出来。夫妇两人白头偕老。这些美德都十分令人崇敬，堪为师表。

1961 年 10 月 29 日，南开大学为化学系邱宗岳主任举行了执教 40 周年纪念会。出席这个纪念会的除学校党政领导同志、化学系师生和其他系教师代表外，还有邱宗岳的老朋友、老同事和老学生。在会上，杨石先校长详细介绍了邱宗岳在校辛勤执教 40 年的光辉业绩，希望大家学习他丰富的教学经验，学习他一贯重视培养师资、热情关怀和帮助青年教师成长的作风，学习他学而不厌以及 40 年始终如一日的勤俭办学的精神。

许多专家学者，对邱宗岳执教 40 年表示祝贺。我国著名诗人李霁野教授在《敬贺邱先生执教四十年》诗中说：

（一）

执教南开四十年，喜看桃李满瀛寰。
不孤党国尊贤意，科学高峰健步攀。

（二）

温文谦让待侪朋，化雨春风育后生。

一事尤堪称楷范，方针政策定遵行。

邱宗岳先生一生作风朴实、平易近人、不图虚名、不尚空谈。1952 年加入民主促进会，曾任该会天津市委员会委员，并曾当选为天津市政治协商会议第一、二、三届委员及第三届全国人民代表大会代表，为发展祖国的化学教育事业奋斗了一生。1975 年 7 月 8 日病逝于上海，享年 87 岁。

资料来源：《南开人物志》，原文有改动

文章作者：杨光伟

杨石先

1897—1985

　　出生于浙江杭州，原籍安徽怀宁，化学家、教育家，中国科学院院士，南开大学教授、博士生导师、原校长。1918 年杨石先毕业于清华学堂。1922 年获美国康奈尔大学硕士学位。1923 年任南开大学教授，后兼任理学院院长。1929 年再度去美国在耶鲁大学研究院任研究员。1931 年获耶鲁大学博士学位并被选为美国科学研究工作者学会会员，同年回国，继续执教于南开大学。1948 年任南开大学教务长并代理校长。1955 年当选为中国科学院学部委员。1957 年任南开大学校长。1962 年任南开大学元素有机化学研究所第一任所长，兼任中国科学院化学研究所学术委员会委员。1985 年 2 月 19 日逝世于天津。

杨石先是我国化学界的泰斗，农药化学、元素有机化学的开拓者、奠基人；也是我国教育界的一代宗师，其教泽广布、桃李满天下，为国家培育了几代栋梁之材，其中遴选为中国科学院院士者十余人。

　　杨石先 1923 年自美国留学归来即入南开大学教席。他在南开早期，任化学系教授，后兼理学院院长；西南联大时期，任理学院及师范学院化学系主任，后兼教务长；新中国成立后，历任南开大学校务委员会主席、副校长、校长、名誉校长，从教达 63 年之久，终生服务、奉献南开。在全国，杨石先或是新中国成立以来，任期最长且影响广泛而深远的一位大学校长。在南开大学，他和著名爱国教育家、南开创办人张伯苓一样，是与学校共生的永不分离的历史偶像，影响了一代代南开人。

　　杨石先经历了南开大学历史上最为跌宕起伏的阶段，并且在每个关键的历史节点上都发挥了重要的或不可替代的作用。

　　20 世纪二三十年代，成立不足两秩的南开大学即取得盛绩。原因之一是各系科都有堪称大师级的教授发挥着引领作用。在化学系，杨石先和系主任邱宗岳教授通力合作，欲将与国计民生联系较广的有机化学作为重点发展方向，并将实验教学作为加强学生科学训练的重要环节，争取经过若干年努力能与一些著名大学比肩。不负所望，在长期历史积淀过程中，他们终使有机化学成为世所公认的南开优势学科，使重视学生实验操作能力培养及基本科学训练成为南开几十年来的师承传统。

　　抗日战争时期，杨石先是南开惨遭日军野蛮轰炸的历史见证者，也是西南联大创造中国高等教育史辉煌的功勋人物之一。1937 年暑假期间，张伯苓校长相继赴庐山、南京开会。此际，杨石先和南开秘书长黄钰生看到日军士兵频频来校滋扰，预感形势危机，便组织师生向英租界转移学校贵重物资。7 月 29 日、30 日，当日军轰炸南开时，他们二人不顾个人安危，带领留校师生乘小船向黑龙潭（今水上公园）方向疏散。南开被炸两个月后，当时教育部决定北大、清华、南开在长沙合组临时大学，杨石先迅即先南下再辗转西行前往参与筹组工作。1938 年 1 月，学校奉旨继迁昆明，并改称国立西南联合大学。杨石先代表南开和北大秦瓒、清华王明之教授先行入滇勘察校址、安排迁校事宜。在联大，杨石先历任重要领导职务，并以极高公信力深孚众望。当时联大实行由三校校长组成的三常委领导体制，共商、综理学校一切重大事宜。由于张伯苓常驻重庆，便由杨石先和黄钰生共同代理南开在联大事务。联大以其卓著的办学业绩，蜚声海内外，为我国教育、科学、文化事业做出了巨大贡献。杨石先和黄钰生作为南开最权威的代表性人物，在其中发挥的重要作用是不可磨灭的。

新中国成立后，除去"文革"十年，杨石先全面主持学校行政工作长达 20 余年之久。他自觉接受党的领导，积极贯彻党的教育方针，为学校的重建、改造和发展、提高，倾注了大量心血。

这一时期，他把培养高质量人才作为学校的根本任务，指出"大学培养的学生，其质量决定着学校工作的成败"。20 世纪 60 年代初，为纠正一度忽视教学质量的倾向，他坚定支持制订《南开学则》，整顿教学秩序，规范教学管理，其积极影响一直延续至今。他积极倡导高校应承担教学和科学研究双重任务，并形成了后来高教界的共识，即大学应办成教学和科研两个中心。1962 年，他亲自创建了我国高校第一个化学研究机构——元素有机化学研究所。为此，他毅然放弃自己几十年来药物化学研究方向，转向农药化学和元素有机化学等新领域的研究工作，并取得了一系列重要成果，受到国家多次嘉奖。他后来提出的"发展学术，繁荣经济"的主张，正是他总结自己的科研实践，探索科研工作为国民经济建设服务所凝聚的思想。杨石先的影响是全国性的。他曾连续 4 届担任中国化学学会理事长，第二届全国科协副主席；多次以化学组组长身份参加我国教育和科学技术发展规划的编制工作，成为我国化学研究的卓越组织者。

"文革"前 17 年，南开大学无论在规模上，还是在教学质量、科研水平上都得到了空前的发展和提高，成为我国教育和科研体系中的重要骨干力量。

"文革"期间，杨石先受到了莫须有的诬蔑和攻击，但他坚持真理，蔑视强梁，表现了一个坚守道义使命的知识分子的高风亮节。1979 年，他被重新任命为南开大学校长。他的个人威望是当时最感欠缺的无形力量。在他的感召和影响下，全校师生员工团结在校党委周围，贯彻党的十一届三中全会精神，拨乱反正，医治"文革"创伤，及时地完成工作重心的转移，教学科研工作逐步走上正轨。杨石先复任校长后，他感到当时最严峻的问题是人才特别是高端人才的断层危机。为了弥补"文革"所造成的人才损失，他不遗余力地抓教师队伍建设。他不仅和学校领导层一起殚思竭虑地谋划各种举措，而且在诸如派遣教师出国进修、争取海外学人来校工作、恢复国际学术交流、召回流失各地的南开优秀教师等措施的落实上亲力亲为，不遗余力。这样一位年逾八旬的老人，仍不避繁难、全神贯注于工作，这种对事业的忠诚，对南开的责任担当，使人无不为之动容。

1980年，杨石先响应党中央号召，从党的长远利益出发，为使富力强的同志早日走上领导岗位，他率先提出辞去校长职务的请求，在全国高教界产生了极大影响。1981年，中央接受了他的请求，并任命他为南开大学名誉校长。

继张伯苓之后，杨石先成为南开大学历史的又一创造者。几十年来，他孜孜矻矻、锲而不舍，以其事业的成功和人格魅力，赢得了人们的普遍尊重和赞誉。杨石先的继任者、原校长滕维藻曾言："世人知中国者皆知南开，知南开者皆知有杨老。杨老是南开的化身。""南开的化身"是对杨石先终生不舍地践行南开"公能"校训所体现的人格精神的高度评价。

杨石先的人格精神内涵，既包括他对国家、对事业的强烈情怀和无比忠诚，同时还包括他的襟怀、操守、气度、涵养等皆为世范的个人品德修养。

杨石先在长期办学中，尊重教师、依靠教师，热爱学生、服务学生，以得天下英才而教之为己任。他一贯主张选派有经验教师讲授基础课或开设高水准课程。他常常深入教研室，调查研究，而后将听取的意见分类整理，作决策参考。他对学生充满挚爱感情，不顾工作繁忙，在办公室或家中接待来访的学生，还亲往学生社团巡视，了解学生的文体活动，鼓励学生德、智、体全面发展。

无论在南开或是西南联大，杨石先始终坚持亲自讲授基础课，直至做了学校行政领导。申泮文院士回忆说，杨先生认真对待每一堂课，先点明课程重点，再铺叙讲授，而后辅以演示实验。加之他严整的仪容、简练的语言、精准的讲课节奏，吸引着每个学生，有很好的课堂效果。唐敖庆院士评价杨先生的课"内容丰富，讲解清晰，富有启发性"。杨石先对学生关怀备至、爱护有加。联大时期，当一些学生面临经济窘境时，他或是给予资助，或是举荐兼职工作，甚至亲自由昆明赴重庆为家境贫困学生争取政府贷学金。另外，当一些准备出国留学的学生向他求教时，他细致入微地就如何选择学校、导师、课程，乃至国外的习俗、礼节等都给予详尽的指导。不仅在校内，对社会上与其并无渊源的青年，他也始终给予无私的关怀。尤其在他的晚年，几乎每天都会收到来自全国各地乃至海外的函件，有的请教问题、索要资料、寻求帮助，有的通报情况或致意问候。对其中一些重要函件他大都亲自回复，或点拨释疑，或伸以援手。学为人师，行为世范，杨石先为世人展现了一位教育家的完美形象。

杨石先襟怀豁达、中和持重，为人处世公正无私，自有一种有容乃大的平和之气。西南联大时期，三校有不同的办学风格，教师有不同的学术渊源。在化学系，北大、清华有许多个性耿介的大牌教授。杨石先能消弭门户之见，做好系主任殊非易事。"己欲达而达人"，杨石先大度处事，包容礼让，以其学术上的声望和品德上的修养而深孚众望。当时，为了纠正一些教授只教专业课的偏见，他带头开设普通化学、高等有机化学等基础课。当有些教师因路途较远不愿去工学院上课时，他以身作则，亲自去授课，见系主任率先示范，谁也不再推诿了。另外，在战时条件下，他还想尽一切办法改善实验条件，得到师生赞许。1981 年，时任北大化学系主任张青莲院士曾赋诗曰："一成三户，我系两雄，安定团结，赖公折冲"；"天开云端，百花竞美，化学各界，公执牛耳"。诗中称颂了杨石先执掌联大化学系及新中国成立之后的中国化学学会期间所发挥的历史性作用。

新中国成立后，大学领导体制几度变更，相继执行过党委领导下的"校务委员会负责制""以校长为首的校务委员会负责制"及"校长负责制"。在上述任何体制下，杨石先都是学校最高行政领导人，如何处理好党政关系是办好学校的关键，体制是靠人来作保证执行的。杨石先从不追求个人权力，他的影响力和感召力是超越权力之上的。不论执行何种领导体制，他都本着互相尊重、团结合作的精神，以办好南开大学为目标，从全局观念审视问题，按照领导关系和民主程序行使职权。当他的校长职责与科学家的职责发生冲突时，他举荐滕维藻、吴大任协助他共理校政。在杨石先任内，学校领导班子能形成一个比较和谐的整体，杨石先的党性修养和大局意识是关键性的影响因素。

杨石先对个人修为的严格自律，一直是其专注坚守的人生目标。他的学养与品德互为表里，他的内在精神与外在举止和谐依存。

走近杨石先的日常生活，从他的仪容、谈吐、行为举止、待人接物，可以感受到他的优雅气质。他衣着得体、严整，话语温和、语速不疾不缓，坐姿端正、步履从容，起居规律，涉交守时，生活简朴，没有不良嗜好，处处表现得严谨、低调、内敛不张扬。以守时为例，有的人视迟到为显示其地位的象征，杨石先则认为这是对人不尊的失礼行为。因此，不论开会、赴约，他都先人一步，从不迟到。他主持会议，意旨明确，要言不烦，准时开会，按时散会，从不开"马拉松"会议。在其他的工作生活细节上，他也表现得持节守礼。如接听电话，他总是平易礼貌地对着听筒说"杨石先在听电话"。公事也好，私事也罢，他随即在便笺上做扼要记载以待处理。他有早睡早起的生活习惯，师生们常见他排队买早点，大家恭敬地让他先买，他总是婉拒大家的礼让。无论做什么，他都遵守规则，尽量不给他人带来不便。所有这一切都是他内在修养的自然表露。

杨石先没有特权观念，工作、生活上都严格自制自律。作为一校之长，长达数十年之久，他始终不要求为自己配备公务专车，赴京开会有时坐硬座车厢，远程乘机出行坐的是经济舱。1980 年他因病体虚，繁重的工作使他大感疲惫。在校党委的强烈要求下，他几经推辞后才勉强答应赴云南做短期休养。当时航班很少，去云南须前一晚在京过夜，次晨搭机。当入驻首都机场宾馆后，他得知一夜宿费要 70 元，便喃喃抱怨"宾馆敲竹杠"，一边对陪同人员说："一榻可安，何必这么浪费！"返程时，只好选择在教育部招待所过夜。重返昆明故地，当地兄弟院校领导和联大老校友纷纷前来拜访、叙旧，也免不了安排宴请。杨石先不喜欢饭局应酬，除刘披云（云南省政协副主席、南开大学原党委副书记）在他抵达当日以一碗过桥米线和几碟小菜为他接风洗尘外，在昆明一月之久则无筵无席。杨石先公私分明，几近严苛的程度。他的私人函件，都是使用自己购买的信封、信笺，贴足邮票后交人寄发，从不搭"邮资总付"的便车。公器私用的事情与他毫无瓜葛。

在当时的历史条件下，杨石先一家的生活应该说是优裕的，但他并不富有。他没有房产，住房是学校统一分配的。他一家三代住在东村 43 号，一处略显简陋的清水红砖平房，与数十户普通教职工为邻。日久，房子已显老旧。尽管住房并不十分宽裕，他还先后接纳郑天挺、朱剑寒、钟浈苏 3 位教授在他家寄宿多年。他家中无显贵家私，没有文物收藏，银行储蓄不多，而且在他去世后其存款由子女们捐作奖学金。杨石先自制自律的道德操守和以俭素为美的人生境界，尤其显得其人格精神的高大。

杨石先的私人生活有着很高的格调。古典诗词是他心灵的栖息地。他尤其喜欢宋词，书桌上总是摆着一卷线装词集，外出开会也不忘带在身边。他没有午休习惯，闲暇时，或捧卷品读，或掩卷沉思，有时还执笔抄录。除徜徉经典之外，他还寄情园艺。园艺是他从幼年起就培养起来的另一种生活情致。他的园艺知识非常渊博，对植物学名、习性、种植方法、花期都了然于心。他房前种有几株刺柏，数竿翠竹和一簇簇玫瑰、月季。他的花圃不论春绿秋黄，此谢彼开，锦簇花团常常引来过往师生驻足观赏。有人在《再忆杨宅玫瑰》一诗中赞曰："顾盼神飞忘俗花""轻黄淡白玉无瑕"。这是借花卉素雅之美比拟杨石先冰清玉洁的高尚品德。

治家严、家风正。走近杨家会感受到一种从容、和谐的氛围，无论长幼都静悄悄地做着自己的事情。这种家风是在杨石先夫妇言传身教、潜移默化的涵养下形成的。他们要求子孙遵德守礼，生活有节、有序。杨石先尤其重视培养后代的自立意识。在他们求学、就业等人生重大问题上，他只提出指导性建议，如何选择自己的生活道路，完全靠他们各自的兴趣和努力，他从不以自己的职权和威望荫庇子孙。在他身后留给家人的不是物质遗产，而是自立自强、诚实本分做人的精神财富。

1985年杨石先因心脏病不幸辞世，享年88岁。数年后，他的骨灰撒在了几乎伴随他一生的马蹄湖内。斯人已逝，但他对国家、对信仰、对事业的忠诚，令人仰止的人格精神，将值得历史永远铭记。

资料来源：《南开大学报》，原文有改动

文章作者：王文俊

张克忠

1903—1954

　　化学工程学家，教育家。1922年考入南开大学化学系，1923年考取助学金赴美留学生，在麻省理工学院攻读化学专业，1928年获博士学位。1928年，张克忠回国到南开大学任教，积极筹办化工系和南开应用化学研究所。1942年任昆明化工厂厂长，在抗战极端困难条件下办起了硫酸（铅室法）、酒精、磷肥和吕布兰法制碱等车间，一直坚持到抗战结束。1947年回南开大学任工学院院长兼化工系主任，并重新组建了应用化学研究所。1951年任天津市工业试验所所长。他长期从事教育和科研事业，在南开大学创办了化学工程系和我国第一个高校应用化学研究所，提倡学用结合，培养了大批化工科技人才，并为化工企业解决了大量技术问题。他先后在重庆、昆明、青岛兴办化工企业，生产市场急需的化工产品，并锻炼了一批工程技术人才。张克忠对开创我国化学工程教育和振兴我国早期化学工业做出了杰出贡献。

张克忠，字子丹。1903 年 1 月 16 日生于天津。父亲早丧，他与母亲住在家境并不宽裕的外祖父家，母亲靠做些女红含辛茹苦地抚养儿子。张克忠不负母亲的希望，小学毕业后考入南开中学。酷爱人才的张伯苓校长非常器重这个聪明过人又非常勤奋的学生，特批准他免费就读，又由于他长于数学，破格特许张克忠当寒暑假数学补习班的教师，这样小小年纪的张克忠既是"南中"的学生又是"南中"的教师。张校长开通的政策终于使这个后来的化学英才没有因家贫而辍学。

　　张克忠中学毕业后，正处于草创阶段的南开大学尚不具备招收数理科学生的条件，张克忠只好就读于唐山交通大学。但很快南开大学设立数理科系，张克忠重新报考，成为南开大学最早的文理混合班学生，得以再续与南开的情缘。

　　同年，南洋兄弟烟草公司董事长简氏兄弟设立简氏奖学金，以资助国内大学生赴美深造。只有大学一年级的张克忠本无资格报考这项面向毕业生的考试，而一向爱才如命的张伯苓校长亲自跑到简氏基本招考机构力荐张克忠。有伯乐，焉能没有千里马。张克忠被破格允许参加考试，年龄最小、学历最浅的他竟脱颖而出，名列第一。1923 年，张克忠得到简氏资助赴美留学，并且进入了著名的麻省理工学院，攻读在美国也是一门新兴学科的化学工程学。从此，他的生命指针便指向了化工。

　　学院中被人们戏称为化工"鼻祖"的著名教授路易士（W.K.Lewis）非常惊讶于张克忠这样一个来自科学落后的国度的学生竟有着这样好的数理化功底和英文水平，亲任张克忠的导师。

　　百分之一的天赋，加上百分之九十九的勤奋，终于使张克忠在五年后戴上了博士的桂冠。1928 年，麻省理工学院在授予张克忠科学博士学位的同时，出版了他的博士学位论文《扩散原理》。此书立刻轰动了美国科学界，一向不被看重的中国人竟令美国科学界大长见识，"扩散原理"被定名为"张氏定理"。那年张克忠只有二十四岁。

　　路易士教授执意把自己最得意的学生张克忠留在麻省理工学院，先后三次为他安排职位。一面是工作生活条件都优越的美国，一面是科学上还是一片荒芜的贫困的祖国。出于一片赤子丹心，张克忠选择了后者，义无反顾地拒绝了导师的好意，返回祖国。

　　就在张克忠回国的前夕，他曾与麻省理工学院的同学即后来的化工学家张洪沅促膝长谈。他向张洪沅谈到在拥有广阔海陆资源的中国，发展化

百年耕耘

南开化学

015

学工业是一条可行的富国之路。张克忠还谈到他非常敬重张伯苓这位爱国的教育家，非常热爱南开，为了报答恩师的知遇之恩和母校的培养，他决定接受南开大学的聘请去任教，尽管当时南开由于要自募经费，资金有限，能给他的薪金与国内同等学校相差较大。张克忠甚至还说动了张洪沅学成归国后也来南开，因为那里大有"用武之地"。

张伯苓的理想是把南开办成国人公认的名牌大学，而当时，南开与清华、北大这些知名大学相比，无论是在教授阵容、设备条件还是在经济力量方面都相差甚远，怎样办出自己的特色呢？张校长根据当时中国的实际情况，认为教育本来就是要培养有用人才，研究也应切合国计民生，于是他决定抓住"应用"二字下功夫。

长于应用化学的张克忠的归来，无疑使张校长无比兴奋，难怪当时一些先生们开玩笑地对张克忠说："张校长从麻省理工学院得到了及时雨。"张克忠一向非常赞同麻省理工学院"理论与实际并重""教学与科研并举"的办学方针，这本身就与张校长的想法一拍即合。张克忠确实是张伯苓的"及时雨"，而张克忠回到南开也是如鱼得水，马上大干起来。

应用化学研究所与化工系相继建立起来，恰恰符合了"教学与科研并举的方针"。张克忠也身兼应化所所长和化工系系主任之职。

《南开大学应用化学研究所章程》上这样写道："本所目的，在研究我国工商业实际上之问题，利用南开大学之设备，辅助我国工商界改善其出口之质量，俾收学与社会合作之实效。"张克忠强调"科研与生产并举"，应化所进行的研究课题并非取自书本用之"象牙塔"，而是直接接受各工厂的委托搞技术攻关，解决实际问题。今天，我们常说"要把科学技术尽快转化为生产力"，当时应化所所采取的科研与生产直接对接的方式无疑是最快的转化方式。

草创时期的应化所十分简陋，设在当年教职工宿舍的锅炉房附近，只有几间低矮的小平房，屋里是式样各异的旧桌子和几条长板凳。随着科研与委托业务的发展，旧址实在不敷应用才搬到了当时南开的理科教学楼——思源堂中的一间大教室。人员也非常精简，全所人员最多时不过十五个，其中包括著名的化学家邱宗岳、杨石先和高长庚（字少白）教授，与张克忠"海外盟誓"的张洪沅回来后担任副所长兼研究部主任。虽然条件差，人员少，但大家都精神饱满，工作效率也很高。张克忠更是以身作则，每日不分八小时内外，也没有假日这类观念，把教学之外的全部精力都投入到应化所。

人们常说，应用化学研究所与何廉教授主办的经济研究所是张伯苓的两颗掌上明珠。事实上，应化所也确实为南开增辉不少。

从当年的应化所报告书中可见，在 1932—1936 年五年间，应化所共接受委托分析化验样品 323 个。其中，美国的《化学文摘》曾摘录了应化所研究人员对 Goutal 氏的煤发热值计算方程式的修正以及对锰矿石内含锰量的分析方法的改进两项研究工作的要点。为了抵制洋货，应化所还仿制了一些轻工业产品。同时，为了更好地解决生产难题，应化所还派人亲自送技术上门，可谓"传授到家"。

在应化所的委托工作中，有一件事值得特书一笔，那就是天津利中公司硫酸厂的设计和建筑。天津利中公司原本想让外商包建一座日产三吨的硫酸厂，外商开的价是设备费 25 万元加上负担一名工程师每天 15 美元和两名焊工每人每天 5 美元的工资，而当时利中公司所能筹集的资金总额不过 20 万元。在此种情况下，利中硫酸厂的发起人赵雁秋与吴印塘两位先生慕名找到了应化所，张克忠欣然同意，并和张洪沅、蒋子瞻二位挑起了这个重担。从 1933 年 6 月开始投入设计到 1934 年 5 月硫酸厂试车成功，利中公司只花费了 13 万元，硫酸厂就建成投产，各项包工指标都超过了外商。原来想捞些"油水"的外商除了叹息外，也只有叹服了。利中硫酸厂的建立无疑给天津制酸工业奠定了基础，也让中国化工科技人员大长了志气，应化所在 1934 年报告中记录了这件事并得出结论："中国问题可由国人自行解决"，"中国工程师未必不如外人也"。

大大小小的工厂一个接一个委托应化所解决生产中的问题，在 20 世纪 30 年代中期，张克忠的应化所可谓"买卖兴隆"了。应化所赚到一些资金，又用于扩充设备和支持进一步研究。"以所养所"，张克忠实践了自己的诺言，"以校养校"，手头拮据的张伯苓也会欣慰吧……

应化所与化工系本来就是相得益彰，化工系学生在这里找到了实践场所，而一些优秀的学生也成为这里的技术力量；后来的天津市半导体研究所所长伉铁儁在应化所成立时只有大学二年级，但也加入了所里的分析研究工作。

化工系虽办起来了，但作为新兴学科的化学工程学，在国内没有现成的教材。开始张克忠与张洪沅二人翻译国外教材，后来二人干脆与浙江大学的一些教授们开始自编教材，数易寒暑，中国化工学者自撰的化工教科书终于出版了。

此外，张克忠还会同各地同行对化工名词进行重新审定和编译，改变了中国化工名词都是"舶来品"的局面。

正在张克忠的一系一所欣欣向荣的时候，1937年走近了……

1937年7月29日深夜一点，蓄谋已久的日本侵略者炮轰天津城，而炮轰目标之一就是南开大学。张克忠苦心经营的应化所与化工系也遭轰炸。南开蒙难，他未在现场，而是在南京协助范旭东、侯德榜扩建硫酸铔厂。留守的高少白教授与伉铁儁冒着炮火抢救出了许多的设备，随后，他们携带着这些设备随南开迁往西南后方。

张克忠虽然与妻子、母亲、二儿子在重庆团圆，而大儿子张松寿却因兵荒马乱罹病不得治疗而夭折了。承受着丧子之悲的张克忠没有消沉，在重庆重建应化所和化工系。他终日忙碌奔波，不遗余力地与困难斗争，还创办了小规模的工厂——南开化工厂。

化工厂最初的情况是不错的。但是国难当头，科研困难可想而知。当时就连烧碱、硫酸一类最普通的化学药品也得从香港进口。仪器则多半只能购用本地仿造的，这些仪器欠灵敏，实验误差大得惊人。那时只能是有哪些药品，就做哪些研究，有什么设备，就开展什么工作。张克忠纵有雄心壮志，终究化为无声的叹息！化工厂关闭了，应化所也停止活动，张伯苓的掌上明珠就此失落了。

在此之前，同样是受时局的影响，张克忠协助范旭东、侯德榜进行的永利宁厂扩建工程也受阻。张克忠慨叹，永利沽厂（同为范旭东、侯德榜所开）生产碱，在东南亚仅次于日本。范旭东、侯德榜诸先生此次倾尽心血扩建永利宁厂（在南京）发展硫酸铔的生产。这样，有了酸碱一对翅膀，中国的化工可望展翅高飞了。但是谋事在人，成事在天。而天不遂人愿！

国难当头，张克忠原本想办好一系一所并在南开办一所中国的麻省理工学院的理想破灭了。而他并没有停下脚步，他感到大敌当前，身为七尺男儿，即使不能亲赴沙场抵抗外侮，也应追随爱国的实业家范旭东、侯德榜诸前辈为振兴民族工业、发展化学工业干一番事业。张克忠走出书斋，开始办工厂搞技术，可惜这条路一样不顺利。

作为天府之国的四川盆地，地下宝藏丰富，范旭东、侯德榜以及张克忠等人在四川的老龙坝、五通桥一带打盐井，并创办了永利川厂。在当时，技术落后的中国的制盐业仍是使用卤水经浓缩而后制成盐的笨办法。为了

百年耕耘
南开化学

018

改变这一局面,永利川厂想采用德国的专利"察安法",于是派侯德榜、张克忠等去德国。在柏林的谈判桌上,趾高气扬的洋人百般刁难,竟至提出用这一专利生产出的产品不准到"中国以外的东三省去卖",在他们的眼里,东三省已不是中国领土。侯德榜怒不可遏,当即正告德方:东三省是中国的领土,我们的产品当然要销售到东三省去!洽谈就此破裂。

张克忠认为,德国之行虽然没有买回察安专利,但是买回了比之更为宝贵的教训。一个民族不御外侮,根本无所谓富强。弱国无外交,弱国连与外国人进行平起平坐交易的权力也没有。中国人要富强首先要靠自己。

侯德榜可谓与张克忠心有戚戚焉,他向化工界同行呼吁:"黄头发蓝眼珠的人能够搞出来的东西,我们黑头发黑眼珠的人一定也要搞出来!"侯德榜卧薪尝胆,苦斗三年,共进行五百多次试验,创出了震惊中外化工界的"侯氏制碱法","打破了国外专利的垄断,化工界同仁无不为之振奋"。

这一时期,张克忠出任昆明化工厂厂长,在别人眼里这或许是大材小用,而他却心甘情愿,或许他觉得那里可以诞生中国化工业腾飞的"双翼"。事实上张克忠正是这样做的:他亲自设计改造旧有的设备,生产出了硫酸;在缺乏先进设备的情况下,经过一番努力,土洋结合,生产出了小批量的纯碱及食用碱。也许个人的命运、事业的成功总是与国运联系在一起的,日本侵略者很快加强对西南的封锁,昆明遭到轰炸,张克忠向往的发展又成为海市蜃楼。

抗战期间,张克忠屡次拼搏虽取得了不少成果,却屡次陷入无可奈何之境。好在他从未放弃过,几次三番从头做起,痴心不改地做着祖国化工事业的腾飞之梦,但不知好梦何时能圆?

1945年8月,抗战胜利了。欢天喜地的张克忠带着一批精良的技术骨干赴青岛接收敌伪化工厂。抗战结束了,该是重整河山的时候了。经过一段时间的努力,共有11个化工厂的产品投放市场,而当一切才有起色的时候,内战爆发了。1946年底,宋子文派人与张克忠谈判,想给张克忠一个经理之类的职位,实际目的是囊括这十几家化工厂。张克忠无力与宋子文"斗法",最终挥泪放弃了青岛的工厂。

本来笃信科学的人是不该讲缘分的,可说来也奇怪,张克忠自从进入南开中学,事业发展最辉煌的时刻都是在南开渡过的,他与南开有着解不开的情缘。

1947年,也就是南开复校不久,张克忠回来了,担任工学院院长兼化工系主任并重建应化所。此时张克忠教授开设"工业化学"课，并亲自利用业余时间编写该课程的教材，《无机工业化学》与《有机工业化学》两书相继出版。

张克忠是位严师。据当时张克忠的学生、现天津大学化工系副教授姚玉英回忆："张先生常常是还没讲课就考试，使大家非常紧张，上他的课之前必须预习，而考完试之后，他又会根据考试中反映出的问题进行有针对性的讲解，这样一来大家记忆非常深刻……他的考试非常难，有一次全班只有一个同学及格。同学们都怕他……一次我做实验时，用电炉加热，由于想去拿一些东西，只离开了片刻。正巧被张先生看到，他狠批了我一顿，因为按操作规程是不允许的。百分之一的疏漏都可能带来无法弥补的损失。大家虽怕他，却谁也不得不折服于他在学术上的严谨……张先生的家长作风很严重，在我毕业前夕，他根本就不与我仔细谈谈，征求一下我的意见，而只是对我说一句'你留校'，也就替我决定了我的命运。"话虽如此说，姚玉英如果不是出于对老师的一片敬畏之情，想离开学校也并非难事，张克忠的三个字决定了她的大半生。

其实，张克忠也是一位"慈师"。张克忠是在恩师张伯苓的帮助下才没有被贫困压服而得以完成学业的，张克忠对于贫困的学生也有着一份特殊感情。现南开大学化学系的申泮文教授以及天津大学化工系前主任张建侯教授等人都在不同时期接受过张克忠的帮助。

政治风云变幻，张克忠看清了国民党的本质。1947年下半年，老朋友杨公庶想拉他去台湾办化工厂经营。张克忠永远无法忘记青岛十几家工厂被宋子文吞并那段伤心的经历，他果断回答了杨公庶：为蒋介石、国民政府去殉葬，我是绝对不干的。并且劝杨公庶也不要去。张克忠由于情绪过于激动，在由上海回天津的途中，晕倒在飞机上，经急救才脱离了险情，但高血压却就此扎下了致命的病根。

很快，天津局势紧张起来，学校成立了"安全委员会"以做好护校工作，张克忠也是委员会的成员之一。张克忠与工学院师生齐心合力，在最后的黑暗中，保护了应化所、工学院各系，迎来了天津的黎明。

在20世纪50年代初的日子里，张克忠接受着新中国温暖阳光的照耀。南开的校友周恩来总理关心张克忠和发展化工的问题。他应邀参加了中国人民政治协商会议第一届会议，并应邀列席最高国务会议。在与会的第一天，张克忠感到自己尚未为新中国做出值得称道的贡献，不愿在指定的席位上入座，而是选了个不显眼的末席坐下来，想不到周总理很快发现了他，并且走过来，微笑着拉起他走到毛主席身边，介绍道："这是张克忠，子丹教授。"毛主席竟早就对他有所了解，见到他仿佛见到老朋友一样高兴。毛主席说：新中国要富强，就要发展科学，发展化学工业，你们任重道远啊！张克忠激动不已，感到那个二十几年来不断做着的祖国化工腾飞的梦已不再遥不可及。

1952 年，全国大专院校进行院系调整，南开大学工学院各系并入了天津大学。

20 世纪 50 年代初，全国掀起了知识分子思想改造运动。此时张克忠已无法全身心工作，他做了多次思想检查都被认为"认识不深刻"。在定成分时，他又被定为"资本家"，一向耿直的他一直拒不承认。这时他又病魔缠身，血压越来越高，竟致半身瘫痪达半年之久。

此时，他虽挂名为天津大学化工系主任，却因心情压抑不愿再去那里工作，而是常到于 1951 年成立的天津工业试验所做些研究工作。在工业试验所这段日子里，张克忠做出了很多成绩。其中他主持研制的一种橡胶促进剂代替了进口品，增补了一项空白，为新中国节省了外汇。政治上对他的冲击未改变他对祖国、对党的一片赤子丹心，也未改变他对事业的爱。

半身瘫痪半年之后，他得以挂杖行走，此时的他仿佛更感到生命的有限，迫不及待地去工作。他去世的前一天，还亲自去工厂检查工作，致使血压高压近三百，打针吃药后，休息了一晚上，第二天不顾家人劝阻一定要到试验所去解决一个大问题，就挂着拐杖离开了家，从此也就没有再回来。

在张克忠的追悼会上，两副挽联令人注目：

格物擅化成，利用厚生为工业建邦致力
斯人从此别，功重盛世惟山阴闻笛兴悲

——李烛尘（张克忠的前辈）

沽上制碱造铝，忆剪烛西窗共商发展新黄海
蜀中提桔取溴，决支援抗战图谋恢复旧神州

——陈调甫（张克忠的好友）

51 年的人生历程匆匆来去，作为科学家，张克忠并未谋求在人们心中立起一块刻有自己名字的碑，然而，他却为后辈学者铺平一条向上攀登的路。年轻一辈虽已淡忘他的名字，却仍站在他的肩膀上向更高更远眺望……

资料来源：《南开人物志》，原文有改动

文章作者：刘辰莹

朱剑寒

1906—1978

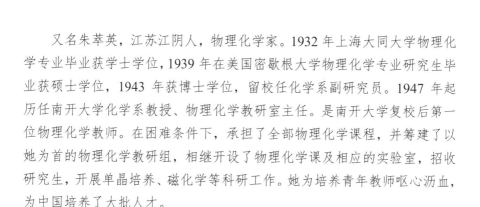

又名朱萃英，江苏江阴人，物理化学家。1932年上海大同大学物理化学专业毕业获学士学位，1939年在美国密歇根大学物理化学专业研究生毕业获硕士学位，1943年获博士学位，留校任化学系副研究员。1947年起历任南开大学化学系教授、物理化学教研室主任。是南开大学复校后第一位物理化学教师。在困难条件下，承担了全部物理化学课程，并筹建了以她为首的物理化学教研组，相继开设了物理化学课及相应的实验室，招收研究生，开展单晶培养、磁化学等科研工作。她为培养青年教师呕心沥血，为中国培养了大批人才。

朱剑寒 1906 年 7 月 9 日生于江苏江阴一个书香门第。祖父、父亲、叔父都以教书为业。家庭的影响与当时社会上高涨的男女平等呼声，使朱剑寒立志要成为一位"女学者"，投身于救国、强国的教育事业。江阴是一个抗拒清兵、誓死不屈的"忠义之邦"，她上初小的学校就设在纪念民族英雄的祠堂内，高小就读的县立女校则设在戚公祠内，在民族英雄业绩的感召下，童年时代的朱剑寒就有很强的民族自尊心，对国际列强对中国的瓜割欺凌感到痛心疾首。在她踏进中学的校门时，适值五四运动爆发，她积极参加罢课、示威游行等一系列活动。经过五四运动的熏陶，她心里深深地埋下仇恨帝国主义的种子。朱剑寒在中小学时代喜欢阅读豪侠小说，爱读古典文学作品及国外小说译作，尤其是历史题材的作品，培养了对文学和历史的兴趣，养成了心胸豁达、不屑琐事的个性。她每每以中西名人格言作为座右铭，一心想成为一个对国家、对民族有用的人。

　　青年时代的朱剑寒原来爱好文学，报考的是北京女子高等师范学院文预科。由于她天资聪颖，数理化的成绩也十分优秀，终被该校录取为理预科学生，但课余仍然阅读文学作品，并开始研读词曲，因而对文学艺术有很高的修养。后因学校闹风潮解散，转学到上海的大同大学理预科肄业。

　　1932 年，朱剑寒在大同大学毕业，留校任助教。1937 年春得到学校资助赴美留学。一年以后她取得美国密歇根大学研究院的巴柏奖学金，在物理化学家法杨斯（Fajans）指导下研读物理化学，1939 年春获硕士学位，1943 年冬获化学博士学位，并留密歇根大学化学系任副研究员。但朱剑寒是抱着科学救国的愿望去美国深造的，她痛恨美国的种族歧视政策，鄙视美国式的丛林法则与生存方式，于 1946 年末，毅然回到了祖国的怀抱。

　　1945 年 8 月 15 日，日本投降，抗战胜利结束。1946 年 5 月 4 日西南联合大学三校分别复校。南开大学迁回天津原址，并由私立改为国立。同年 10 月 17 日，在天津举行了复校开学典礼。复校初期，化学系的全体教职工在邱宗岳、杨石先的领导下，克服经费拮据、教学设施不足的困难，积极恢复化学系的工作，同时也把引进一流教师的工作放在重要的位置。1947 年，经姜立夫先生力荐，朱剑寒来到南开大学化学系任教授。从此，她以高度爱国热情，全身心地投入教育事业中，成为南开大学复校后第一位物理化学教师。

　　那时学校从昆明迁回天津不久，教学设备简陋，实验室只能利用从昆明带回的零碎仪器，师资力量也非常紧张。朱剑寒除主讲化学、化工两个系和外系的普通化学课外，还要亲自检查辅导课，负责学生习题的批改，亲自指导实验并承担了物理化学全部课程。1947—1951年是她进南开大学后最艰难的岁月，工作繁忙，条件简陋，她不辞辛苦地默默工作，开始有意识地培养教学新生力量，给日后物理化学教研室的建立打下基础。

1949年，朱剑寒与全国人民一样，以无比喜悦的心情迎来了新中国的诞生。她衷心拥护中国共产党，拥护人民政府。抗美援朝时期，她把多年积攒的存款大部分都捐献出来；在政治学习会上讨论美帝国主义的罪行时，她的发言时间最长，民族自尊信念与爱国热忱贯穿了她的一生。

朱剑寒的爱国热情更主要地是表现在她刻苦认真地对待工作上。新中国成立初期百废待兴，教学条件极度困难，朱剑寒尽管体质很弱，仍常年坚持超负荷工作。1953年建立物理化学教研组，朱剑寒任主任，她带领青年教师先后开出物理化学、结晶化学、胶体化学与物质结构等课程。实验室晶体模型当时在国内买不到，她就带领青年教师自己动手制作。随着我国教育事业的蓬勃发展，朱剑寒与同事们共同努力，相继开设了化学热力学、催化动力学、统计力学、电化学等课程与相应的实验室；建设了物理化学各分支的科研实验室,其中包括朱剑寒在国外接触过的磁化学实验室。1956年朱剑寒开始招收研究生，组织翻译磁化学教材，开展培养单晶与磁化学科研工作，但这些工作都因"文化大革命"而中止。

院系调整前，朱剑寒为机械系、电机系等系开设普通化学课程。她把物理化学的一些内容加到普通化学中。要给外系学生讲明白这部分内容很不容易，因而她不分工作日和节假日地进行针对性备课。凡有外系学生前来请教，朱剑寒总是耐心地根据不同系的特点，从不同角度给他们辅导，一直到学生弄懂为止。朱剑寒为培养青年教师更是呕心沥血。对每一位青年教师编写的课程讲稿，她都认真地修改，指出重点、难点，不但当面帮助分析，还要听他们试讲，然后提出改进建议。青年教师的外文书译稿、文献资料译稿，她都亲自修改，指出不妥之处，并说明修改的原因。在她手下工作过的、受过她教育的人无不称赞她是自己的恩师与严师，有的说"剑寒先生的教育改变了自己的人生道路"。

朱剑寒一直担任南开大学物理化学教研室主任，历任第三届全国人民代表大会代表，天津市第四届政协委员，中国化学会天津分会理事。

百年耕耘

南开化学

朱剑寒教授于 1978 年 6 月 10 日去世，享年 72 岁。在由原天津市市长胡昭衡同志主祭的追悼会上，党和人民对朱剑寒一生的业绩与品德给予了高度评价。

文章作者：陈友安

高振衡

1911—1989

　　浙江绍兴人，中共党员。1911 年出生于北京市。1930—1934 年，在清华大学化学系学习，1934—1940 年任清华大学、西南联合大学化学系助教。1940—1941 年任清华大学农业研究所助教。1942—1946 年赴美国哈佛大学留学，获博士学位。1946—1949 年任南开大学化学系教授。1949—1971 年任南开大学化学系系副主任。1972—1980 年任南开大学化学系主任。1978—1989 年当选为中国化学会第二十届、二十一届、二十二届理事会理事。1980 年当选为中国科学院学部委员。1989 年 11 月 14 日病逝于天津。

1911 年 6 月 11 日，高振衡出生于北京市的一个资产阶级家庭，祖父靠修建颐和园等工程发家，父亲依赖祖父遗留的房产生活，他从小生活在优裕的环境中。小时候，父亲对他要求十分严格，约束严谨，培养了他勤奋努力、刻苦学习的良好习惯。他自幼在家中读私塾，1923 年，他考入了北京崇德中学，开始接受现代教育。五卅惨案发生后，具有爱国主义思想的高振衡，参加了反对帝国主义的罢课运动，出于对帝国主义的憎恨，他离开了崇德中学这所外国人办的教会学校，转入北京志成中学，就读初中二、三年级。1927 年，他考入了北京师范大学附属中学读高中。1930 年，他以优异的成绩考入了清华大学化学系。在大学期间，他刻苦学习，汲取大量的知识，不断地丰富自己、增长学识，在毕业前夕参加了中国化学会，成为一名学生会员。毕业后，他留校任助教，开始了他的教学生涯。七七事变爆发后，日本帝国主义入侵华北，清华大学南迁。他积极参与南迁工作，经过艰难险阻，到达昆明，在清华大学、北京大学、南开大学三校合办的西南联大执教。抗日战争时期，高振衡目睹了国民党反动派的腐朽统治，亲身经历了物价飞涨、民不聊生的悲惨状况，看到我们贫弱的祖国惨遭日本侵略者的蹂躏，心中十分愤慨，对祖国的前途更是忧心忡忡，他决心寻求一条"教育救国""科学救国"的道路。1942 年，他远渡重洋，前往异国他乡——美国哈佛大学研究院留学深造。

在美国留学的日子里，优越的学习环境，使高振衡如鱼得水，他一头扎进了知识的海洋。他勤奋好学、刻苦钻研，他要充分利用这宝贵的时间，学习更多的西方先进文化知识和先进的科学技术，以报效祖国，为祖国的复兴做出自己的贡献。在强烈的爱国思想的驱动下，高振衡努力学习英文、德文、俄文和法文：英文娴熟；俄文和法文能译；德文能看专业书籍。深厚的外文功力，帮助他掌握了大量的国外先进科学技术，由于孜孜不倦地刻苦学习，1946 年他以优异成绩获得了哈佛大学的博士学位。当时正在美国考察教育的著名化学家杨石先教授热情地邀请他到南开大学任教，于是他放弃了美国的优厚生活待遇和良好工作环境，毅然决然地离开了诺贝尔奖获得者伍德沃特（R. B. Woodward）教授的研究室，回到了灾难深重的祖国，应邀来到了南开大学。高振衡的到来使刚从昆明回津复校不久的南开大学化学系增添了新鲜血液，壮大了师资力量。

当时，全国人民刚刚摆脱战争的阴云，都殷切地渴望国家得到治理，祖国能强盛，人民安居乐业。高振衡怀着报效祖国的满腔热忱，全身心地投入教学和科研中去，但是，事与愿违，国民党的政治腐败和经济危机，严重地影响了教育事业的发展。当时国民党拨给南开大学的经费，远远不能保障日常教学的需要，物价的飞涨严重地影响了教职员工的生活。高振衡"科学救国"的理想无法实现。他看清了国民党反动派的真面目，积极站在人民一边，以联名上书的形式，反抗国民党的反动统治。1946 年 12 月 11 日，南开大学的吴大任、邱宗岳和高振衡等，与北大、清华的部分教授联名上书蒋介石，书中力陈："……现在政府所给予同仁等之薪津，实远不足以维持一家数口之最低生活，因之昼夜焦虑，时刻为生活问题所苦恼，其影响教育与学术者，实在深远。"这些教授的联名上书，给当时的社会，造成了很大的影响。

高振衡积极支持进步青年学生的爱国革命运动，支持学生罢课。在天津解放前夕，他参加了"反饥饿、反内战、反迫害"的斗争和罢教运动，积极热情地迎接天津的解放。

新中国成立之后，高振衡焕发了青春。他深深感受到党对知识分子的关心和高度重视以及人民的爱戴，满怀激情地投入教学科研中去，为新中国的教育事业和科学技术的发展努力地工作，并承担了南开大学化学系教学、科研的组织领导工作。

在教学中，他讲授过有机化学、分析化学、有机化学结构理论、物理有机化学等课程，并编写出相应的教材。他素以严谨的教风著称，讲课条理清晰、循循善诱，深受学生的尊重和爱戴。他积极贯彻党的教育方针，组织和领导了多次教学改革实践，用自己的全部心血，努力为祖国培养人才。高振衡是我国早期在物理有机化学研究方面卓有成就的学者之一。早在 20 世纪 60 年代初期，他就把量子化学应用到研究有机化合物分子结构和性能的关系上，先后进行过有机汞化合物、锑化合物结构与性能关系的研究，在分子中化学键的性质和电子结构方面提出了新观点，即汞原子可与相邻的共轭体系形成包括汞的空 p 轨道参与形成的大 π 键，利用量子化学处理，从分子微观结构上揭示了涅斯米扬诺夫（原苏联科学院院长）等人提出的"双重反应性能"和"$\delta 1 \delta$ 共轭"概念的实质，并提出了顺式氯乙烯基氯化汞的结构中存在一个新类型的化学键——四电子三中心键，阐明了烷基氯化汞与炔烃的加成反应的规律。他与合作者共同用量子化学方法处理了联多苯、共轭多烯及芳香稠环和杂环体系，并阐明了结构与性能之间的线性规律，提出了取代基效应规律，对芳香烃硝化反应中间体或过渡液态及卡宾活性中间体用分子轨道法进行了计算，在有机硼、有机镓化合物的结构与性能之间关系和反应机理方面都取得了可喜的成果。

20 世纪 70 年代中后期，高振衡敏锐注意到有机闪烁剂和激光染料等新的荧光物质已被广泛应用于原子能工业、军事工业、考古、地质勘探、民用工业、医药卫生等方面，而这些闪烁剂和激光染料都是一些大 π 共轭体系有机发光体，他们性能的优劣与其分子结构有关。于是，他带领研究小组，积极地开展了噁唑、噁二唑类、苯并噁唑类五、六元氮氧杂环化合物的有机荧光分子结构与光性能关系的研究。经过辛勤地工作，他们系统合成了几百种氮氧杂环化合物，运用电子光谱、量子化学处理等方法，系统地研究了化合物的结构与光性能之间的关系，总结归纳出某些规律，并筛选出一批性能优良的液体闪烁剂和 20 多种紫外波段新型激光染料，其激光性能达到或超过了国际上通用的同波段激光染料，填补了国内空白，出色地完成了他和课题组承担的"六五""七五"国家攻关项目。

1980 年 8 月，高振衡作为"文化大革命"之后我国派出的首批访美化学家之一，与邢其毅、刘有成等一道，参加了国际纯粹与应用化学联合会（IUPAC）在美国举办的第 5 届物理有机化学讨论会，并在会上做了题为"2,6-二取代苯并二噁唑的研究"的学术报告，受到与会学者重视，还结识物理有机化学大师 F. G. Bordwell 教授，程津培才有缘到美国西北大学攻读博士。此后在德国科学家的邀请下，高振衡与之合作共同研究多年，建立了国际的学术交流与合作。他还领导课题组，开展了物理有机化学前沿研究课题——仿生有机化学反应、有机光化学、卡宾化学等方面的研究，在国内外的重要刊物上发表了 110 余篇具有重要学术价值的论文，形成广泛影响，为我国化学界赢得了声誉。

高振衡作为我国物理有机化学的学科奠基人之一，为我国化学教育和科学研究事业的发展，做出了卓越贡献，为此他获得多项奖励。他的研究成果曾获得 1978 年全国科学大会奖；1980—1988 年，他陆续获得国家自然科学三等奖、国家科委发明三等奖和国家教委科技进步二等奖及天津市科技成果二等奖等；并于 1980 年 8 月，当选为中国科学院学部委员（院士），是"文革"之后中国科学院入选的首批院士。

高振衡在教学、科研之余，为促进我国教育事业的发展和推动我国的光化学研究，做了大量工作。早在 20 世纪 60 年代，他就编写了《有机化学结构理论》一书，是我国第一部物理有机化学教科书，长期作为高校教

材。他还根据教学的需要，编写了《有机化学》《有机分析》等教材。1974年由他编译的《有机光化学》一书是我国的第一本光化学教材，至今仍被作为教学参考书。20世纪80年代初，他已年届七旬，但仍进行《物理有机化学》（上、下册）的著述工作，他以顽强拼搏的精神，用近4年的时间，完成了这部近百万字的巨著，荣获了国家教委优秀教材一等奖。此外，他还参加了中国大百科全书化学卷的组织和编写工作。

高振衡一生对党的教育事业忠心耿耿，他既是循循善诱、诲人不倦的良师，又是与学生亲密无间、肝胆相照的益友。50余年来，沐其教泽者数以千计。他不但为本校也为兄弟院校培养了大批骨干教师。他从1956年就开始招收研究生，先后培养了39名硕士生。1981年，国务院批准在南开大学设立有机化学首批博士点，他成为有机学科全国最早的博士研究生指导教师之一。之后，他亲自指导了10名博士研究生，为国家培育了一大批中、高级化学专门人才，其中许多人已成为知名教授、研究员或教育科研单位的领导人或学术带头人。高振衡以他渊博的学识、严谨的治学、一丝不苟的工作深深地感染和教育了他的学生。他认为化学是一门实验科学，来不得一丝一毫的疏忽；搞化学的人，除了要熟练掌握基础理论知识外，还应具备娴熟的实验技术和科学的求实精神。他对学生和研究室的工作人员，要求严格，决不允许有违反实验操作规程的事情发生；发现问题，他都立即纠正。他提倡搞科学的人，必须具备勇于开拓进取的创新意识和脚踏实地认真做好基础研究工作的科学作风。他教导学生说："有机合成是物理有机化学的基础，如果没有合成工作，得不到一定数量的化合物，就没有研究的对象，研究工作将成为空中楼阁，这样就会一事无成。"他身体力行，在培养硕士、博士研究生的过程中，除了教学工作以外，经常到实验室进行指导，培养学生的实验技能和科学素养。每位研究生的学位论文，他都亲自把关，并逐字逐句地修改几遍后才通过。他的这种严谨治学的态度，已成为南开大学的典范。学生们感慨地说："高先生不仅给我们传授了知识，更培养了我们严谨的科学素养和刻苦求实的科研作风，使我们终身受益。"在他的潜移默化的感染下，他的学生已把这种精神和作风带到各个岗位，指导自己的工作，并做出了重要的贡献。

高振衡一生追求光明，追求进步，具有强烈的爱国心。1952年，他参加了中国民主同盟。他热爱党，热爱社会主义祖国，并坚持努力学习马列主义、毛泽东思想，坚持思想改造，执着追求进步。1956年，他终于如愿以偿，光荣地加入了中国共产党，成为一名无产阶级先锋战士。基于高振衡对我国教育和科研事业做出的重大贡献，党和人民给予他很高的荣誉，1982 年，他被评为天津市劳动模范。

高振衡事业上所取得的成就，溶入了他夫人向景秀女士的全部心血。向景秀早年毕业于北京师范大学外文系，她除了在生活上无微不至地关心照顾高振衡，还是他最得力的秘书。这对伴侣互相支持，互相尊重，相濡以沫，伴随一生。

1989 年 8 月 14 日，高振衡院士因病逝世，终年 78 岁。他的一生，是奋斗的一生。他为祖国科研、教育事业的发展，为中华民族腾飞，贡献出了自己的毕生精力。他的精神，将永远鼓舞南开人奋进；他的名字，已载入百年南开园的史册。

文章作者：程津培、何家骐

伉铁儁

1913—2003

　　天津人。1936 年毕业于南开大学化学系。留学回国后历任南开大学化学工程系教授、天津市工业试验所所长、全国人大代表、天津市政协副主席等。一生经历风雨、恪尽职守、于教育人、于研出果、于政善民。

优铁僖，1913 年 12 月 12 日生，天津人，其父亲优乃如毕业于河北省立高等工业学校化学科，在南开大学任注册课主任兼校长办公室机要秘书，是南开大学创始人之一。优铁僖有兄妹八人，他是长子，自幼成长在生活宽裕、研究气氛浓厚的家庭，受到良好的教育，养成了喜欢思考和研究问题的习惯。

1926 年，优铁僖在天津文昌宫小学毕业后，就读于南开中学。周恩来在南开中学上学时，他的父亲优乃如正在南开中学任化学教员，他俩在那时就结下了深厚的友谊，成为好友。1927 年，蒋介石背叛革命，白色恐怖笼罩全国，天津市的国民党反动派出银圆一万元悬赏捉拿周恩来。在那万分危急的情况下，周恩来多次来天津开展革命工作，经常出入优家，得到他父亲优乃如的帮助和掩护。几十年来他们之间的往来不断，优铁僖有幸能亲眼看到周恩来从事革命斗争和忘我工作的情景，多次聆听到周恩来的勉励和教导，这使他终生难忘。

1940 年 11 月 10 日，优铁僖与顾钧结为优俪。周恩来、张伯苓、王文田等都参加了他们的婚礼，并在一面结婚纪念的小红旗上签名留念，他们夫妇一直珍藏着这面小旗。

1931 年，优铁僖考入南开大学理学院化学系。1932 年，南开大学理学院创办了应用化学研究所，当时优铁僖还是大学二年级的学生，教他定量分析化学的老师，是研究所的所长张子丹（克忠）教授。他从化学系学生中选择了几个人课余参加研究所的分析工作，优铁僖是其中之一。留校后，他于 1936 年升任助理研究员。子丹教授办事业，不事浮华，不做表面文章，而是脚踏实地，要效率，要效益，对学生要求格外严格，对于一般研究人员、工作人员也是一样，每个人都有明确的工作任务、工作数量、研究课题。研究所包括所长在内只有 15 人，其中就包括著名化学家、理学院院长邱宗岳教授和著名化学家杨石先教授。15 个人除上课以外，就是在所里搞分析、搞设计、做试验、进行科研，工作效率极高。所有的成员，除吃饭、睡觉外，几乎大部分时间都是在所里度过。这里有为造福人类从事科学工作的神圣责任心的支撑；也有古今中外优秀科学家刻苦传统的砥砺；同时，也由于自然科学研究离不开试验和实验，很多试验需要连续地工作，要求工作人员必须夜以继日地工作。也正是这段时间大量的科研实践，使优铁僖增长了才干，提高了知识水平，锻炼了适应我国工业发展形势并解决实际问题的本领。

在 20 世纪 30 年代，我国的化学工业和化学工程都比较落后，南开大学应用化学研究所在分析、化验设备非常简陋的条件下，凭仗着研究人员精湛的分析技巧和刻苦精神，完成了很多高难度项目。研究工业生产中的现实问题，面向社会，是应化所办所的主旨之一。从 1932 年建所开始到 1936 年这五年中，应化所接受委托分析化验样品 323 个（包括一些仿制的产品），发展了我国的农副产品、食品工业和发酵及微生物等应用化学工业和化学工程学，也大长了中国化工科技人员的志气。把科研成果放到生产实践中去进行实验，通过生产实践，进一步提高研究人员的水平，更好地培养人才，使化工系的学生能更多地受到实际的锻炼。亢铁儒还和同事们通过对我国煤种的实用分析数据的大量积累，对 Goutal 氏的发热值计算方程式进行了修正，得到了 $H=81C+(A+BlogR)m$ 的计算公式。又在前人研究的基础上对锰矿石内含锰量的分析方法做了改进。当时的美国《化学文摘》曾摘录了上述两项。抗战前他除了负责应用化学研究所的研究工作以外，还担任理学院化学系的课程（如"定量分析"）包括讲课和做实验等工作（与高少白同任教员）。

1937 年，七七事变爆发，7 月 29 日、30 日两天敌机向南开大学轮番轰炸，试验工厂、研究所全部被炸毁，应用化学研究所奉张伯苓校长之命迁往重庆，在南渝中学借地继续开展工作，并创办了小规模工厂——南开化工厂。亢铁儒也随所迁往重庆，在迁至重庆的南开大学化工系任教员，兼应用化学研究所研究员和重庆标准药厂的工程师。

抗日战争时期，周恩来作为中国共产党的代表住在重庆，当时亢铁儒的父亲亢乃如在重庆南渝中学工作，二人过往甚密。1941 年 1 月，国民党制造了皖南事变，妄图消灭抗日的新四军，掀起反共高潮。在这严峻时刻，周恩来奋笔书写了"千古奇冤，江南一叶，同室操戈，相煎何急"的题词，刊登在《新华日报》上。国民党对这义正词严的题词恨之入骨，下令《新华日报》停刊禁售，对送报卖报儿童和青年横加迫害，并指使特务砸毁报社。那天，亢铁儒奉父命去新华社给周恩来送信，他亲眼看见报社被砸坏的场景，脑海中浮现出在强暴面前，周恩来坚定沉着、临危不惧，走向街头散发《新华日报》的情景，以及周恩来到知名人士聚集的南渝中学，看望老校长张伯苓并与柳亚子和郭沫若等民主人士畅谈的情景，那循循善诱、和蔼可亲的态度让他感受很深。直至他 80 多岁高龄时回忆起在重庆，因战乱，邓颖超把一个装有周恩来的母亲给周恩来的手表及勋章等纪念品的瓷盒委托伉铁儁的太太顾钧保存，顾钧时刻带在身边的情景时，他还是那样的深情和激动。

1945年3月，鉴于化工这一新兴科学在欧美发展较早、较快，伉铁儁告别了培养他的南开大学应用化学研究所，前往美国留学。其间，他主要学习生物化学，并在美国西格兰工业酒精厂做研究工作，后又到伊立诺州派勃斯生物发酵厂做研究工作。在派勃斯生物发酵厂看到美国人的能源酒精浪费严重时，他用他的科研基础，搞革新，解决了原利用高粱发酵制造酒精时固体发酵制酒成品率过低的问题，采用发酵前用高压蒸煮高粱，并在改良培养酵母及酒酶方法的基础上，使高粱内含的淀粉在发酵时得以充分利用的方法，使酒精回收率大为提高，为派勃斯生物发酵厂解决了能源浪费的大问题。为此，派勃斯给伉铁儁颁发了证书，并聘请他当工程师，大长了中国人的志气。

抗战胜利后，南开大学复校，建工学院，伉铁儁应母校之聘，重返南开园，先后任讲师、副教授、教授等职。1947年子丹先生也返回南开大学，任工学院院长，伉铁儁协助张子丹重建应用化学研究所。1952年，全国大专院校院系调整，南开大学工学院各系并入天津大学。1952年8月，伉铁儁根据工作需要调到天津市工业试验所，先后任化工研究会主任、副所长、所长等职。1969年12月，该所改为天津市半导体研究所，伉铁儁任所长。

对事业的热爱是科学研究成功的基础，伉铁儁对化学特别是分析化学、精细化工等方面锲而不舍的追求，使他成为我国半导体材料学科的权威人物。他不但潜心于研究学说，更致力于译著撰述。他自1952年开始进行半导体材料锗的研究工作，为把我国的半导体材料搞上去，他带病广泛收集了世界上大量的有关锗的资料进行翻译和研究，并进行实验。在他亲自试验和领导的实验场中，他和他的助手们从烟道灰中提炼锗材料，其还领导和参与对锗、硅、砷化镓、蓝宝石的研究工作，先后与助手合作编译了《锗的化学文摘》《锗的试制总结》《半导体器件的质量与材料的关系》等论著，并获得国家科委、计委及经委颁发的一等奖。

为发展我国的化学研究和半导材料科学，伉铁儁先后赴美国、捷克、英国、匈牙利、印度、瑞士、比利时等国家进行科学考察。伉铁儁在试验研究的基础上，辛勤地进行著述，几十年来他的成果颇丰。他不仅著有《水之分析》《煤之分析》等著作，还利用业余时间给青年职工及学生讲授化学分析和精细化工等专业知识，为国家培养了大量的人才。他总是自豪地说：

"我喜欢化学，我的家人也喜欢化学，我的父亲和我的儿子、孙子都是搞化学的，我家四代都搞化学，我们是化学世家。"

伉铁儁不仅执着于他的化学研究事业，还热衷于把他的化学知识应用到社会工作中。20世纪50年代，万晓塘同志任天津市公安局局长时，经常聘请他参与犯罪案件的分析和火情分析工作。天津市发生的一些大的火灾，他都到现场分析灾情及起因，有时为了分析火灾的发生及灭火过程，爬山越岭，住深山老林进行调查研究，并为天津市公安局消防部门写出了《危险品手册》《可燃气体的防爆和安全运输》《有关危险品管理工作的一些体会》等著作和文章，供公安局消防部门学习和使用。伉铁儁因多年来在国家安全和消防工作中做出突出贡献，被聘为天津市公安局危险品管理委员会顾问。

1957年，出于统战工作的需要，当时的统战部部长孟秋江同志指示请伉铁儁参加中国农工民主党，担任中国农工民主党天津市委员会主委兼秘书长和第八、九两届中国农工民主党中央委员。1960年3月伉铁儁当选为政协委员，参加了天津市第二届政治协商会议，并且在天津市第三、四、五届政治协商会议上被选为政协副主席。他还先后被选为第三、四、五届全国人民代表大会代表。1975年，全国第四届人民代表大会开会期间，周总理作为天津市代表团的代表参加会议，接见天津的全体人大代表，对伉铁儁说："你当了人大代表很好，希望你戒骄戒躁，多做工作。"总理的这一殷切期望，成为对他的最后一次叮咛。伉铁儁把总理的叮咛作为座右铭，在他家的客厅里挂着两幅字，一幅是"学习周总理一身正气、两袖清风"，一幅是"戒骄戒躁多做工作"。他深情地说："我最热爱和敬仰的是周总理，周总理是我最亲的人，我的爱好就是听周总理的话，我的兴趣就是收集周总理的书、讲话等纪念品。"他常饶有兴致地把他多年收藏的珍品给人们看，并打开录音机让人们听周总理的讲话录音。

伉铁儁在化学研究、半导体材料等方面的贡献，得到了党和国家的高度重视。1980年2月13日，他被吸收加入中国共产党。伉铁儁为发展我国工程技术事业做出了突出贡献，从1991年7月起享受国务院特殊津贴。

资料来源：《南开人物志》，原文有改动
文章作者：李广凤，审校：伉大器

申泮文

1916—2017

　　广东省从化县人，著名教育家、翻译家、化学家。1940 年毕业于西南联合大学化学系。1946—1959 年，任南开大学化学系教员、讲师、副教授，1952 年任第一任无机化学教研室主任。1959—1978 年，历任山西大学化学系副教授、教授、系主任。1978—2017 年，历任南开大学元素有机化学研究所副所长、化学系无机化学教研室主任。创建了南开大学新能源材料化学研究所、南开大学应用化学研究所。1980 年，当选为中国科学院化学部学部委员。历任第三届全国人大代表，第五、六、七届全国政协委员，原国家教委第一届理科化学教学指导委员会委员，天津市联合业余大学校长，天津渤海职业技术学院名誉院长。曾当选天津市劳动模范（1979 年、1980 年）、全国优秀教师（1993 年、1999 年）。2017 年在天津逝世，享年101 岁。

申泮文，我国著名教育家、翻译家、化学家，中国科学院院士。1916年，申泮文出生在松花江边一个工人家庭，上小学时还没有名字，一薛姓语文老师为其取名为泮文，寓意"入泮学文"。1935年，申泮文毕业于天津南开中学，此时，家庭已无力供他升学，但他立志要接受高等教育，终以免收学宿费的优异成绩考入了南开大学化工系，生活费靠帮南开中学老师批改作业获得。第一学期结束后，申泮文获每年300银圆的奖学金，暂时解决了求学的经济困难。

1937年7月，日本帝国主义的侵华铁蹄踏进了天津，几天后南开大学校园毁于日军的野蛮轰炸，学校奉命内迁，奖学金停发，申泮文的大学生涯暂告中断。他毅然投笔从戎，于8月底到南京，进入军官学校教导总队做一名少尉军官。经短期军训，于10月开赴上海，在淞江一线参加抗日作战。不久，日军在杭州湾登陆，对我军上海全线形成包抄之势，我军被迫全面撤退，申泮文奉命率领部分伤病员突围，历尽艰辛于11月底退至南京。此时北大、清华和南开三校已在长沙组成临时大学，申泮文因已无望参加防化兵，遂向部队提出返回学校复学要求，得到批准。他即去长沙找当时任临时大学化学系主任的杨石先老师。因南开大学化工已西迁重庆，他转入化学系继续大学学业。但由于中途插班和心身交瘁，没有参加学期考试，最终被学校除名，再次成为一名流亡学生。1938年春夏之交，申泮文在黄钰生教授的资助下跟随"长沙临时大学湘黔滇旅行团"翻山越岭，历时68天到达昆明。到昆明后，西南联合大学化学系主任杨石先特许申泮文恢复学籍。他用两年时间完成三年学业，于1940年夏毕业，后到航空委员会油料研究室任助理员，这是一个新建的军事部门，要求工作人员全部集体参加国民党，他对这个指令断然拒绝，后弃职在川、甘、滇等地漂泊。抗日战争胜利后，经黄钰生和邱宗岳介绍，申泮文进入南开大学化学系，参加了清华、北大、南开三校从昆明至北京、天津的复校工作，被委派为承担三校第二批公物北运任务的押运组主任押运员。此项押运任务错综复杂，屡遭变故，延时达一年之久，直到1947年7月才结束押运任务回到天津，虽然旅程惊险困顿，但申泮文常以此自诩，他是给西南联合大学办学过程画下最后一个句号的人。至此，他便开始了在南开大学的教学生涯。

解放后，申泮文筹建了无机化学教研室并任主任；组建了科研专门组，开始了无机合成科研工作，奠定了学业和事业的基础。1959年，他支援新建山西大学，举家迁往太原，在山西一干就是20年，为山西大学化学系的建设和成长付出了全部心血和艰辛的努力，做出了巨大的贡献。后在极左路线的干扰下他被拉下讲台，学术和社会活动受到限制，但并未因此放弃对事业的追求，他关起门来搞译著，并发动青年教师和学生一起参加，他把外文书稿如美国化学会的丛书《无机合成》拆分给大家分头翻译，译文初稿汇总到他那里，他来修改、润色、统稿。申泮文的翻译工作被收录进中国对外翻译出版公司1988年出版的《中国翻译家辞典》中，其中这样介绍他："申泮文是一位有能力的集体翻译工作的组织者，他所组织的翻译工作以快速和文字流畅著称。"

申泮文在"开门办学"中还带领师生走遍山西大地，对山西的风化煤腐植酸资源进行了普查并绘制了一张分布图，献赠给山西省化工局，为山西腐殖酸找到了出口创汇的途径。1979年创刊的《腐植酸》，在创刊号中称申泮文是中国腐植酸研究的最早开拓者。

1978年底，经杨石先提议申泮文二度被调回南开大学，在恩师的帮助下，他在步入晚年之前获得了新的一段黄金工作时间，从此他为南开大学无机化学学科的发展倾注了毕生的心血。申泮文曾提出过一个公式："事业成就＝教育+勤奋+机遇+奉献"。就机遇而言，在申泮文一生中起转折作用的诸如长沙转化学系，昆明恢复学籍，两进南开大学工作等都是。

申泮文充分利用来之不易的条件和机会，日以继夜地努力工作。他以一名全国政协委员的身份，以极大的热情投入拨乱反正、平反冤假错案等社会活动中去，做了大量有益的工作。1982年加入中国共产党以后，他又在改革高等教育、建设师资队伍、教育青年学生、发展成人教育等方面倾注了大量精力。

申泮文的最大贡献是在无机化学教学方面。他是我国执教化学基础课时间最长的老化学家。他善于总结教学经验，吸收无机化学发展的新成果，不断更新和充实教学内容，撰写和翻译出版了大量无机化学教科书，在教材建设上做出了杰出贡献。"文化大革命"后，他深知要缩短我国与世界科学技术的差距，首先要做的事是出版一批适用的教科书。他是《无机化学》统编教材的定稿人之一，后来又与尹敬执合编了程度稍高些的《基础无机化学》。这两部教材至今仍被广泛采用，或被指定为主要参考书。《基础无机化学》还出版了维吾尔语版，并于1988年被国家教委授予高等学校优秀教材一等奖。他还在全国范围内组织翻译班子，翻译出版了三部有代表性的英、美优秀教材。其中柏塞尔（Purcell）的《无机化学》是当前公认的无机化学经典著作之一，以理论层次高而著称。这批内容较新、各有特色的教材，满足了不同教学工作的需要。由他主持和组织撰写或翻译的化学教科书和专著，在国家级出版社出版的，就达70余卷册4000多万字，他是中国著译出版物最多的化学家。

有了教材，关键在教师。申泮文深知，经过六七十年代的发展，无机化学已经改变了面貌。最大的变化是过渡元素的化学已经成为无机化学发展的主流，同时，主族元素的化学亦已面貌一新。无机化学再不能从道尔顿的原子论讲起，门捷列夫的周期律虽然并未过时，但已再不能用作无机化学的纲目。原子的电子层结构、价态变化和成键方式的复杂性和多样性，在掌握无机化学规律性方面已越来越成为应予首先注意的问题。他努力更新自己的知识，同时又致力于建设教师梯队。1980年，他主持举办了全国无机化学主讲教师讲习班，为期一年，配套开设现代无机化学的关键课程，120名学员中多数人成为后来的教学骨干，长期活跃在各高等学校的讲台上。他还在太原、哈尔滨、兰州、昆明、青岛等地主持或参加层次不同的中期或短期讲习班，学员少则几十人，多则达二百人。在南开大学化学系，他以建设无机化学重点学科为目标，有计划地培养学科带头人，开展了无机合成和材料化学、配位化学、生物无机化学三个方面的科研工作；开设了一整套质量较高的研究生学位课程；建立了一种建设教师队伍的有效模式，即强调教师应主要通过自身的努力，在工作中出成果、做贡献，始能脱颖而出。

他还十分关注固体化学的发展。他推动了中国化学会无机合成和固体化学学科组的建立，主持翻译出版了一本有代表性的固体化学专著——韦斯特（A.R.West）著的《固体化学及其应用》，还倡议举办了一次全国性的固体化学研修班，培养了一批可胜任固体化学教学的师资。

20世纪90年代中期以后，他年届耄耋，老而弥坚，创导把多媒体技术应用于化学教学。1996年，他开始学习计算机技术，钻研多媒体编程，计划编制一部多媒体电子教材，使他的八十华诞成为他跨进新世纪的起点。他组织了一个课余社团"南开化软学会"（NAN-KAI CHEMISOFT SOCIETY），既编制教材，又汇聚和培养人才。很快，一部包括139个专题，4000余幅静态图片，1000余幅二维和三维动画，附有60余万字自学材料的多媒体教科书《化学元素周期系》由高等教育出版社以两张光盘的形式出版。在1998年联合国教科文组织于巴黎召开的"21世纪的高等教育”国际会议上获得与会者的一致好评。1999 年 5 月初，教育部在南开大学举办了教学方法改革研讨班和《化学元素周期系》软件应用培训班。《化学元素周期系》是中国的第一部多媒体化学教科书，在国际上也是一部创新之作，2001 年获得国家级教学成果一等奖。

申泮文为了改变中国高等化学教育与国际一流大学相比相对落后的面貌，为中国高等化学教育未来现代化的改革做了许多有益的开创性工作和奠基性工作。这些工作曾连续三届（2001 年、2005 年、2009 年）获得国家级教学成果奖。其所讲授和重点改革的大一化学课程“化学概论”，被评为国家级精品课程和国家精品资源共享课，他个人被评为国家级教学名师。

申泮文在国内率先开展金属氢化物的科学研究，成果深受国内外同行的注意和好评。从 1957 年打下初步基础的此项研究，在 20 世纪 80 至 90 年代取得了丰硕的成果。他合成了一系列离子型金属氢化物，包括硼和铝的复合氢化物；合成并研究了三类主要的储氢合金。在离子型金属氢化物合成中，他创造性地利用廉价的金属钠作为还原剂，先合成惰性盐分散氢化钠，再通过负氢离子交换得到新的氢化物。这条合成路线，不仅避免了采用昂贵的金属锂，而且氢化温度较低。这类离子型氢化物，许多是重要的合成试剂和高能燃料添加剂，是一项有广阔应用前景的基础研究。

他认为，氢能在未来能源构成中必将占有重要的地位。他用共沉淀还原法合成了镍基和铁基储氢合金，使储氢合金的化学合成方法得以系统化。1985 年在加拿大多伦多召开的第五届世界氢能会议上，他的《储氢合金的化学合成与性能研究》一文被评为优秀论文。近年来，这项研究的部分开发应用工作已被列为国家“863”高技术计划项目，研制成功的镍氢电池成为该计划中第一个通过鉴定并投入批量生产的高技术产品。在此基础上，他创建了南开大学新能源材料化学研究所并重建南开大学应用化学研究所，一个产、学、研相结合的高技术开发应用集团已经初具规模。

早在 20 世纪 80 年代中期，他就提议用共沉淀还原扩散法研究制造钕铁硼永磁合金的新方法。经过 10 多年的努力，一项崭新的、制造钕铁硼的专利技术已经中试成功，产业化工作正在顺利进行。这项技术已经列入原国家计委和科技部的有关计划。在世界高科技竞争的一个重要领域取得了新突破，为中国发展稀土永磁打开了新途径。申泮文的科研工作具有抓重大课题，在科技开发上一竿子插到底的鲜明特色。

申泮文一直认为张伯苓培育南开精神的教育思想是一笔宝贵的财富。他以政协提案和发言、接受采访、写建议和发表文章等形式论述自己的教育主张。他认为南开校训"允公允能，日新月异"，提倡学生应有"爱国爱群之公德，与夫服务社会之能力"，与我们今天的教育方针并无不一致之处。旧南开学校开设修身课作为公共必修课，校规十分严格，不许蓬头垢面，不许体态放荡，不许言语粗野，不许奇装异服，不许随地吐痰，对饮酒、吸烟、赌博、早婚、考试作弊均严加禁止。他认为只有这样的教育环境才能荡涤娇、骄、嬉、颓之风，培养出真正的优秀人才。

申泮文在一篇写给青年人的文章中说："在科学家和教育家两种称号之间，如果只允许我选择一种的话，那我宁愿选择做教育家。"他本人身体力行南开精神和张伯苓的教育思想，又在大学执教近 60 年的实践经验，他认为，作为一名教育家，必须有自己的教育思想。他的教育思想归结为一句话，就是"爱国主义教育环境出人才"。他主张应该"以爱国主义教育为核心，对学生进行全方位的公民素质教育，使学生在德、智、体、群、美、劳、创业和服务能力等诸方面得到全面均衡发展，把他们培养成为爱国、救国、建国人才"，修德养志，术业精进，无不应以报效国家为第一宗旨。每年七七事变纪念日前后，他都会把自己保存的南开大学被日军炸毁现场的多幅照片，以板报形式公之于众。每年新生入学，学校都请他给新生讲校史和南开爱校、爱国传统。抗日战争胜利 50 周年时，他在学校组织的"铸我南开魂爱国主义讲座"的第一讲取得了轰动效果。他编写出版了《天津旧南开学校毁没记——侵华日军暴行录》一书。他被指为在校内进行爱国主义宣传教育的先行者，先后被评选为校级、天津市级、教育部级和国家级"关心下一代工作先进个人"。他的教育思想和教育实践，谱写了我国化学教育史的光辉一页。

文章作者：申红、周永洽

陈天池
1918—1968

　　浙江诸暨人，分析化学家。1936 年考入燕京大学化学系。1938 年考入西南联合大学化学系二年级。1946 年考取留美公费生，两年半后获路易安那大学研究院博士学位。1950 年回国，在南开大学任教。20 世纪 50 年代筹建了南开大学化学系化学矿物分析专业和应用化学专业。1956 年后，作为杨石先的主要助手之一，开始从事农药化学的研究与探索，主要对当时国内尚属空白的有机磷化学领域，开展了一硫代（酮式）磷酸酯类、一硫代（醇式）磷酸酯类、二硫代磷酸酯类等化合物，包括有机磷杀虫剂、有机磷杀菌剂、有机磷除草剂等的互变异构现象和水解动力学及有机磷化合物的反应机理等的深入研究，为中国生产各类有机磷杀虫剂打下了理论基础。20 世纪 60 年代，他在杨石先的领导下创办全国高校第一个从事有机化学研究的研究所——元素有机化学研究所，并全面负责具体工作，研制成功的新型农药有机磷杀虫剂 P32 和 P47 荣获国家科委新产品二等奖，以他为主要研究者之一的"有机磷活性物质与有机磷化学"1986 年获国家教委科技进步奖一等奖、1987 年获国家自然科学奖二等奖。曾任南开大学化学系教授、元素有机化学研究所副所长等职，还当选为中国化学会第二十届理事会常务理事兼副秘书长等。

陈天池，1918 年 7 月 4 日出生，浙江诸暨人。自幼聪颖勤奋，6 岁进入诸暨县店口紫北小学，1930 年考入杭州崇文中学，1933 年考入江苏省省立上海中学高中部，1936 年考入北京燕京大学化学系。七七事变后，陈天池于 1937 年 8 月返回家乡任小学教师。1938 年 1 月，他再次离开家乡，绕道长沙、桂林、贵阳等地辗转到达昆明，于当年 9 月考入昆明西南联合大学化学系二年级。他生活资源依靠接济，与他同乡的邱宗岳老师当时亦经常帮助他，他不忘师长对他的关怀，发奋勤学，在班上总是成绩突出。毕业于上海中学的他，基础打得扎实，特别是数学。1941 年，他在西南联合大学毕业后留做邱宗岳物理化学课的助教，辅导统计热力学课。

　　陈天池的办事能力强，时任西南联合大学理学院化学系主任（后当选为教务长）的杨石先让他当系办公室助理。当时化学系只有两名助理，负责处理学籍、课程安排和学生工作，有时还得和教授们打交道。化学系的教授们有曾昭抡、黄子卿、高崇熙、朱剑寒、严仁荫、张青莲等，只在有课时来校，故要传达学校事务主要依靠助理，所以系助理既要为教授服务又要管理系务，不精明能干是做不好的。陈天池在杨石先领导下，把系务工作做得井井有条。

　　抗战时的西南联合大学教学条件极为艰苦：教学设备简陋；粉笔定量供应；教材只靠老师讲课学生抄笔记；实验室没有自来水，靠学生拎着水桶去打水，加热靠电炉，炉丝断了实验也就做不成了；用的试剂都要助教预先处理，盐酸是黄的，酒精是棕色的；系助理要负责试剂的购买、库房出纳，自己还担任一定助教工作。陈天池从毕业到离开西南联合大学工作了大约有五年。

　　抗战胜利前两三年，昆明的爱国学生运动达到了高潮。"一·二一"惨案前夕，陈天池在西南联合大学图书馆前的草坪上听吴晗等人的演讲并参加游行示威，爱国热情高涨。

　　1946 年，陈天池考取了留美公费生，他先在路易安那大学研究院学习，只用了两年半的时间，就得到了硕士和博士学位。1949 年，陈天池到哥罗拉多大学研究院任研究员。这一年，他加入了世界科学工作者协会。通过该协会出版的刊物，他进一步了解到新中国的新面貌，坚定了他回到祖国参加社会主义建设的决心。1950 年 9 月，陈天池应老师杨石先的邀请回到祖国，前往南开大学任教。

　　1951 年，陈天池先后参加了西南地区的土地改革运动和"三反""五反"等运动，深受教育。从这年起，他进入了马列主义夜大学，更重要的是，他注意自己的思想改造，逐步将立足点移到工农方向，愿把自己的才学奉献给劳动人民，终于由一个民主主义者成为一名无产阶级战士。1954年，陈天池加入中国共产党。

陈天池专长有机化学，但他以革命工作需要为重，不强调个人专业、不计较个人得失。当他到南开大学化学系工作时，正值新中国成立初期，国家急需矿物分析人才，他毅然带领青年教师奔赴西北矿山开展现场调查，回校后筹建了化学矿物分析专业，开设了定性和定量分析等课程。此后，他又筹建了应用化学专业，亲自给学生讲课；带领教师和其他干部日夜奋战、群策群力，出色地完成了组建南开大学物理二系的任务。1960年，物理二系成立，陈天池被任命为系主任兼党支部书记。在他的带领下，该系几年间为国家培养和输送了急需的人才。

1956年，周总理亲自领导制订"中国十二年科学技术发展远景规划"时曾经提出"要勇于承担国家任务"的号召。南开大学校长杨石先接受了研制有机农药的任务。科学技术发达的国家都有比较完整的农药科研体系，而且都研制了具有各自特色的农药品种。中国虽然是个农业大国，但农药的研究和生产几乎是个空白点。为了解决中国农药生产的急需，陈天池作为杨石先的主要助手之一，将全部精力投入农药化学的研究与探索中。

陈天池等根据磷酸酯类结构的轻微改变就会产生千变万化的生理作用这一特点，展开了对当时国内尚属空白的有机磷化学领域的研究。他们克服了有机磷化合物不易分离和毒性大的种种困难，深入地研究了一硫代（酮式）磷酸酯类、一硫代（醇式）磷酸酯类、二硫代磷酸酯类、磷酰胺酯类、磷酸酯类等化合物，从涉及的专题来看，包括有机磷杀虫剂、有机磷杀菌剂、有机磷除草剂、有机磷化合物的互变异构现象和水解动力学、有机磷化合物的反应机理等，特别在有机磷化合物的化学结构与生理活性关系的研究上积累了大量的数据。他还组织助手对含磷的不同价键（如 P-O、P-N、P-S、P-C 键等）的稳定性及其对生理活性的影响等问题进行多次专题讨论，从而对此类科学现象有了较深入的认识。通过实践，一批年轻的有机磷化学工作者得到了锻炼和培养，相关的科学研究为中国生产各类有机磷杀虫剂打下了理论基础，对中国有机磷农药的发展起了促进作用。

1958年，当陈天池听到毛主席关于破除迷信、解放思想的指示精神后，兴奋地和同志们讲："毛主席站得高，看得远，气魄大！"在大搞科研中，他及时倡导建立了以老教师为核心的青老结合的班子，在杨石先指导下，建起了"敌百虫"和"马拉硫磷"两个农药车间。接着，他又提出了大搞科研的三项组织措施，即青老结合、建立科研集体、与有关单位协作的一条龙体制，为南开大学元素有机化学研究所的建立奠定了基础。

1958 年，毛主席亲临南开大学视察，杨石先和陈天池陪同参观了敌百虫车间。毛主席很高兴，主张科研要与生产结合，教学要面向生产。南开大学在全国是创办化工厂的首创者，其农药研究在全国名列前茅即是从这时开始的。

1959 年，杨石先考察苏联后，开始筹办元素有机化学研究所（简称元素所）。作为杨石先的得力助手，陈天池的魄力很大，例如，在实验条件方面，研究所装备了当时其他高校所没有的高档仪器，如核磁共振仪、红外光谱仪、色谱仪等。在开展科研方面，陈大池从 1954 年起已经从事有机磷的研究，并发表了有机磷合成的有关文章，基础较牢；天津农药厂的创业也和南开大学的有机磷研究工作有很大关系。

1962 年 10 月，高等院校的第一个化学专业研究机构——元素有机化学研究所在南开大学成功地建立起来，所长杨石先委任陈天池为副所长。当时，杨石先因忙于校务，元素所的具体工作都由陈天池主持。在科学组织工作方面，建所前夕，陈天池亲自前往杨石先的家中，征求建所初期的工作意见。经过他们认真分析研究，制定了元素所的发展路线。他们认为：从长远来看，元素所的研究面应该广一些，但最初几年还是要以农药为主，重点工作为农药化学的研究，以解决国家所需。为此，在工作中要抓住三个主要问题：一是要使全所人员明确上级领导对元素所的要求很高，要尽快拿出科研成果；二是要积极向高教部与国家科委反映，设法争取一批归国留学生、研究生来所工作，以加强科研力量；三是要制订各项制度，使全所工作尽快走上轨道。建所初期，陈天池就是遵循这些决定工作的。陈天池在政治和业务上都很有魄力和才能，敢于领导，又善于领导。他严格要求自己，处处以身作则；事事想在前面，能正确处理各方面的关系；善于调动群众的积极性，也敢于对不良倾向做毫不留情的批评。他从不以教授或领导自居，而把自己看作一个普通人，脚踏实地地生活在群众之中。在他的强有力领导下，元素所人员精干，处理问题迅速果断，所内是非分明，风气向上，呈现出一片欣欣向荣的景象。在科学研究工作中，陈天池坚持实事求是的原则，从不虚夸。他要求实验数据必须反复核实，重复他

百年耕耘
南开化学

人的工作一定要注明出处，成绩有多少说多少。有一次他的助手听了有机化合物定量化的报告后，提出搞农药不如搞这方面的工作。陈天池立即指出："工作很多，但要根据自己的基础，搞出各单位的特色，朝三暮四是不行的，不能好高骛远。"这一席话深深地教育了这位同志。在陈天池的领导下，当时有机磷室提出的口号是"以室为家，人人为我，我为人人"，还建立起互帮互学，既有民主又有集中，既有统一意志又有个人的生动活泼的科研集体，同志们干劲十足。而陈天池自己，往往于深夜同志们都已休息时，在忙完化学系与总支的工作后，还到实验室查阅资料，准备下一步工作。为了保护群众的积极性，当群众热情高涨时，他提出要劳逸结合，要求大家睡足八小时；在节假日时，他往往组织大家去游览，让大家休息，和大家交流思想、沟通感情，但他从不带自己的家属或子女，而是和同志们愉快地在一起，待次日他提出新的任务时，大家又精神焕发地投入新的战斗。由于陈天池在农药化学领域有较高的造诣，在有机磷化学方面做了大量工作，在他指导下，元素所很快研制成功新型农药有机磷杀虫剂 P32 和 P47，荣获国家科委新产品奖二等奖。以他为主要研究者之一的"有机磷活性物质与有机磷化学"1986 年获国家教育委员会科技进步奖一等奖、1987 年国家自然科学奖二等奖。

陈天池要求别人做的，自己首先做到。他要求同志们读书，尽快提高业务水平，于是他首先带头做读书报告；他要求全所搞卫生，就和大家一起擦玻璃窗，打扫实验室卫生。他关心群众疾苦，愿为群众排忧解难。元素所初建时没有玻璃室，而化学系的玻璃室人员少任务重。陈天池深入现场，体验玻璃工在高温下的辛勤操作，为他们解决了通风、防暑等问题，使他们深受感动，愉快地承担了元素所的玻璃吹制任务。陈天池还亲自负责被大家认为吃力不讨好的后勤工作。他不怕苦不怕累，到库房去和同志们一起开箱，和大家一起劳动，处处起表率作用，甚至在日常生活中也是群众学习的榜样。他出差、开会从不乘坐小轿车，而是尽量和大家一起乘坐大汽车。他的出差汽车费从不报销，更令人感动的是只要同车中有年长的老师或女同志，他都立即让座。他深受群众爱戴，群众每当有困难、有问题时，都愿意去找他，即使受到他的批评，也觉得心服口服。说明他在群众中有很高的威信。

由于他工作努力，成绩突出，于 1959 年、1960 年、1962 年和 1963 年连续四次被评为河北省、天津市科教积极分子、劳动模范，并出席了全国文教群英会，成为当时教师中的典型人物。

文章作者：陈友安

何炳林

1918—2007

1918 年 8 月 13 日生于广东番禺。1936 年毕业于广州市培正中学。1938 年就读于西南联合大学,1942 年毕业留在化学系读研究生并兼任助教。1947 年由南开赴美留学,1952 年获得印第安纳大学博士学位。1956 年回国后重返南开大学任教,历任高分子化学教研室主任,化学系副主任、主任,分子生物学研究所副所长,高分子化学研究所所长。何炳林同志 1979 年 4 月加入中国共产党,1980 年当选中国科学院学部委员(院士),兼任中国化学会常务理事、高分子化学委员会副主任,国家自然科学基金委员会化学组评审委员,中国生物材料与人工器官学会副理事长,中国石油化工总公司顾问等职,并曾兼任青岛大学校长,担任《离子交换与吸附》主编,《高等学校化学学报》和《高分子学报》副主编,《中国科学》《科学通报》及 Biomaterials, Artificial Cells and Artificial Organs 和 Reactive and Functional Polymers 编委。

何炳林是我国著名高分子化学家、教授、中国科学院院士。家乡广东番禺沙湾乡。何炳林的父亲何厚珣是个从事谷米经营的商人，生有6个子女，何炳林排行第五。何厚珣虽是个商人，却从不要求子女经商赚钱，务求学有所成，为振兴中华出力。在他的思想熏陶下，二子何炳梁在东吴大学毕业后即赴美留学，在密歇根大学获博士学位，返国后历任中山大学、暨南大学、厦门大学教授；六子何炳桓毕业于清华大学，曾任广州市政协副主席。何炳林天资聪敏，但幼时淘气爱玩耍，其父唯恐耽误他的前程，便送他到以管理严格、教学认真而著称的广州培正中学就读，这为其日后发展打下了良好基础。

1942年6月，何炳林以优异的成绩在西南联大毕业，后在化学系做研究生并兼任助教。1946年，何炳林与陈茹玉结为伉俪。是年，北京大学、清华大学、南开大学分别迁回北京、天津。何炳林夫妇同到南开大学任教，又分别于1947年秋和1948年春赴美留学，双双进入印第安纳大学研究生院深造。

1952年2月，何炳林、陈茹玉夫妇同时在印第安纳大学获得博士学位。适值朝鲜战争期间，美国政府禁止中国理工留学生回国，何炳林不得不到美国的纳尔哥化学公司担任有机化学副研究员，两年后跃升为高级研究员，主要研究农药及用于水处理的药物。1954年春，他与陈茹玉已获得丰厚的年薪并建立了舒适的家庭。但优越的生活条件和美国政府的禁令都没能阻止他对祖国的思念。他一面工作，一面四处奔走呼吁，继续向美国政府递交回国申请书。1953年秋，他和其他几位中国留学生得知中美将在日内瓦进行停战谈判，于是约集十几位同学和朋友共同给周恩来总理写了一封要求回国的联名信，每人都庄重地用毛笔签了名。这封信后来通过印度驻联合国大使梅农转尼赫鲁，最后转交到周总理手中。1954年日内瓦会议上，周总理要求美国政府准许中国留学生回国，但美国政府否认阻挠中国留学生回国一事，在周恩来总理出示中国留学生的联名信后，美国政府不得否认了。最终1955年春，美国政府同意准许中国留学生离开美国回中国。

1956年2月，何炳林、陈茹玉夫妇怀着激动的心情回到他们的母校南开大学时，受到他们的老师杨石先教授和其他老师、同学的热烈欢迎。何炳林在南开大学任教的短短两年多里，几经艰辛，成功地合成了当年国外工业上使用的主要离子交换树脂品种。

1958年南开大学建立了高分子教研室，他任室主任；同时主持建成我国第一座专门生产离子交换树脂的南开大学化工厂。该厂所生产的苯乙烯型强碱201树脂首先提供给国防工业部门，为我国原子能事业的开创立下了汗马功劳。为此，国防科工委于1989年给何炳林颁发了"献身国防科学技术事业"奖章。1958年8月13日及1959年5月28日，毛主席和周总理分别来到南开大学，视察了他的实验室及离子交换树脂车间。周总理还同他亲切地交谈了近半个小时，详细地听取了他的介绍，对他的开拓奉献精神和取得的杰出成就给予了高度的赞扬。他于1959年被评为天津市劳动模范，1964年当选为第三届全国人大代表。

1980年以来，何炳林的事业得到了空前的发展。他于1980年被评为全国劳动模范，1981年被评为天津市特等劳动模范。他锐意进取的开拓精神，使他永不满足已有的成绩。1980年，他担任南开大学化学系主任一职，在全校第一个试行了党政分工。1981年，他筹建并兼任了分子生物学研究所副所长。1984年，南开大学将原化学系高分子教研室离子交换树脂研究室扩充为高分子化学研究所，他担任研究所所长。1985年，国家教委指定南开大学和天津大学支援新建立的青岛大学，何炳林兼任了第一任青岛大学校长。1986年又将南开大学化工厂归并到高分子所，实行所办厂，促进了化工厂的生产和高分子所的教学、科研的发展。

何炳林及其研究集体共同创造了南开高分子学科的辉煌，为国内外同行所瞩目。1984年，高分子学科被国家批准为重点学科。1985年，经国家科委批准建立博士后流动站，1989年，国家计委批准建立"吸附分离功能高分子材料"国家重点实验室。

何炳林还为促进国际学术交流进行了不懈的努力，做出了宝贵的贡献。1978年，他参加了在加拿大召开的由联合国教科文组织发起的"化学化工在工业中的作用"会议。他代表中国代表团发了言。通过与各方面的接触，他促成了加拿大麦吉尔大学、多伦多大学与南开大学的友好合作关系。1981年，他去日本参加了中日高分子科学讨论会，在会上介绍了"中国离子交换树脂的发展"。1982年，他去美国参加了国际"纯粹化学与应用化学"会议。1983年，他负责筹备和组织了在天津召开的第五届"血液灌流与人工器官"国际学术讨论会，并宣读了6篇学术论文，受到了国内外与会者的好评。1986年，他赴苏联参加血液灌流会议。1987年赴美国参加生物材料会议，1988年赴苏联基辅参加生物材料国际会议，其均在会议上提出论文报告，获得与会者的关注和好评。

何炳林长期致力于高分子学科的教学工作，为我国培养了一大批高分子科学人才。几十年以来，他亲临教学第一线，曾开设五门有关高分子的课程，编写并不断补充和修改"高分子化学"讲义。他在教学上严肃认真的科学态度是人所周知的。1982年以后，何炳林致力于研究生的培养。他根据学科发展和国家建设的需要，贯彻教书育人、提高教育质量的方针。在培养方法上注重理论联系科研实际并延伸到生产实际，对研究生的理论水平和实际技能力提出了更高的要求。通过多年的教学实践，他较早地提出了跨学科培养研究生的主张，重视招收除高分子专业以外的化学学科其他专业和生物领域的生物化学、微生物以及化学工程、医学药学等多种不同专业的优秀学生攻读学位；组织有丰富教学经验的教授和有成就的年轻博士，有计划地讲授高分子学科和其他课程，以适应现代化科学技术和国家经济建设对高级专业人才的需要。他注重培养学生的创新能力和解决问题的实践技能，使之成为德才兼备具有协作攻关精神的跨世纪人才。何炳林在长期的教育实践中取得了显著成就，曾获全国普通高等学校优秀教学成果国家一等奖（1989年）、天津市一等奖（1992年）。

何炳林是卓越的学术领导人，长期坚持基础研究和应用基础研究。经过几十年的研究实践，他在大孔离子交换树脂及新型吸附树脂的结构与性能方面，取得了新发现，在理论上和实践上做出了重要贡献。1956年他从物理结构方面研究离子交换树脂时，首先发现在加入一定量的惰性溶剂，使苯乙烯-二乙烯苯共聚合时，可以得到具有许多毛细孔的大孔树脂。1959年他又发现，在线性聚苯乙烯存在的前提下，使苯乙烯-二乙烯苯共聚合，也可以得到上述大孔树脂。这是在结构和性能上与凝胶树脂有很大区别的树脂，是第二代的离子交换树脂。大孔树脂即使在干态下也有几十至几百埃的大孔（称物理孔）。它具有许多远远超过凝胶树脂的优良性能。如表面积大、孔径大、机械强度好、交换速度快、溶胀率低、抗有机物污染性能强、在干态和有机溶液中均可使用，对有机物的交换分离性能良好，颜色浅，有利于分析化学上的应用。此发现在当时处于世界前列，后来成为国内外合成大孔离子交换树脂的基本方法之一。在积极开发新的功能高分子材料的同时，何炳林开展了深入的有关大孔树脂基础或应用基础理论的研究。他研究了烯烃和双烯烃的共聚合动力学和孔结构的形成机理，发展了大孔树脂的合成方法。可以根据需要合成表面从几个 m^2/g 到 $1360m^2/g$，孔径从几十到几万 Å 的大孔树脂。他研究并建立了比较完善的孔结构测试方法，阐明了结构与性能的关系，证明了大孔结构与性能的关系，证明了大孔树脂的孔结构与性能的关系及与功能基有同等的重要性，开发出一批多功能树脂，对于大孔离子交换树脂及吸附树脂的结构与性能的研究及对功能高分子的发展起到了推动作用。这些工作获得 1987 年国家自然科学二等奖。他的应用研究工作范围比较广泛，由此获得不少的经济效益及社会效益，如：（1）D390 弱碱性阴离子交换树脂用于精制链霉素具有良好的选择性，所制得的链霉素质量达到了国际先进水平，其中二链胺（毒性较大）的含量远低于国外的产品，已取得很高的经济效益；（2）D001-CC 阳离子交换树脂用于莰烯直接水合制异龙脑不仅可不用冰醋酸及氢氧化钠，还可以使间歇操作变成连续操作，简化工艺，消除污染，降低成本，提高质量；（3）在大孔苯乙烯-二乙烯苯共聚体上引入含不对称碳原子的基团，利用其对光学活性氨基酸对映体亲和力的差异，提出拆分 D、L 氨基酸的新方法；（4）H 系列吸附树脂用于血液灌流、净化血液，仅天津市的医院与北京市的医院在 20 世纪 80 年代初，就用这种树脂抢救了百名重症安眠药中毒患者；（5）NKA 型树脂具有独特的化学结构，既能吸附水溶性的结合胆红素，又能吸附脂溶性的未结合胆红素，用于从肝损伤患者腹水中去除胆红素已临床应用，取得很好的医疗效果；（6）球形碳化吸附树脂用于人工肾，从血液中吸附肌酸酐尿酸效果很好，是活性炭所无法比拟的，此种树脂还用作色谱的固定相；（7）系统性红斑狼疮系不治之症，可以免疫吸附树脂对患者血液灌流，已证明能用于临床；（8）用 HA-I 及 HA-Ⅱ吸附树脂进行血液灌流，同样可治疗尿毒症；（9）用大孔树脂做载体，将酶固定化，可将氨基酸拆分；等等。以上的新技术研究，大大丰富了离子交换树脂与吸附树脂的内容。

开拓新的研究领域，促进交叉学科不断发展是何炳林又一科研特点。他反复强调科学研究要有战略思想，要有高的起点。只有准确地把握本领域学科发展的动向，积极探索新的相关领域，才能保持学科长盛不衰。近年来，生命科学的发展对高分子学科提出了许多崭新的命题。他结合自己的工作基础和科研特点，联合武汉大学、北京大学、南京大学等有关研究单位，主持并承担了"高分子生物医用材料基础研究"国家自然科学基金重大项目（1993—1997 年），该项目属于涉及化学学科、材料学科和生命科学的交叉学科研究项目，瞄准生物医用材料的国际发展趋势，着重探讨生物降解高分子材料、血液净化材料、抗凝血材料、药物控释材料、生物功能高分子材料等药用和医用材料的设计、合成、性能以及这些材料的界面反应和作用机制。何炳林组织高分子化学、有机化学、生物化学和微生物学的研究人员出色地完成了科研任务，该项研究不仅取得了创新性的理论成果，而且展现了良好的应用前景。该项目得到项目结题评审专家组的较高评价，并荣获 1999 年教育部科技进步一等奖、国家科技进步三等奖。专家评语指出：该项成果为具有重大影响和有重大发现的创新成果，其先进性属国际领先。

何炳林夜以继日奋斗了 40 余年，为国家培养了本科生 603 名，硕士生百余名，博士生 40 名和博士后 8 名。已在国内外发表科研论文 600 多篇，综述文章 100 多篇，主编了《离子交换与吸附树脂》一书。他主持与领导了多项课题研究和技术攻关，获得国家及省部级科技成果奖励 20 余项并取得十多项鉴定成果及专利。他优异的工作成就和开拓进取精神得到国家和学校的充分肯定，在何炳林等人的努力奋斗下，南开大学高分子学科成为国家重点学科并被批准建设国家重点实验室，这在全国高分子化学学科领域是唯一的。他身体力行积极倡导教学、科研与生产相结合，大力开展应用开发，促进科技成果实现产业化，为我国的科技进步和国民经济的发展做出了重要贡献。

部分资料来源：《南开人物志》，原文有改动
文章作者：李平英、孙君坦、史作清、张政朴

王积涛

1918—2006

　　著名化学家，南开大学化学系教授、博士生导师。1918 年生于江苏苏州。1926 年随父母迁居上海。1936 年考入南京中央大学农学院，七七事变后转入东吴大学攻读化学。1939 年春入西南联大化学系学习，1941 年获优秀理学学士学位，并留校任教。1943 年参加国立清华大学第 13 期留美公费考试，以优异的成绩考取制药学留美公费生。1945 年进入美国密歇根大学研究院学习，1947 年获理学硕士学位。后转入美国普渡大学，1949 年获普渡大学研究院哲学博士学位，并任该校药学院博士后研究员，后在美国礼来药厂进行促肾上腺皮质激素（ATCH）的药理研究。1950 年，他毅然返回祖国，投身于南开大学教育和科研工作。1978 年任元素有机化学研究所副所长，长期担任南开大学化学系副主任，为南开大学化学学科的发展做出了重要贡献。历任民盟第七届中央常委，民盟市委会第六、七、八届常委，第九届主委，第十、十一届名誉主委；第六、七、八、十届市政协委员，第九届市政协副主席；第三、五、六届市人大代表，为坚持和完善中国共产党领导的多党合作和政治协商制度，推进天津的经济建设、政治建设、文化建设和社会建设做了大量工作，深得党和人民的信任。1979 年加入中国共产党。

王积涛，1918 年出生于江苏省苏州市一个中产阶级家庭，其父在苏州任金银首饰店经理。1926 年，他随父母迁居上海，就读于苏州旅沪小学，后考入上海公部局办的格致公学。1936 年中学毕业，他投考中央大学和金陵大学，均被录取，最终他选择了中央大学农学院。

入中央大学一年后，抗日战争爆发。八一三事变，日寇进攻上海，王积涛不得已转入东吴大学攻读化学。后报考昆明西南联合大学插班生，并于 1939 年春入西南联大化学系学习，1941 年毕业获理学学士学位。后留校任教，随杨石先教授研究中草药有效成分的提取及生理活性。

1943 年，王积涛参加国立清华大学第六届留美公费生考试，以优异的成绩考取制药学留美公费生。1945 年抗战胜利后即出国留学。

王积涛赴美后，先进入美国密歇根大学研究生院，1947 年获理学硕士学位。后经杨石先教授推荐转入美国普渡大学，1949 年获普渡大学研究院哲学博士学位，随后任该校药学院博士后研究员。1950 年在美国印第安纳州府礼来药厂做 ATCH 的药理研究，成为该厂的一名实习研究员。

留美学习的五年间，祖国发生了历史性的变化。新中国的成立，使他感到无比振奋。王积涛追忆这段往事时说："我是在二战结束后赴美的，这时冷战开始，冷战时代东西方意识形态冲突严重。美国人歧视黄种人，而且赴美的留学生依照美国法律不允许拿学生护照打工。我们这些中国留学生意识形态接近于共产主义，是追求进步的。加上我抗战时在西南联大爱国民主运动的熏陶下，形成了关心国家建设、向往民主的思想，希望自己的国家能够尽快走上正常的轨道，进行和平建设。1949 年中华人民共和国成立，我参加了中美科学协会，联络在美的中国留学生，积极宣传共产党和新中国。"

新中国成立后，祖国号召留学生回国参加建设。王积涛积极联系留美学生，争取更多学有所成的知识青年回到祖国的怀抱。他自己也于 1950 年率先回到了日思夜想的祖国。

1950 年，王积涛受聘于南开大学化学系从事教学工作。其当时一经聘用即为教授，年仅 33 岁。从那时起，王积涛始终站在教学第一线，为我国培养了大批高级化学人才。他用自己的实际行动表达了对党的教育事业的忠诚，尽了人民教师的职责，多次被评为优秀教师。1959 年，王积涛担任化学系副主任后，亲自审定教学大纲、计划、内容。一门课一门课地选拔主讲教师。经过他多年的辛勤努力，南开大学化学系基础课教学有了比较稳定的教学队伍和较高的教学水平。

王积涛从 1955 年开始招收研究生，他亲自授课和指导论文。"文革"后，他是第一批获准的硕士生和博士生导师、学科带头人。几十年来先后培养了 38 名硕士研究生、18 名博士研究生和 2 名博士后。其中一名博士生来自扎伊尔，开创了我国为第三世界培养高级人才的先例，受到原国家教委的表扬和扎伊尔政府的称赞。他还非常重视对进修教师的培养，除安排他们听课外，还指导他们进行科学研究，使他们受到全面的训练和培养。他先后为兄弟院校培养了近 30 名进修教师和国内访问学者。其培养的研究生和进修教师许多已成为一些高等学校教学和科研的骨干。

在教学过程中，王积涛注重理论与实践相结合，经常带领师生到工厂进行实践教学。国内许多化工、制药、农药、试剂工厂都留下过他的足迹。为了使实践教学收到更好的效果，他和教师们先到工厂了解生产工艺及其涉及的化学反应，编出补充讲义，加深学生对实践的认识，提高他们学习基础理论知识的兴趣。他还重视利用实践教学的机会为工厂解决一些技术难题。对于有意义的课题，他带回学校，组织师生开展研究。王积涛等人曾和工厂协作研制香料和有机荧光体，取得了很大的成就。

王积涛非常关心化学教材建设，他讲授过近 10 门基础课、专业课和研究生课程，基本上做到每门课都有教材和讲义。40 年来他笔耕不辍，先后编写的教材有《有机化学》（一）、《有机化学》（二）、《高等有机化学》、《金属有机化学》等 30 余种，其中四本教材由人民教育出版社和科学出版社出版，作为全国统编教材广泛使用。他编写的《金属有机化学》是我国第一部较为系统、全面的金属有机化学教科书。1977 年全国高校理科化学类教材会议后，特别是 1983 年被聘为国家教委高校理科教材委员会成员并兼任有机化学编审组组长以来，他以极大的热忱和高等教育出版社的同志一起组织安排有机化学教材的编写和出版工作，使我国出版了比较齐全、水平较高的有机化学教科书和教学参考书。他还组织翻译出版了国外一些优秀的新教材，主编了《有机化学丛书》，为我国化学教材建设做出了很大贡献。

王积涛待人热情、助人为乐，特别对中青年的求教者，总是鼓励他们在学术上勇于进取。他文笔流畅，外文功底精深，著述的同时还要担负繁重的审稿和译文校对工作。经他审校的翻译著作有近 10 种已经出版，如科登著的《无机化学》、黑克著的《有机过渡金属化学》、费泽尔的《有机化学实验》、戴维斯的《过渡金属有机化学在有机合成的应用》及张融等编译的《溶剂提纯和杂质测定方法手册》等。

早在西南联大任教时，王积涛就随杨石先教授研究中草药常山的有效成分的提取、活性及结构测定。在美国留学 5 年，他一直从事药学的学习和研究，先后对墨西哥草药的有效成分、牙齿慢性被蚀原因、同位素探测药物在体内的变化和白鼠肾上腺素抗坏血酸含量与服用 ATCH 的关系等进行研究。当学业完成后，他怀着一腔爱国热情回到了祖国。尽管当时条件很差，实验仪器、化学药品奇缺，人力也单薄，但他克服重重困难，亲自筹建实验室。他在医治血吸虫病的有机喹啉类杂环药物及消毒剂"呋喃星"的合成方面做了很多有益的工作。他的研究组合成的有机锗化合物经解放军医院科学院筛选，证实具有抗白血病药性，受到 1978 年全国科学大会表彰。

20 世纪 50 年代，在国际上元素有机化学的研究是个热点，苏联走在前列，而我国基本上还是空白。在杨石先教授的率先倡议和直接领导下，南开大学成立了元素有机化学研究所。陈天池、陈茹玉、王积涛、高振衡、周秀中等教授一起指导磷、氟、硅、硼有机化学研究课题，并组织全国进修班，为国内各高校和研究单位培养和输送了许多元素有机化学人才，其中许多人现已成为学科带头人，为我国在该领域的发展做出了贡献。

20 世纪 60 年代初，王积涛又为开辟我国金属有机化学研究做了许多基础性工作。他是我国金属有机化学的开拓者和奠基人。近几十年来，他的研究组在研究钛氢化及锆氢化反应的特异还原性和手性有机钛化合物作为不对称合成诱导试剂等方面发表了百余篇论文。他还和王序昆教授、宋礼成教授等合作，取得了许多重要成果，某些研究课题处于世界前沿水平，其中"新颖铁硫簇合物的合成反应结构与构象研究"获教委 1988 年度科技进步二等奖。

为了把我国金属有机化学研究推向世界水平，他和黄耀曾教授主持了国家自然科学基金会的重大基金项目"高选择有机反应及新金属有机化合物的研究"。王积涛负责的子课题是研究含杂原子的多核金属配合物的合成、结构及性能。在他的组织和指导下，研究组研究了含 Fe-Sn-Fe、Ti-Mo、Ti-W 等有机物的合成、结构及性能，其结果发表在国内外许多重要刊物上。在国际学术交流中，他的研究成果受到重视和好评，并和许多外国学者如德国的罗斯基等建立了合作关系。从 20 世纪 80 年代开始，他和黄耀

百年耕耘

南开化学

曾教授组织中、日、美金属有机化学国际学术会议，至今已召开过四届大会，大大促进了我国在这一学术领域的发展，也加强了国际交流与协作。

王积涛在开展基础学科研究的同时，非常注意应用性开发研究，让研究成果尽早转化为生产力，造福于人民。在研究钛的有机物时，他们注意到某些钛的羟基配合物在水中比较稳定，并且对植物生长有促进作用，便组织力量全力开发了一种新的植物营养素，代号为NK-P的含钛微肥。经天津市科委和全国农田试验证明，其能使农作物增产 10%—20%，1985年以来，他和他的研究组不辞辛苦组织协作、推广、转让，已有多个厂家生产这种新微肥。这项研究成果获 1988 年教委科技进步二等奖。

王积涛教授在化学教育和学术界颇有威望，他曾担任全国化学会理事，长期担任天津化学会理事长，曾被聘为国家自然科学基金委员会有机化学高分子学科评审组成员，原国家教委教材编审委员会成员兼有机化学组组长，原国家教委留美博士生（CGP）考试命题委员，全国自然科学名词审定委员会委员。他还被兰州大学等几所高校聘为客座教授。国内许多国家重点开放实验室，如上海有机化学金属有机化学开放研究实验室、兰州大学应用化学研究室、南开大学元素有机化学开放重点实验室、北京分子动态与稳态结构开放研究实验室等，均聘请他为学术委员会委员。王积涛还是许多学术刊物的顾问和编委，他担任《高等学校化学学报》副主编，尽心尽责。此外，他还担任了许多社会职务，如民盟天津市第四、五届委员，第六、七、八届常委，天津市第五、六、七、八、十届政协委员，第九届政协副主席，天津市第三、五、六届人大代表。1992 年，他被推选为民盟天津市第九届主任委员、民盟第七届中央常委、第九届天津政协副主席等。1998 年，他参加天津市第七次党代会。他团结知识分子参政议政，积极协助党做好统战工作，多次受到表彰。

资料来源：《南开人物志》，原文有改动

文章作者：王蓉

审校：王靖、王善韦

陈荣悌

1919—2001

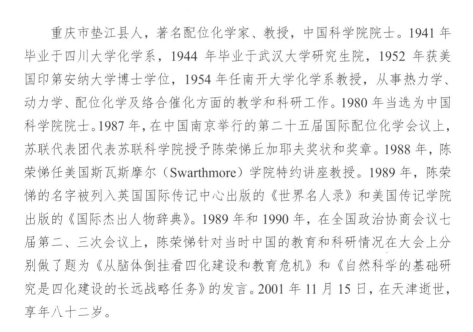

重庆市垫江县人，著名配位化学家、教授，中国科学院院士。1941年毕业于四川大学化学系，1944年毕业于武汉大学研究生院，1952年获美国印第安纳大学博士学位，1954年任南开大学化学系教授，从事热力学、动力学、配位化学及络合催化方面的教学和科研工作。1980年当选为中国科学院院士。1987年，在中国南京举行的第二十五届国际配位化学会议上，苏联代表团代表苏联科学院授予陈荣悌丘加耶夫奖状和奖章。1988年，陈荣悌任美国斯瓦斯摩尔（Swarthmore）学院特约讲座教授。1989年，陈荣悌的名字被列入英国国际传记中心出版的《世界名人录》和美国传记学院出版的《国际杰出人物辞典》。1989年和1990年，在全国政治协商会议七届第二、三次会议上，陈荣悌针对当时中国的教育和科研情况在大会上分别做了题为《从脑体倒挂看四化建设和教育危机》和《自然科学的基础研究是四化建设的长远战略任务》的发言。2001年11月15日，在天津逝世，享年八十二岁。

陈荣悌 1919 年 11 月 7 日生于四川省垫江县（现属重庆市）峡云乡的一个小康之家，少年时代就立志为振兴祖国而发愤学习。1941 年毕业于四川大学化学系，后又考入武汉大学研究生院深造。1944 年毕业并于同年考取留美公费生。1952 年在美国印第安纳大学获得博士学位，曾在美国西北大学进行博士后研究，并在芝加哥大学低温研究室担任研究员。为了回国参加祖国的社会主义建设，1954 年他冲破美国政府的重重阻挠，取道欧洲，辗转回国。到达天津后的陈荣悌，本计划应老师刘云浦先生和他在四川大学、武汉大学的同学邀请就职天津大学。在入住天津大学招待所的当晚，时任南开大学校长杨石先先生和陈天池、王积涛教授来访，并力劝陈荣悌到南开大学化学系任教。于是陈荣悌到高教部报到时选择到南开大学任职。

　　当时南开大学同国内其他大学一样，尚处于艰难的恢复与重建阶段，师资严重缺乏，科研设施极其简陋，一切都得白手起家。他勇敢地挑起了开设新学科的重担，一边编写讲义开课教学，一边建设实验室培养研究生，在不到一年的时间内完成了化学系热力学专业的创建工作。在 1958 年的"拔白旗"运动中，陈荣悌首次经受了政治上的严峻考验，有人指责他开设的化学热力学是唯心主义，要对他进行批判，并且要"拔"掉这杆白旗。面对这种无端的指责，陈荣悌无法理解，更是无法分辩，但是他坚信自己是热爱祖国和人民的，更是热爱共产党的，自己没有错，组织上会理解他的，他下定决心要把这门新开设的学科知识传授给新中国的青年一代。

　　在"拔白旗"的批判运动中，陈荣悌仍旧坚持在教学第一线，说来也怪，越是要批判，学生就越是爱听，听得越认真，陈荣悌讲得越起劲。尽管时间过了几十年，陈荣悌边挨批判边教学的佳话一直流传至今。

　　化学领域有两个著名的定律，一个是 20 世纪 20 年代丹麦物理化学家布朗斯特（Bronsted）发现的均相酸碱催化定律，另一个是 20 世纪 30 年代以美国科学家名字命名的哈米特（Hammett）方程所表达的有机反应规律。前者讨论一般酸碱均相催化中反应速率与酸碱强度之间的线性关系，后者则涉及对位和间位取代苯基衍生物支链反应的反应速率或平衡常数之间的线性关系。两者都是经验关系式，当时人们还不知道这种线性关系存在的原因。20 世纪 30 年代艾林（Eyring）等人发展了反应动力学的过渡状态理论（绝对反应速率理论）之后，化学家们才知道反应速率与活化自由能改变的定量关系，使布朗斯特（Bronsted）定律和哈米特（Hammett）方程这两个经验关系式得到解释，并称之为"直线自由能关系"。陈荣悌积多年科研教学之经验，认定在配位化学领域内也应存在这种类似的关系，早在 20 世纪 50 年代末就提出了配合物稳定性与配体酸碱强度之间的直线自由能关系，并从理论上进一步预测配合物的生成热与配体的质子化热之间也应存在线性关系，即直线焓关系。

陈荣悌这一处于国际领先水平的科研成果于 1962 年发表在德国的《物理化学杂志》上，在国际化学界引起了极大的反响并得到了极高的评价，一时间，20 多个国家的 70 多位学者纷纷来函表示庆贺并索取单行本，要求进行学术交流。陈荣悌作为我国配位化学开拓者和推动者之一，为中国的配位化学事业在国际化学界取得高度荣誉做出了极大的贡献。

正当陈荣悌满怀壮志，积极筹划并着手从实验上来验证配位化学中的直线自由能这个重要理论，并在配位化学研究领域取得重要进展的时候，"文革"发生了，科研教学处于瘫痪状态。陈荣悌不但无法进行他十分热爱并处于国际领先水平的配位化学科研工作，而且也和其他从海外归来的学者一样，被无端地打成了"反动学术权威""美国特务"，遭到了残酷打击迫害，再一次经受了严峻的考验。然而陈荣悌即使在身心备受摧残迫害的岁月中，仍然对自己当初回归祖国的义举无怨无悔，他相信乌云不会永久蔽日，光明一定会再现神州大地。他要用自己对科学和教育事业的无私奉献，对理想的不断追求，来说明自身的清白，来表达他对祖国和人民、对党的无限热爱。因此，在那最艰难的日子里，他始终没有忘记自己所热爱的配位化学科研事业，实验不能做，课不能上，图书馆去不了，他就在家里钻研，苦思冥想。他心中一直燃烧着一团科研报效祖国的爱国之火。

粉碎"四人帮"之后，科学的春天又回到神州大地，科学再次受到重视，人才再次受到尊敬和重用。陈荣悌当时已年近花甲，但正所谓"老骥伏枥，志在千里"，他重新开展了中断 10 多年的科学研究工作。研究生招生制度的恢复，又给他源源不断地送来了大批人才。陈荣悌和他的科研小组为了弥补"文革"给配位化学科研事业所带来的损失，为了夺回失去的时间，陈荣悌加倍努力、夜以继日地奋斗着。1979 年，第 20 届国际配位化学会议在印度召开，陈荣悌率领中国代表团参加了大会，并在大会上做了报告，宣读了他在"文革"前所做的关于配位化学中的直线自由能关系的学术报告。虽然由于"文革"科学研究中断了十余年，但当时的科研成果仍然受到了国际同行的赞许。他通过 6 年的努力奋斗，积累了大量的实验事实，终于证实了"配位化学中的直线焓关系"，同时提出并证实了"配位化学中直线熵关系"的存在，进而提出了"配位化学中的线性热力学函数关系"理论，于 1986 年荣获原国家教委科技进步二等奖。陈荣悌于同年在希腊雅典召开的第 24 届国际配位化学会议上做了特邀报告。他的研究成果推进了配位化学的研究，为中国和世界的配位化学事业做出了宝贵的贡献，也奠定了他在配位化学界中的杰出地位。1987 年，苏联科学院授予他丘加耶夫奖状和奖章。自 1979 年以来，他代表中国参加了历届国际配位化学会议并被选为国际配位化学会议执行理事，他足迹遍五洲，学术传四海，多次出国访问和讲学，为促进中国和世界在配位化学方面的学术交流，挺进国际学术界的相互了解，做出了卓越的贡献。

陈荣悌一边搞科研，一边坚持在教学第一线培育新人，辛勤耕耘。40 多年来，陈荣悌取得了丰硕的教育成果。他从 1955 年开始招收研究生，先后为国家培养了硕士生 30 多名，博士生 20 多名，与国外联合培养博士生多名。陈荣悌在 80 岁高龄时，仍亲自培养博士生，经他推荐派往国外进修和留学的青年学者 20 余人，其中有不少已成为国内外科研机构和大学的教学科研人员，实是"辛勤耕耘四十载，赢得桃李满人间"。1980 年他被选为中国科学院院士（时称学部委员）。截至 20 世纪 90 年代时，他已在国内外发表学术论文 280 余篇；分别于 1986 年、1991 年和 1998 年三次获国家教委和教育部的科学技术进步二等奖。

陈荣悌在教育和科研实践中，先后编写了《化学热力学》《化学动力学》《动力学及反应器原理》《配位物理化学》《络合催化》等讲义；并出版了《分子筛上的有机化学反应》和《无机反应机理》等译著；他集毕生科研之成就撰写了配位化学基础理论专著《配位化学中的相关分析》，该书系统地阐述了他在配位化学方面的科研成果，受到了国际化学界的重视和好评。

陈荣悌注重理论联系实际，在面向国民经济主战场的科研方针指引下，将基础理论和实际应用结合起来。为解决我国氯碱工业生产氯乙烯所用催化剂中汞的毒害问题，1973 年他接受了市科委的氯乙烯中无汞催化剂的研制课题，在他的带领下，科研组经过几年的努力，终于在实验室研制成功了具有良好催化作用的固相和液相无汞催化剂，解决了聚氯乙烯生产中的毒害问题，为环境保护做出了积极的贡献。

我国氯丁橡胶生产长期沿用 20 世纪 50 年代苏联援建的老工艺，转化率低、选择性差，其中管道堵塞尤为严重。1983 年，化工部提出了改善氯丁橡胶生产中的落后状况问题，陈荣悌再次担起了这一攻关任务。接受任务后，他不顾自己年事已高、身戴心脏起搏器的状况，带领科研组亲赴山西大同化工厂调查研究，多次沿着狭窄的角铁梯架，冒着危险爬上 20 多米高的反应塔，实地考察研究，取得了第一手资料，研制出了乙炔二聚 NS-O2 新型络合催化剂，取得了转化率和选择性均高的优异成果，达到了国际领先水平。该项成果 1985 年获国家发明三等奖，经推广使用后，使我国氯丁橡胶行业的生产水平一下推进了数十年，产生了巨大的经济效益和社会效益。

作为爱国归侨知识分子的杰出代表，陈荣悌一直是中国共产党的忠实朋友。归国后他参加中国民主促进会，历任南开大学支部委员、天津市委副主委。1987 年他当选为中国致公党天津市主委，作为民主党派和知识分子代表当选为全国政协委员。陈荣悌不仅致力于科研和教学事业，而且关心政治，热爱祖国，真诚地拥护党的领导，积极参政议政。他在 1989 年全国政协七届二次会议上，做了题为《从"脑体倒挂"看四化建设和教育危机》的发言，表达了自己心中的深切感受。他透过"脑体倒挂"现象，通过对历史的、现实的以及世界各国的劳资分配情况的对比和分析，尖锐地指出了"脑体倒挂"的弊端。为了科学教育事业的兴旺和发展，为了国家和民族的未来和希望，陈荣悌在发言中大声疾呼，必须尽快改变"脑体倒挂"这一不正常现象。陈荣悌恳切的发言击中时弊，得到了中央有关领导的重视。1990 年他在全国政协七届三次会议上的发言《自然科学的基础研究是四化建设的长远战略任务》也受到中央的重视。1993 年，他又当选为全国政协常委、天津市人大常委会副主任。他真诚地拥护中国共产党的领导，关心政治，热爱祖国，热爱人民。他把报效祖国和人民的一腔热情全部投入了自己所从事的教育、科研事业之中。

他坦诚地说："我是从事教育科研工作的，我并不熟悉政治。但是，就我一生的经历和体验，纵观古今中外的经验和教训，我深切地体会到，政治制度的落后是导致科学技术以至国家和民族孱弱的根本原因，政治的开明和公正对科学技术事业的发展和进步起到至关重要的作用。我年轻的时候热衷于教育救国，一方面是由于没有机会接触到马列主义，另一方面是由于对旧中国腐败的政治制度的反感和厌恶。我在古稀之年参加全国政协，我一定要认真履行自己的职责，以我一生的经验和知识为国家大力发展科学教育事业献计献策。"

陈荣悌一生历经沧桑，通过对新旧中国的嬗变和东西方世界的兴衰的观察和体验，对科学、教育与国家兴衰密切相关的感受尤为深刻。因此，他对这个问题思考很深，议论甚多，引起了有关部门的高度重视。

陈荣悌是中国知识分子的优秀代表，和中国历史上的诸多仁人志士一样，具有爱国的崇高品质。他曾多次向自己的学生讲："我钦佩楚国的三闾大夫屈原虽九死而犹未悔的报国之心，我主张科学教育救国、兴国，主张讲民主、讲法制的爱国主义，为了报效祖国和人民，我愿意贡献出自己的一切，终生无怨无悔。"他用自己赤诚的爱国之心从事教育科学事业，参政议政；他十分珍惜国家和人民给予他的政治权力。他深入社会各阶层，倾听民众的呼声，广探各方的意见和建议。每当了解和发现关系国计民生的问题，他总是要深入进行调查研究，多方搜集资料，认真总结，仔细分析，草拟议案，向有关部门提出自己的意见和建议。在他任全国政协委员的几年中，陈荣悌在全国政协大会上先后做了《从"脑体倒挂"看四化建设和教育危机》《自然科学的基础研究是四化建设的长远战略任务》《我国金融信贷存在的问题及其对策》《反腐倡廉要标本兼治》等多项提案和发言。他的这些提案和发言，观点鲜明，论据充足，逻辑严密，击中时弊，抓住关键，绝无牢骚怨恨之语，充满报国爱民之心。

陈荣悌生活简朴，注重节省，为人孝悌，性格随和。他曾多次向学生讲："超过必需的量就是浪费。"他身体力行，以身作则，处处严格要求自己。1995年6月，他在北京同时参加了全国政协常委会会议和中国科学院院士会议，有天早晨从驻地京西宾馆出来，要去友谊宾馆参加中国科学院召开的一个会议，秘书坚持要他乘出租汽车，他却坚持要乘公共汽车。他们挤上了4路公共汽车，到了木樨地车站下车后，正穿过马路准备转车时，一辆急驶而来的自行车撞上了他，陈荣悌险些被撞倒，胳膊被划破，渗出了一大片血珠，引起了行人的围观，但是他们当中无人知道这位连出租车费都不愿报销的人是一位全国政协委员、天津市人大常委会副主任和中国科学院院士，更不知道他是一位曾因身患癌症做过手术并戴心脏起搏器的76岁高龄的老先生。了解他身份的人也许又不能理解：这样有地位的人，为什么连出租汽车费都不肯花呢？陈荣悌的回答是"科研经费有限，出差能省就省一点"。

他对个人的生活享受可以说毫无追求。他先后当选为天津政协委员、常委，全国政协委员、常委，天津市人大常委会副主任，地位高了，权力大了，但他简朴之风依然如旧，他办公室的桌椅书架都是 20 世纪五六十年代的老古董，已经陈旧不堪。

人生好比一条长河，每一片浪花都闪耀着人生的光彩。爱国忧民，勤奋好学，简朴寡欲，孝悌仁爱，这就是陈荣悌院士的人格所在，这也是我国知识分子的感人至深的精神境界。

资料来源：《南开人物志》，原文有改动
文章作者：林华宽
审校：陈昌亚

陈茹玉

1919—2012

　　福建闽侯县人。1942 年毕业于西南联合大学化学系。1952 年获美国印第安纳大学有机化学专业博士学位，并得到"西格玛赛"荣誉学会颁发的金钥匙荣誉。1952—1955 年，在美国西北大学化学系任博士后研究员。1956 年回国后，重回南开大学化学系任教授兼有机化学教研室副主任。1958 年同时承担南开大学化学系农药和有机磷两个研究室的组织和筹建工作，并担任南开大学化学系有机化学教研室副主任和农药研究室主任。1979 年任南开大学元素有机化学研究所副所长，1981 年任所长，创建了国家第一批重点学科、第一批博士点、第一批博士后流动站、第一批国家重点实验室和国家农药工程研究中心。1980 年被选为中国科学院学部委员（院士），同时还兼任国务院学位评定委员会委员、中国化学会理事、中国植保学会理事、中国化工学会理事、中国农药化学学会副理事长等职。此外，她还是中国化学会会员及国际主族化学委员会（ICMGC）主要成员。2005 年，她倾其所有，设立"陈茹玉奖学金"。2008 年当选为英国皇家学会会士。

陈茹玉，我国著名的有机磷化学家、教授、中国科学院化学部院士。1919 年 10 月 3 日出生在福建闽侯县。1931 年天津圣功小学毕业后，以优异的成绩考入当时的省立第一女子中学，依靠公费的资助，得到继续求学的机会。抗日战争全面爆发后，她只身南下昆明，考入了西南联合大学化学系，1942 年毕业。随后，1948 年春，她抱着"科学救国"的理想远涉重洋，与她丈夫何炳林同在印第安纳大学研究生院一起攻读有机化学专业博士学位。1950 年获美国印第安纳大学有机化学专业硕士学位，1952 年获博士学位。她由于学习刻苦、成绩优秀，经导师推荐成为西格玛赛（sigmaxi）会员（这是美国在学术上的一种荣誉）。然后在美国西北大学化学系任博士后研究员，从事新偶氮染料的合成及用于蛋白质结构分析的研究。

新中国成立后朝气蓬勃的发展，召唤着身在异国的学子，尽管她和丈夫何炳林在美国工作，生活较为优裕，但是他们仍念念不忘自己贫穷落后的祖国，恨不得马上回国为祖国服务。陈茹玉从《华侨日报》上看到了许多国内解放后令人振奋的消息，感到中国真是起了天翻地覆的变化。1949 年中国学者在美国成立了"中国科学工作者协会"，她积极响应、支持，并参加了这个组织。在这个协会中有不少爱国人士，也有不少与她一样切盼回国的人，他们互相传递有关回国的信息。

一天，在依温斯顿（美国西北大学所在的城市）她意外地收到一封来自祖国的信，这就是她深深怀念的恩师杨石先教授写来的亲笔信。恩师语重心长地写道：旧中国已经消亡，新中国已经诞生，百废待举，人才缺乏，希望她早日回国参加建设。恩师的召唤使她激动不已，于是她一次又一次地跑移民局，提出申请，但都遭到了阻挠。移民局对她的申请感到意外，认为她在美国受到如此重视，生活待遇也不错，为什么还要离开呢？为此移民局多次劝说她申请在美国的永久居留权。然而他们怎么能理解海外赤子思念祖国的炽热之心呢？

有一次移民局打电话通知她要来家访，让她等候，而来访者竟然是一位会讲汉语、能认汉字的"中国通"。因为她申请回国的理由是大孩子留居在国内外祖母身边，外祖母年事已高，无力照顾孩子，做父母的怎能扔下自己亲生子女而不管呢？这位"中国通"马上接着说："现在如果有一架天平，一头放着两个孩子（当时他们身边有两个孩子），一头放着另一位大孩子，你们说是两个孩子重，还是一个孩子重？"她立刻答道："孩子在父母心上是无量、无价的宝贝，没有重轻的问题。"那人又讲了许多所谓人性论的东西，她听得心烦了，插话道：你对我们父母与儿子分离这么多年没有同情感，岂不才是真正违反了人道主义吗？"中国通"说来说去最后抓不着什么把柄，只得告退了。

1953年，她和其他几位中国留学生听说周总理将出席日内瓦会议，于是决定和丈夫何炳林及16位志同道合的留美中国学生联名向周总理上书，经过一番周折，这封信通过印度驻联合国大使梅农先生帮助，由尼赫鲁总理转交给周恩来总理。在日内瓦会议上，周总理指责美国无理扣留中国留学生的行径，并把这封理工留美学生签名的信拿出来，杜勒斯无言以对。如此才迫使美国政府撤销了阻碍留学生回国的禁令。在周总理的亲自关怀下，陈茹玉全家最终获准离美归国。

1956年1月，陈茹玉终于回到了阔别了9年的祖国！当她一踏进祖国的大门，看到了五星红旗时，泪水夺眶而出。她终于回到了祖国，报效祖国的理想终要实现了！

陈茹玉回国后，任教于南开大学化学系，开始从事半微量有机分析化学的教学和研究工作。这一领域当时在国内还是空白。她一面教课，一面筹建半微量有机分析室，她把自己从国外带回的昂贵仪器和化学药品等无偿地捐献给国家。经过她的努力，实验室建立起来了，同时，她还为我国培养出一大批有机分析方面的人才。

有机磷化合物具有特殊的生物活性，它们可用作杀虫剂、杀菌剂、除草剂和植物生长调节剂等，不少含有机磷化合物还具有良好的抗癌活性，在国民经济中起着重要的作用。陈茹玉是我国开展有机磷研究的最早的学者之一，她对有机磷化学及其生物活性化合物的合成和反应进行了大量系统的研究。直到目前我国在这一领域仍然保持着国际先进水平。1958年，在校长杨石先教授的倡导下，她开始从事农药化学和有机磷化学方面的教学与研究，参加筹建了农药和有机磷两个研究室，并担任有机化学教研室副主任。那时我国农药化学刚刚起步，国内果树、蔬菜蚜虫等一些害虫危害严重，小麦锈病成灾，急需农药防治。1959年，她带领助手很快完成了对人畜危害不大但对害虫有很好防治效果的敌百虫、马拉硫磷等有机磷杀虫剂的研制，并且在校内建成了敌百虫生产车间，填补了我国农药方面的一项空白。

1962年，南开大学元素有机化学研究所成立，陈茹玉担任农药室主任，并开始了对新型除草剂及植物生长调节剂的研制工作。她首先从农药基础理论的研究开始，一方面对多种结构新型化合物的合成方法、生物活性进行研究，不断总结其中的规律；另一方面又开展了对植物源农药的分离、提取和结构鉴定工作。在她的指导下，一些农药新品种相继研究成功。1965 年，她与其他科研人员共同研制出我国创制农药的第一个新品种"除草剂一号"，荣获国家科委颁发的新产品发明二等奖。

十年动乱中，陈茹玉虽身处逆境，但丝毫没有放弃科研工作，继续为研究新型除草剂顽强工作着。1970 年，她与同事研制成功防除野燕麦的新型除草剂"燕麦敌 2 号"和植物生长调节剂"矮键素"等。

党的十一届三中全会和全国科学大会召开了，陈茹玉以更高的热情投入教学科研工作当中。1979 年，她担任南开大学元素有机化学研究所副所长兼农药室主任。陈茹玉瞄准国际农药学科发展的最前沿课题即在计算机辅助下研究农药活性与其结构关系，1981 年派助手到日本京都大学进修一年，然后她与助手在国内率先开展定量的构效关系（QSAR）工作，1982 年她带团出访日本、美国考察农药化学，掌握农药科研和技术发展的新动向。不久，她就研制出了植物生长调节剂"7841"，此药可使大豆、花生等作物增产 10%—30%，并获得国家专利局颁发的发明专利权。她还相继创制出对人畜具有低毒特点的除草剂"灭阔磷"，且已通过小试鉴定，并获得发明专利权。

党的十一届三中全会后的近 20 年，是陈茹玉最繁忙的时期，她不仅搞科研、带研究生，还要参加大量学术交流活动，为推动我国农药化学的发展和与国际接轨做了大量工作。她多次参加国际、国内农药化学、磷化学会议。1982 年、1983 年、1986 年、1989 年、1992 年与 1995 年她先后赴日本、法国、德国、苏联、韩国等国参加国际磷化学会、国际农药化学会及国际杂原子会议，并在会上宣讲了她的科学报告，得到了与会专家的好评。

陈茹玉教授既是一位治学严谨、成就卓著的科学家，又是一位慈祥可亲、诲人不倦的好老师。她在南开大学辛勤执教 40 多年，桃李满天下。1978 年恢复研究生制度后，她又参与研究生教材的编写。至今，陈茹玉已培养出 50 多名研究生，其中博士生 20 多名、硕士生近 30 名。她指导过 8 名博士后，其中 6 名已出站。此外，陈茹玉还积极参与人民政协的工作。

1980 年至今，她在国内外科技刊物上发表了有关有机农药化学、有机磷化学等方面的论文近 300 篇，编写出版了《有机磷化学》、《国外农药进展》（一、二、三册）、《化工百科全书（农药除草剂部分）》、《有机磷农药化学》等书籍。

由于陈茹玉院士为中国的教育与科学事业做出了卓越贡献，党和国家授予了她很多的荣誉。1959 年她非常荣幸地被邀请参加了国庆十周年大典，受到毛主席、周总理等国家领导人的接见；她还曾被委任为第四、五、六届全国政协委员。1980 年她被选为中国科学院学部委员（院士），中国农药化学学会副理事长，国务院学位评议委员会成员，天津市政协副主席、科协副主席和侨联副主席等。1982 年天津市人民政府授予她"五讲四美为人师表优秀教育工作者"称号，1983 年中华全国妇女联合会授予她全国"三八红旗手"称号，1989 年国务院侨务办公室、中华全国归侨联合会颁发给她"全国优秀归侨、侨眷知识分子"奖状，1990 年天津市人民政府侨务办公室、天津市归国华侨联合会又授予她"全国归侨、侨眷先进个人"称号。在学术上她曾获得国家自然科学二等奖，国家教委科技进步一等奖、二等奖、三等奖等。1990 年国家科委、国家教委为表彰她对国家科技事业的特殊贡献，还特别授予她"全国高等学校先进科技工作者"称号。

资料来源：《南开人物志》，原文有改动
文章作者：王柏灵

史慧明

1924—2021

　　著名化学家，1924 年生，1947 年在北京大学化学系毕业，继而在南开大学化学系任教。主要研究方向为络合物与稀有元素的光度分析，曾获国家教委科技进步二等奖，并担任过天津市化学学会理事长。

谈及史慧明先生与南开的情缘，不得不提南开大学分析化学的创建史。南开大学分析化学学科起源于 1921 年化学系成立之初邱宗岳先生开设的定性分析课程，并在陈天池等老一辈科学家的带领下逐渐壮大。1952年，根据国家建设需要，创办了矿物分析专修班。1954 年，成立了分析化学专业，1958 年正式在全国招收本科生。20 世纪 80—90 年代，在史慧明、沈含熙和何锡文教授等学科带头人领导下，本学科点分别于 1981 年和 1990年被国务院批准为分析化学硕士和博士学位授权点，2007 年被批准为国家重点学科。作为参与建立分析化学教研室的老主任，积极投身于教研室的骨架建设，已成为史先生的日常工作。如今，分析科学研究中心在职教师29 人，既有一支结构合理的高水平教学和科研队伍，又有一支国家计量认证资格的分析测试队伍，这背后离不开史先生等老一辈科学家们的付出与努力。

在基础教学工作中，史慧明始终保持兢兢业业、一丝不苟的教学态度，长年奋斗在教学教育第一线。她极重视备课，常常为准备第二天的课程加班到深夜。史先生教授的分析化学课程一直以来都广受学生们的好评，严格、耐心、负责任已然成了史先生在学生心中的代名词。

在科学研究方面，她强调学生的科研课题应该越做越宽，不应着眼于眼前小利——国家需要什么，我们就做什么。史先生对待学生非常包容，在学生遇到科研问题时，会主动上前予以指导帮助，同时从来不会在日常实验作息上设置硬性要求，对自己课题组中的学生一直是亦师亦友，亲切和蔼，组内氛围轻松愉悦，学生与史先生关系融洽。在学生经济困难和生活困难之时，史先生也尽自己所能地施以援手。

在为人处世方面，史先生向来低调内敛，从不当着人面去夸赞对方，史先生意识到这可能会使一个人骄傲，但这并不意味着她总是带着批判的目光看待他人，史先生看人看长处，也经常会在背后夸人的优点。对于认识了解的人，史先生尤其对他们的优秀品质记忆深刻。史先生退休居家时，仍然时时刻刻关心挂念着南开化学的发展。在与昔日学生、同事交谈时，还会时常提起南开化学的老同事以及后辈们的情况，现场的话语，令人感动。一生南开人，一世南开情。带着史先生等老一辈科学家的嘱托与期待，祝愿南开化学在新百年再续辉煌华章！

文章作者：栾静怡、杨擎挚

周秀中

1924—

　　1951 年湖南大学化学系本科毕业，1953 年北京大学化学系研究生毕业，导师为邢其毅教授。1953 年秋在南开大学化学系任助教，1955 年、1978 年和 1983 年分别晋升为讲师、副教授和教授，1986 年被评聘为博士生导师。1981—1982 年在美国马萨诸塞州大学及西北大学做访问学者。1962—1976 年任南开大学元素有机化学研究所有机硅研究室主任。1984—1986 年任南开大学化学系副主任。1983 年任《高等学校化学学报》和《有机化学》编委，1986 年任《高等学校化学学报》第三届编委会副主编。2000 年退休。

周秀中，1953年秋到南开大学化学系任教，历时40余年，一直坚持在基础课教学第一线，长期负责化学系基础有机化学和高等有机化学的讲授，并筹建了化学系有机合成实验室。教学之余，他积极开展有机硅和金属有机化学方面的科研工作。早在20世纪50年代他就开始对硅氢化反应进行系统研究，合成了一系列含Si-A-Si链节的环状化合物。80年代他又把有机硅化学和金属有机化学结合起来，发现了一类颇有价值的新颖热重排反应，并对反映机理和适用范围进行了深入系统的研究。其同时还进行了高效均相烯烃聚合催化剂方面的研究，承担了国家"九五"攻关项目"复合型PE催化剂用茂化合物的合成及其合成方法放大研究"和国家自然科学基金委员会重点项目"茂金属催化剂及催化聚合反应研究"。累计发表学术论文185篇，授权中国发明专利8项，结合科研任务的完成，培养了15名博士和22名硕士研究生，在教学、科研和育人方面均取得了很大成就。

周秀中1924年3月10日出生于湖南省常德县一个清贫的小知识分子的家庭。他自幼勤奋好学，但由于家庭经济困难，高中毕业后不得不在一所中学任教三年，才于1947年考入湖南大学化学系学习。1951年大学毕业后，由于成绩优异被保送至北京大学化学系读研究生，师从著名化学家邢其毅教授。1953年秋他到南开大学化学系任教，至今40余年。他因能将自己的青春和才智奉献给他所钟爱的教育事业而深感欣慰。

初到南开大学化学系任助教，周秀中便于1954年筹建化学系有机合成实验室，次年在化学系开设有机合成实验课。同年秋为生物系讲授有机化学。自1959年起长期为化学系讲授有机化学。1960年他还为天津市第一届广播函授大学讲授大学有机化学，并编写了有机化学学习法指导书，深受学员欢迎。1961年他受高教部委托，修订了综合大学《有机化学教学大纲》及使用说明书，分发各院校供有关教学人员参考。"文革"后又长期为研究生和本科生讲授高等有机化学。其40余年始终坚持在基础课教学第一线，辛勤耕耘，从未间断，可谓桃李满天下。

在教学工作之余，他积极开展和坚持科研工作。1957年开始了有机硅化学方面的研究。1959年招收了第一名研究生，开展了硅氢化反应的系统研究。1962年南开大学元素有机化学研究所建立，他担任有机硅研究室主任。他首次实现了乙炔的硅氢化反应，较系统地合成了含有Si-A-Si（A＝O, S, NR-）链节的多种环状化合物，10年后国外才出现类似工作的报道。他从实验和理论上说明了（-R$_2$SiCH$_2$CH$_2$SiR$_2$-）NR'中Si-N-Si链节具有额外稳定性的原因。这一特点已被发展成为有机合成中保护氨基的方法之一，还解决了我国 20 世纪 60 年代苯基硅单体生产中副产物二苯基二氯硅烷的综合利用问题。他提出了一个简便的方法，可将二苯基二氯硅烷定量地转化为当时急需的苯基三氯硅烷，进而将这一方法提高到理论上来，研究了 Ar-Si 键断裂反应的动力学和活性比较。1965 年他参加了一年农村"四清"工作，随即"文革"开始，一切教学和科研工作均告停顿。

1972 年，由于"文革"期间留校的青年教师基础课未修完，组织上安排周秀中第一个走上讲台，为青年教师系统补授有机化学课，同时利用空余时间，查阅近期国外有机化学学科的发展概况和有关科技信息。经过一段时间的准备，他随即向化学系师生介绍了立体化学新构型标记法及不对称合成的重要新进展。1976 年天津又遭受唐山地震灾害的波及，有机化学实验室几乎全部被毁，进而也影响了他及时恢复科研工作的打算。

随着"文革"的结束和改革开放政策的实施，1981 年初，学校派遣周秀中赴美国马萨诸塞州大学和西北大学访问进修，学习和了解他们的教学和科研经验。1982 年回国后，除继续承担高等有机化学课的讲授任务外，他还积极开展科研和研究生培养工作，将其科研方向调整到有机硅化学和有机过渡金属化学相结合的方向上来。一方面系统研究硅（锗）桥连双环戊二烯基（1-茚基）双核过渡金属羰基化合物，另一方面又系统研究硅（锗）桥连双环戊二烯基（1-茚基）单核过渡金属化合物。在进行前一项研究中，他发现了一个新颖的热重排反应。经过 10 多年的坚持不懈努力，他获得了大量的实验数据，表明重排是一立体专一性反应，且重排是发生在分子内，而非分子间；弄清了反应的驱动力是底物分子的环张力，从而提出了合理的反应机理；进而研究了反应底物结构与活性的关系以及反应的适用范围，已基本上形成了一个较完整的新反应。这在金属有机化学领域是一个颇有特色且具有较大理论意义的全新反应。他曾在国内外有关学术会议上受邀做大会报告，反响良好。有关内容在金属有机化学的权威期刊 Organometallics 上系列发表。该项成果 1998 年获得教育部科技进步二等奖。第二项科研课题经过 10 多年的努力，合成了一系列新的硅（锗）桥连双环戊二烯基单核过渡金属化合物。特别是其中某些硅（锗）桥连双环戊二烯基（1-茚基）单核ⅣB 族金属化合物是新一代均相烯烃聚合催化剂，从而使他承担了国家科委"九五"攻关项目"复合型 PE 催化剂用茂化合物的合成及其合成方法放大研究"和国家自然科学基金委员会重点项目"茂金

百年耕耘
南开化学

属催化剂及催化聚合反应研究"。在这些项目的完成过程中，他系统研究了催化剂结构与催化性能关系，开发出多个高效烯烃聚合催化剂，发现桥连茂金属催化剂结构与催化性能的一些规律，特别是桥链结构与催化活性的关系。与北京化工研究院合作，对筛选出的一个性能优越的催化剂进行扩大合成，经负载化后，周秀中在辽阳化纤公司研究院 $3.2M^3$ 聚合釜上成功地进行了负载茂金属催化剂乙烯聚合氢调和共聚中试试验，生产了 5 吨茂金属中密度聚乙烯树脂，为茂金属催化剂在聚烯烃工业上的应用做出了贡献。鉴于周秀中教授的杰出贡献，他被延聘至 2000 年 70 岁时才退休。

文章作者：王佰全

周秀中教授工作照

周秀中教授与陈军院士合影

白明彰

1926—2017

　　1926 年出生于山西太谷县。1947 年就读于南开大学化学系，1951 年毕业并任职于天津化学厂研究室，1952—1956 年于北京医学院任助教，1956—1958 年任内蒙古医学院讲师，1958—1977 年于内蒙古农牧学院基础部任讲师，1977—1988 年任南开大学元素所副教授、教授，1985 年 4 月—10 月在日本东京大学进修。

白明彰，1926 年出生于山西省太谷县南洸村，1947—1951 年就读于南开大学化学系，毕业后于天津化学厂研究室工作，1952 年又于河北省（石家庄）工业学校作教员，同年于北京医学院任助教四年，于 1956—1958 年在内蒙古医学院任讲师，1958—1977 年继续在内蒙古农牧学院基础部任讲师，1977—1987 年为南开大学元素所讲师、教授，1988 年退休。

1977 年底，白明彰调回南开大学元素所，并被分配到金属有机研究室工作。

1978 年初，当时的科学院物质结构研究所所长卢嘉锡先生（后来的中国科学院院长）、吉林大学校长唐敖庆先生、厦门大学教授蔡启瑞先生三人联合发起一个"化学模拟生物固氮"研究协作组。卢嘉锡先生专门到南开来，邀请南开派人参加这个全国性研究组，合成他自己设计的"固氮原子镞模型"。那时白明彰老师到南开不久，还没有明确的课题，而其他人都不但有自己的课题，而且大部分都有一定的成果，研究所领导就派白明彰老师参加，由王积涛先生作为名义牵头人，具体工作由白明彰及其小组人员来做。白明彰老师没有选择的余地，只好承担下来。"固氮原子镞模型"是一类含钼的原子簇化合物，属于金属有机范畴。参加这个研究小组，需每一年或两年召开一次全国性会议。这个课题难度很大，就像卢嘉锡先生有一次在会上说："什么叫作研究？研究就是胡搞。"卢嘉锡先生、蔡启瑞先生、唐敖庆先生这三位全国知名的化学家，每次开会他们都要出席，他们的严谨认真的治学态度，真是令人钦佩。特别是唐先生，那种和蔼可亲、平易近人的态度，非常令人钦佩。当时他的视力大概只有 0.1 以下，纸面上的字必须有核桃大小才能看得见。主持会议时，他不能做记录，只是把每人的报告都记在脑子里，最后做总结时，他不但把每人的发言都概述一遍，还要做出评论。如上面所说，这个题目实在太难搞了。上海有机所的陆熙炎等人退出卢先生的研究团队，白明彰老师也随之退出，但是白老师的研究方向还是离不开有机钼这个方向。全国固氮研究协作小组又维持了两年，没有得出有意义的成果。就在 1985 年，南开大学派白明彰老师去日本东京大学做访问学者，研究题目也是有机钼化合物的固氮研究。

1984 年，白明彰老师得到一个信息，说有机锗具有抗癌等多种生理活性，于是改变研究方向开始做有机锗的研究准备工作。在全国南开大学是研究有机锗最早的，以后不久全国掀起有机锗研究热潮，每年或隔一年都会组织有机锗全国性的会议。由于在国内南开大学首先研究有机锗，南开大学元素所也就成了全国主要研究单位之一。2006年，白明彰和一位朋友受日本有机锗的发明者之一的柿本纪博博士的邀请赴日考察有机锗的应用研究，发现日本有机锗的研究非常活跃，特别是在应用方面不但用于抗癌方面，在普通商店中都有锗的各种保健品出售。

1988年，白明彰老师从元素所退休后，对所里的金属有机研究方向和进展以及发展前景一直给予高度的关注。

文章作者：柳凌艳、孙丽娟、李芳

李赫咺

1926—

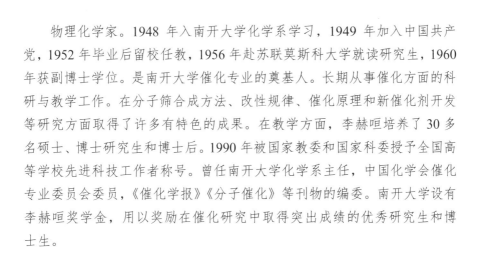

　　物理化学家。1948 年入南开大学化学系学习，1949 年加入中国共产党，1952 年毕业后留校任教，1956 年赴苏联莫斯科大学就读研究生，1960年获副博士学位。是南开大学催化专业的奠基人。长期从事催化方面的科研与教学工作。在分子筛合成方法、改性规律、催化原理和新催化剂开发等研究方面取得了许多有特色的成果。在教学方面，李赫咺培养了 30 多名硕士、博士研究生和博士后。1990 年被国家教委和国家科委授予全国高等学校先进科技工作者称号。曾任南开大学化学系主任，中国化学会催化专业委员会委员，《催化学报》《分子催化》等刊物的编委。南开大学设有李赫咺奖学金，用以奖励在催化研究中取得突出成绩的优秀研究生和博士生。

李赫咺，1926年出生于湖南长沙市望城县的一个书香家庭，父亲与4个叔叔都是中小学的老师，他自幼就受到良好的启蒙教育，在家庭环境熏陶下，胸怀大志，养成酷爱学习、团结互助的品格。小学毕业后以优秀成绩考取近代著名教育家何炳麟创办的有百年历史的三湘名校岳云中学。这是一所凭着深厚湖湘文化底蕴，将民族文化精神与现代民主科学兼容并蓄的学校。就读于岳云中学的李赫咺，在老师辛勤的培育下，按照"勤恪忠毅"校训的要求，学求知，学做人，学健身，在思想境界、学风和素质上有了很大的进步。到他高中二年级，正是抗日战争最激烈的烽火年代，家乡与学校所在地均相继沦陷，他只得跟随老师逃出沦陷区，后又与同学逃难到湘西溆浦，进入专门为沦陷区学生创办的国立第九战时中学。逃难路途中生活非常艰苦，肚子饿了，就啃几个生的玉米棒子，夜里只能在稻草堆中睡觉，常常是日躲夜行。在这段困难时期，颠沛流离的生活磨炼了他的意志，对于日本军国主义侵占了祖国的半壁河山，残忍地屠杀中国人民深为痛恨。他认为中国因贫穷和落后而挨打，是中华民族的耻辱。从此李赫咺更是下定决心，奋发图强，学习科学知识，将来为国家的强盛尽自己的责任。1946年在湖南沅陵中学毕业后，他做了两年中小学教师。1948年考入南开大学化学系，师从中国化学学科奠基人之一邱宗岳教授。李赫咺解放初期曾任学生会主席，1949年加入中国共产党。1952毕业后留校任助教兼化学系系务助理，协助系主任邱宗岳处理系行政工作。1956年赴苏联莫斯科大学化学系就读研究生。李赫咺在莫斯科大学化学系主任托普切娃（K. V. Topcheva）导师指导下研究硅铝催化剂孔结构的调变对裂化活性和宏观动力学的影响。在国际会议和学术刊物上发表了数篇论文。曾担任中共莫斯科大学化学系中国留学生党支部书记。为了更好地完成学习任务，扩大视野，他起早贪黑地学习工作，并非常关心帮助其他中国留学生的学习与生活。他年龄不是最长的，同学们却都把他当作老大哥。1960年获副博士学位后，李赫咺回南开大学化学系任教，其后筹建了催化与动力学科研组及实验室，并讲授催化与动力学课程。他因其课程内容丰富新颖和独到的精辟见解，得到学生很高的评价。同时，李赫咺开展了多相催化的研究工作。初期实验条件虽然简陋，然而一切实验所需逐步自成体系，在李赫咺的领导下，师生们彼此融洽相处，形成了一个和谐的研究集体。至今一些老师仍对这一段研究学习经历念念不忘。1978年，李赫咺任化学系副教授，负责筹建了催化研究室（现更名为新催化材料科学研究所）并任主任。他组织研究室主要力量开展了分子筛的合成、改性和催化剂研究，并主动支持校办催化剂车间（后扩大成南开大学催化剂厂）的建设，使研究室的某些研究成果尽快转化为生产力。李赫咺1983年任教授，1983—1986年任化学系主任。1986年任博士生导师。并任中国化学会催化专业委员会委员，中国石油学会石油炼制学会分子筛学组成员，《催化学报》《分子催化》《精细石油化工》等刊物编委。

李赫咺自1983—1996年主持完成了国家自然科学基金关于分子筛催化基础研究的两项重大和一项重点项目课题及其他部委多项科研任务，取得了一系列的有特色的研究成果。他与合作者研究了分子筛的合成，共合成了数十种不同结构类型，不同骨架组成的沸石分子筛、磷酸盐分子筛、介孔催化材料，各种杂原子分子筛以及超微粒分子筛和分子筛膜等特殊聚集态材料；系统考察了分子筛的结构、性质、催化性能及相互间的关系，广泛探讨了分子筛的改性方法，研究了分子筛表面性质和催化性能的调变规律和机制；并用核磁共振等系列新技术探讨了改性过程中分子筛中铝的状态的变化和酸位的存在形式，为指导分子筛新催化剂设计提供了理论和实验依据。他在国内外重要学术刊物上发表研究论文一百多篇。

李赫咺坚持理论联系实际，注意将基础研究与应用研究密切结合，在分子筛合成与新催化剂研制方面与合作者开发出多项有应用价值的研究成果。"NKF分子筛（ZSM-5分子筛）的新合成方法——直接法"曾获国家发明二等奖和天津市十佳专利奖；"乙醇脱水制乙烯NKC-03A催化剂"和"乙醇合成对二乙苯NKC-8912催化剂"均获国家发明四等奖。

李赫咺长时间担任南开大学化学系催化研究所领导工作，他治学严谨，认真踏实，兢兢业业，在担任化学系行政管理工作时，从不放松科研教学的第一线工作。他为人正直、诚恳，严于律己，宽以待人，淡泊荣誉和地位。他作风民主，从不把意见强加于人，总是听完别人的意见，然后平等商量，同事们在他手下工作，心情舒畅，敢于发表意见。他不仅尊重别人的意见，还设法发挥集体智慧，群策群力。举例说，分子筛吸附剂分离课题中，分子筛配方、合成条件、阳离子交换、分子筛成型、吸附分离条件都相同，可在色谱分析的四个组成，其中一个组成的吸附分离曲线表现拖尾，且拖尾的情况前后不重复。他组织大家讨论，认为是合成分子筛的形成初始凝胶不均匀，影响分子筛晶粒的粒度不均匀，被分离的物质在晶粒中扩散的路程长短不一样，小晶粒的吸附解吸已完成，大晶粒的因扩散路程较长还在进行中，因此最后的组分被吸附解吸就产生拖尾。那么，要得到晶粒大小均匀的分子筛，初始混合成胶是关键。果然，通过改变实验装置，所合成的分子筛晶粒大小均匀，拖尾现象降低。各实验室在资料、仪器、药品等方面遇到困难都能互相帮助解决。他重视人才的培养，对研究生的工作倾注了满腔热忱，始终把提高学生分析问题和解决问题的能力放在首位。强调一个化学专业的学生应有坚实的理论基础和熟练的实验技能。要求教师与学生及时了解学科发展前沿，引导学生拓宽视野，提高思考的兴趣。他提倡集体提高研究生水平，在实验室与大家共同讨论实验中出现的新问题，文献中看到的新动向，解决问题的新思路。他对研究生的每一篇论文都仔细阅读修改，对数据认真校对，一丝不苟。还很重视论文的文字表述，认真帮助研究生修改论文。在刊物上发表文章时经常是把研究生的名字放在前面。李赫咺重视跨学科的人才的培养。他有两名博士生是从物理学科硕士毕业生中招来的。由于他们有物理学科系统的理论基础，到化学学科又选修了一些相关的课程，其论文研究内容更具特色。如其中的一位在攻读博士生期间，用变角旋转 NMR 研究 $Na\Omega$ 分子筛中 Na^+ 的位置时，同时考虑四极相互作用项和化学位移各向异性，这是文献资料中尚未报道的。此后，该生把需要高等量子力学基础的二维多量子 NMR 应用在分子筛改性过程、铝的状态变化的研究中，清晰地区分出四配位 Al、扭曲四配位 Al 和五配位 Al。这些讯息对分子筛作为催化剂材料是重要的。这位学生留校后，成为催化所的科研、教学的骨干力量。

桃李勤锄栽终有实，李赫咺在高教辛勤耕耘数十年，至今已是桃李丰硕，培养了 30 多名硕士、博士研究生和博士后，其中有高校校长/副校长、中央直属研究机构院长/副院长，还有所长、室主任、教授、博导、教学名师等科研教学战线上的带头人与技术骨干，为国家培养人才做出了贡献。2006 年他培养的学生校友、有关催化剂生产企业、南开大学新催化材料科学研究所教师等共同捐资设立了"李赫咺奖学金"，用于奖励南开大学催化学科品学兼优、科研工作突出的硕士和博士毕业生。

文章作者：李伟、刘双喜

余仲建
1924—1994

    1947 年毕业于北京大学化学系。著有《有机化合物系统鉴定法》《现代有机分析》等。在国内首创有机分析专业，曾任全国色谱学会副会长、天津市色谱学会会长。获得原国家教委颁发的"从事高校科技工作 40 年成绩显著"荣誉证书。

余仲建先生是我国知名有机分析专家，院系调整后创建领导化学系有机分析实验室，初期亲自指导零基础的高中生学习分析技术，使他们逐渐成为能够独立承担常规分析任务的技术能手，建立了有机元素碳、氢、氮，卤素及磷、氟、硅、硼等的半微量和微量分析规程，为化学系及元素所的科研服务；同时，其担任专业课有机分析课主讲，培养有机分析专业人才。

先生一直以勤奋治学闻名，每日晚上早睡，黎明即起，或读书或写作，为此组里得到上级指示，为了不打搅他的生活习惯，凡晚上会议一律不通知他参加。20 世纪 50 年代初，他还是讲师职称的时候在商务印书馆出版了《有机化合物系统鉴定》一书，书中载有他发明的"余仲建比重计"，该书填补了国内空白，被国内许多高校选作教学参考书，影响广泛。晋升副教授后，他还于 1960 年在高等教育出版社出版了《有机元素定量分析》一书，它是国内首部此类专著，还用于首届五年制"有机分析专门化学生"的教材。"文革"后他晋升教授，转入催化研究室工作，从事科研和指导研究生，1994 年在天津科技出版社与他人合作出版《现代有机分析》一书，该书与时俱进，增加了大量当代色谱和波谱知识。

余先生在教学中，一直贯彻化学系重视学生动手能力培养的传统，对学生实验也十分关心，经常根据学科进展不断对实验进行改进。期末考试出的考题则先要助教当面做一遍，可能是避免差错，也可能看看题量是否合适，当年化学系高振衡主任主管研究生招生考试，也要求出题以外的教师先进行试做，这应该是个好传统。

作为以实验为基础的化学学科，实验仪器十分重要，余先生告诉我们，南开自昆明刚复校时期，系里把贝克曼温度计都当作贵重仪器对待，学生实验用完是要锁起来的，直到 20 世纪 60 年代，我国处于西方的封锁下，科研教学仪器普遍落后，但我们有机分析的实验仪器，在国内相对还是不错的：有进口的微量和半微量天平，微量滴定管和成套的石英和玻璃专用检测仪器，也是德国出品，借此可以完成经典有机定量分析任务，说明国家对南开大学是高看的。当年中阿友好时期，阿尔巴尼亚向我国提出一个援助地拉那大学有机微量分析实验室的项目清单，有关领导机关要我们对照自己实际情况对阿方的清单给予评估，我们对照发现阿方的要价实在高得离谱，便据实做了书面汇报。

1962 年化学系进口一台东德产气相色谱仪，余先生指导使用该仪器开展色谱-氧瓶连用分析有机碳元素成功，被业内人士评论为"国内尝试将有机元素分析向仪器分析过渡的第一人"。1964 年元素所进口一台日本产红外光谱仪，余先生亲自参加验收，该仪器是本学科第一台大型贵重仪器，有力地提高了本学科的研究水平。

文章作者：左育民

戴树桂

1927—2013

　　江苏如皋人，中国共产党党员，我国著名的环境化学家、教育家、南开大学教授。1950 年毕业于南开大学化学系，留校任教。1954—1956 年于北京大学化学系进修，早年从事仪器分析方面的教学、科研工作，曾任教研室副主任、主任，化学系常务副主任。1981—1982 年到美国辛辛那提大学化学系访问，1983 年组建环境科学系并担任系主任直至 1996 年。1987—1996 年兼任南开大学研究生院第一副院长，相继担任校学位评定委员会副主席、校务委员、校学术委员。

20 世纪 70 年代，戴先生认识到环境科学及其教育事业的重要性，于 1976 年在学校的支持下主持创建了环境保护专业，并于 1983 年主持建立了我国综合性高等院校最早的环境科学系。1986 年，南开大学成为国家首批环境化学博士学位点，戴先生任首批博士生导师。南开大学环境学科于 2000 年被评为我国首批环境科学与工程一级博士学位授予单位和一级博士后流动站，2001 年被评为首批环境科学国家重点学科，戴先生为南开大学环境学科的发展做出卓越贡献，是南开大学环境科学学科的开拓者和奠基人。

戴先生一直耕耘在高等人才培养的第一线，承担系列课程，如环境分析化学、高等环境化学等。80 岁高龄还在本科生课程环境化学中开设全新的"绿色化学"讲座。他重视教育改革和教材建设，主持教改项目多项，将南开大学在教书育人方面的成果及时总结并惠及全国。其中，《培养高素质环境科学人才的改革与实践》获天津市教学成果一等奖。他主编了我国第一本环境化学教材，为规范环境科学学科早期人才培养做出重要贡献。1995 年他主编了面向 21 世纪教材《环境化学》，获教育部科技进步二等奖，该书的第二版连续被列为普通高等教育"十一五""十二五"国家级规划教材，于 2009 年被评为国家级精品教材。两版《环境化学》教材累计印刷量达 50 余万册，被我国高等学校环境学科普遍采纳，为我国环境科学的高级人才培养做出巨大贡献。近 60 年的教育生涯中，戴先生一贯秉持并践行"学高为师，身正为范"的教育理念，重视学生创新能力的培养，为国家培养了近 100 名研究生，其中有 30 多名博士研究生和 4 名博士后，培养了我国第一位环境化学博士。目前这些毕业生多在国内外院校、政府及科研机构任重要职位，其中多位国家千人计划专家、教育部长江学者、国家杰出青年科学基金获得者，为推动国家的环境保护事业及人才培养发挥积极作用。

戴先生毕生热爱科学研究，潜心钻研，开拓创新，取得重要学术建树。研究领域涉及污染物形态分析与表征、水环境化学、水环境有机和金属有机化合物研究、空气污染化学和复合污染等问题。早在 1975 年他就参与了"蓟运河水源保护和流域污染防治"课题工作，此后相继承担了"天津市南排污河自净能力与提高自净能力技术措施的研究""天津污水处理厂二级出水回用研究""滇池水源地水源保护措施与技术研究"等国家科技攻关有关课题。戴先生较早开展持久性有机污染物的研究，并强调研究复合污染物多介质环境行为的重要意义，并以此承担国家自然科学基金重点项目"有毒化学品多元复合体系的多介质环境行为研究"和国家自然科学基金重点项目"黄河兰州段典型污染物迁移转化特性及承纳水平研究"。早年，为了推动环境化学研究的更快发展，戴先生与其他环境科学家共同承担并完成了第一个环境科学类国家自然科学基金重大项目"典型化学品在环境中的变化及生态效应"。其先后主持、参加和完成包括国家自然科学基金委重大项目、重点项目、面上项目，国家科技攻关、国际合作以及博士点专项基金等30多项科研项目。

　　他的主要学术成果表现在以下几方面。①率先在国内开展水环境中金属有机化合物研究，他领导的研究组发现我国某些港湾海水和底质及生物中存在剧毒海洋杀生剂烷基锡污染；初次证明水体环境中的腐殖质可使无机锡发生甲基化作用，确证碘甲烷对锡的甲基化反应，对锡的甲基化反应过程机制有新的揭示；建立了以三丁基锡为典型的金属有机污染物在河口地区的多介质环境循环模型；发现水体表面微层中三丁基锡的富集和降解作用；建立了有机锡的结构和活性间的定量相关模型等。②在有机污染物在水环境中的迁移转化、降解去除及污染控制方面取得系列研究成果。20世纪70年代初，天津市汉沽区发生了47000亩（1亩≈666.67平方米）麦田小麦因受工业污水污染而颗粒无收的事件，受害农民与排放污水的工厂产生严重冲突引起中央高度重视。戴树桂作为专家组组长，带领大家查明了污染的原因及危害，重点是汞以及有机氯农药DDT、666等持久性有机污染物造成的。专家组进而对天津市南排污河河水及底泥进行分析，在对天津市南排污河河水及底泥中160种有机污染物鉴定的基础上，采用分子连接性指数结合计算机辅助得分系统确定优先监测污染物获得成功；成功地利用半透膜采样装置采集到黄河兰州段水体中的壬基酚类和多环芳烃污染物，系统研究了这两类污染物在该水体中迁移转化有关的过程及其机理。③在国内率先提出有机污染物的复合污染的研究方向，并承担国家自然科学基金重点项目，研究了典型氨基甲酸酯农药与阴离子表面活性剂和腐殖质组成的复合体系在多介质中的环境行为，为复合污染体系的研究提供了方法学经验。他指导的研究小组近年还开展了绿色化学范畴的离子液体在环境科学中的应用研究，也取得了创新性成果。④在有机污染物的污染控制上，着重研究污染物的结构与其生物降解性关系及降解途径预测，提出了动态的结构与生物降解性定量关系概念，并利用模式确定有机物生物降解的关键点，为筛选降解菌株优化生物处理工艺提供依据。

这些项目的成果，与其他众多的环境科学家研究的成果，共同提升了我国环境科学的研究水平，推动了我国环境科学基础理论的确立和深入发展。他在国内外发表论文近 300 篇，主编专著、教材、译著十余部。作为我国环境化学学科奠基人之一，受朱道本院士邀请主编《环境化学进展》一书。他作为主要完成者之一获得国家自然科学二等奖 1 次，获得国家科技进步二等奖 3 次，省部级一、二等奖 6 项。他于 1988 年被评为天津市劳动模范，1990 年被国家教委、科委联合授予全国高等学校先进科技工作者称号，1995 年被原国家环保局评为环境教育先进个人，并自 1992 年起享受国务院特殊津贴。

戴树桂教授有很高的学术影响力，他曾受聘担任：国务院学位委员会第三届化学学科评议组成员、第四届化学学科评议组成员、环境科学与工程学科评议组召集人，原国家教委高校首届环境科学教学委员会副主任，原国家教委科技委员会地理、大气、海洋、环境学科组成员，国家自然科学基金委化学部分析化学学科评审组成员，中国环境科学学会常务理事，中国化学会环境化学专业委员会委员，国际环境毒理学与化学学会亚太地区理事，天津市政府咨询委员会委员，等等。在学术刊物方面，他曾任《环境科学学报》《中国环境科学》《环境化学》《农业环境科学学报》等近十个国内权威期刊的编委。并且，他还在原国家计委、科委、教委和国家自然科学基金委等主管领导部门的安排下多次参与我国环境保护相关的国家重点实验室的组建调研、验收和评估工作。他在这些岗位和工作中尽职尽责，为推动我国环境科学的科学研究和人才培养做出了重要贡献。

戴先生的一生，是爱党爱国、无私奉献的一生；是探索创新、硕果累累的一生；是诲人不倦、教书育人的一生。他的精神风范，是南开校训"允公允能、日新月异"的最好诠释和集中体现。他是中国共产党的优秀党员，终生践行党的宗旨和奋斗目标，是我国环境学界的杰出代表，是中国知识分子的榜样和楷模，更是党和人民信赖的教育家、学者和科学家，是学生的良师益友。

文章作者：孙红文

百年耕耘
南开化学

姚允斌

1927—2002

　　浙江宁波慈溪人。南开大学化学系教授，民盟成员。1946年11月19日从上海私立南洋模范中学考入南开大学工学院化工系本科，1951年7月1日毕业于南开大学理学院化学系。毕业后留校任化学系朱剑寒教授的科研助手，并主讲专业课"胶体化学"。

姚允斌教授科学思维敏锐，在 20 世纪 50 年代末 60 年代初，他是南开化学系提出分子筛概念的第一人。粉碎"四人帮"拨乱反正后，姚允斌焕发出第二次青春，重新登上讲台，连续主讲化学系 77 级、78 级、79 级物理化学课程。培养了数名青年教师。他在讲课的同时带领朱志昂老师共同编写物理化学讲义，后于 1984 年正式出版。姚允斌教授在 20 世纪 80 年代初主持过一段物理化学教研室工作，为稳定教学及物化实验室建设做出了积极贡献。

姚允斌教授立足南开放眼全国，"文革"后恢复高考，大学生们如饥似渴地求取知识，而教师的水平亟待提高。为此，姚允斌教授在 1984 年暑期策划组织了由南开大学化学系主办，无锡轻工业学院承办的全国物理化学讨论班，近两百名教师参加了这次为期 10 天的讨论班。讨论班聘请南开大学陈荣悌、姚允斌、朱志昂，山东大学印永嘉，北京大学高盘良和中国科大罗渝然等教师讲课。1985 年 6 月姚允斌又组织了在南开大学举办的全国物理化学讨论班，有 150 名教师参加，并聘请北京大学高执棣、高盘良、杨惠星，上海师范大学许海涵，南开大学姚允斌、赵学庄、朱志昂等教师到会报告。1985 年 8 月，姚允斌带领赵学庄、朱志昂赴黑龙江大学，参加由黑龙江大学化学系和南开大学化学系联合主办的全国物理化学讨论班并讲课。姚允斌教授为扩大南开化学的影响力，提高全国物理化学教学水平做出了积极的贡献。

姚允斌教授在全国物理化学讨论班上做报告

姚允斌教授出版的著作及发表的教学论文目录如下：

（1）姚允斌、朱志昂，《物理化学教程》（上册），1984 年 4 月，第一版，49 万字，长沙，湖南教育出版社。

姚允斌、朱志昂，《物理化学教程》（下册），1985 年 1 月，第一版，40 万字，长沙，湖南教育出版社。

（2）姚允斌、朱志昂，《物理化学教程》（上册）（修订本），1991 年 8 月，第二版，44 万字，长沙，湖南教育出版社。

姚允斌、朱志昂，《物理化学教程》（下册）（修订本），1991 年 8 月，第二版，47 万字，长沙，湖南教育出版社。

（3）姚允斌、裘祖楠，《胶体与表面化学导论》，1988 年 12 月，22.5 万字，天津，南开大学出版社。

（4）姚允斌、解涛、高英敏，《物理化学手册》，1985 年 12 月，188.7 万字，上海，上海科学技术出版社。

（5）朱志昂译、姚允斌校，《化学弛豫基础》（英译汉），1985 年 12 月，13 万字，长沙，湖南教育出版社。

（6）姚允斌，《关于"溶液"内容的修订意见》，出自《物理化学教学论文集（二）》，高等教育出版社，1991，第 152 页。

姚允斌教授经常谈起南开化学系的创始人邱宗岳先生，邱老为人谦和，知识渊博，教学认真严谨，但在讲物理化学课程时还常说自己热力学第一定律是懂了，对热力学第二定律还不懂，还需不断学习。值此南开大学化学学科创建百年之际，我们更要传承和发扬老一辈的优良传统，教书育人，踏实做学问，与时俱进，不断创新，再创南开化学新百年的辉煌。

文章作者：朱志昂

王耕霖
1928—

  女，籍贯北京，南开大学化学系教授、博士生导师。1948 年 9 月进入南开大学化学系学习。1952 年 7 月毕业留校工作，先后任助教、讲师、副教授和教授，1990 年被聘为博士研究生导师。其间于 1956—1957 年在北京大学化学系进修，1964—1966 年参加了教育部在复旦大学举办的"稀有元素化学学术讨论班"，师从顾翼东教授。1998 年 3 月退休。

王耕霖先生是新中国成立后从事稀有元素和配位化学研究的学者之一，在学科领域有崇高威望，是南开大学配位化学学科的开拓者、建设者与带头人。新中国成立伊始，百业待兴，王耕霖作为年轻力量投入新中国化学学科建设。20世纪70年代末，恢复了招收研究生和科学基金资助制度，高校迎来了科学发展的春天，王耕霖作为学术带头人，为新时期新科学发展奋进扬帆，砥砺前行。80年代初，知天命之年的王耕霖先生领导组建功能配合物研究组，为南开大学化学事业殚精竭虑、开疆拓土，随着阎世平、姜宗慧、廖代正等老师先后加入，南开配位化学在王耕霖先生带领下蓬勃发展，成为国内稀有元素化学和配位化学学科的重要力量。

　　王耕霖先生知识渊博、高瞻远瞩，在课题选择和研究方向把握上具有真知灼见和战略眼光。我国作为稀土资源大国"大而不强"、稀土元素化学研究亟待深入，当她看见国外报道的一类新型有机化合物（冠醚）时，敏锐地想到它们是稀土元素研究的理想配体，果断决定基于此申请立项，20世纪80年代初在国内最早获得中国科学院科学基金（现国家自然科学基金）资助，为科研组的工作开展明确了目标，奠定了基础。早期的研究成果"荧光法测定冠醚络合物稳定常数的研究"于1980年发表在当年创刊的《高等学校化学学报》。《稀土冠醚络合物》和《煤油大孔离子交换树脂分离稀土元素》分别获得1981年天津市优秀科技论文一等奖和三等奖。

　　王耕霖先生对学科前沿高度关注，对科研发展方向把握精准。20世纪70年代，王耕霖先生敏锐地意识到配位化学的前沿研究方向是以结构和功能研究为主的固体配位化学，便开展了以冠醚和含氮大环等为配体的新型功能配合物研究。其于1980年研究了二苯并-18-冠-6与硫氰酸钇配合物的合成与性质，相关成果发表在《高等学校化学学报》创刊号上。随后合成了一系列镧系金属硝酸盐与1,8-萘并-16-冠-5配合物，确定了硝酸镧与1,8-萘并-16-冠-5配合物的晶体结构，发现了稀土离子的11-配位构型，论文于1982年在《中国科学》和《化学学报》先后发表。这些新型配合物的创新性研究工作受到国内外专家的关注，被多次引用。经多年探索攻关，王耕霖先生合成了数百个稀土金属或稀土-过渡金属配合物，从分子与原子尺度详细阐明了配合物的单晶结构与光电磁学性质，并在开展基础研究的同时探索它们在高科技领域和生物医药方面的应用前景。在工作中，王耕霖先生遇到很多困难，买不到所需冠醚，就自己动手合成，没有大型仪器设备，就努力发掘校内其他单位的仪器，并与中科院物理所、生物物理所、北京大学、南京大学的国家重点实验室等合作，利用他们的资源优势，攻坚克难，开展工作，不断提高研究水平。

王耕霖先生严于律己，善以待人。在功能配合物研究组中，她注意发挥其他老师的作用，虚心学习，取长补短，优势互补。她支持组内较年轻的老师出国访问，开展科研工作。回国后四位老师仍然在一起密切合作，研究课题一起研讨、科研经费统筹使用、指导学生全员参与、撰写论文互相提出修改意见。四位老师长期合作30余载，取得了丰硕的研究成果，成为南开化学学科发展百年历史上团结合作勇攀高峰的典范。团队在分子磁性、功能配合物和生物无机化学领域研究各具特色，均取得创新性突出的研究成果，获得多种奖励，包括："大环配体与稀土及 d-过渡金属配合物的合成、性质和结构的研究"获得1989年国家教委科技进步二等奖（第一完成人）、"桥联多核耦合体系的合成、结构及分子磁工程"获得1995年国家教委科技进步二等奖（第二完成人）、"分子磁性的基础研究"获得2003年国家自然科学二等奖（第二完成人）等。

功能配合物研究组成员（左起：程鹏、阎世平、廖代正、王耕霖、姜宗慧）

王耕霖先生从教从研46载，始终以育人为己任，为人师表，桃李天下。王耕霖先生从做助教起为南开大学无机学科发展贡献力量，1978年开始招收硕士研究生，1991年开始招收博士研究生，以深厚的爱国情怀、严谨的治学态度、扎实的专业基础、敏锐的创新思维，言传身教。从论文选题、实验设计、科研过程到论文撰写、毕业答辩等每一个环节都严格把控，并率先开始了从北京大学等校聘请高水平专家参加研究生论文评审和答辩。20 年间，王耕霖先生培养了 10 位博士、15 位硕士以及 1 位博士后和 7 位访问学者，多名学生毕业后成为高校校长和院长、国家教学名师、长江学者特聘教授、行业带头人等，为我国教学、科研和社会发展等做出了杰出贡献。

2019 年中华人民共和国成立 70 周年之际，王耕霖先生与爱人李赫咺先生分别获得中共中央、国务院、中央军委联合颁发的"庆祝中华人民共和国成立 70 周年"纪念章，这体现了国家对于以王耕霖先生为代表的一代爱国知识分子努力工作、无私奉献、报效祖国的肯定与鼓励。现已九十三岁高龄的王耕霖先生依然精神矍铄，思维敏捷，心系祖国和母校，冀望南开大学在新的百年征程中蓬勃向上，再创辉煌。

文章作者：程鹏、马建功

中共中央、国务院、中央军委联合授予王耕霖先生和李赫咺先生"庆祝中华人民共和国成立 70 周年"纪念章

陆淑引

1930—2009

　　江苏省南通市人，汉族，中共党员，副教授。1949 年 9 月由江苏省南通中学考入南开大学。1949 年 9 月—1950 年 7 月于南开大学企业管理系学习。1950 年 8 月—1952 年 8 月于南开大学化工系学习。1952 年由于国家高校院系调整，其进入天津大学化工系学习，1953 年 8 月毕业。1953 年 9 月—1960 年 5 月陆淑引在天津大学工作，任教师。1960 年 6 月—1962 年 8 月任河北省委文教部干部。1962 年 8 月—1974 年 1 月在河北大学任教师。1974 年 1 月调入南开大学化学系分析化学教研室任教师，至退休。

在天津大学和河北大学工作期间，陆淑引老师曾负责筹建仪器分析实验室，讲授仪器分析课。进入南开大学化学系后，讲授专业课"仪器分析"，指导本科生毕业论文。

十年动乱结束后，高等学校招生，教学逐渐步入正轨。分析化学所用教材与其他学科一样，远远落后于分析化学当时的教学大纲要求。陆淑引老师认真阅读了多种国外20世纪70年代出版的英文版参考书，并做了大量习题及实验。为78、79、80级开设分析化学基础课时，她任课程组长及主讲教师，并在国内通用教材基础上，编写了补充教材，为学生自学提供了比较丰富的参考书。陆老师讲课时，理论性、逻辑性强，重点、难点明确，并强调理论与实践相结合，确保学生掌握知识的能力、自学能力、解决问题的能力得到提高。授课中陆老师讲出了新教材的先进性、全面性，在当时收到良好的教学效果。因此其在1980年全国分析化学教学经验交流会上做了报告。

仪器分析是分析化学专业课，当时只对分析化学专业的学生授课，化学其他专业的学生不开设这门课，这不适应化学各专业学生的知识结构。当时国家教委决定理科化学系的学生都要开这门课，于是1981年国家教委委托南开大学化学系编写教科书。陆淑引老师参加了仪器分析教科书的编写。该教科书得到评审组的好评并出版发行。

陆淑引老师负责筹建基础仪器分析实验室，需要的仪器门类多，包括光谱类、电化学类、色谱类及其他。从订购、验收、安装、调试，到开发实验课，编写好实验讲义，工作量非常大。陆淑引老师调动每个参与员工的积极性，协调配合，工作完成得非常出色，使南开大学成为理科院校开出基础仪器分析实验最早学校之一。

陆老师与许晓文、王新省、黄志荣合作翻译了《离子平衡及其数学处理》一书，并承担了部分校对工作，由南开大学出版社出版。该书成为基础课教学的重要参考书。

陆淑引老师主要从事基础课教学工作，还主讲过定性分析，指导本科生的毕业论文，指导外校进修教师，指导基础课实验及基础仪器分析实验。

陆老师的科研工作主要在电化学分析领域，尤其是在催化极谱分析微量元素方面取得一定成果。其中，痕量钯的催化极谱在1978年第二届全国科学技术大会上获得二等奖。她在科研工作中注重与生产实际相结合，解决生产单位存在的实际问题，如解决了试剂一厂和地质调查所存在的分析方面的问题。

　　陆淑引老师长期担任教研室副主任、党支部委员，工作认真负责，勤勤恳恳，任劳任怨，无论是在教研室工作，还是作为课程组组长，她都善于团结群众，协调关系，使之成为有战斗力的团体，为教研室的建设和发展做出了贡献。

文章作者：刘六战

基础仪器分析实验室

党组织生活：参观周邓纪念馆

学习之后合影

尚稚珍

1930—

　　南开大学化学学院教授、博士生导师。1930 年生于天津。1954 年毕业于南开大学生物系昆虫学专业。1962 年调入南开大学元素有机化学研究所。1980—1982 年在美国康奈尔大学做访问学者。1993 年 1—7 月作为访问教授在马萨诸塞大学开展合作研究。尚稚珍教授从事高等教育 45 年，忠诚教书育人，培养博士、硕士研究生 10 名；参与编辑及主审《植物化学保护》等教材和专著，为跨学科的教学与科研及南开大学农药学学科的发展做出重要贡献。

尚稚珍，女，1930年生，天津人，南开大学化学学院教授、博士生导师。1954年毕业于南开大学生物系昆虫专业，1961年生物系主任肖采瑜教授分配新的任务给尚稚珍，说杨老接受中央指令，准备创建有机化学研究所，开展新化学农药的开发和应用研究，创建实验室，培养人员。她无条件地服从需要，在杨石先校长和陈天池所长的指导下，全力以赴，开始了征程，并于1962调入南开大学元素有机化学研究所。1962年，伴随元素有机化学研究所的创建、发展、成熟，生物测定研究室也应运而生，她参考农科院张泽溥的生测室和华南农学院赵善欢的昆虫毒理室，结合南开大学的实际任务，制订方案，成龙配套，付诸实施。陈天池所长也从四面八方，择优引进杀虫、杀菌、除草方面的植保或生物专业研究人员。在大家共同努力下，1965年崭新的实验室和三大温室成功建成！其后，因"文革"的原因，一直到20世纪70年代政治形势改变后，她才能回到心爱的研究园地，生测室的诞生、发展、完善体现了她在科学研究上的成长过程，她更是生测室成长的见证人。她按当时的需要成立杀虫、杀菌、除草、激素、毒理五个组共50人的团队，并协助按不同专业建立了生物活性筛选程序：以室内初筛、复筛和温室盆筛，配合化学合成数以百计的化合物进行汰选，一旦发现有活性苗头的化合物，就及时放大样，进入田间小区或大田试验，以药效决定最终开发的化合物。

她所在杀虫剂组解决了蚜虫和害螨、蚊、蝇、蜚蠊及粘虫、玉米螟、二化螟、棉铃虫等重要害虫的培养问题并开发出人工"大量饲养方法"；她还组织带领杀菌剂组和除草剂组的老师们解决了农业病害如细菌、真菌病源的培养和田间杂草的选育问题。她在平凡的岗位上，付出辛勤的劳动，为南开大学元素有机化学研究所获得国家新产品发明奖，并在除草剂1号、灭锈1号、磷-32、磷-47等的研制上，都立下汗马功劳。

同时，当时生测室超前建立了各种筛选模式、程序、生物测定技术和方法。南开大学成为农药界的领军单位，吸引了许多国内同行前来学习"取经"或接受培训。她所在的生物测定研究室亦为燕麦1号、2号，硫代5号，螟蛉畏，菊酯及有机磷旋光异构物等的研究开发做出贡献。全国农药会上元素所多人做了学术报告后，同行评价：元素所的"杨门女将"和"大协作小配套"的设备及多学科发展水平，都好厉害啊！她所在的杀虫剂团队在螟蛉畏的研发中，发明了室内"二化螟害虫的人工饲养方法"，筛出了具有活性的沙毒素类化合物，并及时走出实验室，和江苏农科院"大协

百年耕耘
南开
化学

106

作"，到大田蹲点进行防治水稻二化螟的盆栽和小区试验。他们在南京的酷暑中头顶烈日，汗流浃背地站在稻田里，脚踩着泥，不顾有蚂蟥吸着腿部的鲜血，整天施药、检查结果。在所领导大力支持下，他们迅速组织力量合成螟蛉畏等新型化合物，开展小区试验，第二年，又在苏北、广东两地进行大田示范试验。结果是可喜的，他们合成的农药仅用两年时间就在镇江通过中试鉴定，被杨老命名为"螟蛉畏"，成为第一例防治水稻害虫的高效杀虫剂！

后来做有机合成的同志去看大田药效，问她："你们为什么选择苏北盐城这样贫苦的地方做试验？"尚稚珍回答说，那里的生活水平的确很低，每天晚饭只喝稀粥，有时还能吃出蚊蝇，这正是因为他们没钱打农药，造成虫害严重，不过也只有这样才可以证明他们的药效好不好。听了这话的同志感慨道："原以为你们生测的人，总出差去大城市，居然蹲点的地方这么苦！"正是因为她们跟着农药跑，去落后贫困地区试验，在开展研究的同时体验了农村老乡的生活，才更坚定了他们的爱国主义思想！当时，她一年总有一半时间在农村，这段岁月成为使她成才的宝贵阅历和她难忘的黄金年代！

1979 年，与美国建交和改革开放后，杨石先校长和陈茹玉先生高瞻远瞩，深思熟虑，以教育家的战略、策略，大力提拔、培养人才，让大家准备出国进修；第一批送出李正名和王序坤赴美；至第二批时，杨老直接告诉尚稚珍："你们 50 年代毕业的人，需要先行深造，才能够建立不同层次的学术带头人。美国康奈尔大学（杨老的母校）既然有接受访问学者的意向，就批准你马上出发。"当时，她对自己的英语水平没有信心，因而犹豫不决。杨老鼓励她："争取时间，出去后结合情况，边干边学边准备，回来你们才可以承上启下。"就在老一辈的高度重视和亲切鼓励下，经华南农学院赵善欢院士推荐和联系，尚稚珍的赴美进修之旅于 1980 年 11 月成行，后来，她在回顾这一年半的进修历程时讲道："对于 50 岁的我，充满了人生极大挑战，作为访问学者，过程和结果是：大开眼界，学有所获，满载而归！"她开展的合作研究课题——"杀虫剂作用机理与多功能氧化酶关系的活性探索"，无论是测试方法还是仪器对她而言都是陌生的，但她自己甘当小学生，勤学好问，在研究中学习，在学习中研究，拓宽思路，提高自己的研究实力，不怕不会，就怕循旧和不肯钻研！曾经有美国朋友问她："你们来自大陆的访问学者，为什么不知道上下班？周末也不休息或旅游？

整天待在实验室忙碌 14 个小时之多,待遇低又不给加班费,为的是什么?"在参观了美国杜邦公司开发农药的生物活性筛选过程时,他们发现国外在 20 世纪 80 年代就用计算机指导,不仅用宏观整体生物,而且用微观局部组织作为试材,所以加倍提高了活性筛选测定的质量和数量,对中国在设备、人力、技术上的差距深感忧虑。为了赶超先进,他们争分夺秒、如饥似渴地学习。1980—1982 年她在美国康奈尔大学做访问学者的经历和成果,为南开大学后续生物测定的深入研究和人才培养奠定了坚实基础。从美国回来后,她晋升为副教授,并招收硕士生;1990 年晋升教授,不久被升为博士生导师,她先后培养博士、硕士研究生 10 名,发表学术论文 70 多篇,其中 10 多篇获优秀论文奖。除此以外,尚稚珍还多次参加国际国内重大学术会议。

为了进一步的提升自我,她作为访问教授二次出国,1993 年 1 月,她作为访问教授与马萨诸塞大学昆虫系殷之铭教授开展合作研究并探讨该领域高端人才博士生的培养,就课程设置、科研选题、导师职责和培养方法、师生的互动以及必备的科研条件建设等做了详细的规划。1993 年 7 月,她回到南开大学,和研究生一起克服困难,创建了生物化学和电生理实验室,以杀虫作用机理为导向,以生物化学酶系为靶标,以生物物理电生理的神经传导和触角电位检测拒食活性和性外激素的行为活性,建立新型筛选模型,创新指导应用。皇天不负有心人,她们的努力没有白费,她的第一个博士生徐建华的博士论文就获得《农药学报》杂志的"十大优秀论文"奖。在学校的支持下,她负责购置了进口超速离心机、高速匀浆器、铜质屏蔽室、电子显示器、多功能恒温水浴等等必需的设备,为元素有机化学研究所农药学的博士生了解农药系统工程及其研究涉及的各种手段和能力及跨学科向的综合培养做出贡献。

尚稚珍教授十分关心教材建设,讲授过"农药生物学""昆虫毒理学""杀虫剂分子毒理学"等课程;参与编辑及主审《植物化学保护》《昆虫毒理学》《杀虫剂药剂的毒理与应用》和《天然产物及其类似物(英文版)》等专著,为跨学科的教学与科研做出贡献。就在 2021 年,当时参加《植物化学保护》编辑与审核的"战友"原北京农业大学陈年春副教授还十分关切尚稚珍教授的近况。尚稚珍教授在农药学教育和学术界颇有威望。曾担任天津市昆虫学会理事长、农学植保学会常务理事,兼任国家级、省级、部级重点实验室学术委员等。1990 年享受国务院特殊津贴。

尚稚珍教授在 2003 年 72 岁时退休。她一生为人十分谦虚，并自认为她人生业务轨迹真正起点是 50 岁，在农药生测基地上，奉献有限，受益匪浅！退休后她总觉得自己虽然尽力，但还有很多事没有做完，在感恩南开大学和元素有机化学研究所的培育之余，她还说道："愧对先贤的期盼和厚爱，这是我的遗憾！"

她始终坚称有先辈为农药教育科技打好的基础，有后辈传承南开化学和元素有机化学研究所的建业精神，下个世纪南开化学将与时共进，再创辉煌，誉满全球！对此她说："我是爱元素所的，这是我的最大期盼！"

文章作者：范志金

史延年

1930—2003

　　1930 年生，河北省宣化人，教授。1952—1956 年在南开大学化学系学习。1957—1959 年在南开大学化学系读研究生。毕业后留校任教，曾从事过放射有机化学和有机化学的教学工作。参与《放射化学》（人民出版社）的编写。1980—1988 年，曾兼任元素所党支部副书记，党支部书记。多年从事抗肿瘤药物的研究和植物生长调节剂的研究。发表论文 20 余篇。

作为他的子女，很少听他直接向我们讲述做人、做学问的大道理，对我们成长的关怀和影响更多的是潜移默化的教育，尽管我们没有延续父亲的专业学术研究，但是父亲对我们的教诲时时铭记在心，并且成为我们一生的行为准则。

父亲一生光明磊落、襟怀坦荡，作为一名共产党员，无论身处逆境还是遭遇波折，他始终坚信中国共产党，他不仅以自己的实际行动维护共产党的尊严，而且时刻不忘教导我们。父亲对学生视如子女，善待有加，学习期间，每逢节假日，就邀请学生来家里做客，并亲自下厨给学生们改善伙食。他热爱南开，热爱南开化学，积极为南开化学建设捐款。

在从事科研工作的同时，父亲还承担了繁重的行政工作，兼任了八年元素所的党支部书记。在我记忆里，父亲经常在家里接待来访的同事和教师学生谈心。那时家里的住房条件比较差，常常影响到我们的学习和生活，我们没少和父亲抱怨。

在我的印象中，父亲热爱生活、懂生活，心灵手巧。父亲不但实验做得好，家里的生活也安排得井井有条，他喜欢花花草草、喜欢小动物，母亲总说父亲选错了专业而应该去学生物。由于历史的原因父母两地分居十几年，每年寒暑假父亲回家是我们最快乐的时光。

让我记忆深刻的是1976年唐山大地震，父亲刚刚放暑假回来，他的果断和冷静不但救出了我们全家，同时还徒手扒出好几位邻居。他和抗震救灾的解放军一起搭临建，学习盘炕垒炉灶。现在回想起来我心中充满了对父亲的敬佩。

史延年教授工作照

他多年来从事天然产物和植物生长调节剂的研究，开发低成本、高药效、低毒、无环境污染的农药。过去我国的农药多仿制国外的品质，他和

百年耕耘
南开化学

同事、学生们以我国丰富的天然资源和民间土农药为基础，经过多年研制，分离、筛选了新型植物生长调节剂——79401。经鉴定，每亩用药 1 克，可使小麦增产 10%—15%，对西红柿、黄瓜、苹果和西洋参增产效果显著。79401 是从我国天然产物中提取、分离研制的无毒、无公害的新型植物生长调节剂，为国家首创。

他同时还进行从中草药中提取、分离、筛选抗肿瘤新药的研究，并对所研究的新药 ESOA 进行胃癌、直肠癌和黑色素等瘤株的动物体外筛选，结果证明均有显著的抑制和杀死效果，经初步的对 200 多例胃癌、直肠癌病例临床试验的观察，均有较好的效果且无副作用。这大大提升了他的研究信心，在国家自然科学基金委的大力支持下，他带领同事们不断地提取、分离，确定有效的化合物结构，优化大量分离提取的方法，希望能通过化学合成生产出抗肿瘤新药，这项研究持续了数十年，直到退休仍没有完成，这成为他终生的遗憾。

值此南开化学学科创建 100 周年，也是父亲诞辰 90 周年之际，将此文章献给父亲，借此机会表达我们对父亲的敬佩、热爱和缅怀！

文章作者：史寅

陈洪彬
1931—2013

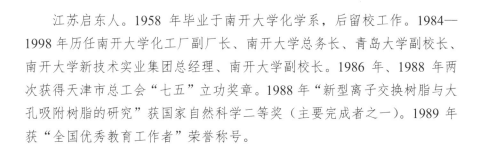

　　江苏启东人。1958 年毕业于南开大学化学系，后留校工作。1984—1998 年历任南开大学化工厂副厂长、南开大学总务长、青岛大学副校长、南开大学新技术实业集团总经理、南开大学副校长。1986 年、1988 年两次获得天津市总工会"七五"立功奖章。1988 年"新型离子交换树脂与大孔吸附树脂的研究"获国家自然科学二等奖（主要完成者之一）。1989 年获"全国优秀教育工作者"荣誉称号。

陈洪彬多年来以炽热的革命事业心奋斗在科研、生产第一线，为南开大学教育事业和高分子所、化工厂的发展做出了突出的贡献。他带领广大教师职工依靠高分子所办化工厂，实现了教学科研生产联合体，并取得了空前的发展。他很关心研究生培养，积极安排在职研究生和代培研究生，他作为硕士生导师，主讲离子交换树脂课程，取得了良好的教学效果。他重视科学研究，积极创造实验条件，拨出专用教学科研经费添置精密仪器设备，修建1200平方米的实验楼，并积极推动多学科的横向联系，与校内化学系、生物系、元素所、物理系、测试中心等单位协作开展研究，取得了新的成果。他积极推动化工厂归属高分子所，实现基础研究、应用研究和技术开发的良性循环。他研发的新型离子交换树脂与吸附树脂的合成、结构性能的研究及其甜菊甙提取精制新工艺已获得1987年第35届布鲁塞尔世界发明博览会尤里卡铜牌奖。陈洪彬在生产中改革经营管理体制，开拓进取，相继筹办了大集体分厂、上古林分厂、宏业化工厂和年产量达100吨的甜菊糖厂，开创了技术经济效益大幅度上升的新局面。1979—1983年南开大学化工厂利税总合为554万元，1984—1988年（陈洪彬任厂长后）利税总合为1989万元，增加了1435万元；1988年利税达900万元，与1987年相比增长400万元，达到历史最高水平。这为学校的教学科研和职工福利提供了相当数额的资金。

陈洪彬改革了经营方式，依据生产经营与技术经营并重、发展内向型与外向型经济相结合的原则，进一步增强了企业活力。其首先在国内开拓了技术经营的新领域并先后与北京、辽宁等地进行技术转让四条生产工艺路线，取得了80万元的效益；为了贯彻中央关于支援老少边穷地区的指示，陈洪彬积极发展横向协作，先后和黑龙江鸡西、内蒙古包头、安徽天长、云南昆明和新疆乌鲁木齐等地化工厂实现了联营，其中两个厂从倒闭边缘得到恢复和发展，三个厂经济效益翻了两番至三番（如安徽天长皖东化工厂在1988年创利税200万元）；此外还对河北大城县化工厂进行了技术承包，1988年该厂取得了30万元的利润。他还锐意进取、积极开拓，在发展外向型经济方面迈出了新的步伐。亲自主持与香港的精港公司建立了香港涌涛食品化工有限公司，为南开大学的科技成果和产品打入东南亚市场创造了有利条件；同时在蛇口设立了办事处，为甜菊糖等技术和产品走向世界做好准备。

陈洪彬注重民主办厂，从严治厂。为了改善和加强党的领导，更好地发挥职工群众的主人翁作用，他在认真推行厂长负责制的同时，非常重视党政间的团结和党总支的监督保证作用。有关所、厂发展的重大问题都主动征求党总支意见，注意发挥党员的模范带头作用并逐步健全了所职工代表会议制度，规定凡是有关所、厂发展的重大原则问题、关系职工切身利益的问题如发展规划、教学科研发展、人员培训、奖金及住房分配等都经职代会充分讨论，再付诸实施。由于职工的民主权利得到了正确行使，激发了职工的积极性、主动性和创造性。他在坚持改革开创经济发展新局面中强调从严治厂，带领群众制订了各部门职责范围、岗位责任制、劳动纪律、考勤等规章制度，特别是全厂禁烟、安全生产的规定，他带头执行，如有违犯，严肃处理不徇私情。

陈洪彬同志把全部智慧和力量都用到发展事业上，他严于律己，公而忘私，平时经常最早来厂最晚离厂，从没有星期天、节假日，坚持搞好工作。一次厂里原料紧缺，为了不影响生产，他买站票急赴上海，由于日夜辛苦操劳得病，回厂后马上投入工作。为解决职工住房困难，他多次与上级联系最后买房40套，解决了职工住房困难。对待业职工子女根据情况安排到分厂工作，使其解决了工作生活问题，而且得到健康发展，进一步调动了职工积极性。他的奉献精神使全所全厂职工受到鼓舞团结一致、满怀信心，为新的发展和继续前进贡更大的力量。

文章作者：刘建平、仝玉章

百年耕耘

南开化学

李毓桂

1931—2015

　　著名有机磷化学家，南开大学元素有机化学所教授。南开大学化学系本科毕业后，在杨石先指导下攻读研究生，后转为其学术助手，主要从事有机磷化学的科研工作及协助杨先生建立元素有机所，是我国有机磷化学的开拓者之一。1965年底调入兰州大学，1978年重回南开元素有机所，再度开展有机磷化学的研究工作并指导研究生，直至1995年退休。这一阶段，李教授的研究工作呈井喷式发展，在含磷杂环化合物和含磷加成反应方面做出了突出的贡献，引起了国际同行的瞩目，赢得了世界声誉。她与全国各地著名院校研究所广泛开展了合作研究，其善良正直淡泊名利的人格风范在国内同行中有口皆碑。共发表百余篇论文，多次获得国家级奖励，其多个实验室成果（比如特丁磷）成功商业化，为我国农药化学做出了突出贡献，先后担任国内数种专业期刊编审及专业协会领导职务，培养的研究生硕果累累，现今大多服务于著名高校或世界著名制药或化工企业。

李毓桂，籍贯陕西渭南，1931年12月9日出生在兰州的一个半开明半传统的家庭，其父时任德国人承揽的兰州邮局的中方总管。其母为旧式女子，裹小脚，不识字。李毓桂排行第二，上有一个姐姐，下有三个弟弟。由于李家连续四代没有女孩，所以她和姐姐备受重视和宠爱，从小入读私立女校，后毕业于兰州女中。李毓桂聪慧伶俐但体质孱弱，尽得父母欢心偏爱以及姐弟呵护照顾，在成长过程中，她从没有男尊女卑的观念，学习成绩一直出类拔萃。高中时罹患肺结核，全家竭尽全力，保全了她的生命，她也因此在家休学一年。1951年她和大弟一起前往北京考学，她考取了南开大学，弟弟被清华大学录取。

在南开学习期间，李毓桂再次生病休学一年。虽然体弱多病，但她刻苦用功，在学业上对自己要求极高。她的努力得到了恩师杨石先的赏识，大学毕业后她在杨先生的指导下攻读研究生，一年后转为助理研究员并担任杨先生的助手，协助杨先生筹备建立元素有机所。李毓桂在协助创建元素所以及倾尽心血制订学术规范的同时，也开始了有机磷化学的研究工作。在1962年元素所成立后的短短几年间，李毓桂发表了数篇高质量论文，成为国内有机磷化学界冉冉升起的新星，是我国有机磷化学的开拓者之一，参与了多个有机磷农药的攻关工作，为我国的农药化学的发展做出了显著的贡献。

读研期间，李毓桂结识了同校研究生邵品西，两人结为伉俪。邵品西在苏联攻读放射化学副博士学成后回国并于20世纪60年代初加入南开大学化学系。1965年底全国院系调整，南开的放射化学专业并入兰州大学现代物理系。李毓桂随夫调入兰州大学化学系工作直至1978年。在兰州大学工作期间，尽管受到"文革"的影响，她和兰大的同行仍然开展了有机合成和金属有机的研究工作，并有重要成果发表。

1978年杨石先恢复工作后，李毓桂重回南开元素有机所，继续有机磷化学的研究。刚回到南开时，他们一家在地震棚里居住将近一年。虽然条件艰苦，她还是婉拒了杨石先安排她出国进修的机会，专心科研与教学，以图尽快出成果做贡献。那时候，她一早起来读英语，然后没日没夜地在实验室里指导研究生做实验，很多具体事情亲力亲为，同时继续协助杨石先的学术和行政工作。周末她去图书馆或资料室查文献，写文章。她的一系列含磷杂环化学和加成反应的科研论文陆续发表，研究成果呈井喷式爆发，引起国内国际同行的瞩目，逐渐成为我国本土培养起来的著名有机磷化学专家。李毓桂历任天津市农药学会副理事长，天津市化工学会理事，《化学工业与工程》《农药化学》《高等学校化学学报》等杂志编委，中国国际交流出版社特邀顾问，天津农药厂高级顾问等。值得指出的是，李教授也是最早认识到科研成果转化的重要性并且积极参与的学者之一，不仅在20世纪60年代参与农药攻关项目，从80年代开始她的实验室就有多个项目成功商业化，比如天津农药厂的特丁磷产品就是李教授的实验室经过小试及中试成功后于1994年投产的，受天津市表彰。李毓桂共发表论文百余篇，有关研究多次获各种奖励，计国家级七次，省市级多次，重要的有：国家教委科技进步一等奖两次，国家自然科学二等奖一次，国家自然科学新产品二等奖一次。

李毓桂教授工作照

李毓桂教授与学生讨论科研工作

李教授在教学上，为人师表，周到细致。从1978年到1995年退休近20年时间里，她培养了数十名研究生和进修生。她对每一个学生生活上关怀备至，学业上严格要求，特别是在学术规范的训练上非常严谨，使他们对自己的学术声誉爱惜有加，二者形成亦师亦友的关系。这样的例子比比皆是，比如她的一个80级研究生原本是分析化学专业，在她耐心辅导下成功转变为一个有机合成专业研究人员。1992年瑞士著名的有机合成化学家Albert Gossauer教授访华，特地参观了李教授实验室，对其严谨的工作作风和对研究生科研基础的扎实严格的训练留下了深刻印象。之后Gossauer教授主动要求并接受了多名李先生的研究生赴瑞士继续学业。

李毓桂在学术研究上的开放心态和前瞻性，淋漓尽致地表现在她对研究生的指导和教育上。20世纪80年代初国内学术界资料匮乏，李毓桂和陈茹玉教授合作编纂出版的《有机磷化学》一书，备受好评，被指定为研究生专用教材，为有机磷化学的教育和人才的培养起了重要的作用。她指导过的学生如今大多任职于国内外著名高校、研究机构或国际上著名的化工和制药公司，为南开大学的化学传奇和声誉在全球各地起了非常正面的推进作用。

李毓桂教授与国内外专家交流、合影

从80年代初开始，李毓桂就开展了和国内著名科研机构和专家的合作研究，合作的对象包括中科院、天津大学等全国一流研究机构以及顶尖学者如赵玉芬院士、袁承业院士、陈茹玉院士、李正名院士等。凡是和李毓桂接触过的人，都对其善良正直的人品，低调务实的风格和淡泊名利的人格风范赞誉有加，对其为了元素所的学术规范做出的贡献更是推崇备至。

纵观一生，李毓桂教授淡泊自律，超然物外。她风度清雅，气质高洁。她坚持独立人格和有"君子有所不为"的为人底线。李教授对科学研究有着极大的热情，把发展有机磷化学科研当成自己毕生的使命，是我国本土在艰苦环境下成长起来的科学家。她是"倚天照海花无数，流水高山心自知"的真实写照，是南开的骄傲。

文章作者：刘云山

李正名

1931—

南开大学讲席教授，我国著名有机化学家和农药学家。1931 年出生于上海，在上海苏州完成小学和中学学习。1948 年苏州东吴大学高中毕业后考取了美国私立大学联合奖学金。1949 年赴美求学，就读于位于南卡州的 Erskine 大学化学专业，1953 年毕业。当时由于国际局势剧变，李正名决定放弃美国优越学习与生活条件，回到祖国投身新中国的建设。回国后教育部分配李正名到南开大学工作，担任杨石先校长科研助手，随后其攻读杨校长的研究生。1956 年研究生毕业于南开大学化学系。曾先后担任南开大学元素有机化学研究所所长、元素有机化学国家重点实验室主任、农药国家工程研究中心（天津）主任，化学院副院长等职务。1995 年当选中国工程院院士。先后荣获全国科学大会奖（1978 年）、国家自然科学二等奖（1987 年）、国家科技进步一等奖（1993 年）、国家技术发明二等奖（2007 年）、化工部科技进步一等奖（1991 年），教育部科技进步二等奖（1993，1998 年）、天津市技术发明一等奖（2005 年）、天津市科技重大成就奖（2014 年）、天津市优秀共产党员（2016 年）、中国化工学会农药专业委员会终身成就奖（2016 年）等 70 多项奖励和荣誉称号。

百年耕耘

南开化学

李正名，1931 年 1 月出生于上海市一个知识分子家庭。祖父李维格，青年时代赴英半工半读，回国后曾与梁启超共同主持湖南时务学堂，成为清末维新派先驱之一，后成为我国冶金工业的奠基人。父母亲 20 世纪 30 年代留美回来后曾在东吴大学和复旦大学执教。受父辈影响李正名从小就立下爱国之志，在小学和初中毕业后到苏州东吴大学高中学习。1948 年高中毕业后考取美国私立大学联合奖学金。1949 年只身坐船赴美求学，就读于位于南卡州的 Erskine 大学，攻读化学专业。

20 世纪 50 年代初抗美援朝战争爆发，美国国内兴起一股反华浪潮。李正名毅然放弃美国优越的生活和学习条件决定回国。1953 年从美国 Erskine 大学化学系毕业的他怀揣一颗报国心，冲破重重阻力，毅然踏上了回国征途，随第一批中国留学生集体坐船，辗转香港才回到了祖国的怀抱。

回国后教育部分配李正名到南开大学工作，担任杨石先校长科研助手，随后他成为杨老的研究生。刚回国时实验室条件十分简陋，缺乏最基本的药品仪器。在杨石先领导下李正名将自己的研究方向与国家需求对接，在国内率先探索有机磷化学与有机磷农药研究，杨老带领李正名等日夜攻关，成功研制当时我国农业急需的对硫磷，实现了我国有机磷杀虫剂生产零的突破。

70 年代末，我国迎来了改革开放的大好时机，杨石先校长抓住时机，紧急派遣教师出国进修。1980—1982 年李正名在杨老安排下到美国联邦政府国家农业研究中心做访问学者，参加无公害昆虫信息素研究项目。

1982 年李正名回国后计划继续科研而不愿承担任何行政工作，杨老曾严肃地对他说："我为了学校发展，呕心沥血，现在年纪大了身体不行了，让你承担一些责任，你不能光考虑自己而不考虑大局呀！"杨老的批评，深深地刻在李正名心里，他决定今后无论遇到什么困难，要敢于勇挑重担。决不辜负校领导的信任。

1982 年 12 月李正名被南开大学任命为元素有机化学研究所所长，积极推动有机化学与农药学的重点学科和博士点的学科建设，配合前辈们开展元素与金属有机化学和农药学科研工作，在此岗位上工作了 13 年。1985 年南开大学在杨老和同志们努力下成功地申请到元素有机化学国家重点实验室，李正名被任命为该重点实验室主任兼学术委员会主任、1995 年在学校支持下，李正名和同事们申请的农药国家工程研究中心也获国家批准，李正名被任命为农药国家工程研究中心（天津）主任兼化学院副院长。曾与王静康院士共向天津市科委申请建设天津大学-南开大学化学化工联合研究大楼，获得市委领导的批准。尽管各种行政管理工作纷至沓来头绪繁杂，责任增多困难加重，但李正名始终恪尽职守、不敢懈怠，一干就是 30 多年。他还参加国家"六五"到"十三五"各类农药重点攻关项目、国家重点基础研究发展计划（973 计划）项目、国家自然科学基金重点项目等。他从元素有机化学、杂环化学、金属有机化学研究逐步转移到新农药创制方向上来，从事生态友好型生物活性物质的创制与作用机制研究。1995 年被选为中国工程院院士。

80 年代初一场小麦锈病在我国西北地区爆发并迅速向全国蔓延。李正名临危受命，带领团队参加全国攻关任务"高效杀菌剂粉锈宁新工艺研究"并担任副组长。历经 4 年多艰苦付出，李正名团队终于攻克技术难点，产品质量优于国际标准，成本仅为进口商品四分之一，这项技术也成为当时农药学科中唯一获得国家科技进步一等奖的科技成果。

90 年代全球农业大规模开始应用的化学除草具有效果高好、成本少、劳动强度低等优点。我国除草剂长期依靠进口和仿制生产。李正名决心将研究重点转移到自主创制对环境生态友好的新型绿色除草剂。经过 20 多年努力，其课题组克服各种艰难险阻，经过不断的基础理论创新终于成功创制我国第一个具有自主知识产权的绿色超高效除草剂单嘧磺隆（商品名称"谷友"），经过了国家对创制新新农药三证（登记证、生产证、质检证）的严格审核后批准进入市场，打破了发达国家在此领域的长期垄断，填补了我国自主创制除草剂的技术空白，使中国成为国际上第 5 个具有独立创制除草剂能力的国家，同时也填补了国内外谷田专用除草剂的长期空白。

李正名带领和参与的科技工作曾获国家自然科学二等奖、国家科技进步一等奖、国家技术发明二等奖，国家计委为国家重点实验室做出重大贡献先进工作者设置的金牛奖、全国发明创业奖、庆祝中华人民共和国成立 70 周年纪念章、中国农药工业协会杰出成就奖、建国 60 周年中国农药工业突出贡献奖、中国化工协会农药专业委员会终身成就奖、中国农药工业协会农药市场信息中心特别荣誉奖、庆祝建国 70 周年"与行业（协会）共成长贡献人物"奖、日本农药学会"外国科学家荣誉奖"、教育部科技进步二等奖、化工部科技进步一等奖、天津市技术发明一等奖。其本人曾获天津市科技重大成就奖、天津市最有价值发明专利奖、天津市劳动模范、天津市中青年有突出贡献专家、天津市优秀科技工作者、天津市优秀共产党员、天津市最美科技工作者、"真情天津"都市年度人物奖、南开大学良师益友奖等奖项与称号。

李正名先后担任国际纯粹与应用化学联合会（IUPAC）中国代表与资深代表，联合国工业发展组织（UNIDO）南通农药剂型开发中心技术委员会主任，国际刊物 Pest Management Science 执行编辑，中国工程院化工冶金与材料学部常委、国家自然科学基金委员会有机化学评审组组长、中国化工学会农药分会副理事长、国务院学位委员会委员、教育部长江学者化学化工组组长、国家基金委杰出青年评委、中国化学会副秘书长、上海有机化学研究所国家重点实验室学术指导委员会委员、中国农药工业协会高级顾问、中国农药发展与应用协会高级顾问、天津市科学技术协会副主席、天津化学化工协同创新中心理事，中国农业大学、上海有机化学所、大连理工大学、清华大学、华中师范大学，贵州大学、福建农业大学等国家与教育部重点实验室学术委员主席、委员等职。

李正名在开展科学研究的同时，还承担了大量的教学工作。他讲授研究生课"手性有机化学""生态化学"并负责全校有机化学大型实验课（200人规模）的设计与建设，曾指导农药与有机化学专业研究生 170 名（含 71 名博士生与博士后），共发表学术论文 680 篇，获我国授权发明专利 17 项。主（参）编出版《有机立体化学》《有机化学（国家基金会调研报告书）》《中国农药科技界著名老专家传略》《南开大学元素有机化学研究所 50 年史录》《中国特有谷子科技创新前沿》《国外农药进展》《The Pesticide Chemist & Modern Toxicology》等专著。

李正名不仅潜心教学与科研，还十分关心学生的成长与发展。作为杨石先老校长的第一名研究生，他一直把传承南开精神作为自己的使命和责任。2015 年李正名将刚刚获得的"天津市科技重大成就奖"奖金 50 万元全部捐赠给杨石先奖学金基金会，以鼓励年轻一代的成长成才。

2020 年初突如其来的新冠肺炎疫情严重影响了学校正常教学计划。为让应届博士生如期答辩，李正名向学校提出"博士学位网上答辩"申请，在校领导支持下该团队经一个月紧张筹备，最后顺利完成了南开大学首场博士论文线上答辩并将有关程序编写成册供大家参考。

躬身七尺讲台 60 余载的李正名，继承了恩师杨石先的优良传统，几十年来一直致力于扎根祖国，响应国家需求，长期投身于农药创制基础研究，为我国有机化学和农药化学的科教事业做出了卓越贡献。鲐背之年的李正名依旧活跃在教学和科研第一线。为了实现把科技创新应用在我国现代化、把论文写在祖国的大地上的宏伟目标，不懈地坚持着。

文章作者：许丽萍

陈新坤

1932—2021

　　1932 年 12 月生于福建省仙游县，汉族。1953 年仙游一中高中毕业，1957 年厦门大学化学系本科毕业，被分配到南开大学化学系任教，1996 年退休。1983 年晋升副教授，1988 年晋升教授。退休前历任南开大学化学系教授，南开大学中心实验室兼职教授，中国化学会分析化学委员会委员，中国光谱学会等离子体光谱学组副组长，天津市理化检验学会副理事长、代理事长。美国科学促进学会（AAAS）国际会员。曾任《光谱学与光谱分析》期刊常务编委，《分析实验室》和《影像技术》期刊编委，《现代科学仪器》期刊顾问。1992 年起享受国务院特殊津贴。

陈新坤教授长期工作在教学和科研第一线，先后为本科生和研究生开设"分析化学"、"仪器分析"（光学分析部分）、"现代光学分析法概论"、"现代原子光谱分析"和"等离子体光谱分析法"等课程，并指导中青年教师和进修教师多名，已培养研究生 16 名。

1978 年以后，陈新坤教授主要从事电感耦合等离子体光谱法（ICPS）的基础和应用研究。已编著或与他人合作编著出版专著和教材四部，即《现代原子发射光谱分析》（科学出版社，1999 年）、《原子发射光谱分析原理》（天津科学技术出版社，1991 年）、《电感耦合等离子体光谱法原理和应用》（南开大学出版社，1987 年）和《仪器分析》（高等教育出版社，1984 年）。

陈新坤教授还主持过多期全国性 ICPS 研究进修班和高级研修班（分别由中国光谱学会和中国分析测试协会主办），以促进 ICPS 这一 20 世纪 70 年代以后出现的分析化学新分支学科在我国的普及和发展。陈新坤教授曾获得多项教学和科技成果奖。由于在发射光谱分析领域的突出贡献，2008 年受到中国化学会和中国光学学会的表彰。

陈新坤教授 1992 年获得美国传记协会（ABI I）《国际杰出人名录》和《世界 5000 人名录》的提名。1993 年后获得英国剑桥国际传记中心（IBC）多种名人录提名。1997 年获得中国国际名人研究院《中华人物辞海》的提名。已收入《中国专家人名词典》（1995 年）和《天津市当代专家名人录》（1993 年）。

陈新坤教授童年生活在一个偏僻的小山村（现仙游县赖店镇磻硎村），父母均是农民。村里连一个小学校都没有，在亲友的鼓励下，他先后寄居在外祖父、姨母和姨表姐家上完小学。小学毕业后以优异成绩考入仙游县立初级中学（后改为仙游中学），毕业后保送进高中部（现为仙游一中）。1950 年因父亲病逝，5 个弟弟年幼，陈新坤教授不得不休学在家参加农业劳动一年。1953 年进入厦门大学化学系学习。陈新坤教授从小学至大学学习成绩都十分优秀，深得老师厚爱和器重。特别是吴武瑜（高中英语老师，现在是福建师大外语学院教授）、江培萱（厦大老师，后调任福建三明化工厂总工）、陈国珍（厦大化学系主任，后调任二机部总工、国家海洋局副局长）、卢嘉锡（厦大教务长，后调任福州大学校长、中科院物构所所长、中科院院长）等恩师。2011 年陈新坤教授被收入厦门大学知名校友传略《南强之光》（厦门大学出版社），并任天津市厦门大学校友会首届理事。

陈新坤教授对教学和科研工作十分认真，一贯坚持"一不当官、二不

百年耕耘

南开化学

图利、二不争名""踏踏实实做人，认认真真做事"的原则。凡是自己讲授的课程，坚持鲜明的学术观点，亲自编写讲义和教材，绝不"人云亦云"。在科学研究工作上，坚持基础性和创新性，对所涉及的本学科的热点问题进行深入研究，争取在某一领域保持一定的发言权，许多学术观点深得同行认可。

陈新坤教授对待学生、合作教师和学术界同行，总是以诚相待。无论是教学或科研总是把培养人才放在第一位，把自己的心得和学术见解毫无保留地告诉他们。对同行的研究成果，总是认真地给予肯定和宣传，对不同的观点认真进行实事求是的讨论，在审稿或鉴定会上，决不"一棍子打死"。这些做法，陈新坤教授认为这是一个学者起码应该具有的品德。

陈新坤教授在"文革"期间，曾受到严重的冲击，在落实政策时，被认为是南开大学的一个"非常事件"，因为当时他只是一位年轻的教师（34岁）。1970年，他带家属一起到杨柳青"插队落户"达四年之久。在此期间，他坚持认为"知识是有用的"，利用自己所掌握的知识，与一起下放的南开大学老师，帮助所在村（当时为大队）创办天津市西郊区（现在的西青区）首家村办化工厂，利用天津市各厂矿的生产废料，生产出一些当时国家急需的化工产品，产品质量得到天津市化工公司和进出口公司的肯定，并定为免检产品，此工厂为该村创造了巨大的财富。《天津日报》曾对此进行专门报道。之后几十年时间，该村广大农民和干部仍与陈新坤教授一家保持着良好的关系，并授予陈教授夫妇荣誉村民的称号。

陈教授退休后已辞退所有社会兼职，其子女均已事业有成且孝敬父母。陈教授所有的教学和科研成果，以及对子女的教育，均是与其夫人高淑英女士的全身心奉献分不开的，陈教授对此一直心存感激之情，并坚定认为，人生无论困难或顺利，都应坚持"一切顺其自然""车到山前必有路"和"知足常乐"的乐观处世精神。

2017 年 1 月摄于福鼎太姥山观海栈道

同事黄志荣的回忆

陈新坤教授多年来从事化学系本科生仪器分析课、分析化学专业学生现代光学分析法概论和分析专业硕博研究生电感耦合等离子体光谱法原理及应用等多层次课程的教学工作。陈教授教学态度认真，任职期间为使学生学习效果更好，不惜一切代价花费大量心血，亲自编写出版了四部教科书：①《仪器分析》，高等学校教材用书，高等教育出版社 1984 年 9 月第一版，1987 年 2 月第三次印刷；②《电感耦合等离子体光谱法原理和应用》，陈新坤编著，南开大学出版社出版，1987 年 10 月第一版；③《原子发射光谱分析原理》，陈新坤主编，天津科学技术出版社出版，1991 年 10 月第一版；④《现代原子发射光谱分析》，分析化学丛书第四卷第四册，科学出版社 1991 年 11 月第一版。此外还编写了《现代光学分析法概论》教材，由南开大学教材科印制，是分析化学专业学生专用教材。多年来，陈教授呕心沥血著书多部，可见其知识渊博，当为教书育人楷模。多年来他从事原子光谱分析和电感耦合等离子体原子光谱法（ICPS）方面的研究工作，在培养青年教师的教学科研能力方面做出了很大的贡献，在教学科研中都

百年耕耘

南开化学

取得了显著成绩。

陈新坤教授科研方向为原子发射光谱分析法和电感耦合等离子体光谱法（ICPS）原理及应用方面的研究。他是国内最早接触并宣讲 ICPS 的学者之一。其早在 1982—1984 年间分析测试协会曾经在南京杭州等地举办四次 ICPS 研修班，所用教材由陈先生编写且由其担任主要宣讲人。1991年中国分析测试协会又在天津举办 ICPS 高级研修班，所用教材仍是陈先生主编。另外两部参考书是前面提到的陈新坤编著的《电感耦合等离子体光谱法原理和应用》《原子发射光谱分析原理》两部书。这些专著为学员提供了 ICPS 基础和仪器结构工作原理方面的系统知识。由此可见，陈新坤教授在全国原子光谱分析领域享有盛誉，在向全国广泛推广 ICPS 方面做出了巨大的贡献。

陈新坤教授在《光谱学与光谱分析》《分析化学》《高等学校化学学报》《分析实验室》等全国性核心学术刊物上发表论文 60 余篇，在全国性学术会议上做特邀报告 10 余次，在国际学术会议上宣读论文 5 篇。这些论文对 ICP-AES 光谱法及相关联用技术各种场合的干扰机理和光谱、非光谱干扰校正方法进行了深入研究，并在国内外首次提出用改进的内参比法校正非光谱干扰的方法（以前都认为非光谱干扰只能补偿不能校正）取得令人满意的结果。他为摄谱法光谱数据处理全计算机化和建立 ICP-AES 无基体匹配定量分析方法奠定了基础，引起国内外同行们的普遍重视。

20 世纪 80 年代后期课题组合影，前排左起：黄志荣、马锦秋、陈新坤、刘振祥、袁婉清

陈新坤教授非常重视青年教师培养和科研队伍建设。在他的关心和帮

助下，该组成员个个都能独当一面，在各自的教学科研工作中取得了显著成果。我们由衷感谢陈新坤教授对我们的教育和帮助。

学生沙伟南的回忆

陈新坤教授是我的研究生导师。他 1957 年毕业于厦门大学，是当时南开大学化学系副主任陈天池先生和厦门大学化学系主任陈国真先生出于两校各自建立学科的需要交换来南开任教并建立仪器分析学科的。陈新坤教授是中国化学会分析化学委员会委员，中国光谱学会等离子体光谱学组副组长，天津市理化检验学会副理事长、代理事长。曾于 1992 年作为中国冶金部特聘专家赴日本冶金系统考察访问。陈先生在南开工作生活了 60 多年，在这 60 多年的时间里他勤勤恳恳、兢兢业业、脚踏实地任劳任怨，可以说把自己毕生的主要精力都奉献给了南开园、奉献给了南开的学科建设和教育事业。陈先生是"文革"后比较早就晋升教授的那一批老师，享受国务院特殊津贴，是南开大学原化学系分析教研室的一位资历比较深和比较有名望的教授。

日本考察期间合影

我是在南开校园出生，从小就生长在南开校园，当时陈教授就住在南开大学北村二楼（我们家的楼上），是我们家的邻居，所以陈教授是看着我长大的。同时，我父母也在南开大学化学系工作，和陈教授及陈教授的爱人高淑英老师是同事，因此我小的时候一直都称呼陈教授为陈叔叔，称陈

百年耕耘
南开化学

教授的爱人为高阿姨。1970年夏天到农村下放时，我们家和陈教授家去的地方又都是杨柳青，只不过他们家去的村子是东桑园，我们家去的村子是后桑园，两个村子间只隔了一条南运河。所以我和陈教授之间的关系，实际上比师生关系还要更近一层。

我在南开大学化学系留校工作后，因为同在分析教研室，所以陈教授对我关爱有加。我刚工作的前几年接触的是电化学，后来转做原子光谱。我到了陈先生这边后，他更是在各方面都给予了我极大的关怀和帮助。他建议我读研究生，同时努力为我争取机会并提供了大力的支持和帮助，让我有幸成能为他的学生。

在读研期间，陈先生的言传身教让我深深地感受到了他在教学科研工作中严肃认真一丝不苟高度负责的精神和严谨的科学态度，他对每个学生的实验情况和进度都要亲自定期过问进行精心指导，鼓励我们要开阔眼界、积极思考、大胆实践，对每个学生的开题报告和研究论文都要亲自审阅。不仅如此，他还和我们亲手一起维修仪器安装设备，为我们顺利地进行和开展实验提供和创造了良好的条件。此外，陈先生还特别注重对年轻教师的培养，经常为他们解惑答疑。

陈新坤教授主要的研究领域是光学分析和原子光谱分析，尤其是在原子发射光谱和电感耦合等离子体发射光谱方面具有很深的造诣。他为南开大学化学系分析专业的本科生开设过"仪器分析"基础课和"现代光学分析法概论"专业课，为研究生开设过"电感耦合等离子体光谱法原理和应用"的课程，并为"现代光学分析法概论"课程编写了讲义。陈先生培养出了十几个研究生，委培留学生一人，在他的课题组完成毕业论文毕业的本科生更是有数十人之多，可见，陈先生在教书育人方面为南开做了大量的工作，付出了辛勤的汗水。

南开大学是20世纪80年代初在国内最早为本科生开设"仪器分析"课程的少数几所高校之一，所以由高等教育出版社出版的戴树桂主编、陈新坤等人编写的《仪器分析》教材是国内高校最早使用的仪器分析课程教材。因为陈先生是在20世纪80年代初国内最早开始研究电感耦合等离子体发射光谱的人之一，所以由他编写的由南开大学出版社出版的《电感耦合等离子体光谱法原理和应用》一书是国内最早的研究生教材。此外，陈先生主编的由天津科学技术出版社出版的《原子发射光谱分析原理》也是国内比较早的关于原子发射光谱的专业书籍。除此之外，陈先生还参加了分析化学丛书第四卷第四册《现代原子发射光谱分析》的编写工作。

在科研方面，陈新坤教授承担过国家自然科学基金、天津市科学基金、与企业间的横向科研协作及校内自选科研项目等多个科研项目，在包括分析化学年会在内的国内各种学术会议和《光谱学与光谱分析》《分析化学》《分析实验室》《冶金分析》等国内各种学术期刊和杂志上发表学术论文几十篇。这些工作对发射光谱的干扰机理和校正方法进行了深入的探究，其中提出的改进内参比法校正非光谱干扰的方法改变了人们以往认为的非光谱干扰只能补偿不能校正的看法，并取得了良好的效果，同时也为 ICP 发射光谱法的无基体匹配定量分析方法的建立奠定了基础，引起了国内外光谱分析同行的普遍关注。陈先生还为中国分析测试协会电感耦合等离子体光谱法（ICPS）高级研修班编写了培训资料。陈先生为我国在原子光谱和 ICP 发射光谱领域的研究和发展倾注了大量的心血，做出了极其重要的贡献，因此在国内的发射光谱分析的学术界享有比较高的盛誉。

文章作者：黄志荣、沙伟南、陈晓园

龚毅生
1932—2008

  南开大学化学学院教授。江苏省苏州市人，1932 年 6 月生。1950 年秋考入南开大学化学系，1954 年毕业，留校担任化学系助教。1960 年晋升为讲师。1969 年随爱人下放到广西山区。1972 年调到广西民族学院任化学系讲师，1978 年担任广西民族学院化学系副主任和副教授。1982 年调回南开大学化学系任副教授。1991 年晋升为教授。1992 年退休。

龚老师自 1954 年留校任教以来，三十余年如一日，服从组织分配，忠诚于党的教育事业，长期从事基础课的教学工作。1954—1959 年任助教时，主要担任"无机化学"课程的教学工作，也为开展"氢化物"科研和建设"无机专门化"做出了努力。1959 年在《化学通报》建国十周年特刊上以科研组名义发表了文章《氢化铝锂的合成》。1960 年为南开大学地质地理系开设了"普通化学"和"水文化学"课程。1961 年贯彻"高教六十条"和"八字方针"，担任了化学系"无机化学"课程主讲教师和课程组组长，为提高南开化学系基础无机课的教学质量投入了全部的时间和精力。1969 年随爱人从天津下放到广西山区，1972 年调到广西民族学院创建了化学系，主讲"无机化学""分析化学"课程。1978 年晋升副教授，在简陋的条件下重新开展了无机合成科研工作，领导了广西壮族自治区重点科研项目人造石英粉的研制工作，取得了成果，获得 1980 年自治区"科技成果二等奖"。1982 调回南开大学化学系，在校系组织的重托下，1983 年重新担任"无机化学"课程主讲教师并主持该课程组工作，直至退休。龚老师在无机化学基础课教学中认真负责，不断提高教学质量，积累了丰富的教学经验，教学效果优秀，获得学生好评。1983—1990 年，龚老师为兄弟院校培养了基础无机化学课程的多名进修教师。在 1984—1988 年度获学校教学质量优秀奖三次，在 1987 年学校教学评估中无机化学课程评为双优课程。在 1989 年获天津市高教局优秀教师奖。

龚老师认为，无机化学课是化学系的第一门课，具有重要作用，所以必须既教书又育人，寓育人于专业教学之中，每堂课必须精益求精、一丝不苟。只有言传身教，才能严格要求、潜移默化，为造就社会主义建设人才奠定良好的基础。

龚老师还做些译著工作，参加《无机合成》丛书（H.S.Booth 主编的《Inorganic synthesis》）的部分翻译；并编写《中国大百科全书化学卷》第 IV A 族元素条款，及《无机化学丛书》（第二卷）。

除了无机化学教学工作外，龚老师还开展无机合成方面的研究工作。1980 年人造石英粉研究获广西壮族自治区科技成果二等奖。1987—1989 年他担任硕士研究生毕业论文指导教师，开展了国家自然科学基金研究项目：融盐电解合成稀土硼化物的研究，其中《融盐电解合成 LaB_6》研究成果向国家专利局申请了专利，并发表了有关论文。

龚老师为南开大学无机化学教学做出了优秀的成绩，是一位优秀教师。

文章作者：张若桦

杨瑞华

1932—2013

    南开大学教授。1953 年进入北京大学化学系学习 1 年，1954—1956年在南开大学化学系学习，1956 年毕业留校任教，1992 年光荣退休。在教学和科研上均有所建树：主讲本科生基础课"物理化学"、研究生课程"结构分析"，先后获得系级优秀教学成果奖及教学质量优秀奖；运用结构分析这一手段研究催化反应、动力学及机理，对烯烃氢醛化、一氧化碳偶联等反应做了较为系统的研究并取得了较好的成果。

杨瑞华，1932 年出生于北京，1950 年毕业于北京贝满女中，同年年底响应抗美援朝保家卫国的号召投笔从戎参军入伍进入中国人民解放军防化学校学习，1952 年毕业留校任助教。1953 年进入北京大学化学系学习，1954 年转业并进入南开大学化学系学习，1956 年毕业留校，在南开大学化学系物理化学专业任教。曾担任过物理化学教研室主任。

杨瑞华老师为人端方沉稳，课堂上讲授知识一字一句不急不缓，即使面对学生犯错也从不高声严厉，一直耐心引导。然而对待学问态度严谨，一是一二是二，从不含糊其词。从事教育和科研几十年，始终兢兢业业、一丝不苟。

杨瑞华老师的教学工作主要分为两个阶段，1985 年以前主要从事本科生基础教学（物理化学），1985 年以后主要从事专业课程和研究生课程的教学工作，包括"结构分析""有机结构分析（部分）""结构分析导论""化学诱导动态核极化""群论与结构分析""光谱与波谱"等课程。

杨老师教学态度认真，效果好，成绩显著，尤其在指导 CGP 考生时成绩优异，为教学工作做出了突出贡献。由于本校学生连续多届在 12 所重点综合性大学 CGP 考试中的物理化学成绩欠佳，杨老师临危受命接受了物理化学课程的主讲任务并担任了课题组长。由于科学技术突飞猛进的发展，基础课内容需要不断更新、补充，而且授课不能照本宣科，要讲解难点，更要讲出内在联系、启迪思维，培养学生思考及解决问题的能力并使之乐此不疲，为此不但要参考国内外有关的教科书、文献资料揣摩思考，还要有所"悟"，在此基础上才能组织好教学。杨老师通过全身心投入，并与同组老师一起团结奋斗，使物化教学水平有了提高，我校在 CGP 考试中的物理化学成绩也有了显著提高，得到了多次表扬与肯定，也因此杨老师获得了系级优秀教学成果奖。在专业课与研究生课程中，杨瑞华老师主要承担了结构分析方面的内容，为了跟上科学发展的步伐，使同学们在打下较为坚实的理论基础的同时能学以致用，杨老师付出了很多心力钻研教材和相关文献资料，努力在有限的课时里拓宽学生的视野，"结构分析"课程获得了 1985—1986 年度教学质量优秀奖。

除了教学工作，杨瑞华老师对于科研也有自己的独到之处。杨瑞华老师将结构分析技术与所研究的课题相结合，在结构与催化研究方面取得了较好的成绩，展示了其较强的科研工作能力和较高的理论水平。她系统研究了基于三苯基膦和亚磷酸酯配位体的系列金属有机催化剂的结构、性能及其在催化反应中的应用，这些研究工作有较强的系统性和理论意义，尤其对 Wilkinson 提出的反应机理做了新的验证和进一步说明，所研究的催化反应体系均有工业应用背景或前景，并且在这些研究中，很好地应用了红外光谱、核磁共振等技术来解释研究结果。在《中国科学 B 辑》上发表的《硫代磷酰胺酯类化合物的合成及其结构与除草活性的定量关系》一文中，应用 Hansh 方程，研究了硫代磷酰胺酯类化合物的结构与除草活性间的定量关系，对了解农药的结构与性质以及指导农药合成都具有一定的意义。其中，她应用核磁共振谱 31P 化学位移的测定结果对该论文所提出的论点和研究结果做了有力的说明，是该文主干数据之一。在《配位体对铑催化烯醛化反应影响（I）（II）》和《氢醛化均相反应机理的研究》等论文中，都应用了红外技术来对研究结果进行解释；在《催化剂结构及其表面吸附分子行为的固体核磁共振表征》文中，从理论及在催化中的应用等方面做了系统和清晰的介绍，可为有关课程的教学做参考。可以看出杨瑞华老师在分子结构和近代实验技术包括红外、核磁等方面具有较深的理论基础和实验技巧。

可能是早年军校学习和任教的经历给杨瑞华老师带来的深刻影响，杨瑞华老师几十年的工作和生活都保持了艰苦朴素、踏踏实实、不骄不躁的作风，值得我们后辈学习。

文章作者：马延风

百年耕耘

南开化学

杨瑞华教授工作照

杨瑞华教授生活照

俞耀庭

1932—2017

　　教授，博士生导师，著名生物材料专家。1932 年生于江苏南京市，1955 年南开大学化学系毕业，1959 年研究生毕业，1960 年后先后被聘为讲师、副教授及教授。1979 年在化学系高分子教研室开始从事生物医学材料研究，1980—1982 公派到加拿大麦吉尔大学人工器官与细胞研究中心研修生物医学材料，回国后不久调到生科院任第一届分子生物所所长及副院长，创立了生物活性材料教育部重点实验室。

俞耀庭教授是国际知名生物材料专家，是我国生物医用材料领域的开拓者之一，毕生从事血液灌流用吸附树脂的研究，创立了南开大学生物活性材料教育部重点实验室。曾担任中国生物材料联合会副主席、中国生物医学工程学会常务理事长和天津市生物医学工程学会副理事长。

俞先生 1932 年 3 月 28 日出生于江苏南京。他的父亲曾任职于海关，先后在青岛、龙口、营口以及天津等地工作，俞先生跟随家庭先后在上述地方的教会学校接受了良好的教育，在数理化尤其是英语方面打下了坚实的基础，高中毕业后获得了剑桥大学的入学通知书，但是他选择了南开大学化学专业。在大学学习期间，俞先生既注重基础理论知识的学习，更注重实验技能的培养，在大学期间把当时国外编写的一本经典的有机化学实验全部认真地做了一遍，极大地提高了有机化学方面的理论和实验能力。

俞先生研究生期间师从杨石先院士。毕业后长期担任何炳林院士的科研秘书，一起创建了南开大学的高分子化学与物理专业。在"文化大革命"期间教学和科研受到冲击，俞先生一度从事海水淡化方面的研究。

"文革"后，俞先生在南开大学化学系高分子教研室开始从事生物医学材料研究，1981—1983 年公派到加拿大麦吉尔大学研修，从事生物医用材料和多酶体系微囊化的研究，从此和国际著名生物材料专家、人工细胞之父、两次获得诺贝尔生理学或生物学奖提名的张明瑞教授建立起了长期的合作关系。回国后，俞先生担任新组建的南开大学分子生物学研究所所长，并担任生命科学学院副院长，20 世纪 90 年代初创立了生物活性材料教育部重点实验室。

针对临床存在的系统性红斑狼疮、类风湿关节炎、重症肌无力等疑难性自身免疫性疾病，以及发病率高的药物急性中毒、重症黄疸性肝炎及内毒素血症等，俞先生自 20 世纪 80 年代初在国内率先开展血液灌流吸附树脂研究。分别利用吸附树脂的比表面、孔径、电荷、疏水性相互作用和亲和性配基等特性选择性或专一性地清除患者血液中的病毒性物质，达到缓解病情或治愈疾病的目的。他创建的树脂包膜方法解决了多种树脂的血液相容性问题，发展了全血灌流树脂产品，推动了血液灌流治疗在我国的推广应用，受到国际同行的高度赞誉。

例如，以小牛胸腺 DNA 为配基的碳化树脂免疫吸附剂用于全血灌流治疗系统性红斑狼疮，可清除患者体内的致病抗体及其复合物 50%—70%，治疗效果显著，获得美国发明专利、国际发明专利和中国专利，获得 CFDA 产品注册证，在全国范围内得到广泛应用，为治疗系统性红斑狼疮开辟了新疗法。

针对黄疸性肝炎患者血液中存在的大分子量、疏水性的结合胆红素，发明了具有超大孔径（大于 160 埃）的疏水性吸附树脂，可高效率地清除白蛋白结合的胆红素。发明了大比表面积（大于 1000 M^2/g）吸附树脂，可高效率地清除多种剧毒农药和安眠药，挽救了数以万计的生命。

经过 20 余年的创新研究和技术转化，俞先生研制成功了 10 余种性能优良的医用血液灌流树脂，与珠海健帆生物科技有限公司紧密合作，研发出了多个系列产品，到近年来形成了年销售近 10 亿元人民币的血液灌流器产业，推动了国产化高端医疗器械的行业发展，惠及了数十万计的患者，为我国人民群众的健康做出了突出贡献。俞先生因此获得国家科技进步二等奖、何梁何利科学与技术进步奖、国家发明创业奖、中国生物材料学会杰出贡献奖和南开大学特别贡献奖等。

在国际交流方面，俞先生为我国生物材料学界与国际同行的合作发挥了关键作用。俞先生 1997 年担任了第 14 届国际酶工程大会主席，是多个国际学会的副主席和常务理事。2000 年，俞先生获得国际生物材料科学与工程学会 Fellow 称号，这是该领域的最高学术称号，他是最早获得这一称号的 4 位中国科学家之一。通过俞先生的努力，南开大学在 20 世纪 90 年代获得加拿大开发署 150 万加元的资助，用于支持 40 多位博士生和教师到麦吉尔大学进修。他促成了中加"三对三"（中国南开大学、北京大学、清华大学与加拿大英属哥伦比亚大学、多伦多大学、麦吉尔大学）的两期共 6 年的生物技术合作。他还是南开大学成为国际人工器官联合大学（INFA）的 12 所成员学校之一。

俞先生先后承担和完成了国家"六五""七五""八五"等攻关课题以及 863、973、自然科学基金等约 40 项研究任务。发表了 240 篇论文，大部分为 SCI 收录论文；主编和参编 20 余部著作，获国家、省市级奖励 12 项；拥有美国、德国、国际和中国授权专利 6 项；培养了博士后 4 名、博士生和硕士生 100 余名。

文章作者：孔德领

陈寿山

1933—

  南开大学元素有机化学研究所教授，博士生导师，著名金属有机化学家。1933 年生于山东省招远市。1955 年考入南开大学化学系。1959 年大学毕业分配到中国科学院华北化学研究所，从事高分子化学研究。1972 年调入南开大学元素有机化学研究所，开展过渡金属化合物合成、结构及催化性质的研究。在长期的教学与科研工作中取得了丰硕的成果，在国内外核心刊物发表研究论文 90 余篇，独立撰写了《化学物质与癌》《金属有机化合物合成》及《有机锂有机镁制备》等专著，培养了硕士研究生 15 名，博士研究生 2 名。

陈寿山 1933 年生于山东省招远县一个普通家庭。祖辈比较开明，创造条件供子女上学。七七事变后，家乡成为游击区，原本应上正规小学，他却只能到本村自办学校启蒙。1945 年陈寿山转入青岛私立教会小学——青岛培基小学完成小学学业。1949 年以全青岛第二名成绩考入青岛公立重点中学——青岛第二中学初中部，后以优异成绩升入本校高中部。1955 年高中毕业参加全国高考，考入南开大学化学系。1959 年毕业分配到中国科学院华北化学研究所，从事高分子化学研究，并取得重要成果：首创利用高聚物单一浓度法测定聚合物分子量。此项技术操作方便，计算简单，大大提高了工作效率，并在全国相关企业得到广泛应用。

因工作需要，1972 年陈寿山调入南开大学元素有机化学研究所，从此致力于元素有机化学相关的研究工作。鉴于茂钛族化合物具有高效催化烯烃聚合及催化氢化的活性，从 20 世纪 70 年代开始，开展了茂钛族金属化合物的合成、结构及催化活性的研究。该研究课题得到了国家自然科学基金委的大力支持，先后 3 次获得基金资助，保障了课题研究工作的持续开展，陈寿山主要研究了茂钛族金属化合物的合成及合成新方法，同时与中国科学院上海有机化学研究所、北京大学、中科院大连物理化学研究所进行合作，对所合成的茂钛族化合物进行了催化烯烃氢化和聚合等方面的性能研究。以上研究工作取得了丰硕的成果。

20 多年来课题组的研究工作重点探索了不同结构的茂钛族金属有机化合物的制备方法，发展了许多新的方法，同时合成了大量具有不同结构特征的茂钛、锆、铪金属有机化合物，并对其结构和性质进行了表征和探索。

陈寿山首先研究了双环戊二烯基二氯化钛、锆、铪与各种取代酚的反应，发现钛化合物必须在强碱如氨基钠存在下才能与酚反应，生成相应的双芳氧基茂钛化合物；而结构类似的锆、铪化合物则在弱碱如二乙胺存在下即可顺利制得，并由此合成了一系列苯环邻、间、对位带有不同性质取代基的茂钛族金属化合物。在这类化合物的核磁表征中，发现苯环取代基的位置和性质对环戊二烯基环上质子化学位移呈现明显的规律性影响；同时金属种类也对茂环质子化学位移表现出显著的影响。其次，探索了二芳基茂钛、锆、铪金属化合物的合成。首次成功合成了因位阻效应而不易制得的双环戊二烯基二邻甲苯基锆化合物。在此之前的文献报道中，利用双环二戊烯基二氯化钛、锆、铪分别与邻甲苯基锂反应，仅能制得原子半径较大的铪金属化合物，而未能得到相应的钛、锆化合物。我们对此反应条件进行了改进，制得了相应的双环戊二烯基二邻甲苯基锆化合物，但仍未能制得相应的钛化合物。这主要是由于四价钛离子半径较相应锆、铪离子半径小，因而苯环上邻位甲基表现出更强的空间位阻效应，苯环上邻位甲基的空间位阻效应随钛、锆、铪离子半径依次增大而递减。

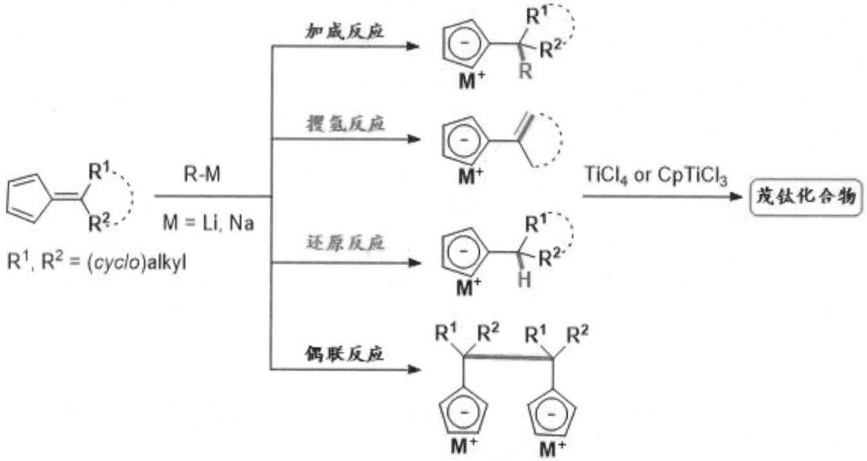

富烯与活泼金属试剂的反应研究

陈寿山另一个完成的工作是系统而深入地探索了6,6-二烷基富烯与活泼金属试剂的反应，并利用该反应，发展了一系列简便又高效的合成取代茂钛族金属化合物的新方法，取得了诸多原创性的成果（见上图）。我们的研究发现，6,6-二烷基富烯与金属锂、钠试剂反应时，可发生加成、攫氢、还原及偶联4种类型的反应，反应类型不仅受富烯上烷基的性质影响，而且受活泼金属试剂的性质影响；不同类型的反应提供了获取不同取代的环戊二烯负离子的简便方法，从而为合成不同取代类型的茂金属化合物提供了非常高效的途径，这一方法从而有力地促进了茂钛族金属化合物的相关研究，受到了国内外同行的多次引用。其代表性的重要发现如下：在研究6,6-环烷基富烯与金属锂试剂的反应中，发现环烷基环的大小和构象的不同，可导致与烷基锂和芳基锂反应的化学选择性不同，可选择性地发生富烯环外双键的加成反应、α-攫氢反应及还原反应，均生成构象变化较少的产物。例如：当6,6-四亚基富烯与有机锂反应时，易形成仍保持平面构象的α-攫氢产物；当6,6-五亚基和6,6-六亚甲基富烯与有机锂反应时，易形成构象稳定的环外双键还原和加成反应产物；当6,6-二烷基富烯与体积较大的萘基锂反应时，发现了富烯的还原偶联反应，首次揭示了富烯经还原偶联反应形成双环戊二烯配体，在富烯化学和茂金属合成化学上具有重要的理论意义和实际应用价值。通过萘基锂与 6,6-二烷基富烯的偶联反应形成的双环戊二烯基负离子分别与四氯化钛或环戊二烯基三氯化钛反应，可方便地制得相应的茂钛化合物。在与 η^5-环戊二烯基三氯化钛反应时，发现反应过程中可能形成一个含 η^1-取代环戊二烯基茂钛化合物中间体，此中间体不稳定，进一步与分子中原有的 η^5-非取代环戊二烯基配体发生 $\eta^5 \rightarrow \eta^1$ 的流变过程，从而形成双 η^5-取代环戊二烯基茂钛化合物。这一发现在茂金属化学中具有重要的理论意义。

在近 40 年的科研工作中，陈寿山取得了丰硕的成果，在《中国科学》《科学通报》《自然科学进展》《化学学报》《高等学校化学学报》等期刊发表研究论文 90 余篇，撰写并出版了《化学物质与癌》《金属有机化合物合成》及《有机锂有机镁制备》等著作。除基础研究工作外，陈寿山积极践行"发展学科，繁荣经济"的号召，开发了多项包括合成香料在内的精细化学品生产工艺，并实现工业生产，创造了显著的经济价值。同时，他辛勤耕耘在教书育人第一线，多年讲授"金属有机化学"和"金属有机反应历程"两门研究生课程，并言传身教，亲自培养了硕士研究生 15 名，博士研究生 2 名，这些学生在国内外各自岗位发挥着重要作用。总之，陈寿山在本职岗位上兢兢业业工作数十年，为我国的科技进步、经济发展以及南开大学的教育伟业做出了自己应有的贡献。

文章作者：陈寿山、贺峥杰

百年耕耘

南开化学

沈含熙
1933—

　　分析化学家和教育家，南开大学化学系教授、博士生导师。1933 年生于江苏苏州。1950 年考入国立同济大学化学系，1952 年转入复旦大学化学系。1953 年毕业后分配到天津南开大学化学系任助教。1957 年到苏联莫斯科大学化学系攻读副博士学位研究生。1961 年学成归国，回南开大学化学系继续执教。1978 年晋升为副教授。1982 年任南开大学分校化学系主任。1990—1993 年任南开大学化学系主任。在此期间，先后出任南开大学学术委员会委员、校务委员会委员、学位评定委员会委员。1990 年经国务院学位委员会批准为博士生导师，同时建立南开大学分析化学学科博士点。1991 年，苏联科学院普通与无机化学研究所所长 Zolotov 院士签署并授予库尔纳科夫荣誉证章。1992 年享受国务院特殊津贴。2007 年，应瑞典皇家科学院邀请，成为诺贝尔化学奖的提名人。曾获得国家发明三等奖一项和天津市自然科学奖二等奖一项。1984 年被评为天津市劳动模范，1986 年被评为天津市先进科技工作者。

百年耕耘
南开化学

沈含熙，祖籍江苏嘉定（今属上海市）。1933 年 8 月 2 日出生于江苏苏州。父亲是当时上海颇有名气的工商业家，曾创建著名的上海嘉丰纺织厂。1937 年抗日战争全面爆发，举家从苏州迁至上海法租界。青少年时代的沈含熙曾目睹帝国主义割据统治上海和日本帝国主义侵略中国的暴行，以及抗战胜利以后国民党政府的腐败统治。从此他坚定了发愤读书和为国争光的思想。

1950 年沈含熙从中学毕业，考入上海同济大学化学系，开始了他的人生之路。早在上初中的时候，他就对化学发生了浓厚的兴趣。那时候他不懂也不明白，为什么用猪油可以制造肥皂？为了弄清楚这个问题，他就自己动手，用烧碱和猪油做起肥皂来。他发现用猪油做的肥皂又白又好用，从此诱发了他做化学实验的兴趣。在大学读书期间，他特别喜欢分析化学和有机化学，因为这两门课特别注重实验。那时候化学系的实验室是全天开放的，只要想做实验，不管白天还是晚上，不管是平时还是节假日，都可以去做。在那段时间里，他除了完成规定的实验外，自己还从课外阅读中找到了许多饶有兴趣的化学实验，如在实验室里从茶叶中提取咖啡因，从人尿中提取马尿酸，利用植物油氢化制造人造奶油，等等。

1952 年夏，院系调整，同济大学化学系并入复旦大学化学系。合并后的复旦化学系，师资阵容强大，著名化学家吴征铠、顾翼东、吴浩青、严志弦等教授均在化学系执教。沈含熙特别珍惜这难得和优越的机会而努力学习。由于国家建设需要，他提前于 1953 年毕业并分配到天津南开大学工作。刚到南开，就见到了我国著名的化学家杨石先教授和系主任邱宗岳教授，并被安排在分析化学教研室工作，担任分析化学课助教。初为人师的沈含熙，一方面自然感到很光荣，但更感到压力和责任的重大。因为那时候他太年轻，刚满二十岁。当时的分析化学教研室主任是刚从美国回来不久的陈天池教授。陈天池听说他是提前毕业的学生，就帮助他制定补课的计划。暑假到来，安排他到生产部门实习。第二年他主动提出，想在教学之余做点科学研究。陈天池全力支持，并表示：就算是补做一篇大学的毕业论文吧，至于论文题目最好选择比较结合实际的课题为宜。他在暑假期间曾在地质部的实验室做过"矿石中二氧化硅测定"的实验。当时采用的方法是重量法。这种方法虽然很准确，但是劳动强度大，整天和氢氟酸和马弗炉打交道。一个熟练的技术员，一天也做不了几个样品。他想能不能找一个既准确又不费事的新方法来替代这个古老的重量法。这个想法当即得到陈天池的同意。通过文献查阅他发现非重量法测定二氧化硅，在文献上早就有过报道，只不过这些方法只适用于低含量二氧化硅的测定。对于二氧化硅含量较高的矿石样品，往往由于二氧化硅在溶液中容易聚合而使结果不能重现。他用比色法代替重量法进行试验。经过半年多的努力，终于解决了技术上的困难，初步使该方法在矿石分析中得到应用。

1957年的初冬，沈含熙赴苏留学，在莫斯科大学化学系学习，投师于著名分析化学家阿里马林院士门下，用三年半的时间完成了他的学位论文并获得了副博士学位。他于1961年春回国，并回南开大学继续执教。

20世纪60年代初期的中国正处在自然灾害的困难时期，加上政治运动迭起，学校里已无法开展正常的科学研究。在相当困难的条件下，沈含熙用自己在国外搜集到的资料为高年级的学生开设了"稀有元素分析化学""有机试剂在分析化学中的应用"等专业课，一直到1966年"文化大革命"开始。在那场大灾难中，沈含熙被打成"牛鬼蛇神"，于1970年下放到农村劳动改造，1973年才被召回学校。

1976年粉碎"四人帮"以后，党组织很快为沈含熙彻底平反。从此，他又开始了新的人生历程。重新走进实验室的那一天，他显得格外地高兴。为了减少已经停顿了10年的科学研究所造成的损失，他不得不日以继夜地翻阅文献，熟悉国外分析化学的进展。20世纪70年代末期，稀土元素的开发利用是国家重要的研究课题，为了了解当时国内外稀土元素分析化学的基本现状和确定研究对象，他和教研室的其他老师一起，走访了许多稀土的生产单位，并开展了测定单个稀土元素的研究。

进入80年代以来，沈含熙发现当前分析化学的主要矛盾是测定方法的灵敏度不高。因此，如何研究并发现高灵敏的测定各种金属元素的新方法是提高分析技术水平的首要问题。1980年，在冶金工业部有色金属分析经验交流会上，他发表了题为《金属光度分析的进展及其发展趋势》的报告，明确地指出了当前金属分析的任务与前景。会议认为，这篇报告对当前冶金分析发展具有指导意义，决定以显著位置刊登在1981年出版的《冶金分析》创刊号上。

改革开放后的20余年，是历史上我国科学家得以发挥聪明才智的时期。对沈含熙来说，这也是他一生收获最多的时期。他把主要精力集中在科学研究和教学工作。为本科生和研究生开设了"分析化学""稀有元素分析化学""现代化学分析法""生物化学分析"等课程，共培养了40余名研究生，其中近一半为博士研究生。科学研究方面，他悉心致力于分析化学的科学研究，研究工作涉及分析化学领域中的诸多方向，其中包括新型有机分析试剂合成及应用、化学计量学、在线流动注射分析、超分子配合物的分析应用、仿生化学分析、高效液相色谱、生物电化学传感器，以及核酸基因探针等。沈含熙在国内外各种学术期刊和学术会议上发表学术论文300 余篇，曾获得"君安科学家奖"。他的主要研究成就大致包括了以下几个方面：

（1）稀土元素的光度分析以及稀土元素共显色效应研究。广泛并系统地研究了一系列有机显色剂与各稀土元素之间的反应规律，提出了测定稀土元素的新方法。特别有意义的是，首次发现了在不同稀土元素之间与有机显色剂的共显色现象；详细地研究了各种共显色现象的反应类型与作用机理，提出了"稀土元素共显色效应"的新概念，从而开拓了研究混合多核配合物及其在分析化学中应用的新领域。

（2）高灵敏胶束增效分析法的研究。从 1980 年开始，他对一系列表面活性剂胶束增敏高灵敏光度分析法进行了全面的研究。其中关于使用 9-取代-2,6,7-三羟基荧光酮的胶束增敏分光光度法的研究取得了突破性的进展。众所周知，许多高价金属，如钛、锆、锗、锡、钼、钨、铌、钽及锑等，历来缺乏高稳定、高灵敏和高选择性的分析方法。而三羟基荧光酮胶束增敏分光光度法却很好地解决了这个难题。因此，此项工作在1984年被批准授予国家发明三等奖。工作发表后，有关方法被许多生产部门广泛采用或制定为国家标准。许多研究部门纷纷进行跟踪研究并探讨扩展其应用领域。正如北京矿冶研究总院出版的《国内高灵敏光度法手册（1985—1994）》一书中所说："一系列苯基荧光酮衍生物的合成和应用是近 10 年来高灵敏光度法的一个十分活跃的领域。据统计，使用此类试剂发表的文献达到321 篇"，"南开大学沈含熙教授对此类试剂的胶束增敏光度法进行了系统和详细的研究，为这类试剂的推广应用起了倡导和开拓性的作用；清华大学郑用熙教授和北京大学慈云祥教授在高灵敏胶束增溶光度法机理方面做了深入的探讨，在应用方面做了广泛的实践。以他们为代表的一批年富力强的无机分析化学家的辛勤工作，为我国高灵敏光度法近 10 年间的快速发展做出了杰出贡献"。

（3）新型有机显色剂的合成及其分析应用。曾经研制并开发了大量具有高灵敏和高选择性的有机显色试剂，其中包括三羟基荧光酮系列、杂环偶氮邻苯甲酸系列、三氮染料以及席夫碱等新型显色剂；提出了一系列以上述新显色剂测定痕量金属的高灵敏和高选择性新方法。近年来在超分子分析试剂的合成方面也取得了进展。

（4）分析化学新技术研究。在流动注射分析领域里，着重对气体流动注射体系以及金属——有机试剂显色体系进行了深入的研究；建立了环境试样中二氧化氮及二氧化硫气体的新的监测方法。在化学计量学方面，对混合物的各种波谱解析，以及用因子分析和回归分析方法解决灰色组分体系和复杂平衡体系的常数测定中取得了成功。

（5）超分子配合物在分析化学中的应用。以超分子大环配合物为主要对象，开展了以环糊精聚合物为受体的超分子配合物的分析应用。提出了用有机客体修饰 β-环糊精交联聚合物树脂作为固定相光度分析法测定痕量物质的新方法；研究了环糊精衍生物作为超分子受体在酶法分析中应用的可能性；建立了以金属卟啉固相超分子在催化动力学分析中应用的新方法。

（6）仿生生物分析及分子组装体在生化分析中的应用。系统研究了辣根过氧化物酶及其模型物催化过氧化氢的底物的开发；建立了多种不需要进行偶联反应的，以偶氮染料、隐性三苯甲烷染料、席夫碱以及呫吨酮等有机试剂作为高灵敏底物的新的酶分析方法；并通过酶催化反应研究了非氨基偶氮染料的致癌机理。在分子自组装基础上形成的液晶型脂质体上，分别研究了药物吸收的新模型以及双层类脂膜作为模拟生物膜的电化学行为；研究了多种新型的包括荧光染料的自组装二聚体、金属配合物和高灵敏有机染料等作为生物大分子探针；建立了多种可用于核酸及蛋白质测定的荧光光谱、共振瑞利散射光谱以及紫外光谱测定法。

鉴于沈含熙在长期的教学和科学研究中的贡献，1985 年他被评为天津市劳动模范，1986 年被授予天津市先进科技工作者称号。1990 年他被英国皇家化学会吸收入会，并经理事会选举为该会会士（FRSC）和授予英国"特许化学家"头衔。同年，苏联科学院无机与普通化学研究所所长佐罗托夫院士签署并颁发给沈含熙"库尔纳科夫荣誉奖章及证书"。

文章作者：孔德明

汪小兰

1933—

　　1952年毕业于北京燕京大学化学系。为了提高教学质量，汪小兰先生于1965年就编写了适用于非化学专业的《有机化学简明教程》一书，由高等教育出版社出版。随着有机化学及分子轨道理论和生物学科的迅速发展，1978年汪先生对上述教材进行了较大变动，重新编写了《有机化学》教材（高等教育出版社出版），此书出版后受到极大的欢迎，全国很多院校都采用作为教材。伴随着有机化学学科的飞速发展，又分别于1985年、1996年、2004年、2016年修改再版。此书已发行100多万册。该教材第一版于1988年获国家教委优秀教材二等奖，第二版获1992年国家教委优秀教材全国优秀奖，第三版于2000年获教育部科技进步一等奖。前三个版本同时获2001年天津市教学成果一等奖。汪小兰先生还作为第一作者于1996年编写了《基础化学》一书。汪小兰先生1980年后曾任教育部高等学校理科化学教材编审委员会委员，国家教委高等学校教学指导委员会委员、副主任委员，以及理科有机化学教学指导组组长。

百年耕耘

南开化学

我在南开的六十九年

我 1933 年出生，1952 年毕业于北京燕京大学化学系。

20 世纪 50 年代初，国民经济处于恢复时期，急需大量建设人才，当时教育部决定 1949 年和 1950 年入学的理工科大学生均提前一年毕业，统一分配工作，参加祖国建设。所以我提前于 1952 年毕业，分配至南开大学化学系工作。历任助教、讲师、副教授、教授等职，1980 年后兼任教育部高等学校理科化学教材编审委员会委员，国家教委高等学校化学教学指导委员会委员、副主任委员，理科有机化学教学指导组组长。

当时学习苏联教育经验，大学进行院系调整，南开只保留文理科，工科转入天津大学（原北洋大学改为天津大学），天大要求所有工科学生都要学化学课，但天津大学缺少化学教师，我被借往天大，担任无机化学实验及辅导工作。一年以后回到南开，先后为王积涛、陈天池、戴树桂、郭寿钤老师分别讲授的"无机化学""分析化学""有机化学"课程进行辅导及实验课。其间参加了两本俄文教材的翻译。

60 年代初，化学系安排我为生物系讲授有机化学，当时大学的教科书很少，大都由讲课教师自编讲义，参考书基本上是英文的。因此教育部组织一些大学教师收集部分学校的讲义，进行研究，组织编写教科书，并要求教材要精简。此后，我接受了编写适用于生物系的有机化学教科书的任务，《有机化学简明教程》于 1965 年由高等教育出版社出版。

70 年代后期，随着科学的发展，我接受了重新编写一本生物系非生化专业适用的《有机化学》教材的任务。由于有机化学的内容极为庞杂，发展又极为迅速，新反应、新理论、新化合物不断出现。所以在有限的学时内精选内容极为重要。为此，我翻阅了大量生物系有关课程的教材，旁听了生化、植物生理等课程，并与生物系有关教师座谈，了解对有机化学的要求，从而确定编写的指导思想，即：在内容上既要结合生物系的实际需要为后继课打下基础，同时作为一门学科来说还应保持有机化学的系统性和完整性，并适当反应有机化学的新进展及其在国民经济与人民生活中的重要作用。根据以上原则我考虑到学习生物学科主要是要了解与生物有关的各类有机物的结构，研究他们在机体中的变化和作用，而不是要去制备有机物，所以打破了一般编写有机化学教科书的框架，去掉了各类化合物的制备方法，将节省下来的篇幅用来加深某些理论，反映新成就及结合应用实际。虽然有机合成是有机化学中相当重要的一部分内容，但一类化合物的性质往往就是另类化合物的合成方法，所以在讲述性质时可以强调其在合成中的应用，并通过做合成习题加深印象，这样同样可以达到合成在有机化学中的重要作用。通过以上调查与思考我完成了重新编写生物系非生化专业用的《有机化学》，该书于 1979 年由高等教育出版社出版共印45.74 万册。该书曾被台湾盗版，在台湾公开销售。

1979 年，我考取了访问学者公派出国，于 1979 年底去美国新泽西州Seton Hall 大学化学系做科研。课题是一名曾经在该系要读博士学位的学生未做成功的课题。两年以后我完成了该课题，在 Synthesis 上发表一篇文章。1981 年底我回到天津。

回校以后，1982 年我和唐士雄、曹玉蓉、王长凤、薛价猷四位老师组成科研组，招收研究生，研究有机物结构与香气的关系，该项工作一直进行到退休。在此期间，我为生物系讲过一年有机化学，为我系学生讲专业外语课。按高等教育出版社要求对 1979 年出版的《有机化学》一书进行修改，出第二版，在修订第二版时，想到如果习题多些，便于教师任意选用，同时学生也可根据自己能力多练习，但未将习题附于书后，而是由王长凤、曹玉蓉二位老师编写一本《有机化学例题与习题》，由高等教育出版社另行出版，与第二版配合使用。第二版共印 30.2 万册。但常因使用者订书时不知应同时订购该习题集而给他们带来不便，因此出版社要求在第三版中重新遴选难易程度不同的习题附于各章之后。在第三版修订中，我对每章都进行了不同程度的修改，删减或增补。对重要代表物的物理性质等均按新版 Merck Index 进行核对或修改，去掉了和无机化学重复的内容，如：化学键、原子轨道杂化等，以及随着有机学科的发展逐渐显得重要性不大或陈旧的内容。对某些反应机理有所加深，如：烷烃的氯代机理，亲核取代反应等。增加了有机化学或相关学科的新发展，如：C_{60}，旋光异构体的柱层析分离，氟利昂对臭氧层的破坏，环糊精在药物及有机合成中的作用，头孢类抗菌素药物以及磁共振呈象等。修改时我始终注意要基本保持原来的篇幅。第三版 1996 年出版共印 33.8 万册。其间根据国家教委师范教育司的要求，我参与了为中学生物教师学习用的《基础化学》一书的编写，该书于 1995 年由高等教育出版社出版。此外，按电视大学的要求，为他们的有机化学课录像讲课。我系负责编写的《化合物词典》，我也参加了少量工作。

上述科研组中，王长凤、薛价猷二位老师均因另有任务，于两年左右退出。我们组研究的内容是多种大环、多环、桥环以及含硅的新化合物的合成，并考察结构与香味的关系。研究经费来自我们申请的科学基金。共合成了百余种新化合物，并均请天津市知名的评香师评定气味。在化学学报、高等学校化学学报等杂志上发表文章 30 余篇。其中一种化合物的合成申请了中国专利并获得批准。两类化合物的合成与香气，分别在北京及维也纳召开的两次国际香精香料会议上做大会报告。

退休以后，由于前述《有机化学》一书的前三版应用的学校较多，且分别获得国家教委不同奖励（第一版：国家教委优秀教材二等奖。第二版：国家教委优秀教材全国优秀奖。第三版：教育部科技进步一等奖。一至三版同时获得天津市级教学成果奖），所以高等教育出版社要求对第三版再进行修改，出第四版，并被定为普通高等教育"十五"国家级规划教材，我再次修改后，于 2005 年出版，共印 71.77 万册。2016 年高等教育出版社要求再修改出第五版，我因年事已高，身体欠佳，无力修改，故请华南师范大学蒋腊生教授进行修改，于 2017 年发行第五版，至今已印 28.3 万册。据高等教育出版社不完全统计，《有机化学》一书应用的高校多达 80 余所。

在我一生中难忘并极有收获的是 50 年后期，我下放至天津郊区大韩庄约一年半，与农民同吃、同住、同劳动。在大韩庄后期，队里安排我和另两位老师到我校校医室学习一周，内容是学习打针、包扎及一般小病的治疗，校医室送给我们一些药品和器械。回村后，我们三人轮流值班"看病"，解决了一些当时农村缺医少药的问题。1970 年中，我全家下放至下辛口村约两年半。在下辛口的后期，发现某工厂的废料中含有较多草酸，我们便去要来提取，这项工作用人不多，而且主要是几位劳动力较弱的妇女，一年的收入相当于一个生产队的收入。至今我们仍与下辛口的朋友保持着联系。

两次去农村，我亲身体会了当时农民生活的艰苦，而现在农民住上了和城市一样的楼房，种地、收割都是机械化。年数不多变化很大，今天的成就来之不易，只有在党的领导下才会有这样的成绩。

文章作者：汪小兰、曹玉蓉、唐士雄

杨学谨
1933—2005

　　1933 年出生于天津，1955 年自南开大学化学系毕业后，因品学兼优和对科学的极大热忱，留校任教。她从做王积涛教授助教开始，经讲师、副教授到教授，兢兢业业，呕心沥血，历经半个世纪，为南开大学化学系贡献了一生，2005 年在南开大学溘然逝世，享年 72 岁。

杨学谨先生带领的科研团队自 1981 年开始，独立或与化学系的同事们一起完成了多项教学、科研项目，从教书育人到提升科研水平，为保持南开化学系在高校的学术地位奋斗不息。不论是承担教育部委托的《大学有机化学》教科书编纂工作，还是担任化学系有机教研室主任等行政职务，都认真负责，传承老一代化学系奠基人的薪火，并注重培养年轻一代，将"接力棒"接过来，传下去。在科研工作中，杨先生曾与化学系前系主任、著名有机化学家高振衡教授合著论文，发表在《高等学校化学学报》上，还带领一批年轻人科研攻关，孜孜不倦，秉承了化学系几十年积淀的严谨学风，与追求卓越的执着。她曾承担天津市科委项目 2 项，国家自然科学基金项目 3 项，在有机化学领域的学术刊物上发表了近 30 篇科研论文，其中多在《高等学校化学学报》《分析化学》《色谱》等有影响力的期刊杂志上，并出版了《仪器分析》与《有机分析实验》两部专著，多年来一直作为大学教材使用。除此之外，杨先生还翻译了四部国外学术专著，为引进国外先进科学技术做出了重要贡献。杨先生在从事繁忙的科研工作的同时，还承担了大量的教书育人的重担，培养了多名研究生和高校进修教师，为本科生和研究生主讲了大量基础化学理论课程和有机分析高等实验课程。

杨先生不仅是一名学者，更是一个令人尊重的长者。值此化学学科创建百年之际，我们作为杨学谨先生的后辈一起分别从教学与科研，涵养与境界，探索与勤奋三个角度来展示杨学谨先生的一生。

教学与科研

1982 年从郑州大学考进南开大学化学系的曹雪梅，师从杨学谨先生开始有机分析学习，作为杨先生的第二个硕士生弟子，与先生接触多，有幸获得先生更多的教诲。三年学业中，从基础知识到实验的设计与操作，从写实验的第一个报告到其人生第一篇科学论文的发表，每一个节点都有杨先生的心血，为她日后的科研生涯打下良好的基础。当时的科研环境还差强人意，很多大的检测仪器都供不应求，白日很难排上时间。为了能够保证实验进度，曹雪梅和师姐弟们经常需要工作到深夜或凌晨，有时候甚至通宵。杨先生总会陪他们工作很晚，第二天一大早还会再赶到实验室看看大家是不是安全。看到学生们得出的好的实验结果非常开心，笑容满面的将结果拿给教研室其他的老师们看，由衷地为学生骄傲。先生指导学生专业的同时，一直鼓励他们学习英文，以便能早日查阅国外同行的文章，进一步开拓他们科研的思路。曹雪梅记得写第一篇文章摘要时，杨先生要求她先写英文初稿，然后由先生自己一字一句帮助改写论文，还仔细为学生讲解为什么要如此修改。这篇英文摘要是曹雪梅在科学杂志上的第一个起点，也是其进军科研领域的基石。

　　杨先生对学生们的生活也无微不至的关心，尤其是对来自外地的学生，经常嘘寒问暖，除了做论文指导，还经常跟大家一起检测保养实验设备，清理实验室卫生，这让同学很快适应了新环境的工作和学习。杨先生对学生们的关爱，对科研的热诚影响了他们的一生。杨先生胸襟开阔，眼光远大，对学生学业的发展和选择总是无条件支持。曹雪梅研究生毕业后想进入学校的分子生物研究所，转向学校刚起步的分子生物学领域。尽管杨先生很想留她在自己身边做帮手，但为了支持学生的志愿，还是毫不犹豫将其推荐到分子生物所。之后曹雪梅又到国外学习工作，与先生的联系从未间断，直至先生 2005 年病逝。多年的师生情，让她无论身处何地，眼前常常浮现杨先生那匆匆忙碌的身影，或伏案于图书馆，或执鞭于大课堂，或忙碌在实验室。作为中国的有机分析教学科研的先驱，杨先生和她的同事们为中国科技事业发展书写了光辉的篇章。

杨学谨先生（2 排左 2）与化学系有机教研室同事（2 排）和研究生们（1 排）

涵养与境界

　　亲友学生们常常赞美母亲的涵养，总是被母亲那甜美的微笑与平和的心态而折服。作为长子次子，我们认为这应该是妈妈的早年家庭环境的培育和文化熏陶所致。母亲在天津20世纪初的天津八大家族里长大，在那个时代，女孩子不会被鼓励读这么多书的。但从海外回国教书的外祖父对男女教育一视同仁，全力支持母亲读书。后来三个儿子与两个女儿都大学毕业。母亲考入天津南开大学，见到太多富与贵的同学，但母亲更是敬佩自强不息的奋斗精神，不是依靠家族的辉煌。每每母亲的科研有了成绩，并不沾沾自喜，反而会常讲她的清华大学毕业的、参与攻克国家大飞机项目的大哥，和治好许多血癌病人的协和医院毕业的二哥，总是为他们骄傲。80年代初，母亲专门叫上正好在北京上大学的长子和专程回国讲学的表哥卞学璜一家聚会，以开拓儿子的眼界。表哥卞学璜毕业于南开中学，是一位航天科学家，也是中国科学院、美国科学院及美国工程院院士，与他同行的还有他的太太，是哈佛第一位亚裔女教授，还有他的岳父，清华20世纪30年代的"四大名师"之一赵元任。从小到大，母亲推崇的不是有几百间房的杨家大院那种富足的生活，或是那些家族里的那些达官显贵们，而是探索航空航天的科学家，攻克人类疾病的医生们，并用家族里这些科学前辈教育后辈，让他们看到科学的探索是无止境的，鼓励他们为科学献身。杨先生的大儿媳提起她90年代初第一次见到母亲时的印象，童心未泯，总带着她特有的满足甜美微笑：或是吃了一碗她喜欢的冰淇淋，又或者讲了一段有意思的话，这种神态就会在她的脸上表露出来。大儿媳80年代在武汉大学的校办工作过，与众多教授老师们打过交道：她称赞母亲从大家族出来，见过风浪后，形成了特殊的完整人格，波澜不惊，心态平和。

南开大学化学系教授杨学谨（左一）与丈夫黄吉甫和孙女

探索与勤奋

母亲每去一处出差地，都要细心观察环境，虽然晚年年纪大腿脚不便，还是热情不减。多年在天津师大教书育人的杨先生二儿媳赞叹：无论高山大河，还是实验室里的未知，都是她探索的目标。母亲这种永不磨灭的好奇心与探索精神，从高中直至离世，如同一盏不会熄灭的火苗。

早在母亲南开中学毕业时她就对探矿与地质探索有极大兴趣，曾经想报考地质系。最终选择了一样充满挑战的化学系。从此母亲一生便是在实验室及著书与撰写科研论文中度过，并以此为终身乐趣。大概她找到了"探宝"的旷野吧！20世纪70年代初下放农村时，母亲没有了热爱的实验室，但对科学的热忱不减。偏远农村远离城市灯火，夜空清澈。妈妈在院子里放上两个板凳，让我们兄弟俩站好，仰望星空，从北斗七星找到最亮的一个扁球形的恒星，也就是距离地球约25光年的织女星，她如数家珍娓娓道来，以致影响我们后两代人形成晚上观看星座的习惯。后来上小学的孙女受她奶奶故事的启发，也表现出对天体与科学极大的兴趣，还自己找到太平洋中心一个岛上的天文观测班，并鼓动全家一起学习。

平时母亲常常每天一早去化学实验室，中午回来午休后，又骑上她的26自行车匆匆而去。晚饭后，马上伏案做文章，整理数据，乐此不疲。在对未知科研追求的路上必然有困难与压力，母亲有她独到的应对经验。面对家务与紧张的科研工作冲突时（如：母亲做有机教研室主任期间，经常带领教研室人员进行科研攻关），就开家庭会，作为晚辈，我们打小就知道，妈妈一开家庭会，肯定是科研到了攻坚阶段，下面几个月，我们哥俩儿要更多负担家务了。妈妈做有机教研室主任，特别有使命感，也特别自豪，总在不停地为自己压担子。我们好几次听到她讲，南开大学化学系这么好的基础，都是50年代归国的老教授们努力创造的结果，在她任内要把这"火炬"高高地举起并传承下去，保持南开大学的领军地位。她常常一边吃饭，一边赞美和讲述老教授们的科研思路及如何带领团队拨云开雾，闯出科研新路。退休后仍保持好奇心。90年代来看望我们时，一次母亲心血来潮，她拉着父亲一起从我们山顶家的后院一直走下去到很远树林山谷里，几个小时后找不出回来的路，还是靠热心人开车送回家来。历险之后，两位老人依然继续他们的"山谷探险"，终于可以自如往返。母亲年纪大后心脏不好，却一直充满激情做科研到退休，真是生命不息，探索不止。是我们晚辈眼里一位慈祥又执着的科研"狂人"，有着无穷的好奇心和干劲的探索者。曾跟奶奶生活过的孙女，也是奶奶的小崇拜者。耳闻目染，对未知领域充满探索精神。当年的小女孩，已经大学毕业，将要成为一位职业医生，还在为自小立志的加入人类火星探险队梦想做准备。

母亲故去 10 多年了，她的学生余志芳还记得杨老师的刻苦精神："在我回国工作以后，还常常在资料室碰见过老师在查资料。尽管老师已经年迈，仍然工作到很晚才离开资料室。"勤奋的表面下，是母亲对科学探索的热忱，也就是那内心永不熄灭的火苗。

我们衷心祝愿南开化学学科百年大庆，向所有为化学学科做出贡献的老师们致敬。

文章作者：曹雪梅、余志芳、黄维旭、黄维东

百年耕耘
南开化学

163

张邦华

1933—2019

　　南开大学化学学院教授、博士生导师，中共党员。广东省信宜人。1956年毕业于南开大学化学系，留校任教。一直从事高分子化学与物理的教学、科研和学科建设工作。1984年成立高分子化学研究所时，就任该所高分子物理研究室主任，1988年晋升为教授，1990年被国务院学位委员会批准为博士研究生导师。1993年和1996年分别获天津市教学成果一等奖、二等奖各一项，2001年获天津市自然科学三等奖一项。曾任国家教委首届高等学校化学教学指导委员会委员（1990—1995年）、吸附与分离功能高分子材料国家重点实验室学术委员会委员（1997年第二届）和南开大学化学院高分子化学研究所高分子科学与工程研究室主任，曾兼任湖北大学兼职教授，天津塑料工程学会副理事长，《高分子通报》《离子交换与吸附》编委等职。

张邦华教授 1933 年 10 月出生于广东省信宜市。1956 年毕业于南开大学化学系。同年留校任教，一直从事高分子化学与物理的教学、科研和学科建设工作。1980—1982 年在美国 Case Western Reserve University 高分子科学与工程系做访问学者。在 1984 年高分子化学研究所成立时，任该所高分子物理研究室主任，并选定聚合物多组分体系的形态结构与性能的关系作为研究方向，承担科研任务，招收研究生。1988 年晋升为教授，1990 年被国务院学位委员会批准为博士研究生导师。2006 年作为主编出版《近代高分子科学》教材。

张邦华教授是 1958 年高分子学科的创建人之一，学科创建之初，主要开展高分子物理化学（如聚合物稀溶液和聚合物分子量测定方法等）的基础研究和本科生教学工作。进入 20 世纪 70 年代末 80 年代初，我国开始实行改革开放和四化建设，张邦华教授抓住了出国进修的宝贵机会，前往美国著名大学做访问研究，回国后，选择当时高分子学科进展最为迅速且与国内生产实际密切相关、应用前景十分广阔的高分子共混体系作为主要研究方向，当时该领域在国内尚处于起步阶段，许多科研条件还不具备，需要自己从零开始建设实验室，张教授从为研究生开设高分子合金课程开始，在研究室迅速创建了开展相关应用基础研究工作的基本条件，同时结合自己在国外所学，从天津市作为氯碱化工行业在全国具有领先优势的地域条件出发，选择当时较前沿的核壳结构丙烯酸酯弹性体（ACR）增韧改性和功能化聚氯乙烯研究作为切入点，开展应用基础研究，并迅速成为国内研究机构中较早卓有成效地系统开展聚氯乙烯改性工作的科研团队之一。张邦华教授在教学和科研上，既重视基础研究又注重研究成果的工业化开发，不仅坚持作为理科校，应特别重视学生基础研究素养的培育的优秀传统，而且结合当时我们国家正在大力发展国民经济建设的形势，认识到研究室只有走理工结合的形式，才有可能拉近实验室成果与实际工业应用的距离，为顺利实现产业化转化创造条件。为此，研究室专门建设起了可以进行与材料的实际应用相关的材料宏观性能测试和聚合物试样的成型加工设备，如材料拉伸试验机、熔体指数仪、热压成型机、小型塑炼机、注塑机和挤出机等试验设备，为实验室成果的转化创造了条件。1997 年，实验室的研究成果"阻燃 ABS 合金技术"在人民大会堂浙江厅完成技术鉴定，达到了国际先进水平，并在浙江宁波和广东顺德实现技术转让和产业化。所研制的 ACR 增韧 PVC 管材和板材合金材料，经天津市属的企业试用，也达到了国外同类产品技术水平。

张邦华教授在科研选题上既重视应用基础研究又注重实际应用需求。1996—1998年研究室曾两度与英国ICI公司在丙烯酸酯乳液合成上展开合作研究，以此为契机，研究室结合涂料水性化的绿色环保发展大趋势，确定了以无皂乳液聚合为研究方向，并投入了大量人力、物力。经过几年的努力，研究室就在高固含量无皂乳液聚合技术方面有所突破，发表了系列具有较高影响力的学术论文，同时，以研究室实验室的成果丙烯酸酯乳液为基础制备的纸张印刷用水性光油，在综合性能上达到了国外同类主流产品水平，该技术于2002年成功在广东东莞伊顿公司实现技术转让和中试生产。

张邦华教授从教50年，桃李满天下，培养硕士研究生23名，博士研究生16名。他们有的在从事教学科研工作，有的在从事技术开发工作，有的已经成为非常卓越的企业家。张邦华教授曾负责主持完成国家自然科学基金、天津市自然科学基金资助项目、各部委项目项、国际合作项目和与企业的横向合作项目多项。先后在国内外核心刊物发表学术论文160余篇。开发出技术含量高、有实用价值的科研成果15项，获发明专利8项，转让科研成果7项。

张邦华教授及同事和合作企业技术人员

张邦华教授在美国期间与 Case Western Reserve University 高分子学科著名教授 E. Baer 合影

张邦华、宋谋道教授与合作企业工程技术人员在现场

文章作者：郭天瑛、宋谋道

赵学庄

1933—

物理化学家和化学教育家。长期从事化学反应动力学的科研和教学工作。曾编写化学反应动力学教材,在场论中对称性原理的化学应用,分子模糊对称性与化学反应的关系,以及非线性化学反应动力学和富勒烯化学的研究等方面取得了重要的研究成果。

赵学庄原籍福建省福州市，1933年6月8日出生于江苏省南京市，1951年高中毕业，考入清华大学化学系。1952年全国院系调整，他转入北京大学化学系继续学习。当时清华大学和北京大学化学系有一批化学界著名专家任教，在这样的环境下他较好地完成了大学本科阶段的学习，并开始进入化学研究领域。1956年赵学庄在《化学学报》上发表了他的第一篇学术研究论文《Slater型原子轨函和电离能近似计算方法的改进》，该论文是在徐光宪教授指导下完成的。该文提出一套改进的描述原子中电子的屏蔽效应的参数，直到20世纪80年代仍然被国内学者引用。1955年大学毕业后赵学庄留校做研究生，导师是孙承谔教授。1956年他转学到吉林大学继续做研究生，师从蔡镏生教授。在蔡镏生和唐敖庆教授的培养下，他在基础理论和实验技能方面受到严格训练，为今后的科学研究打下了坚实的基础。1959年，赵学庄研究生毕业留吉林大学化学系工作，从事了大量的教学工作，主讲过"化学动力学""量子化学"与"统计力学"等课程。

1963年赵学庄被调到南开大学化学系，致力于物理化学的教学和科研工作，讲授的课程有"化学动力学"和"催化化学"等。正当工作开始步入正轨时，"文化大革命"开始，工作中断。1970年他全家去农村插队落户，除参加劳动外，他还开展了赤霉素、固氮菌和白僵菌等农药在农村的推广。1973年他返回南开大学，参加教育革命和开门办学等活动，为大沽化工厂七二一大学讲授"高等数学"，历时两年，同时他还查阅了国际上这些年在理论化学领域的进展。

由于这一时期的努力，"文化大革命"结束后，他在较短时间内连续发表了十多篇研究论文，并出版图书《场论中对称性原理的化学应用》（由科学出版社于1986年出版），并获天津市1979年度优秀科技成果三等奖。他还曾应邀在国内外一些著名的高等学府如日本东京工业大学、东京大学和京都大学，美国加州理工学院和波士顿学院以及北京大学、吉林大学和香港大学等做学术报告，介绍有关研究工作。这时期，他主要对分子轨道对称性守恒原理（WH原理）实质进行分析，指出实质上WH原理是场论中的Noether定理对于具有点群对称性分子体系的应用。但在WH原理关于对称性与守恒量这两个相关而不同的物理量没有清晰的区分。在进行学术交流并听取意见后，他将这些工作进行总结，提出广义宇称守恒原理并写成揭示了WH原理的论文于2004年开始在国外发表，弄清楚相应分子轨道的某种对称性的守恒量的是其相应不可约表示（的特征标值），表明二者是相关但不同的物理量。在此期间他还开展了有关反应反演变换等有关 WH 原理的有意义的探索。

赵学庄长期从事化学动力学教学和科研工作，深感化学动力学体系远不如化学热力学严谨，逻辑结构层次不清，而国内这方面教材较少，供研究生学习参考的教材更少。国家物理化学教材编审委员会请他主持编写出版了研究生教材《化学反应动力学原理》上、下册（近百万字），由高等教育出版社分别于 1984 年和 1990 年出版。该教材学科体系层次分明，逻辑结构严谨，运用理论方法细致分析、关注国内研究成果，所引文献全而新，1995 年获全国普通高等学校优秀教材二等奖。此外，鉴于其学术造诣，他还曾受聘担任全国高等化学教育研究中心和北京大学结构化学开放实验室的学术委员以及《物理化学学报》《化学物理学报》《分子科学学报》《有机化学》等刊物的编委。

1986 年，赵学庄晋升为教授，20 世纪 90 年代初开始招收博士研究生。他讲授过"分子反应动态学"和"理论化学选读"等课程；科研方面主要集中在富勒烯化学、非线性化学反应动力学、分子模糊对称性等；发表（含合作）论文近 300 篇。由于在富勒烯化学方面的研究成果，其于 2004 年获天津市自然科学二等奖。

2003 年退休以后，赵学庄的研究方向主要集中在分子模糊对称性方面。他系统地研究了包括点群、平移群、平面柱面群/层面群（如聚炔、多烯、并苯、碳纳米管和石墨烯）、环面群（如 Mobius 分子）以及 DNA、RNA 这类生物大分子的模糊对称性与其化学性能的关系，为延续有关 WH 原理的探讨，他对于对称性与守恒量进行"量"的探索，按模糊对称性观点分别对分子轨道，其对称变换的隶属函数以及不可约表示的成分进行"量"的分析。虽然在这一领域还有许多工作要做，但下一步路线是清晰的。赵学庄的系列研究成果发表在 J. Math. Chem. 等国际主流理论期刊上，并出版英文图书 Molecular symmetry and Fuzzy symmetry 和作为阶段性总结的 60 万字收官之作《分子对称性探秘（2019）》。

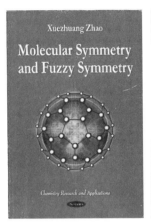

赵学庄教授出版的著作

文章作者：王贵昌、潘荫明

赖城明
1934—2017

　　南开大学教授，博士生导师。曾任南开大学化学系常务副系主任，教育部高等学校教材编审委员会委员，天津市化学会常务理事，享受国务院特殊津贴。赖城明先生从事结构化学教学与科研工作40余年，积极从事高等化学教育研究与实践，是结构化学领域德高望重的专家。其编著出版了《量子有机化学导论》一书，讲授的结构化学课程先后被评为国家级精品课程和国家级精品资源共享课程。1998年获教育部科技进步二等奖，2013年获天津市教学成果一等奖。

赖城明，1934 年 6 月出生于重庆，1952 年重庆南开中学毕业后，考入南开大学化学系学习，1956 年以优异成绩完成了大学学业后留校任教并同时师从朱剑寒教授进行研究生学习，从事物理化学教学和研究工作。其间，他选修了大量高等数学和高等物理课程，为日后在南开开创结构化学、量子有机化学、计算化学和材料/药物分子设计跨学科研究打下了基础。

理论研究方面，他早在 20 世纪 60 年代就从高振衡先生合成的有机汞分子不平常的光谱数据中，敏锐地从分子电子结构理论角度提出并证实了分子二级键作用对光谱位移的影响，在早期的弱键研究方面做出了贡献。

在改革开放伊始，赖城明先生在全力吸收国外科研前沿理论的同时，结合南开有机化学的优势，编著了《量子有机化学导论》一书，从新颖的理论角度对复杂的有机结构和反应体系进行阐述和解析，并在国内率先将电荷控制和轨道控制反应机理应用在染料体系研究之中。其后，在其著作的理论基础上对共轭分子体系推衍出新颖系统的节面分子轨道理论，引起了国内外的关注。

1985 年夏，赖城明先生到美国西北大学化学系进行为期一年的学术访问，回国后开始起动计算机辅助分子模拟和设计方面的研究。他与李正名院士合作，应用分子图形学、分子力学、量子化学系统地研究了农药分子结构与性能的关系，发表了 20 余篇系列研究论文，成果于 1998 年获教育部科技进步二等奖。

20 世纪 90 年代初，意识到分子模拟软件发展在化学中的重要性，他与林少凡教授合作，开发了国内首款图形化的分子模拟软件——NKMODEL，其功能和显示水平可以与同时代的国际先进水平媲美。从初期 DOS 版本研发，更新到 Windows 版，最后还开发了基于网络的 ActiveX 控件。遗憾的是由于国内当时对分子模拟软件研究并不支持，因此几次更新后无法持续研发下去，这也是赖城明先生一直引以为憾的事。

赖城明先生从 1957 年开始讲授结构化学，他针对南开大学化学学科的特点，建立和发展了注重概念理解、注重与实际体系联系和应用、空间与电子结构并重的具有南开特色的结构化学课程体系。他在课上总是用幽默风趣的讲解让学生们领悟结构化学理论的奇妙。1978 年，他和沙昆源先生共同创建了南开大学结构化学教研室。凭借自己坚实的数理基础、超强的学习和动手能力，创造性地把微型计算机和量子化学理论结合起来并引入结构化学教学课程中来，从而深入浅出地使学生直观地掌握高深的量子力学理论，在全国结构化学教学界为南开打下了自己的天地。

他注重将抽象的概念进行形象化表述，善于将新技术引入理论教学中。早在 1984 年，他就开始用袖珍计算机绘制各种波函数及电子云图形用于教学；他的教学理念为南开结构化学课程的建设指明了方向。在他的领导和悉心指导下，结构化学课程组几代教师共同将南开结构化学课程的教学水平不断提升。基于高水平的资源建设与应用，南开大学结构化学课程于 2009 年和 2016 年先后被评为国家级精品课程和国家级精品资源共享课程。2013 年"基于现代技术的《结构化学》精品课程的建设与实践"获天津市教学成果一等奖。

结构化学课程组合影

赖城明先生热爱教学，退休后，他还经常与课程组教师探讨教学问题，参与课程的教学。2011 年在超星录制了教学视频"节面与原子分子轨道"（4 讲）和"结构化学基础知识讲座"（27 讲），他对学生热情真诚，育人无数，同时也深受学生爱戴和敬仰。

讲授结构化学课程（2011 年）

文章作者：孙宏伟

王琴孙
1934—2007

　　上海人，1961 年南开大学化学系研究生毕业，南开大学元素有机化学研究所教授、博士生导师。1983—1984 年在美国加利福尼亚大学戴维斯分校环境毒理系作为访问学者参加合作研究，曾任元素有机化学国家重点实验室学术委员会委员、法国 Franche-Comte 大学客座教授、全国农药标准化技术委员会副主任委员。

王琴孙教授 1961 年于南开大学化学系研究生毕业，任南开大学元素有机化学研究所教授、博士生导师。1983—1984 年在美国加利福尼亚大学戴维斯分校环境毒理系作为访问学者参加合作研究，曾任元素有机化学国家重点实验室学术委员会委员、法国 Franche-Comte 大学客座教授、全国农药标准化技术委员会副主任委员。

基础研究方面，王琴孙教授在国家自然科学基金、原国家教委博士点基金及国家重点实验室基金的支持下，在计算机辅助液相色谱、气相色谱和薄层色谱条件优化，液相色谱手性分离，分子结构与色谱保留之间的定量关系等领域取得了许多成果，发表了 70 余篇论文，其中 70% 以上在 SCI 录用刊物上发表，有些论文是刊物主编的约稿，有的论文插图被放在杂志封面，有的论文被选作祝贺国际著名科学家生日的献礼，先后有 34 个国家 389 人次来函索取抽印本，其论文在 1991—1995 年间被 SCI 论文引用达 64 次。正因如此，王琴孙教授于 1993 年、1996 年先后获国家教委科技进步二等奖、三等奖，1996 年获光华科技基金三等奖，应美国最重要色谱系列丛书主编邀请编写有关色谱优化研究进展章节（Joseph Sherma, Bemard Tried, Qin-Sun Wang, et al. Handbook of Thin-Layer Chromatography. Marcel Dekker Inc., New York, 1996）。

应用研究方面，王琴孙教授主要从事痕量分析和农药分析研究，先后主持开发了六六六、叶枯净、螟蛉畏、粉锈宁、甲磺隆、三氯杀螨醇、胺草磷、马拉硫磷、禾大壮等 10 多种农药残留分析，主持了农药安全使用标准的研究，成果获 1981 年农业部技术改造一等奖，1985 年国家发明三等奖。主持的科研项目"农药在作物中消失趋势的研究"和"'7841'植物生长调节剂的有关残留、光解、代谢的研究"分别获 1982 年化工部攻关项目二等奖和 1992 年化工部攻关项目重大科技成果奖。更值得一提的是，王琴孙教授开创了我国农药全分析的先河，由他指导的工作组所出具的报告为国内外权威机构所认可。自 1992 年起王琴孙教授作为项目负责人，为国内外农药企业完成了 218 份全分析报告（96% 以上用于境外登记），涉及 139 个农药原药品种。1993 年其为国际龙灯集团做的农药草甘膦原药全分析报告，被澳大利亚定为今后在澳登记农药全分析报告的样本。2002 年他受新安化工集团股份有限公司委托的草甘膦全组分分析与该公司于 2004 年花费 60 余万元人民币委托美国某 GLP 实验室（指符合"良好实验室规范"的实验室）所做分析的结果一致。

文章作者：张智超

张允什
1934—2001

　　北京人，中共党员，南开大学化学系教授、博士生导师，曾任南开大学副校长（1987—1992 年）、化学系主任（1986—1989 年）、新能源材料化学研究所所长（1992—1998 年）、美国佐治亚理工学院客座教授（1982—1984 年）。创建新能源材料化学研究所、广东中山森莱高技术公司、南开大学森力高技术实业公司、天津市富斯特镍氢电池有限公司及中美合资海泰实业公司（任副董事长）。曾任国家 863 高技术新材料领域储氢材料专题组长，国家科委镍氢电池产业化项目专家组成员，天津市镍氢电池示范生产线专家组长，国家高技术新型储能材料工程开发中心电极材料研究所所长。兼任中国化学会理事，中国材料研究学会常务理事，天津市化学会理事长，天津市科学技术协会理事。他学识渊博，治学严谨，辛勤耕耘，是南开大学无机化学学科的开拓者之一，在无机合成材料化学、新型储氢材料与镍氢电池的研发方面成果卓著，为国家经济建设做出突出贡献。

1934 年 7 月，张允什出生在北京一个商人家庭。1955 年，张允什在南开大学化学系毕业并留校工作，从事教学科研工作 40 余年。1957 年，南开大学开展中苏合作，无机化学学科一直承担金属氢化物研究，并以此拓展至氢能基础及应用研究领域。改革开放以来，在国家大力支持及无机化学金属氢化物科研群体的积极努力下，20 世纪 80 至 90 年代，南开大学在无机合成材料化学、新型储氢材料与镍氢电池的研发方面取得了一系列丰硕科研成果，为化学学科发展与国家经济建设做出了重要贡献。

张允什的学术贡献主要体现在两个阶段：1957—1987 年的金属氢化物与储氢合金的化学合成及氢能研究，1987—2001 年的新型储氢合金与镍-金属氢化物（Ni-MH，简称镍-氢）充电电池研发及氢能应用研究。

1957—1987 年：

金属氢化物是由某些金属元素（碱金属元素、除铍以外的碱土金属元素、部分 d 区元素和部分 f 区元素）与氢元素组成的化合物，可分成离子型氢化物和金属型氢化物两大类。金属氢化物尤其是离子型金属氢化物被广泛用于无机和有机合成中作还原剂和负氢离子的来源，或在野外用作生氢剂，还可用于储氢（氢气直接储存与运输介质、燃料电池供氢装置等）、电极材料、蓄热材料、压力传动材料、氢分离材料、催化材料、储能材料等。此类化合物化学性质活泼，储量少，具有很高的使用价值但价格昂贵。由于其化学性质非常活泼，金属氢化物制备非常困难。

张允什比较详细地开展了离子型金属氢化物（MH_x，M＝Li、Ca、Sr、La 等）和过渡金属合金氢化物（晶态及非晶态储氢材料）两类氢化物的化学合成工作。在离子型金属氢化物合成方面，他创造性地发现金属还原氢化反应同时展开其应用研究。张允什通过反应机理研究，制备了离子型金属氢化物氢化锂（LiH）、氢化钠（NaH）；改进了氢化铝锂（$LiAlH_4$）的合成路线，具有低氢化温度（由 720℃降低到 450℃左右）、低成本、绿色经济等特点；进一步开展了氢化铝钠（$NaAlH_4$）、氢化铝镁（$Mg(AlH_4)_2$）、氢化铝钙（$Ca(AlH_4)_2$）的化学合成，反应相对平稳且容易进行；另外，在上述离子型金属氢化物的化学制备过程中，其探索发现了硼氢化钠（$NaBH_4$）的合成新方法，所得产物是有极高化学活性的微细颗粒状物质，且反应可平稳进行。

在过渡金属稀土储氢合金的化学合成方面，开展了储氢材料的热力学、动力学及结构方面的基础研究与应用研究。以置换扩散法等探索出一

套制备储氢材料如 Mg_2Ni、Mg_2Cu、$Mg_2Ni_{0.75}Cu_{0.25}$、$Mg_2Ni_{0.75}Fe_{0.25}$、$Mg_2Ni_{0.75}Pd_{0.25}$、$LaNi_5$、$LaNi_4Cu$、$LaNi_4Mn$、$TiFe$、Ti_2Ni、$TiNi$ 等的化学合成方法，其中合成二元及多元镁基合金的置换-扩散法，原理是在非水溶剂二甲基甲酰胺中，用金属镁粉置换溶液中的无机离子，使置换出的单质金属接镀在金属镁粉上，在氩气保护下过滤，然后在加温下进行扩散形成金属间化合物，储氢性能良好。化学合成储氢材料，在国外尚未见报道，在我国也属首创；化学法较冶金法相比，样品比较均匀、基本上没有偏析现象，样品为粉状、无需粉碎程序，表面积大、易于活化、催化活性强。金属氢化物科研团队（申泮文、张允什、汪根时、周作祥、宋德瑛等）进一步筛选出在碱性水溶液中，化学性质稳定的稀土系和钛系储氢合金，应用于镍-氢充电电池研究，于 1980 年研制出我国第一支镍-氢充电电池。

1987—2001 年：

因上述氢化物研究的基础和积累，1987 年张允什承担国家高技术研究发展计划（863 计划）项目任务，聚焦于新型储氢合金与镍-氢电池研究及氢能燃料电池等研发工作。

在基础研究方面，张允什先后测定了 $MmNi_{4.5}Mn_{0.5}$、$MmNi_{4.0}Co_{0.5}Mn_{0.3}Al_{0.2}$、碱金属锂/钠合金掺杂 $MmNi_{4.0}Co_{0.5}Mn_{0.3}Al_{0.15}Li/Na_{0.05}$（Mm 为 La、Ce、Pr、Nd 等混合稀土元素）、$TiNi$、$Mg_2Ni_{0.75}Fe_{0.25}$、$Mg_2Ni_{0.75}Pd_{0.25}$ 等吸氢合金氢化反应热力学函数ΔH、ΔS 及氢扩散系数。他用双源离子束溅射制备了钛镍非晶态储氢薄膜，发现其具有优良的可逆吸放氢电化学行为。通过对 X 射线结构分析及量子化学计算，张允什对储氢合金晶体结构及氢所占位置进行了研究，从微观模型上深入了解储氢材料的氢化过程及作用机制。这些研究为储氢材料热力学、动力学性能及晶体结构研究奠定了基础，进一步帮助并促进指导人们合成制备新型储氢材料。

在应用研究方面，张允什聚焦镍-氢电池开发，具体开发内容包括：①负极储氢电极合金的优化选择与制备；②储氢合金粉化与表面处理技术及对电极电化学性能的影响；③正极球形氢氧化镍制备与电化学可逆循环；④电极基材如穿孔镍带、镍网、泡沫镍的研制与粘接工艺技术；⑤电解液与隔膜优选及质量控制；⑥高性能电极（正极、负极）成型工艺、电池组装、安全密封技术及实际应用；等等。

当时在镍-氢电池领域，国外对国内进行技术封锁，国内没有现成的技术可参考，而已有的镍-镉电池技术采用的是开口袋式工艺，并不适用于

百年耕耘

南开化学

镍-氢电池。因此一切都要研发，产学研极为艰难。在 863 计划支持下，南开大学、机电部十八所和包头稀土研究院通力合作，克服了一个又一个困难，对镍-氢电池的各个技术关键进行攻关，成功研制出 AA 型密封电池，并获批中国、美国和欧洲专利，形成了自主知识产权。1990 年，该系列电池容量达到 1280mAh，循环寿命达 800 次，电池高倍率放电性能良好，电池自放电、低温性能、密封性、安全性及机械性能等符合有关标准。该研究成果于 1991 年 12 月在北京通过了国家科委、国家教委、中电总公司和冶金部联合主持的鉴定，以查全性学部委员（院士）为组长的与会专家给予了高度评价，认为部分指标达到国际领先水平，整体研究达到国际先进水平，走出了"发展高科技，实现产业化"成功的一步。同时，南开大学团结北京大学、浙江大学、北京理工大学、太原理工大学等高校，有色金属研究总院，钢铁研究总院，中科院长春应化所、沈阳金属所、大连化物所、上海冶金所等科研院所的全国储氢材料单位，一起努力攻关，使储氢材料与镍-氢电池领域在较短时间内跻身世界先进行列，同时为新能源氢能发展提供有力支撑。

张允什学术作风严谨，教学成绩显著，科研成果突出。发表论文 180多篇，获国家专利 11 项（"球形的储氢合金及其制造方法""复配储氢合金电极材料""储氢合金电极材料""可充电碱性电池表面改性的正极活性材料"等），美国专利 4 项["储氢合金电极的活性材料"（专利号 5242656）等]以及欧洲专利 4 项["镁基储氢合金电极"（欧 0550958）等]。培养了一批优秀人才，包括博士后 3 名、博士生 12 名，硕士生 48 名。

在能源材料化学这一新兴交叉领域，张允什按照国家教育科技体制改革要求，将学科办成学、研、产一体化的教育实体，实现了科研成果的产业化转化，先后获原国家教委、国家科委等多次奖励，为国家经济建设做出了突出贡献。1986 年，"发展金属氢化物化学"获国家科技进步二等奖。1991 年，由于在国家高技术研究发展计划（863 计划）工作中做出重要贡献，他被国家科委授予"863 计划先进工作者"称号，并获国防科委奖状。1992 年，张允什等主持的"新型储氢材料及化学电源研究"获国家科技进步二等奖。1993 年，"氢化物/镍电池实用化研究"获国家科技进步二等奖，南开大学新能源材料化学研究所被国家教委评为先进集体。1994 年，张允什等主持的"金属氢化物镍电池及相关材料的开发研究及应用"获国家教委科技进步奖二等奖。1995 年，"金属氢化物镍电池及相关材料的开发研究及应用"项目获"95 中国新技术、新产品博览会"金奖。1996 年，张允什被国家科委、国家高科技新材料专家委员会评为先进工作者。这些成就离不开张允什的突出贡献。

2001 年 3 月 17 日，张允什因病逝世，享年 67 岁。张允什为祖国科教融合、产教结合奋斗一生。他的学术风范和科学精神，将永远鼓舞和激励南开化学人前行。

文章作者：陈军

金桂玉

1935—

　　1935 年 8 月 20 日生于江苏省常州市武进县。1961 年毕业于德国德累斯顿工业大学化学系，同年加入中国共产党。1962 年 5 月由教育部分配到南开大学从事教学与科研工作，1990 年任教授，1993 年被评为博士生导师。曾任元素有机化学研究所副所长，南开大学副校长，南开大学党委委员，元素有机化学国家重点实验室主任及学术委员。1979—1981 年及 1991 年两次赴德国勒根斯堡大学化学药学系有机磷化学研究室进修及高访。在元素所长期从事农药化学和有机磷化学的研究及农药品种的研制与开发工作，曾负责或参与承担国家重点科技攻关项目及国家自然科学基金等多个项目。曾获全国科学大会奖，国家自然科学二等奖，原国家教委一、二、三等奖，天津市科技进步三等奖，化工部攻关成果奖，原国家教委优秀成果奖及光华科技基金奖等多项奖励。发表研究论文近百篇，获专利授权五项，培养硕博士 24 名，合作译著及编著各一部。获天津市优秀教师，天津市三八红旗手，南开大学优秀教师、优秀共产党员等荣誉称号，1992 年获国务院特殊津贴。

晚辈眼里的金先生

本人郑健禹，1987 年 6 月底从元素所谢庆兰教授课题组硕士毕业后留元素所工作并被分配到金桂玉先生课题组至 1993 年 9 月脱产学习日语，近六年半的时间里一直在先生直接领导下开展工作，2000 年 4 月从日本学成回国后从金先生课题组接受一间实验室开始独立工作，2001 年金先生退休后我又接了先生课题组的所有实验室及仪器设备。金先生对我的职业生涯发展影响深远，经历过的许多事情我都记忆犹新。

1987 年 7 月我刚到先生课题组，当时先生的课题组正在开展低配位三价膦化合物的研究工作，并建议刚参加工作的我从事手性膦化合物方面的研究工作，这一研究方向从今天的角度看也是不过时的，可见先生对研究方向的把握既睿智也很超前，只可惜我仅仅做了一些低配位三价膦方面的研究工作而没有开展手性膦方面的研究工作。与此同时，金先生作为元素所分管教学科研的副所长当时正负责化工部的溴氰菊酯的"七五重点农药攻关项目"的相关工作，在元素所三楼的实验室里，刚参加工作的我聆听了先生组织协同攻关的黄润秋、唐除痴、邵瑞莲和李广仁等课题组汇报攻关课题各自分工工作的进展，随后金先生派我出差到协同攻关的江苏省的扬州农药厂拿氯氰菊酯基本原料，先生亲自给对方负责人写信，使我到工厂受到热忱的接待并顺利完成我的第一次的公差任务。针对当时国内农药市场杀螨剂品种匮乏的形势，先生课题组适时开展了农药仿制品种杀螨剂"阿婆罗"即四螨嗪的品种开发，该品种后来顺利完成小试任务，后技术转让给天津农药所共同中试并于 1997 年获得天津市科技进步三等奖。

1990 年前后，从德国进修回国的李煜昶教授多年独自开发的杀菌剂烯唑醇品种取得较大的进展，为了加快研究的进程，金先生适时组织成俊然、石素娥和我加盟李老师的开发工作，使小试工作进展加快，我们与中试协作单位江苏省建湖农药厂共同合作的烯唑醇中试项目被化工部列入"八五"重点农药攻关项目。该项目于 1991 年 7 月在沈阳农药厂走通中试流程并产出产品，1993 年开始在建湖农药厂进行攻关中试。我负责的第一步"三唑基频哪酮的制备方法"也取得了重要突破，且于 1996 年申请了发明专利，并于 1999 年 11 月取得了专利授权。记得在与建湖农药厂方谈判小试技术转让合同期间，金先生在攻关组内部会议上给老师们做思想工作说："我们做农药开发研究工作的，就是希望我们手头的技术能早日变为农民兄弟可用的农药新品种，为此，我们宁愿少要点技术转让费也要尽早把技术推向企业和市场。"后来在技术培训过程中与厂方人员熟悉了，我才获知本来对方计划用一百万元来购买该技术的，最终仅以五万元就成交了，并说南开的老师们真"傻"，给当年二十多岁的我很大的冲击，这也从另一方面反映了金先生那一代人急国家所急的家国情怀。

作为学科主要带头人之一，金先生先后负责组织了多项农药攻关项目或重点项目直至退休。1997 年 9 月，金先生与杨华铮先生共同负责组织整合元素所农药研究力量并承担当时化工部国家重点科技项目攻关计划中"定向分子设计与结构活性关系研究"专题项目的科研任务。经农药学科全体同人的近五年共同努力，该项目在两位先生的组织领导下取得了非常丰硕的研究成果，大大促进了我校农药学科的发展，并于 2002 年 4 月完满完成了各项攻关任务顺利结题，为当年农药化学学科第一次申报成功国家重点二级学科奠定了坚实的基础、做出了重大的贡献。

自我 1984 年从化学系考入元素所攻读硕士开始，金先生就长期担任领导职务，从副所长到副校长到重点实验室主任直至退休，长期的管理工作使金先生形成一套独特高超的管理艺术，在教工中有很高的威望，先生顾全大局、大公无私、关心同事及关怀晚辈等优秀品质一直得到广大职工的称赞。至今我还记得 1987 年我刚参加工作就参加元素所领导的改选，金先生以很高的得票率连任元素所副所长；我还记得在实验室先生曾亲自询问过我对当时元素所奖金分配制度的意见；更清晰地记得在发展一位老先生为中国共产党党员的支部大会上，先生既充分肯定该同志近三十年入党意愿的恒久追求，对专业发展和知识创新的持久贡献，又毫无保留地提出克服不足的殷切希望，使当时作为支部里年轻党员的我深受教育和启发。2000 年 4 月我在金先生的无私帮助下很快成立了自己的课题组，7 月化学学院实体化上级领导拟定我为副院长候选人之一，先生刚开始是明确反对的，告诫我应该首先把科研搞起来使课题组运行稳定再去兼职管理工作才对年轻人的发展更有利，先生当时还出面劝告另一位年轻候选人推迟一年出国进修，待我有一年的课题组建设期后再接替他，后来由于种种原因该方案未能实施，我正式兼任学院副院长的科研管理工作，先生又毫无保留地把她的管理经验传授给我，告诫作为管理"小白"的我首先要学会分清工作的轻重缓急，要抓重点，平时要注意对分管工作归纳总结，要找机会积极主动地向主管领导汇报分管的工作，为学院的发展争取更多的机会和资源。所有这一切让我在2013年3月从行政岗离任后更加深刻体会到先生的良苦用心。

金先生对学生和年轻的晚辈在学业上严格要求、在生活上关怀备至是有目共睹的。记得在1989年，先生的一位硕士研究生得了气胸，先生亲自联系总医院，使该生经过住院治疗后很快痊愈。随后不久，先生自己的儿子也不幸得了同样的病，但由于先生夫妇工作太忙治疗不太及时，导致先生儿子病情反复只能通过外科手术才得以康复。当年我结婚不久，妻子刚从外地调入天津工作，先生把我们请到家里吃饭，还亲自下厨为我们做叉烧肉等佳肴，使我至今回味无穷。1991年我儿子出生时先生正在德国高访，当年先生回国时还特意从德国为我儿子带回一套精美的童装，该套童装质量很好，我儿子穿过几年后送给我的侄儿又穿了几年，至今我每当看到儿子的相关照片时还倍感温暖。

自1980年考入南开大学化学系起我已在南开化学学习和工作40余年了，师长们的恩泽陪伴着我的成长。值此化学学科创建百年之际，我衷心感恩以金先生为代表的师长们的精心培育、同事们的热心支持与帮助和学生们的努力奉献，同时也祝愿金桂玉先生身体健康、福如东海、寿比南山！

文章作者：郑健禺

林少凡

1935—

1935 年出生于武汉，1958 年毕业于南开大学化学系，1966 年在职研究生毕业，退休前为南开大学化学院教授、博士生导师。曾任南开大学中心实验室主任，南开大学理科教务长。他长期从事计算机化学的教学和研究，是在南开大学将计算机技术引入化学教学及科研的第一人。

早在 20 世纪 70 年代初期，林少凡就敏锐地发现计算机对于化学研究来说将是一个有力的现代化工具。因此，改革开放伊始，他就以极大热情投入这个领域的探索，将计算机技术用于谱图识别与解析这一普遍性问题，开展了"X 射线粉末衍射谱图的计算机识别"研究，并得到了天津市科委研究基金支持。

当时研究条件极其艰苦，全校只有一台约一吨重的"裸机"，内存和外存都只有 64K，既没有操作系统，也不能使用高级语言编程，只能用底层的"机器指令集"编程，输入数据靠五孔纸带，输出结果则靠电传打印。由于首先要保证计算机系老师使用，分配给他的使用时间常常被排在午夜 12 点钟以后。但林少凡以百折不回的毅力克服了这些困难，他的初步研究成果"X 射线粉末衍射信息处理系统"获得了天津市科委科技成果二等奖（1982 年），随后又获得国家教委科技进步三等奖，以此开启了他在计算机化学这个跨学科领域的发展。

林少凡在 X 射线粉末衍射谱图的数据处理及粉末衍射数据库的研究中所取得的成果得到国内外同行的充分肯定和高度评价。他特别重视科研工作中的国际交流与合作。自 1987 年起，他的课题组就与国际衍射数据中心（ICDD）开始了长期合作，对该数据库有机化合物分子结构数据的缺失进行了全面的创建并研发了相应的应用软件包。他先后担任 ICDD 技术委员会委员（1992—2003 年）、顾问（1996—2003 年），ICDD 中国地区委员会主席（1997—2003 年）和国际粉末衍射分析学会常务理事（1998—2002 年）。三次获得 ICDD 的重要贡献奖和 McMurdie 奖，并在 1993 年第 16 届国际晶体学联合会学术会议上被推选为国际晶体学联合会粉末衍射专业委员会委员（1993—1997 年）、顾问（1997—2003 年）。在国内也被推选为中国晶体学会常务理事（1993—1999 年）、副理事长兼中国晶体学会粉末衍射专业委员会主任（1999—2004 年）。

林少凡与国内同行共同努力，创建了中国化学会计算机化学专业委员会并被推选为中国化学会理事、计算机化学专业委员会委员。其承担和完成了国家自然科学基金，国家"九五"攻关项目及省、部、委级项目 14 项，国际合作项目 5 项，获得国家、部委和天津市奖励 13 项。1993 年起获得国务院特殊津贴。为本科生开设了"计算机在化学中应用"课程，招收计算机化学研究方向的研究生，共培养了 10 名博士和 47 名硕士。

20 世纪 90 年代，随着多媒体技术的发展，林少凡又成为国内最早开

百年耕耘

展多媒体辅助化学教学的学者之一。他主持研发的"多媒体计算机辅助有机化学及生物学教学"获 1997 年国家级教学成果二等奖，与申泮文院士合作研发的"化学元素周期系多媒体教学"获 2001 国家级教学成果一等奖，由浙江大学、南开大学、南京大学共同合作开展的"化学类专业创新人才培养的研究与实践"课题获 2005 年国家级教学成果二等奖。

林少凡特别重视促进国内同行专家间的团结及国际科技交流与合作。1995 年是伦琴发现 X 射线 100 周年，经过林少凡的努力协调和认真组织，中国物理学会、中国晶体学会和中国光学学会三个中国一级学会，在南开大学联合举办了"纪念伦琴发现 X 射线 100 周年学术报告会"。会议决定成立联合专业委员会，林少凡是三位负责人之一，其后国内 X 射线领域所有学术活动，都由该委员会统一安排和筹备，避免相互排斥和对立。

为了加强与国际组织 ICDD 的联系与合作，由联合专业委员会统一安排，林少凡分批向 ICDD 推荐新成员。这些成员大多数都得到 ICDD 经常或临时的经费资助，到 1997 年已发展到 20 多人，并成立了 ICDD 中国地区委员会，由林少凡任主席。其后，每一次全国性 X 射线领域学术会议，也都同时召开 ICDD 中国地区委员会会议，ICDD 总部每次也都派人参加并给以经济资助，促进国内该领域的学者及时了解国际最先进的相关技术与应用，同时也把国内学者的成果介绍给国际同行。到 2005 年（70 岁）退休前，林少凡出访过的国家共有 31 个，共 51 次。

林少凡倾心鼓励和资助青年教师和学生参加国际交流。他自己在 20 世纪80 年代初曾出国进修一年，但他将课题组青年教师全部轮流送到国外进修至少两年。有的在读研究生想要出国，他并不反对甚至愿意以导师的身份写推荐信。他认为招收研究生的目的首先是培养高级的科技人才，而不是完成科研任务的劳动力，参加科研任务只是培养人才的手段。如果他们找到了条件更好的成才之路，应该成人之美，不应阻拦。他在发表论文时总是将完成此论文的学生的名字放在署名的首位，以尊重学生的研究成果和激发学生努力工作的积极性。

文章作者：林少凡、乔园园

宋德瑛

1936—2021

　　南开大学化学学院教授、博士生导师。1936年出生于安徽省庐江县，1958年考入南开大学化学系学习，1962年毕业留校任教，从事无机化学教育与新能源材料的科研工作。历任南开大学化学系教员、讲师、副教授和新能源材料化学研究所教授，并任南开大学新能源材料化学研究所副所长。

宋德瑛教授长期从事新能源材料研究，特别是致力于储氢材料的基础研究和镍氢电池的产业化开发。在国家 863 计划的支持下，南开大学的储氢材料与镍氢电池发展驶入快车道。1992 年，宋德瑛与张允什教授、汪根时教授和周作祥教授四人精诚合作，一同创建了南开大学新能源材料化学研究所，并获原国家教委的批准，奠定了南开大学新能源材料与化学电源的发展基础。在此基础上，南开大学连续承担了国家 863 计划"七五""八五"和"九五"期间的镍氢电池项目，并援建了我国镍氢电池产业化中试基地（国家高技术新型储能材料工程开发中心），推动了我国镍氢电池产业的发展。

宋德瑛教授潜心科研、成果丰硕，"新型稀土镍基储氢合金（AB_5）电极材料及其制备方法"项目获 2002 年度天津市技术发明奖二等奖（第二完成人），"金属氢化物-镍电池关键材料研究"项目获 2003 年度天津市自然科学奖二等奖（第七完成人），"镍氢电池、电池组及相关材料产业化关键技术的研究与系统集成"项目获 2005 年度国家科学技术进步奖二等奖（第十完成人），为南开大学赢得了诸多荣誉。

宋德瑛教授忠于党的教育事业，在积极从事于科研工作的同时，还曾担任南开大学化工厂党总支书记和南开大学设备处处长，勤勉工作，廉洁奉公，为南开大学的基层党建工作和建设发展做出了重要贡献。

文章作者：高学平、叶世海

汪惟为
1936—2005

　　物理化学家和化学教育家。长期从事基础物理化学的教学和科研工作，在结构化学、量子化学、群论及计算机化学方面具有较高的学术造诣。

汪惟为，汉族，原籍安徽，生于 1936 年 2 月。1955 年 9 月北京女九中高中毕业，考入南开大学化学系学习。1960 年大学毕业后留校任教，1978 年至 1980 年参加吉林大学唐敖庆教授主办的"量子化学进修班"学习深造。1986 年任副教授，1996 年任教授。

汪惟为先生长年奋斗在教学第一线，在教学方面做出了突出的贡献。她一贯认真对待教学工作，绝不愿偷一己之闲而误人子弟。大学毕业留校后，她始终重视教学方法、教学内容及表达能力，力争精益求精，将自己的主要精力放在教学方面，注重学生的培养，甘做人梯。汪先生备课充分，讲课概念清晰，逻辑性强，能深入浅出，深受同学们的喜爱。在为 77 届学生讲授结构化学课程时，由于当时没有统编教材，于是她就边讲课，边写教材。1982 年又根据修订后的教学大纲，重写了结构化学教材。对于量子化学这门物化专业的主干课程，由于当时还没有中文教材，且其本身也没有专门学习过这门课，于是汪先生就参考 1983 年出版的赖文的《量子化学》翻译版，同时她了解国外大四学生也基本使用这本教材，便将这本英文教材作为授课的主要参考书，并对该教材反复研究，认真揣摩，保证完全消化理解，教学效果越来越好。

汪先生 1986 年为化学系物理化学类（物化、结构、催化）研究生开设必修课"量子化学"，1984—1991 年为化学系无机、分析专业研究生开设"量子化学"课程。这两门课虽都是"量子化学"，但因专业不同，侧重点也大不相同，需要付出大量的精力来准备。1992 年以后她还给物化专业的研究生开设"群论与化学"，在参考大量国外相关著名教材及科技文献的基础上，自编教材，使授课内容与科研紧密相连，对科研课题组的科研发展起到了很好的推动作用。

汪先生讲课认真负责，每次都给学生留一些习题，以加深学生对课堂内容的理解和掌握。她通过讲课不断加深对课程内容的理解，通过答疑和改习题掌握学生不懂的关节点，以便下次授课的进一步完善。其讲授的三门物化专业课，结构化学是量子化学的具体应用，量子化学又是群论不可缺少的基础理论工具，汪先生通过不断加强三者之间的关联和认识，使得授课时长不断缩短，于是她每次授课都要重新组织讲稿并增加一些新的内容，尤其是科学前沿的内容。

汪先生除了承担本校的教学任务外，也主动承担了外校的大量教学任务。天津纺院、天津轻院、天大化工、石家庄师范大学、山东建材学院等高校均请汪先生为他们讲授过"结构化学"等物化专业课。同时还为其他一些兄弟院校培养过一些讲授"量子化学"课程的青年教师。

在完成大量繁重的教学任务的同时，汪先生还积极参加科学研究，并取得了比较突出的成就，尤其是在量子化学计算程序的研制编写及移植方面做了大量的研究工作。鉴于 20 世纪 80 年代初量子化学程序还很不普及，汪先生首先将部分量子化学计算程序、分子力学程序及模式识别程序，移植到 Vax 机、NEB 机及 IBM 机，以方便老师和学生使用。这种工作费时又不容易出文章，汪先生完全是出于对科学的热爱和无私的奉献精神。针对某些系列有机反应，汪先生应用量子化学、分子力学及部分模式识别计算，找出相关参数来讨论反应机理并解释实验现象。这方面其曾与杨华铮教授合作首次将分子力学及 QSAR 计算应用于农药化学的研究。她除了独立开展科研工作，还协助赵学庄教授指导了大量研究生的科研工作，如协助指导研究生完成了"计算机辅助 BENSON 基团加合法估算有机分子的热力学数据"程序的开发工作，协调指导研究生开展了"热化学动力学参数的估算"的科研工作，相关系列研究成果发表在《计算机与应用化学》等期刊。

文章作者：王贵昌

许晓文
1936—

　　1936 年 11 月 10 日（农历）生于天津，1956 年考入南开大学化学系五年制本科，1961 年作为无机专业毕业生留校，开始在无机化学基础课任教，主要担任一年级普通化学课程的辅导，指导实验并批改实验报告。

作为一个初出茅庐的青年教师，我的内心既兴奋又有些紧张，工作十分认真，特别在给学生打分时觉得笔头沉甸甸的，感觉当时的 5 分制标准，有点粗，于是自作主张在整数后面增加一位小数，如 4.5 表示比起全优尚有一点不足等等，不料我的这个做法却遭到某些人的非议。

1968 年我突然奉调到物理系，从事拉硅单晶的相关工作，接到的指示是要改变学习苏联以锗作为半导体基础材料的状况，赶超世界先进水平，于是我被派到某研究所学习。这是一项技术性很强的工作，需要边干边学，我们又是从零开始，工作中困难很多，慢慢才有了眉目。1971 年工农兵学员入校，我登上了第一批上岗教师名单，重新归队并被指派为学员讲授无机化学课程，并编写辅导材料。

1977 年我调回化学系，由高振衡主任同意转入分析教研室，并由室主任史慧明教授指定担任生物系分析化学课程主讲。而我由于本科阶段没有学过分析专业的课程，因此备课格外努力，后经领导考核（如教务处长孙君坦多次听课等），室主任认为教学效果良好，建议我转入本系主讲分析化学基础课，并代表南开大学参加历次全国高校分析化学课程研讨会，与兄弟学校同行有机会当面交流。此间我受益良多，收集整理了不少教学参考资料，还分门别类编写了一套题库，可以方便地为本科生和研究生招生出题。

认识到现代科学的发展和交叉融合以及当时的课程内容与我们上学时学的苏联教材相比变化很大，我信守这样的格言："为给学生一杯水，自己要准备一桶水。"我尽量克服困难多储备一些知识，也不辜负我的老师的信任。比如除自己多读一些相关书籍并做好笔记外，还和课程组老师合作翻译出版了美国著名学者 James N. Butler 的名著《离子平衡及其数学处理》一书[全书共分十二章，由许晓文（第一至四章）、王新省（第五至七章）、黄志荣（第八至十章）、陆淑引（第十一至十二章）共同翻译]。

许晓文在备课中

当时的教学安排是 1 节课 50 分钟，每次连上两节课，课间有休息，但是往往有同学围过来问问题，感觉很累。特别有一段时期，有天津医学院和中医学院的学生在我校借读，加上本系学生一起上课的学生有近五百人，学校没有合适的教室，只好安排在小礼堂上课，我尽量在黑板上写大字，后边的学生仍看不清，因为没有扩音设备，我只好敞开嗓音大声讲，迄今我的嗓子还沙哑。更有甚者，小礼堂下课后我还要赶到八里台给分校学生讲课，一上午下来内衣都湿透，真的精疲力竭了！

我还参加一届全国"化学奥赛代表队"的培训，最后获得金奖，受到有关部门书面感谢。

获得南开大学优秀教师称号，并获一枚镀金手表作为奖励。

我组织有关教师合作出版《定量化学分析》一书，填补我系分析教材的空白。

我做过一些基础研究，并正式发表以下论文：

（1）高等学校化学学报，1988（3）230，二-对异丙基亚砜的合成及用纸色谱法研究其萃取和分离性能。

（2）化学试剂，1988（3）139，几种二芳基亚砜萃取能力的研究。

（3）分析化学，1991（8）962，纸色谱-化学发光测定贵金属中的铱。

（4）化学通报，1987（7）45，络合滴定中准确滴定的判据及用微机判据法。

（5）高等学校化学学报，1991（6）765，空气瓶-树脂试剂法鉴定微量有机物中氮、硫和卤素。

（6）分析测试学报，1994（5）10，质谱法鉴定两种化学添加剂中的阴离子表面活性剂。

（7）化学试剂，1983（6）367，金的新型特效反相萃取色层固定相——二-对甲苯基亚砜。

（8）化学试剂，1983（4）205，用二正辛基亚砜反相萃取柱色谱法分离金、铂、钯。

（9）分析实验室，1989（6）1，三正辛胺萃取树脂作为贵金属组试剂同时测定贵金属的研究。

从上班到退休我一直在南开大学工作，曾先后在化学、生物和物理三系教书，有机会为南开莘莘学子的成长尽一份力，深感欣慰。下面讲一个我教过的一个学生的故事：

2013 年，儿子趁假期带我们自上海去三亚一路观光自驾游，我的一位身在加拿大的学生得知消息后，立即转告我们，她的一位同学在海口已然退休，让我们一定见见他。我们上岸后果然该学生在岸边等候我们，接着他带着夫人和儿子在海滨为我们接风，说"让孩子们也看看我的老师"，大家共叙在南开的学习生活，谈笑风生。他还说多年工作中同事们很高看南开的学历，我也感谢他在地质队时寄给我的珍贵矿样……第二天一早，他来到我们住处，说我们来海南不容易，要亲自带我们去博鳌玩玩，我们觉得他的接待已经够隆重了，只好致谢推辞，亲切的师生情谊让我难忘教师的光荣！

文章作者：许晓文

百年耕耘
南开
化学

199

杨华铮

1936—

　　1957 年毕业于南开大学化学系，1981 年任副教授，1988 年任教授，1984—1985 年在日本京都大学农药化学研究室做访问学者，1990 年经国务院学位委员会批准，获农药学博士生导师资格。曾获国家自然科学二等奖，教育部科技进步二等奖，天津市自然科学二等奖，全国教育系统劳动模范、全国工会先进女职工、天津市授衔专家等称号。国务院特殊津贴获得者。她开展了创制具有自主知识产权的新农药的研究。完成和承担国家自然科学重点基金、国家攻关项目、博士点基金、各部委及天津市基金等项目数十项，在国内外核心期刊发表论文 200 余篇，鉴定和投产的成果 10 余项。

杨华铮先生，1936 年 12 月 26 出生于浙江杭州。抗战时期，儿时的她跟随着父母一路南迁，从杭州、武汉、长沙等地一路来到贵州贵阳，她在贵阳长大，并接受教育。她于 1953 年考入南开大学化学系，从此开启了在南开学习和工作的生涯。她 1957 年开始工作至 2007 年退休，把一生的光阴都奉献给南开大学的教育和科研事业。

学生时代的她聪明能干，广受师生好评。我有幸和杨先生的大学同学合作交流过，他们对她赞不绝口！让我记忆尤深的是，2012 年底我去找陈茹玉和何炳林两位教授为杨华铮先生负责编著的《现代农药化学》写序言的时候，两位先生都争着认为杨华铮先生是他们指导的本科生，何先生为了证明是他指导的，亲自找出一个记录本证明杨华铮先生做了什么课题，发了什么文章；陈先生则说"她是我助手，跟我时间最长"。可见两位老先生对她多么喜爱！

20 世纪 50 年代，杨石先校长受周总理的委托，为了解决我国农业的急需，组织开展农药的研究。这是急迫的任务，也从当时起一直成为南开大学化学系重要的研究方向。何炳林、陈茹玉教授在国外就为此进行了积极的准备，回国后立即开展了有关工作。杨华铮先生留校任教后，作为陈茹玉教授的科研助手，开始了有机磷杀虫剂的研究，主要从事杀虫剂马拉硫磷的研制及结构改造和农药"除草剂一号"的研制。后来化学系进行教学改革，杨华铮先生调到周秀中先生负责的有机教研室，协助周先生从事有机化学实验课的建设，着重培养学生基本实验技能的训练。1962 年南开大学元素有机化学研究所成立，农药的研究是所里三个主要研究方向之一。杨华铮先生被再次分配到元素所作为陈茹玉先生的助手从事农药研究，从而开启了她在元素所的教学与科研工作。杨华铮先生为南开大学元素所的教学体系及科研体系的建设做出了重要贡献，尤其为元素所研究生培养体系建设、元素有机化学国家重点实验室的建设、国家农药工程研究中心（天津）的申报和建设做出了杰出贡献。她作为元素所研究生教学的负责人，与有关老师一起进行研究生的课程设计、实验技能训练设计，付出了辛勤劳动，千方百计地收集国内外教材资料，取得了良好的教学效果。尤其是她为了让学生获得更多的训练而开设的"学年论文"课及有"机化学实验技能训练"课深受学生的欢迎。她先后亲自为研究生讲授过"高等有机合成""农药化学""农药分子设计"等诸多重点课程，她精心准备每一堂课，讲授的内容新颖、条理清楚，深得同学们的好评。为了提升元素所的教学和科研水平，她先后负责翻译和编著了《除草剂的作用方式》、《新农药研究与开发》、《农药分子设计》、《农药化学》（唐除痴，李煜昶，陈彬，杨华铮，金桂玉）、《农药化学》（院士科普丛书，陈茹玉，杨华铮，徐本立）及《现代农药化学》等著作。

尤其是《现代农药化学》一书，是杨华铮先生一生对农药教学与科研工作的理解与经验的总结，精心撰写，该书不同于过去的农药书籍，是根据现代农药的发展方向，分别对杀虫剂、杀菌剂、除草剂及植物生长调节剂中的各类结构不同的农药，以靶位的分子生物学为基础进行分类，对药物的作用原理、活性、化合物的发现及发展、优化历程以及它们的化学与生物学之间的相互关系进行归类介绍，这对绿色新药的创制及合理使用农药有很好的参考价值，对避免或延缓现有农药抗性的发生及环境的保护也会产生积极的作用。该书获得学术界的好评，兄弟院校有关专业多选用作为研究生教材使用，深得学生欢迎！该书获得第五届"中华优秀图书出版物"大奖。

在元素所 1992 年申报筹建"国家农药工程研究中心"时，我有幸作为她的助手，协助她整理资料，我清楚记得她为此付出了多少心血！她曾先后到国家教委及国家计委多次汇报材料，又反复修改，最终于 1995 年"国家农药工程研究中心"获批成立。我所农药学重点学科、农药学科博士点历经申报、考核、答辩、评估各个环节最后申报成功，她也付出了辛勤劳动和心血。李正名先生对杨华铮先生有过这样的表述：她多次表示在任何困难面前，只要我们大家没有私心，目标明确，团结一致，终能战胜困难。她对我所不同建设时期老同志克服种种困难的宝贵经验进行了概括性的表述值得我们深思。

杨华铮先生在几十年的科研工作中，成绩斐然。她学术造诣高、实践经验丰富，在我国农药科技界享有很好的声誉。她于 1984—1985 年在日本京都大学农药化学研究室做访问学者，在日本知名教授 Fujita 的指导下，开展农药分子结构与活性关系研究。回国后，其在国内率先开展了新农药分子 QSAR 研究，并将计算机技术引入新农药分子设计中来。在创制新农药分子科研工作中，她在除草抑制剂创制探索中以植物光合作用涉及的多种靶标（如光合作用 PSⅡ、HPPD、PPO、PDS、ACC 蛋白酶等）作为研究对象。她领导的课题组所进行的研究课题涉及面非常广：涉及多种类型的先导的设计合成，包括有机磷化合物、含氟衍生物、杂环化合物、稠杂环化合物、氰基丙烯酸酯衍生物等；还开展了手性合成、微波合成、固相合成、平行合成、药效团模建等方法研究，提升新农药分子设计及合成效率。她在创制新农药科研工作中在设计大量新颖分子结构时发现了具有自主知识产权的新型除草剂 H-9201，并取得新农药临时登记证。其设计开发出多种候选农药品种先导及候选农药品种。她秉承南开大学老校长杨石先倡导的"发展学科，繁荣经济"的教学与科研理念，先后带领我们开展了农药重大品种的绿色清洁工艺研究，在农药工业界取得重大成就！如重要农药品种吡虫啉的清洁制备工艺、二嗪磷的清洁制备工艺、精喹禾灵的清洁合成工艺、噁唑禾草灵的清洁合成工艺等都产生深远影响。她曾获国家自然科学二等奖、教育部科技进步二等奖、天津市自然科学二等奖等多项奖励。她在国内外重要的学术期刊上发表科学研究论文 270 多篇，申请和获得中国发明专利 50 多项，获得省部级以上鉴定成果 10 多项，出版专著11 本。她获得全国教育系统劳动模范、全国工会先进女职工、国务院特殊津贴获得者和天津市授衔专家等称号。

她培养研究生方法独特，因材施教，先后培养了 48 名硕士生、26 名博士生，同学们毕业后分布在国内外各行各业，发挥了科技精英和社会中坚的作用，为南开争光的喜讯频频传来。师生间至今联系频繁，互相交流学习与工作经验。学生中在国内外知名大学当教授的就有近 20 名，有多名学生创制了多个农药及医药新品种，有的创办企业，并成功在国内科创板上市，为国民经济建设做出重要贡献！

李正名先生曾对杨华铮先生有这样的评价：杨华铮勇于实践，博采众长，善于总结，取得如此丰硕成果，反映了现代农药学多学科综合性、集成性和复杂性的时代要求。她的杰出成就赢得了大家对农药学科进一步的理解和应有的尊重，值得我们为她感到由衷的骄傲。

文章作者：邹小毛

宋礼成
1937—

　　1937 年出生于山东济南。南开大学教授，博士生导师。1957 年考入南开大学化学系，1962 年毕业后留校任教。1979—1981 年在美国麻省理工学院（MIT）做访问学者，1995 年在美国哈佛大学做访问教授，2007 年当选中国科学院院士。他长期从事有机化学和金属有机化学的科研和教学工作。编写了我国第一本《金属有机化学》教科书和百余万字的《金属有机化学原理及应用》专著。他在金属有机化学研究中取得系列创新性成果，在国内外著名学术刊物上发表 350 多篇论文。曾获一项国家级优秀教材奖，一项高校优秀教学成果天津市一等奖和国家级二等奖，三项国家教委（教育部）科技进步（自然科学类）二等奖和一项天津市自然科学一等奖，2004 年获中国化学会第一届黄耀曾金属有机化学奖。

成长经历

我 1937 年出生在济南市近郊的一个农民家庭中。我 7 岁开始上小学，小学毕业后考入济南市第三中学。这所学校是山东省很有名气的重点中学，教师业务水平高，教学质量好，教学设备也比较齐全。1954 年我初中毕业后又考入了济南三中的高中部。1957 年我高中毕业，听老师介绍说，南开大学化学系很好，于是我报考了南开大学，并被南开化学系录取。我在南开大学学习的五年期间，时刻提醒自己要努力学习以便毕业后能在大学当一名教师，既能为国家培养人才，又能从事科学研究。结果我非常幸运，1962 年大学毕业时南开把我留了下来。至今我在南开大学作为一名教师已经工作了半个多世纪，为国家的教育和科学事业做出了一定的贡献。

我在南开大学工作期间所遇到的一件令我非常高兴的事是在我们国家改革开放刚刚开始，学校和化学系推荐我参加了在全国举行的公派出国留学人员的英语选拔考试，我考取了我国第一批赴美留学人员。1979 年春天，我怀着激动的心情和自豪感走出国门，来到 MIT 化学系，师从美国科学院院士和著名金属有机化学家 Seyferth 教授研究金属有机化学。我深知到 MIT 学习是我一生难得的机会，因此我倍加珍惜，全力以赴地投入学习和科研工作中。我在 Seyferth 教授的实验室完成了多项研究，有 8 篇论文发表在 JACS 和 Organometallics 等国际著名刊物上。

宋礼成院士在实验室进行科研工作

百年耕耘

南开化学

205

科学研究

我在结束美国的学习和研究工作之后于 1981 年秋回到了南开大学。当时我们国家正处在改革开放的初期阶段，科研经费非常少，也缺乏研究金属有机化学所需的设备和条件。但我尽力克服这些困难，因地制宜地开展起对金属有机化学的研究工作并取得一系列创新性研究成果。

1. 对金属有机原子簇化合物化学的研究

金属有机原子簇化合物是一类含金属–金属键的双核及多核金属有机化合物，它与催化、材料及生命科学密切相关，具有重要的理论意义和应用价值。我于 20 世纪 80 年代初在国内率先开展了对金属有机原子簇化合物的化学研究，并取得重要研究成果，例如，我们于 1988 年发现了合成含 μ_4-S 原子的双蝶状铁硫簇合物的新方法，不仅产率高，而且可合成带各种取代基的此类簇合物，其中带乙基的簇合物被载入国际著名金属有机化合物 DOC 大辞典。我们还发现一种合成含线型 M-Hg-M（M＝Cr，Mo，W）三金属簇合物的新方法，有两个 M-Hg-M 簇合物被载入 DOC 大辞典。此外，我们发现的关于双 μ-CO 双蝶状铁硫络盐的合成方法及其新颖反应的研究成果发表在 2002 年的 JACS 上。鉴于在蝶状铁硫簇合物研究中的贡献，我应邀撰写了一篇专论发表在 2005 年的 Acc.Chem.Res.上。在四面体金属有机簇合物化学的研究中，我和我的学生运用诺贝尔奖得主 Hoffmann 教授所提出的等瓣相似（isolobalanalogy）原理，发现了多种具有重要理论意义和应用价值的等瓣置换反应。例如我们发现了四面体簇合物与桥连双金属等瓣试剂之间的双等瓣置换反应，成功地用于合成桥连双四面体簇合物。发现了桥连双四面体簇合物与桥连双金属等瓣试剂发生的环化等瓣置换反应，为合成四面体大环金属冠醚提供了有效方法。为此，我应邀在 1998 年第 3 届中日双边金属原子簇化学学术讨论会和 2000 年第 19 届国际金属有机化学大会上做了邀请报告，受到同行专家的好评。

2. 对富勒烯金属有机化合物化学的研究

鉴于富勒烯独特的三维结构，新颖的化学反应及优良的光、电、磁等物理特性，我们研究组对富勒烯金属有机化学开展了研究，取得系列创新性成果。例如我们在 1999 年的 Org.Lett. 杂志上发表了我们所合成的首例富勒烯 C_{60} 以 σ-键与过渡金属 Cr/Mo/W 相连的金属有机衍生物。用分步法及"一锅煮"法合成了首例含二茂钌双膦、二茂钴双膦及二茂铁双胂的Pt/Pd 富勒烯 C_{60} 和 C_{70} 的双金属衍生物。成功地测得一系列富勒烯金属有机化合物的单晶结构，并研究了它们的电化学和非线性光学性质。鉴于在富勒烯金属有机化学所取得的重要研究成果，我应邀在 2003 年美国第 225 届全国化学会和2004年美国第205届电化学大会上做了有关富勒烯金属有机化学的邀请报告，受到与会专家的好评。

宋礼成院士赴美国出席学术会议

3. 对氢化酶仿生物化学的研究

氢化酶是一类存在于多种微生物体内的金属酶，它包括[FeFe]，[NiFe]和[Fe]氢化酶。人们研究它们仿生化学的目的是发现能合成出可将水中质子催化还原为绿色能源氢气的高效人工酶催化剂。我们研究组在[FeFe]氢化酶仿生化学的研究中，设计合成了首例含卟啉光敏剂的光驱动型[FeFe]氢化酶模型物，不仅用 X-射线单晶衍射确证了它的结构，而且用荧光光谱证明它的电子可以有效地从卟啉环向二铁催化部位转移，并最终实现了在光照下还原质子生成氢气的催化功能，该论文发表在 2006 年的 Angew. Chem.Int.Ed.上，并被选为"HotPaper"重点介绍。在[NiFe]氢化酶的仿生化学研究中，我们设计合成了一系列结构新颖并具有电催化产氢和氢活化功能的[NiFe]氢化酶模型物。至今人们合成了许多[NiFe]氢化酶模型物，但只有日本 Ogo 研究组报道的一例，美国 Rauchfus 研究组报道的一例和我们研究组报道的两例具有活化氢气异裂功能的[NiFe]氢化酶模型物。我们这两例模型物发表在 2017 年的 Chem.Comm.和 2019 年的 Inorg.Chem.上，引起了国内外同行的关注。我们在[Fe]氢化酶的仿生化学研究中，发现了一种合成酰甲基吡啶铁辅因子的新方法，该法已广泛地用于合成多种[Fe]氢化酶模型物。首次合成了含磷酸酯基吡啶铁辅因子和含[Fe]氢化酶活性部位整体骨架的模型物。我们研究组不仅对[FeFe]氢化酶仿生化学也对[NiFe]和[Fe]氢化酶仿生化学进行研究并取得一系列重要成果。我应邀在2008年召开的中国化学会第26届年会上做大会报告，并应邀在2014年法国举办的第二届国际仿生化学及材料学术会议上报告了我们的研究成果。

宋礼成院士在中国化学会第26届年会上做大会报告

教书育人

我作为大学的一名教师，不仅搞科研，还进行教学工作。例如20世纪80—90年代我曾给化学系本科生开设过文献课，为此我于1983年编写了一本《化学文献知识及检索》讲义，这本讲义不仅包括常见的文献资料如CA的介绍和查阅方法，也包括当时最新的文献资料如SCI的介绍和查阅方法。我不仅在课堂上讲，而且带他们在学校资料室和天津情报研究所实习。听过我课的王鹏现已是美国的一名大学教授，他曾向我回忆起我带他们进行文献课实习的有趣情景。除了文献课外，我还给研究生开了20多年的金属有机化学课，为此编写了我国第一本金属有机化学教科书并于1989年由高等教育出版社出版，对我国高校金属有机化学教学和科研发挥了重要作用。此外，我还应高等教育出版社邀请于2012年编写出版了百余万字的金属有机化学新教材《金属有机化学原理及应用》。这本书不仅内容新，而且是目前国内外出版的金属有机化学教材中内容最广泛的一本书，它不仅包括主族和过渡金属专章也包括稀土、原子簇、金属有机催化和生物金属有机化学四个专章。

至今我在教学方面已培养78名硕士生和57名博士生（包括一名扎伊尔留学生）。我于1992年获一项国家级优秀教材奖，1993年获一项高校优秀教学成果天津市一等奖和国家级二等奖。在科学研究中取得系列创新性成果，在国际著名学术刊物上发表了350多篇论文。这些论文大量被引用，按国际论文被引用数统计连续三年（1998—2000年）全国排名第1和第2。1989—1999年获三项国家教委和教育部科技进步（自然科学类）二等奖，2005年获天津市自然科学一等奖，2004年获中国化学会第一届黄耀曾金属有机化学奖。

文章作者：宋礼成

谢庆兰

1937—2009

　　共产党员，南开大学化学系教授、博士生导师，南昌大学兼职教授，天津市授衔专家，享受国务院特殊津贴。1937 年生于江西省赣州市兴国县。1956—1961 年就读于苏联列宁格勒大学（现圣彼得堡大学）。1961 年 10 月就职于北京建筑材料研究院，任实习研究员、工程师。1962 年调入南开大学，先后任天津南开大学元素有机化学研究所助教、讲师、副教授、教授、博士生导师、研究室主任。1972 年加入中国共产党，曾任南开大学元素有机化学研究所党总支书记。

谢庆兰，1937 年 5 月 5 日出生于江西省赣州市兴国县长冈乡上社村。1949 年，他以优异的成绩考入了兴国县平川中学。1952 年其加入共产主义青年团。1955 年，谢庆兰被留苏预备部选中成为公派留学生，前往北京语言学院接受为期一年的俄语培训。1956 年，他进入了苏联列宁格勒大学化学系，并于 1961 年 7 月顺利毕业，获学士学位。同年 10 月，他回国工作，就职于北京建筑材料研究所任实习研究员。

20 世纪 50—60 年代，国际上元素有机化学的研究是个热点，苏联走在前列，而我国基本上还是空白。在杨石先教授的率先倡议和直接领导下，南开大学成立了元素有机化学研究所。1962 年，谢庆兰调入南开大学元素有机化学研究所，从事教学和科研工作，一直工作到退休，为南开大学元素有机化学研究所及国家重点实验室做出了重大的贡献。

谢庆兰主要从事金属有机化学研究，特别是对第四主族金属有机化合物的研究有较深的造诣，在国内外主要学术刊物及专著中发表研究论文 150 多篇。其关于固化催化剂的研究为某种固体推进剂的黏合剂的固体催化剂所利用；以降低农药毒性和提高药效为目标，谢庆兰推动了我国有机锡化学的发展和应用，已研制成功高效有机锡杀螨剂三环锡、三唑锡、三磷锡、苯丁锡，有机锡杀菌剂增效锡和同时具有杀螨和杀菌双重活性的有机锡农药双灭锡（获中国专利）等。这些农药品种深受厂、矿和农民欢迎，产生了较好的经济和社会效益。谢庆兰曾获多项省部级科技成果奖，天津市科学技术委员会授予他有机化学专家称号。谢庆兰曾参与编著《有机化工大全》《化工百科全书》等。他获得过多项国家发明专利认证，例如 1994 年认证的 1-环己基二丁基锡-1,2,4-三氮唑合成方法等。其中，以三唑锡为基础的农药产品广泛应用于我国的农业生产等领域，至今 30 多年仍是苹果和柑橘等农作物的主要杀螨剂，创造了巨大的经济效益。

谢庆兰的理论研究成果包括具有生物活性有机硅化合物研究系列论文 10 余篇，含硅有机锡化合物的研究系列论文 20 余篇，混合三烃基锡衍生物系列论文 20 余篇，含磷有机锡化合物的合成、结构和生物活性研究系列论文 20 余篇，不少论文被国际权威刊物（如 SCI）和国家级权威科技文献库收录，有约 30 篇论文被他人在论著中引用。

20 世纪 80 年代，中美两国学术交流日渐频繁。1984—1985 年，谢庆兰受邀前往美国新泽西州罗格斯大学进行了交流访问。其后，谢庆兰多次受邀参加有机化学方面的国际学术会议，如有机磷和有机硅化学会议等，在第四主族金属有机化合物研究领域具有一定的国际影响力。

20 世纪 90 年代至 21 世纪初，谢庆兰积极与其他省市高校化学专业开展合作，为各省市培养化学科研、教育人才。20 世纪 90 年代，受到江西省南昌大学邀请，谢庆兰多次前往该校化学系讲授课程，并参与建设了该校化学专业的博士点，为南昌大学化学系培养多名进修教师。1994 年，谢庆兰受聘为该校化学系兼职教授。20 世纪初，其参与了云南省化学领域院校的建设，于 2002 年荣获"云南省省院省校合作先进表彰"。

在教学工作方面，谢庆兰培养了数十名研究生，目前大多数都在各高校、科研院所任职，获得教授、研究员等高级职称。

有机锡化学是一门具有广泛用途的学科。我国是产锡大国，储量和开采量约占世界的 1/3，锡的深加工一直是我国极为重视的课题。与此同时，我国是农业大国，而螨类是农业生产中公认的最难防治的有害生物群落，具有个体小、繁殖快、发育历期短、行动范围小、适应性强、突变率高和易产生抗药性等特点。其中害螨广泛分布于各种农林作物上，是当今世界农林作物上的关键性害虫。只有在显微镜下才能观察到的这种微小生物，已出现成灾的趋势。20 世纪 70 年代后，以叶螨为代表的植食性害螨上升为果树、蔬菜、农林作物的重要有害生物，在世界范围内有蔓延加重的趋势。

在众多的杀螨剂品种中，三磷锡作为一种触杀型高效低毒的有机锡杀螨剂，被广泛用于苹果、柑橘和棉花等作物，对害螨具有强触杀作用，杀螨谱广，对成螨、卵、幼螨都有很好的杀死效果，持效期长，对敏感性螨类及对有机磷或其他药剂产生抗性的螨类均可防治。三磷锡作为有机锡类杀螨剂抗性产生慢且没有交互抗性，成本低廉，工艺简单，可以作为三唑锡的接替品种，是一个国内外首创的、优秀的杀螨剂新品种。

据此，谢庆兰研究团队结合基础理论研究和实际应用研究，开展了三烃基锡衍生物的研究。

杀螨剂在使用过程中容易产生一定程度的毒性和抗性，因此研究其构效关系，针对靶标设计新型三烃基锡杀螨剂具有重要的意义和应用价值。

谢庆兰团队合成了数百个三烃基锡、混合三烃基锡羧酸酯、二硫代磷酸酯、含氮杂环的衍生物，研究了这些化合物的合成路线、波谱和结构的关系，羰基红外光谱与锡原子的配位价关系，^{119}Sn 化学位移与化合物中芳基取代的对位取代基 Hammett 常数之间的线性关系。通过构效关系的研究，确证了三烃基锡衍生物中（R_3SnY，R＝烃基，Y＝阴离子），烃基是决定有机锡化合物生物活性和选择性的关键，阴离子基 Y 不决定选择性，但能改善相应的生物活性或理化性能。因此，进一步将具有不同生物选择性的有机基团接到同一锡原子上，制得混合三烃基锡衍生物，可以同时具有多重农药活性。如 $^nBuCy_{3-n}SnY$（Bu＝正丁基，Cy＝环己基）同时具有杀螨和杀菌活性。为此，谢庆兰获得授权和公开专利各一项，开发出一个新的有机锡农药——双灭锡。他将阴离子基 $S_2P(OR)_2$ 代替三唑锡中的三唑基，制得一类高杀螨活性的三环己基锡二硫代磷酸酯衍生物，并由此开发出一个国内外没有商品化的杀螨剂新品种三磷锡 $[Cy_3SnSP(S)(OEt)_2]$，其成本比三唑锡降低 20％，并进行了多次技术转让，有的厂家已获得农药临时登记（登记号 LS-94400，登记厂：北京顺义兴源高脂膜厂），现正在江西、广东、山东等农药厂试生产，并将发挥相应的经济和社会效益。

三磷锡被及时推向工业化，成为我国第一个被登记的杀螨剂新品种。三磷锡原药生产所用的原料较便宜、产出量大，其剂型加工为 20％三磷锡乳油，比 20％三唑锡悬浮剂加工简单、投资少。预计生产规模 50 吨/年原药，乳剂 250 吨/年、产值 1250 万元，年利润 150—200 万元。从社会效益分析：以苹果为例，若每亩苹果用药后增产 90 公斤，250 吨的 20％三磷锡乳剂可增产苹果 9 万吨，按 1.4 元/kg 计算，可增收 1.26 亿元。由此可以认为，三磷锡是一个具有较大经济效益和社会效益的好品种。在杀螨剂的众多品种中具有一定的竞争能力，同时还可以打入国际市场。

谢庆兰团队的研究成果已发表相关研究论文 90 多篇。被 SCI 收录 40篇，被引用 25 篇，引用次数 152 次，其中他人引用 130 次（国内 62 次，国外 68 次），自引 22 次。得到国内外同行认可和好评。他通过有机锡化学培养博士生 6 名，硕士生 20 名，博士后 1 名，并与巴基斯坦联合培养博士生 1 名。

文章作者：柳凌艳、谢永耀、常卫星

百年耕耘
南开化学

213

袁婉清

1937—

　　教授，1955 年考入南开大学化学系，1960 年毕业留校任教，担任本科生多门专业课程的教学工作，1997 年退休。曾担任化学奥赛国家级教练、中国化学奥林匹克代表队副领队、天津化学竞赛集训主教练、第 25 届全国高中学生化学竞赛冬令营特邀顾问等职，培养的学生中有多人代表中国参加国际中学生化学奥林匹克竞赛并获奖。

我的老师袁婉清

20 多年前，我们几个人在南开大学化学学院进行化学竞赛培训，宿舍就在南门边的谊园四号楼。学院里人才荟萃，不仅有好几位白发苍苍的老院士，而且很多当时看起来普普通通的人如今已成为名声显赫的科学家。他们教学认真，人品出众，令我们这些首次感受大学生活的学生受益终身。

袁婉清是我们的无机化学老师，给我留下的印象极深。她身材瘦小，和蔼可亲，虽鬓发如霜但步履沉稳。在教我们的那些日子里，袁老师穿着和生活方式都相当简朴。每次上课时，她总是手拎一个鼓鼓囊囊的旧花布包，里面塞着泛黄的课本和讲义。她平日寡言、不善言谈，但见人总是面带微笑。每当我们这些"问题"学生有疑问时，她除了用那特有的略带上海口音的普通话耐心解答，往往还会拿起粉笔把示意图和方程式写给我们看，寥寥数笔恰到好处地排疑解难，让我们心服口服。在课余时间，她还会和我们分享一些南开往事，如思源堂是她当年上学读书的地方；还有西南门原来的木桥，那个是她留校任教后，每天接完孩子一起等她先生下班的地方；等等。后来上了大学，我们经常拿着家乡的特产去西南村附近的家属楼看她。等出来时，我们手里的袋子仍然是满满当当的，只不过是烧鸡换成了牛肉干，或者煎饼换成了奶酪。

我们总是背地里称呼袁老师为"袁老太太"，直到大学毕业。后来我们一致认为，这个称谓是颇为讲究的。袁老师是上海人，举手投足带有上海女性温婉淑贵的"太太"气质。而"老"是老者加老师之意，表示我们对她的尊敬。实际上，袁老师对化学教育的贡献也确实无愧这个"老"字。早在 1990 年，她就为南开的文科学生开设了《化学纵谈》选修课，深受学生欢迎。袁老师为本科生讲授了多门专业课程。在上课时，她并不拘泥于课本知识的传授，往往会介绍化学与环境、与人体健康等大家关注的热点问题。我们从课上学会了如何从专业角度看待健康问题、环境问题、能源问题，这些问题至今仍是人们关注的热点。退休后，袁老师仍然活跃在化

百年耕耘

南开
化学

学奥赛辅导的第一线，学生们都亲切地称呼她为"袁奶奶"。她先后担任了化学奥赛国家级教练、中国化学奥林匹克代表队副领队、天津化学竞赛集训主教练、第25届全国高中学生化学竞赛冬令营特邀顾问等，她培养的学生中有多人代表中国参加国际中学生化学奥林匹克竞赛并获奖。袁老师常年在化学奥赛中宣传南开化学，并为化学学院选拔优秀高中生源。可以说，袁老师终生都在为提高全民的化学素质贡献着自己的一份力量。

如今，我们几人也都先后踏入了教师的岗位。在工作中，我们更加深刻地体会到了袁老师为人和教学脚踏实地，和保持着淡泊明志的心态的难能可贵。她数十年来潜心教学，以教为乐，以教养身，不仅是我们学习的领路人，也是我们终生之楷模。

文章作者：李光跃、李盛华

朱介圭

1937—

　　湖南双峰人，中共党员。1960 年毕业于南开大学物理系，服役空军院校近十年，转业后在天津无线电一厂从事仪器设备研制生产，1982 年调入南开大学，参与筹建测试计算中心即现在的中心实验室，历任测试计算中心主任，中心实验室副主任兼计算中心主任。

中心实验室建立与成长

中心实验室成立背景

20 世纪 80 年代初，随着改革开放的进行，国家利用世界银行贷款，为部分高校引进一批先进的分析测试仪器和中、大型计算机系统。我校作为国家教委的重点院校之一，引进了质谱、红外、ICP、四园及 X 射线等大中型分析仪器设备 10 多台，另有一套价值 60 多万美元的中型计算机系统，总价值逾百万美元。这些设备都是当时世界上比较先进的，其中仪器设备都采用了计算机技术进行控制和分析，它们将为我校的教学和科研提供有力的支持和服务，提高我校的教学和科研水平。为解决怎样管理和使用这批设备，使其更好地为教学科研服务，充分发挥先进设备的潜力的问题，校领导决定成立测试计算中心，集中管理这批仪器设备。1986 年又将测试计算中心升级为中心实验室，含测试中心和计算中心。

中心的筹建

1982 年初，学校成立了以葛葆安老师为负责人的筹备小组。我有幸在 20 年后重回学校，参加了筹备工作。首先面临的任务，是建造一座中心实验大楼，引入一批管理、维护、使用大型仪器设备的人才，创造条件接收、验收很快就将到货的仪器设备。

实验大楼选址、设计工作有序进行，几个月后施工建造开始。但是最快也得 1985 年才能建成，而国家教委招标引进的设备，将从 1983 年开始陆续到货，尤其是中型计算机系统 1985 年就将安装验收，它必须一次性完成现场安装。

当前筹备工作的主要任务，一是寻找仪器设备暂时安装地点，二是引进使用、维护各台仪器设备的专业人才，三是准备接收和验收设备的试验室配套设施。在校领导和有关部门的协调下，除中型计算机系统外，所有分析仪器的临时安装需要使用的试验室很快落实，元素所新建成的分析楼成为中心的临时基地。大部分仪器设备将暂时安装在内，相关系所也大力支援了一批优秀的以中年教师为骨干的中青年教师队伍，各台仪器设备的领头人及技术人员基本就位，接验收准备工作有序开展。

1983 年夏，接机和验收工作开始，中心组成立了一个验收小组，协调和组织接机和验收工作，保证后勤服务，以相关实验室负责人为主，依靠中心自己的人员顺利完成验收，历时一年多相继完成全部仪器设备的验收。每台仪器一旦验收完成，就立即开始运行，承担教学和科研任务，并逐步提高设备的分析测试水平。

中心初建成

1983 年底，筹备组负责人葛葆安老师调天津市委工作，校领导决定正式成立测试计算中心，组建领导班子，我被任命为中心主任，主持中心的全面工作，此时主要的任务依然是中心的建立和完成全部引进设备的接验收，同时对已验收设备逐步完善运行和服务，建立和完善各项规章制度。

随着大部分设备的验收完成，中心成立了行政和业务两个办公室，开始正常运转。到 1984 年底，除中型计算机系统尚未到货外，分析测试仪器均已面向相关系所开展服务，仪器设备均已稳定有序运行。

在我担任中心主任之初，中心大楼尚未建成，仪器设备散落在各处，特别是计算机系统 1985 年初必须安装验收，因此必须提前完成机房的建造和装修工程。本来按计划我将在 1984 年初出国接机培训半年，但为了中心的建设，我决定放弃这次出国机会，圆满完成所有仪器设备的接机验收工作，保障设备的正常运行，特别是必须督促提前完成计算机房的基建、装修工程，保障如期安装验收计算机系统。1984 年底一切准备就绪，按照国家教委的统一部署，第一套中型计算机系统在我校安装验收成功，有同样系统的 10 多个高校，派人观摩安装验收的全过程。至此，我校利用世界银行贷款引进的全部仪器设备及国内配套设施，完成安装、验收、调试，逐步正常运行，开展教学、科研工作。但是，由于测试中心实验室大楼尚未完工，中心处于校内分散运行的阶段，管理比较困难，运转的效率有待提高。

中心实验室正式运行

1985 年底，随着测试中心实验室基建和装修工程竣工、验收成功，中心具备了将分散在校内各处的分析仪器设备搬迁至新的中心大楼的条件。搬迁设备是在寒冷的冬天进行的，没有平坦的路，唯一的搬运工具是借来的一辆地排车，像质谱、红外等仪器设备，都是靠地排车，人拉肩扛，保证不损坏设备，不影响性能，在近一个月的时间内，全部搬迁到了新的大楼，重新完成安装，一次性开机成功，各项性能正常，完全达到验收时的水平。至此，中心完全建成，全面开始运行，面向全校教学与科研开展服务与合作研究工作。

从此时起，中心领导层的任务是：建立一套健全完善的管理、维护、运行制度，规划和组建几个专业性的实验室，确定负责人，建立各类人员责任制，同时明确奖惩办法，以确保全体人员认真有序自觉地为中心尽职尽责。

更为重要的任务是，要使全体人员明确中心的服务宗旨、服务态度、与兄弟单位的关系。花巨资引进的这些设备，是要服务于教学、科研，提高学校的教学科研水平，完成校领导的要求，每台设备不是管理者的个人的试验设备，必须明确对全校服务的思想，这是艰难的思想认识过程，而且是一个自始至终的长期认识过程，也是中心建设的成败关键。

同时，为了更好地提高服务水平，也必须不断提高教师和科技人员自身的水平，只有自己提高了，服务和分析测试水平才会提高。科研、教学和服务必须同时抓，鼓励与各系所开展合作。

1986 年开始，中心各项工作均正常进行，校领导多次考察和指导中心工作，国家教委贷款项目专家以及天津市的领导，都前来中心视察并给予好评。

此时，学校领导决定，为了加强对中心的领导，提高中心的建设水平，将测试计算中心升级为中心实验室，含测试中心和计算中心，中心实验室主任由校长指派校级领导或高水平的学术带头人兼任，我任副主任（正处级），继续主持中心全面工作。从此中心实验室步入新的发展阶段，为学校的教学、科研做出新的、更大的贡献。

中心实验室（前身为测试计算中心）至今已近 40 年，当年引进的设

百年耕耘
南开
化学

备有一些依然发挥余热，有些已经更新换代。现在，中心成立后的第一批教师和工作人员都已经退休，他们为中心尽心尽力，甘为孺子牛，是中心建设的最大功臣，我们应该记住他们。我作为当年共同奋斗的一员，感到十分自豪。梅花欢喜漫天雪，待到山花烂漫时，她在丛中笑。

文章作者：朱介圭

刘纶祖

1938—

　　南开大学元素有机化学研究所教授，博士生导师，享受国务院特殊津贴。1938 年生于北京，1958 年考入南开大学化学系元素有机化学专业学习，1963 年毕业留校，在元素有机化学研究所工作，从事有机磷化学及农药研究。1980—1982 年公派前往美国新泽西州州立 Rutgers 大学化学系，作为访问学者，从事五配位有机磷化合物合成及性能研究。回国后主要研究有机磷化学反应及应用，同时研发有机磷杀虫剂及磺酰脲除草剂。参与研究生教学工作，培养多名硕士生、博士生。2003 年退休。

刘纶祖，1938 年生于北京。北京东晓市小学毕业，保送北京师大附中。中学期间学习成绩优秀。1958 年考入南开大学化学系，分配到元素有机化学专业学习。1963 年毕业留校，分配到元素有机化学研究所工作。在杨石先、陈天池教授指导下，从事有机磷化学研究，研究项目为氨基取代的硫代磷酸酯化学结构与生物活性关系。"文革"期间曾参与彩色电影染料中间体的合成，还参加有机磷杀虫剂久效磷研制工作，并与工厂合作将其工业化生产。"文革"结束后，他于 1980—1982 年被公派去美国新泽西州州立 Rutgers 大学化学系，作为访问学者，进修五配位有机磷化合物合成及性能研究，师从 D.B.Denney 教授。回国后，他主要研究有机磷化学反应及应用，重点研究五配位有机磷化合物的合成新方法。除了进行基础理论研究外，刘纶祖还与同事一起将国外一些优良有机磷杀虫剂、杀线虫剂引进国内，填补空白。例如，丙溴磷是一种高效低毒优良杀虫剂，国内当时还未生产，我们研发出一种与国外不同的合成路线，适应国内生产设备和条件，较快地进行了工业生产，取得较好的经济效益；灭线磷也是一个优良杀线虫品种，我们研发出一种新方法，也将其成功地工业化生产。此外，我们课题组还研发了几种磺酰脲类除草剂，先后将氯磺隆、甲磺隆两个品种进行了工业化生产。

进行科学研究的同时，刘纶祖还承担培育研究生工作。他一方面为研究生开设"有机磷化学""杂原子有机化学"课程，还先后招收了多名硕士生、博士生，指导其毕业论文，使其均顺利完成了学业。

为了配合教学和科研工作，刘纶祖与同事一起编著出版了《有机磷化学导论》《国外农药进展》，翻译出版《有机磷有机化学及生物化学》等著作。2003 年退休。

刘纶祖教授在有机磷农药领域的产业化成果为我国的农业发展做出了杰出的贡献，同时他在五配位有机磷化学基础理论领域的研究为人类生命化学的探索指明了新的方向。刘纶祖教授博学通达、治学严谨、产学并进、硕果累累，为人直爽热情、主张强身健体，为校运动健将、多项纪录保持者，实为我辈典范！刘纶祖教授授业细致入微、倾囊相授，如今桃李满天下，在各行各业发光发热！

文章作者：张中标

百年耕耘
南开化学

孟继本

1938—

　　河南省杞县人。1963年毕业于南开大学化学系，后留学日本京都大学，曾任南开大学教授，博士生导师。主持承担多项国家自然科学基金、国家重点实验室项目和国际合作研究项目，多次应邀参加国内外讲学和国际会议。曾获得国家自然科学奖、原国家教委科技进步奖、天津科技成果奖。主要从事固态光化学、无溶媒有机化学、超分子体系化学、光致变色功能有机化合物的合成和应用研究。在南开大学任教期间曾担任南开大学党委委员，化学系党总支书记。他给研究生主讲有机光化学，为国家已培养博士生、硕士生、访问学者、博士后等几十人。

孟继本，1938 年 8 月生，河南省小湖岗乡后白畅岗村人。中共党员，博士学位，教授职称，博士生导师。

1952 年 9 月—1955 年 8 月，在河南杞县一中读书。1955 年 9 月—1958 年 8 月，在河南睢县中学读书。1958 年 9 月—1963 年 8 月，就读于南开大学化学系。

1963 年 9 月—1983 年 3 月，毕业后留校任南开大学化学系教师。在当时的化学系主任高振衡教授研究室从事有机合成领域的研究工作。

1983 年 4 月—1985 年 3 月，在日本京都大学留学，师从松浦辉男，主攻光化学领域的研究并获得工学博士学位。留学期间担任京都市中国留学生党支部书记及留学生联谊会副会长。博士毕业后毅然归国，在国内继续从事固态光化学领域的科学研究。

孟继本教授在日本京都大学留学

1985 年—2004 年 3 月，任南开大学化学系教授、博士生导师，在南开大学化学系物理有机实验室从事研究工作。其间，1988 年 3 月—1989 年 3 月，在日本筑波大学、京都大学做国际合作研究；1990 年 12 月—1991 年 5 月，在日本爱媛大学芙田研究室与田中耕一教授（诺贝尔奖获得者）做国际合作研究，研究领域为光响应功能性化合物；1992 年 8 月—1993 年 4 月，在日本龙谷大学做国际合作研究；1994 年 7 月—1995 年，赴加拿大在哥伦比亚大学做访问科学家一年。

孟继本教授访问诺贝尔化学奖获得者福井谦一的实验室

　　1989年11月—1998年9月，孟老任南开大学化学系党总支书记、南开大学党委委员。他主持操办各种党内事务，在任期间主动要求不涨工资，起到了良好的模范带头作用。孟老共培养博士生、硕士生60多人，其中日本籍博士生一名，索马里籍留学生两名，博士后一名。当问及孟老对培养博士研究生的教学心得体会时，孟老是这样回答的："一定要充分相信自己学生的能力，不要质疑学生的提问。当学生提出一个理论上很可行的简单反应就是反应不了这类问题时，我不会埋怨学生粗心或是操作不规范，我会亲自看学生操作一遍，去发现问题。出现问题是好事，有很多重大发明都是在意外中得到的。每个学生难能可贵的就是具有不一样的年轻头脑，要引导学生敢想，敢探索新东西，并充分考虑学生对课题的选择建议。"就是这样的教学理念，使得孟老与他的学生很少有距离感，一些学生也敢于去尝试难度较大的课题，这才有了累累硕果。

　　孟老主持承担并完成国家自然科学重大基金项目和多项重点项目、科技部"九五"攻关项目、天津市多项重大项目和重点项目，在国内外核心期刊上发表150多篇论文，授权20多项专利。孟老曾获得教育部科技进步三等奖、天津市技术发明二等奖，并曾应邀多次参加国际合作研究项目，是日本龙谷大学和爱媛大学的客座教授，多次被邀请在国内外学术会议作报告。其所发表论文、专利以及大会学术报告受到专家学者的好评与关注，并兼任《感光科学与光化学》和《功能材料》杂志编委。其科研成果中较为突出的是：首次在国际上把光信息材料用化学方法连到基因上，首次合成了光信息基因材料；在国内外最早开展了固态有机生物光化学和固态化学研究，并发现用晶格控制物质来调控化学反应的新方法，找到了用非手性化合物制备异种双分子手性空间群晶体的新技术；在国内外第一次把人体中两个重要元素磷、硒合成到同一大环中，合成多种新的磷硒大环化合物，用于医药和催化剂。其多项研究成果已转化为生产力并生产出实型产品，取得显著的经济和社会效益。

孟继本教授与日本京都大学校长合影

孟老于 2004 年 3 月退休，退休后孟老把自己的研究成果转化为贴近人民生活的产品。他在国内外最早把光致变色材料用于识别防伪技术，用于服装纺织品、装饰品等，成功应用于制备汽车与建筑安全玻璃用光致变色聚乙烯醇缩丁醛胶片。他与天津孚信阳光科技有限公司等合作，将十几种光致变色化合物实现了公斤级量化生产，在国际上打破了日本、韩国两国对该类产品的垄断。一般的光化学研究工作者主要都是从事理论方面的研究工作，孟老从应用着手，将研发新品投入人们的实际生活使用当中去，提出了很多前卫的使用想法，如阳光变色文化衫、紫外指示掩阳伞、阳光变色 Pet 转印膜、光控调光大棚膜，由我们后来人负责量化生产，提高产能，打开国际市场。

文章作者：韩杰

唐除痴

1938—

　　南开大学元素有机化学研究所教授、博士生导师，著名有机磷化学家。1938 年生于湖南邵阳。1957 年考入武汉大学化学系，1962 年毕业后入职南开大学，从此投身于教育和科研工作。在有机磷农药、有机磷立体化学以及有机磷小分子催化等方面取得了卓越的科研成果，为南开大学化学学科的发展做出了重要贡献。

唐老师在入校一个月后，全国高校中的第一所专职化学学科研究所，即南开大学元素有机化学研究所宣告成立。唐老师随即被分在有机磷研究室，直接在杨石先老校长和陈天池教授指导下工作，首先在实验室进行了有机磷农药三个重要中间体硫化物、氯化物和三氯硫磷的制备，随后又参加了两类新设计的磷化合物——萘环硫代磷酸酯以及对位取代苯基膦酸酯的合成。1966 年，受陈天池副所长委派，唐老师作为领队去武汉参加由化工部举办的 1605 杀虫剂（对硫磷）的会战工作。历时两年多，会战工作取得了由五硫化二磷制备氯化物的预期成果，1969 年通过了国家的鉴定和验收。该项成果一直沿用至今。由氯化物衍生的多种有机磷农药，包括杀虫剂 1605，当时也得到了大规模生产，取得了很好的经济效益和社会效益。1970 年春，唐老师在青岛农药厂与沈阳化工研究院的同志一起参加亚磷酸三甲酯的会战，经过半年的工作，建立了一套中试规模的装置，各项技术指标大幅提高，粗产率从 50%—60% 提高到 90% 以上，达到同期国外先进水平，为大规模生产提供了工艺技术基础，从而推动了以亚磷酸三甲酯为原料的乙烯基磷酸酯类杀虫剂敌敌畏、磷胺、久效磷等产品的扩产和快速商品化。1971 年，唐老师与青岛农药厂合作在元素所完成了久效磷小试工艺研究，并顺利完成，不仅为中试选定了合适的工艺路线，而且制备了足够室内和田间生物测试所需样品。由于久效磷对棉花前期害虫蚜虫和红蜘蛛具有优异效果，而且药效期很长，因此很快在青岛农药厂组织了生产。此后生产工艺又经多次改进，最终使久效磷成为青岛农药厂多年的拳头品种，同时也是国内最具影响力的有机磷杀虫剂品种之一，并荣获多项国家和省部级的奖项。

1978 年在北京召开的全国科技大会标志着我国科技工作的又一个春天的到来。唐老师在此时成立了自己的科研小组，并独立开展了有机磷立体化学的相关研究工作。科研小组首先从磷手性化合物的化学拆分入手，对涉及磷原子反应的立体化学问题开展了深入的研究，阐明了多类涉及磷原子的非环或环化反应的反应机理，填补了国内相关领域的研究空白。

在研究有机磷立体化学的同时，唐老师还开展了旋光活性磷农药的合成和不对称磷酸酯杀虫剂合成方法方面的研究工作。在不对称磷酸酯杀虫剂的研究中，唐老师探讨了各种取代类型的硫代磷酸酯与三氯氧磷的氯化异构化反应，扩大了这一反应的适用范围，并利用这一反应合成了一系列烷硫基不对称硫代磷酸酯，其中部分化合物具有很好的杀虫或杀菌活性。

1992 年，唐老师和刘纶祖教授开展合作研究，发现二甲胺可以作为硫代磷酸二乙酯的去烷基化试剂，原位生成的铵盐直接与溴丙烷反应方便地引入丙硫基，制得国内外尚无大规模生产方法的杀虫剂丙溴磷。在完成小试工作后，唐老师将此项技术独家转让给青岛农药厂，并同其协作完成中试，在青岛农药厂投入大规模生产。这项具有完全自主知识产权的工作，很快申获中国专利，并荣获教育部科技进步三等奖。

20 世纪末，唐老师将课题组的研究重心转向合成化学前沿课题，开展了有机小分子催化的不对称反应研究。凭借多年来在磷立体化学方面的积累，课题组在新课题研究中成功地发展了多种易于合成的旋光活性硫代磷酸衍生物催化剂，在多种不对称有机反应以及不对称串联反应中表现出了很好的催化活性和对映选择性，为进一步拓展有机磷化合物作为有机催化剂在不对称反应的应用取得了新突破。

唐老师坚持一边搞科研，一边在教学第一线培育新人，辛勤耕耘，取得了丰硕的教书育人成果。他先后为研究生开设了"农药化学"和"有机磷化学"两门课程，为国家培养了博士生 6 名，硕士生 14 名。在教学工作中，唐老师注重言传身教，身体力行，培养学生良好的科研素养和人格，成为学生们的良师益友，荣获南开大学和天津市优秀教师称号并享受国务院特殊津贴。

唐老师在工作岗位上奋斗了 40 余年，在国内外发表学术论文 180 余篇，申请 6 项中国专利，出版 5 部专著。主持和参与了多项国家自然科学基金和省部级科研项目及技术攻关项目，获得国家自然科学二等奖 1 项和省部级科技奖励 6 项。他在科研及教学工作中积极践行教学、科研与生产相结合，促进科技成果实现产业化，为我国的科技进步和国民经济的发展做出了重要贡献。

文章作者：周正洪、贺峥杰

高如瑜

1939—

　　北京市密云区古北口镇人，中共党员，南开大学化学学院元素有机化学研究所教授，博士生导师。1958年考入南开大学化学系有机化学专业。1963（大学5年制）毕业留校，分配在元素所分析室工作，直至退休。元素所国家重点实验室固定成员，南开大学农药国家工程研究中心特聘专家。第三、四届全国农药标准委员会副主任委员。曾任化学系党总支宣委，元素所党总支委员，分析室党支部书记，副主任，主任。1982—1984年在联合国教科文组织资助下，公派到美国加利福尼亚大学柏克利分校做访问学者。参加了美国国家环保局的农药环保项目。多年从事有机化学现代分离分析方法的研究和教学工作。主持和参加完成多项国家自然科学基金和元素所国家农药攻关项目的子课题。在国内外核心刊物发表论文60多篇，其中，SCI论文30篇。1993获国家科委科学进步二等奖，2008年获天津科学技术三等奖。培养了8名博士和13硕士研究生，主讲博士生必修课"现代分离分析方法"课，参与编写高等学校教材《近代分分析化学教程》，1989年、2005年被评为南开大学优秀教师和优秀党支部书记。

百年耕耘
南开化学

231

我爱南开，我爱化学

今天，我们躬逢其盛，庆祝南开化学学科创建百年，我的心情无比激动。我1958年考入南开大学化学系，毕业后，留在由杨石先校长在1962年刚创建的元素有机化学研究所工作，一直到退休。在这里我走过了学习、成长、拼搏和奉献的人生道路，时至今日，我已在南开62年了，和南开和化学结下不解之缘，此刻我更加怀念我的先辈恩师们，更加珍惜同窗的校友情。

一、人生之路始于大学

我是1958年考入南开大学化学系的，五年的大学生活我经历了"大跃进"，大炼钢铁，海河建闸，"双革"，"四化"，在学校我参加了化工厂的建厂劳动，参与了主楼的建设，教改的实践，经历了三年困难时期，这一切都令我终生难忘，我与祖国风雨同舟，这段经历锻炼了我的坚强的意志，培养了我不怕吃苦、不怕困难的精神。

我非常有幸，基础课几乎都是在杨石先先生领导下共同创建化学系的高振衡、陈天池、何炳林、陈茹玉、申泮文、王积涛等先生授课，他们都有着一颗爱国的心，战胜各种艰难险阻，回到祖国，努力实现育才救国的使命，他们不仅教我如何学习化学知识，更使我明白了为谁而学，我求知若渴，珍惜学习的机会和时光，努力学好各门课程，取得了优异的成绩。

在大学期间，我积极参加社会工作，先后担任过班长、系学生会的文体干部，后来一直做《人民南开》校刊、化学系的记者组组长。那时，在化学系总支领导下，班班有记者，各年级有记者组，我负责全系工作，我们做到校刊期期有化学系的报道，得到学校的好评。

在大学期间，我曾不幸感染了肺结核，但我很坚强，没休学，没停止社会工作，后来在组织培养下，我于1962年光荣加入了中国共产党。五年的大学历程，使我长大成人，有了理想和抱负，铸就我追求卓越的精神，饮水思源，师恩难报。

二、峥嵘岁月，矢志不改前进方向

我1963年从南开大学化学系毕业，留校分配到元素所分析室工作。分析室是元素所建所7个研究室之一，室主任由化学系余仲建先生兼任，组织安排我担任室秘书协助室主任工作。到1964年初，元素所各研究室都已建成了科研团队，我们都是年轻人，朝气蓬勃，意气风发。当时，我们同住集体宿舍，同吃职工食堂，以所为家，以实验室为家。我们不仅勤奋工作和学习，还有丰富的业余生活，参加学校各种体育比赛和文艺会演。我们自编自演了"实验室革命化"说唱节目，我是主演之一，还到市里公演，得到好评。陈天池所长、王柏灵主任亲自指导我们排练。杨老欣喜看到他所期盼的年轻一代正健康成长，元素所也已初具规模，正大步前进。

然而，从1964年底开始我们经历了"四清"和"文化大革命"，正规的科研工作几乎全部停顿，元素所多次遭受被拆散的危机，是杨老力挽狂澜，撑航船未翻，保住了元素所。1978年科技的春天使元素所获得新生，元素所科研和教学工作走上正轨。为提高科研水平，杨老非常重视人才培养，创造条件组织科研骨干去国外访问或进修。我非常有幸在联合国教科文组织的资助下，公派到美国加利福尼亚大学伯克利分校做访问学者，那年我已经43岁了，临出发前杨老嘱咐我，机会难得，要多学点先进技术回来。我的导师是EPA的官员Dr.Zweig，他是有名的农药分析专家，我参加了EPA的农药环保项目，努力完成了三个子课题，共同发表了三篇论文。短暂经历开阔了我的眼界，我学习和实践了一些新的技术，两年后我按期回国，自己暗下决心，虽已不是黄金年龄，但绝不辜负老一辈的期望。然而，天有不测风云，我竟在此时遭遇了人生最大的不幸，我的母亲和我的爱人相继离世，巨大的悲痛几乎使我不能自立。我爱人刘双武与我同班，早在大学二年级时，他被选作杨老的秘书，这是很重要的工作，一段时间后，杨老关心他的成长，认为他太年轻，应继续学习，给了他回原年级学习的机会，杨老对年轻人的厚爱和期望深深地感动着他。他选了农药专业，立志从事农药行业。谁能想到在1985年，他竟49岁就离开了人世，留下了年迈的老父亲和两个未成年的孩子，面对这残酷的现实，我难以自拔，领导和同事们都想办法安慰我，尽全力帮助我，所长陈茹玉老先生到我家来看我，语重情长地劝慰我，希望我坚强，节哀自重，说所里工作需要我。在组织领导和同事们的关怀下，我渐渐从悲痛中站了起来，含泪踏上异样人生的征程。

三、不负使命，在科研和教学中努力拼搏

1985 年，元素所迎来了科技的春天，快速地恢复和发展成为国家第一批高校国家重点实验室，有机分析被列为重点实验室科研方向之一，我是重点实验室的固定成员。国家投入可观的经费，购买了大批先进的现代分析仪器，诸如核磁共振、红外和紫外光谱仪、液相、气相和薄层色谱仪，还有自动化的碳、氢、氮元素分析仪。我们的科研队伍也不断壮大，达 40 人之多，我曾先后担任室副主任、主任和党支部书记。

我们始终践行"知中国，服务中国"的宗旨，也始终把"繁荣经济，发展学科"作为教学方针。我的科研工作方向是有机化学现代分离分析方法研究，从 1985 年开始，主要为计算机辅助手性物质识别机理研究和具有生物活性的手性医药和农药的对映体色谱（液相色谱，毛细管电泳，毛细管电色谱）分离方法研究，并负责领导和组织研究生完成国家自然科学基金、天津自然科学基金和国家重点实验室基金项目。我是王琴孙教授主持的"计算机辅助色谱最优化分离条件的选择"系列研究课题的主要成员，该课题是当时色谱理论研究的热点和前沿课题，我们开发了一系列计算机优化软件，用在气相色谱、液相色谱和薄层色谱分离条件的优化选择上，我主要负责液相色谱研究，研究成果在 1993 年获国家教委科技进步二等奖、天津市科技三等奖。这几年我在国内外核心刊物发表论文近 50 篇，其中 SCI 论文 25 篇。

在教学方面，我主讲"现代分离分析方法"研究生必修课 8 年，我把当时国内外最新的研究成果作为教材，辅以投影、幻灯等先进授课方法，受到学生们的欢迎。听课的学生多达 80—100 人，在 1989 年、2005 年我被评为南开大学优秀教师。我认真培养研究生，共培养硕士生 13 名、博士生 8 名。在各个阶段和环节，我都亲临指导，为学生创造科研条件，严格要求学生，如今他们都已是教学和科研的主力军，为南开、为化学做出贡献，为南开、为化学争了光，我以他们为荣，并为之骄傲。

我们始终践行"知中国，服务中国"的方向，积极开展应用研究，我组织和参加了所里几乎所有农药项目的分析项目，从"六五"到"八五"元素所所承担的国家农药攻关项目，诸如溴氰菊酯、烯唑醇、氯氰菊酯、三唑锡等，建立了农药项目所需要的全套先进、快速、准确的分析方法。

"农药全组分分析"是由王琴孙教授和我开发的横向技术开发项目，这也是国内率先开发的项目，首批被农业部（现农业农村部）确认为有资质的"农药全组分分析"实验室。近 30 年来我们完成了国内外农药登记的"农药全组分分析"项目达 260 多项，涉及农药品种达 150 多种。为国内、国外（如新加坡）企业、公司开拓国际农药市场提供了在国外多国注册登记所需要的"农药全组分分析"报告（全部英文），得到国际市场的认可和好评。我受聘为全国农药标准化委员会第三、四届副主任委员。2007 年王琴孙教授去世后，我领导"农药全组分分析"课题组到 2017 年，继续承担农药全分析项目为我国农药出口贡献力量。

1985 年后，我才真正走上了业务成长的路，努力着，拼搏着，从助教、讲师、副教授到教授、博士生导师。我深感人生如梦，没有梦就没有希望和憧憬，没有梦就没有追求和奋斗。在充满奋斗和坎坷的路上，我收获着拼搏的豪情和成就的喜悦。我感谢我的恩师们，感谢我的学友和同事们。我多么想一直干下去，退休后因项目需要学校返聘了多年，到 2018 年我已近 80 岁才恋恋不舍地离开了我的实验室。

在纪念南开化学学科创建 100 年时，我回顾了自己人生路，作为南开人，化学人我无比的骄傲和自豪。纪念百年化学就是传承，是延续，更是新的历史起点，新征程，这是南开化学人共同的理想和奋斗目标。

文章作者：高如瑜

何锡文
1939—

　　教授、博士生导师。1991 年获国家教委科学进步二等奖，1993 年被天津市授予中青年授衔专家称号。1963 年毕业于北京大学化学系，在南开大学任教至今。曾任分析化学教研室主任，化学系主任，化学学院院长。研究方向：（1）化学计量学各分支——数学模型、构效关系、因子分析、聚类分析、线性规划、实验设计、取样学、模式识别等；（2）溶液状态（含生物大分子溶液状态）——聚集态、氧化态、毒理态、络合态及能量转换；（3）分析新方法的研究——分子印迹技术、压电技术等。主要贡献：至今已有约 300 多篇论文在国内外学术刊物上发表；主持国家自然科学基金项目、博士点基金项目、天津市自然科学基金项目多项；担任《高等学校化学学报》《分析化学》《分析科学学报》《分析试验室》《冶金分析》编委。

1995 年 4 月，由原化学系、元素有机化学研究所、元素有机化学国家重点实验室、农药国家工程研究中心、高分子化学研究所、吸附分离功能高分子材料国家重点实验室、应用化学研究所、新能源材料化学研究所、中心实验室等整合组建的南开大学化学学院正式成立。何锡文教授任院长兼党委书记，李正名院士和马建标教授任副院长。

在南开大学任教的几十年来，何锡文教授在科研第一线培养了一大批优秀的科研工作者。何锡文教授在工作中总是愿意与学生一道讨论实验课题、确定科研方向、探讨知识难点，极大地缩短了他与学生之间距离，受到了学生们的广泛好评。他积极倡导大课题组的组内例会，要求大家集思广益，拓宽了课题的前瞻性和探讨的维度，共同解决实验中的问题和难点。他对待学生因材施教，积极引导学生探索自身感兴趣的课题，鼓励学生认真审视自己的特长与兴趣，与老师进行充分交流，经过调研与论证后再选择研究方向。

何锡文教授曾于 1980—1982 年作为访问学者到美国明尼苏达大学进修。后又相继于明尼苏达大学、堪萨斯大学、亚利桑那州立大学、加拿大艾伯塔大学、巴西堪皮那斯大学，作为访问教授进行研究工作。由于认识了一些国外的学者和教授，所以有机会帮助同学到国外深造，如推荐任洪吉及高志到艾伯塔大学化学系 Kratochvil（后任系主任及副校长）教授处攻读博士学位和做博士后。教授很满意南开学生的勤奋及研究功力，认为南开学生基础好，知识面宽，特别是对南开学生的实验动手能力印象深刻。何锡文教授一方面愿送出优秀的学生扩大交流，另一方面又关心进入国内的留学生的成长，帮助解决他们的实际困难问题。阿尔巴尼亚来华的留学生薇拉（Vera）是何锡文教授的博士生，她到中国学语言，读本科、硕士、博士，至取得了博士学位，对中国有着深厚的感情。1996 年她博士毕业，阿国国内正处于混乱时期，党派林立，若回国求职极为困难；若有可能，她想先在中国发展，待国内稳定后再回去。何锡文教授作为导师体谅她的难处，对她说"不要着急，我会想办法，为你找工作"。不久，何锡文教授就找到了意大利在天津设的一个酒厂，并陪同薇拉去面试调酒师的职位。厂方负责人对面试满意，当场即先签一年合同，月薪为 1500 美元/月（当时可认为是很高的工资了）。薇拉工作努力，圆满地完成了合同的工作。待阿国国内平定后，她又回到地拉那大学任职，从副教授起做到教授。她对中阿两国的友谊做了很好的促进工作。她曾对中国记者谈到中阿友谊，中阿两国人民的深厚感情，及她在南开大学的一些情况。另外，她在阿国受到重用，中阿官方会谈，她曾作为翻译，直接为中阿友好注入正能量。

何锡文教授在国内率先开展分子印迹技术的研究，首先提出了分子模板-分子识别联用技术。他发展了制备金属离子、药物小分子（手性分子、中药活性成分）、环境污染物、生物大分子分子印迹聚合物的体系，已应用于金属离子的富集、药物分子的纯制、手性分子的分离、标准品的精制、环境污染物的去除、高丰度蛋白的去除和低丰度蛋白的富集。例如以中药丹参的活性成分丹酚酸 B 和结构类似化合物香草醛为分子模板，分别制备分子印迹聚合物，实现了中药丹参活性成分丹酚酸 B 的提取，使纯制丹参活性成分的产率大大提高，为中药现代化、深度开发丹参系列产品积累了大量成功的经验。基于上述研究成果，何锡文教授领衔的团队的项目"新型分子模板-分子识别联用技术的基础研究和应用"获得 2005 年天津市自然科学二等奖。

在生活中，何锡文教授更是受到学生一致的尊敬和爱戴。他对待工作严谨认真，对待学生更是关心备至。他总是耐心温和地和学生进行交流，主动询问学生的科研进展和生活状况。对待学生的错误，他总是报以最大的宽容，在表明问题的本质后再加以告诫，学生们无不感激并积极改正，从此不敢再犯同样的错误。在何锡文教授的带领下，他的课题组内不管是硕博研究生，还是教师，都能做到互相关心、彼此照顾、团结协作。

何锡文教授多年为研究生开设"现代分析化学"课程。他主编的《近代分析化学教程》于 2005 年 8 月由高等教育出版社出版。

何锡文教授非常关注学科的发展。1999 年，何锡文教授将严秀平博士从国外引进到分析学科，极大地促进了分析学科的发展，为分析学科发展成为国家重点学科打下了坚实的基础。为了更好地促进学科发展，2004 年，何锡文教授与申泮文院士一起到中科院大连化物所邀请张玉奎院士为南开大学特聘讲座教授。从 2004 年 9 月到现在，张玉奎院士作为南开大学特聘讲座教授，为南开大学分析化学学科的发展做出了很大的贡献。

文章作者：陈朗星、刘璐、李文友

黄润秋
1939—

　　教授。1939 年生，1962 年毕业于北京大学化学系，后一直在南开大学元素所工作，2004 年退休，现课题组返聘。曾从事拟除虫菊酯立体选择合成、新农药创制与有机合成化学科研与教学工作，在国内外核心期刊共发表科研论文一百多篇，共培养硕士生、博士生 20 多名。在高效杀菌剂粉锈宁新工艺和高效氯氰菊酯研究开发中做出重要贡献。曾获国家科技进步一等奖、中国专利金奖、国家中青年有突出贡献专家、天津市特等劳动模范称号、全国五一劳动奖章、国务院特殊津贴以及天津市市长杯特别奖等奖励。

黄润秋，男，1939 年 5 月 3 日出生于广东澄海。1962 年毕业于北京大学化学系，后一直在南开大学元素有机化学研究所从事农药学科研和教学工作，2004 年退休。历任讲师、副教授、教授，1994 年聘为农药学博士生导师。黄先生承担了国家"六五"至"九五"攻关项目、国家自然科学基金重点和面上项目、973 计划、教育部博士点基金及天津市基金等项目数十项。在拟除虫菊酯立体有择合成、分子设计合成与构效关系研究、有机磷化学、农药生物活性的杂环化合物研究、人工合成及天然源植物病毒抑制剂研究等方面取得了系列的研究成果，发表了 SCI 收录论文百余篇，发明专利 20 余项。曾获国家中青年有突出贡献专家、优秀教育工作者、天津市特等劳动模范等称号，全国五一劳动奖章、国务院特殊津贴、天津市市长杯特别奖、中国拟除虫菊酯发展三十年杰出贡献奖、建国 60 年中国农药行业突出贡献奖、中华人民共和国成立 70 周年纪念章等奖励。

　　黄先生秉承元素有机化学研究所首任所长杨石先先生的"繁荣经济、发展学科"的思想，坚持"服务国民经济和促进学科发展"的宗旨，特别注重研究成果转化为生产力，在高效杀菌剂粉锈宁新工艺研究、高效氯氰菊酯合成技术的发明与工业化方面做出了重要贡献。在 1982 年参加国家"六五"攻关项目农用杀菌剂粉锈宁新工艺研发过程中，黄先生首次提出采用拜尔公司的四步法，亲自进行小试并迅速取得技术突破，新工艺路线取代已拟的二步法工艺，立即被攻关组采纳，在建湖农药厂中试并试生产成功，四步法工艺与二步法比较，总收率由 63％提高到 84％，产品纯度由65％提高到 95％，使产品成本降低了 30％左右，并且"三废"得到综合治理，直至今日，粉锈宁还是防治小麦白粉病的看家品种，该成果获国家科技进步一等奖。1987 年，黄先生发明了高效氯氰菊酯差向异构化技术，即通过差向异构化将 8 个光学异构体的普通氯氰菊酯[化学名称：2,2-二甲基-3-（2,2-二氯乙烯基）环丙烷羧酸-α-氰基-（3-苯氧基）-苄酯]转化为4 个光学异构体的高效氯氰菊酯，杀虫活性提高一倍，该技术在天津农药厂试生产成功。随后黄先生对其进行进一步的工艺改进，2003 年全国拟除虫菊酯学术会议指出全国氯氰菊酯原药年产量 2600 吨，绝大多数用于转位生产高效氯氰菊酯，正式登记生产工厂不下百家，其年产值及效益均应在亿元以上，长期成为我国农用杀虫剂骨干品种之一，该项成果获国家发明三等奖、中国专利金奖、巴黎国际发明展银奖、中国拟除虫菊酯发展三十年杰出贡献奖等。此外，黄先生参加了攻关项目，克菌壮等有机化学农药创制获国家攻关重大成果奖，溴氰菊酯获国家攻关先进成果奖。黄先生还曾经作为主管科研的副所长，积极推动了南开大学元素有机化学研究所的科研成果产业化。

黄先生特别注重教书育人，共培养硕士生、博士生 20 多名。所指导博士生汪清民的博士论文入选 2002 年全国百篇优秀博士学位论文，已经成长为所在单位的学术带头人；马军安博士作为天津大学有机化学的学术带头人获评国家基金委杰出青年；毛春晖博士作为湖南化工研究院技术研发中心的负责人研发出了许多过专利期的农药品种清洁生产工艺并实现了产业化。

黄先生对学生除了言传，更注重身教，在为人方面是一面旗帜，在平时帮助过许多有困难的同事和学生，让他们渡过了难关。黄先生平时给学生无数次强调要做"实"的科研，并将产业化过程中的成功经验全部传授给学生。2000 年他指导刚留校的青年教师汪清民博士进行仿生农药拟除虫菊酯系列产品甲氰菊酯和氯氰菊酯及氰戊菊酯等新工艺研发，发明了新合成方法，申请了发明专利保护，并使甲氰菊酯和氯氰菊酯及氰戊菊酯清洁生产新技术都成功应用于工业化大生产，其中甲氰菊酯大生产收率和产品质量均提高了十几个百分点，处于国内外最高水平，产生了巨大的经济效益和社会效益，该项目被国家经贸委和国家计委列为 2002 年国家重点技改项目，并获得"天津市专利优秀奖"。

文章作者：黄润秋、汪清民

百年耕耘

南开化学

廖代正

1939—

籍贯福建建宁，南开大学化学系教授、博士生导师。1962年毕业于复旦大学化学系，同年至南开大学化学系任教。1985—1986年，于日本九州大学理学部做访问教授。1987—1989年、1993—1996年，任南开大学化学系无机化学教研室主任。1994—1997年，任厦门大学兼职教授。1996—1999年，任中国科技大学兼职教授。担任国家基金委第五、六届学科评审组评委，国家教委第二届无机及分析化学教学指导组成员，《无机化学学报》编委，《应用化学》编委、副主编，《结构化学》编委、副主编，《中国化学》（英文版）编委，《化学学报》副主编。长期从事无机化学、配位化学的科研和教学工作。研究方向为"功能配位化学和分子磁性"，是我国最早开展分子磁性这一前沿研究领域的研究者之一。1982年以来主持或承担了十多项国家自然科学基金、973、教育部及天津市自然科学基金项目。在SCI源刊上发表论文750多篇。1989年获国家教委科技进步二等奖（第二完成人），1992年获国家教委科技进步二等奖（第一完成人）和中国化学会颁发的配位化学育才奖，1993年被评为校级优秀教师，1993年获天津市中青年授衔专家称号，1994年享受国务院特殊津贴并获君安-南开科学家奖，1998年获宝钢优秀教师奖，1999年获天津市科技进步奖（首届自然科学奖）一等奖（第一完成人），2002年获南开大学首届奖教金一等奖，2004年获南开大学科技成果特别奖，2004年获2003年度国家自然科学奖二等奖（第一完成人）、被评为2003年度天津市"十五"立功先进个人，2005年获2004年度天津市劳动模范荣誉称号，2006年获天津市优秀共产党员称号。

我的导师廖代正教授

我于 2004 年考入南开大学无机化学专业攻读博士学位，师从廖代正教授。从读书到留校工作的 17 年时间里，我与廖先生结下了深厚的师生和同事情谊。廖老师严谨的科学态度、谦逊正直而低调的处事作风，以及五十几载教书育人的奉献精神给我们年轻教师做出了很好的榜样。

廖老师是国内最早从事分子磁性领域研究的专家学者之一，在学科领域有很高的威望，曾获国家自然科学二等奖。他主持承担过 10 多项国家自然科学基金项目，在 SCI 源刊上发表 750 多篇论文。两次获得国家教委科技进步二等奖，并于 1993 年获天津市授予的"授衔无机化学专家"称号。他由于在分子磁性基础研究方面的贡献，1999 年获首届天津市科技进步（自然科学）一等奖。进行科研工作的同时，他勤勉育人、桃李天下，是"宝钢优秀教师奖"获得者，被中国化学学会授予"配位化学育才奖"。曾于 1981 年、1993 年两次被评为南开大学优秀教师；1994 年获君安-南开科学家奖。是天津市"十五"立功先进个人，并获南开大学共产党标兵称号。

2004 年 2 月 20 日上午，在北京人民大会堂举行的 2003 年度国家科学技术奖励大会上，65 岁的廖老师接过了颇具分量的国家自然科学二等奖荣誉证书。根据国家科技奖励规定，国家自然科学奖授予在基础研究和应用基础研究中阐明自然现象、特征和规律，做出重大科学发现的公民。廖老师领衔完成的"分子磁性的基础研究"经过 20 多年的攻关，最终摘取了这一国家大奖。

作为当今世界科学前沿的热点课题，"配合物的磁性分子设计"是化学、物理、材料和生物等多学科交叉点，被誉为"未来 10 年内最有应用前景的先进材料之一"，与航空航天、生命科学等高新技术息息相关。1985 年，刚刚从日本留学归国的廖老师就将自己的研究方向瞄准了这一领域。几十年科研路的长途跋涉，对他来说似乎只在弹指一挥间。分子磁性的基础研究这项事业，并非一望无垠的平川。"研究之初，课题组的经费并不宽

2003 年度国家科学技术奖励大会颁奖保仪式，右二为廖代正教授

裕，许多仪器设备都不够先进，一些比较重要的测试必须多次到北京大学、中国科学院等单位去合作。"其间一直有人劝廖老师适当搞一些应用研究，可以借此创收，也"给自己留一条后路"。可他坚信"开弓没有回头箭"，决定将毕生精力花在钟爱的基础研究事业上。他一直坚信"作为一名党员，不能只计较自己的荣辱和得失，应当把造福国家和人民作为自己的人生追求"。廖老师常年在化学楼四楼一间普通的实验室里指导学生的科研工作。谈及荣誉，他总是表现出科学家特有的严谨与低调。他常对我们学生说："这是党和国家对我工作的肯定，是大家共同努力的结果。对名利我们要看得很淡，对事业必须要看得很重很重。"20 多年来，他几乎没有节假日，大多数空闲时间都守在实验室，跟学生泡在一起。师母就经常"抱怨"说："好容易周末在家里休息，但是有学生打电话请教问题，他立马就往办公室跑。"老师热爱科研，并把终生献给了国家的"分子磁性"研究。

廖老师为人正直、学风严谨、尊师礼下、善于合作，对科研工作精益求精，对自己热爱的教学工作认真负责。他不仅教给学生治学方法，还重视学生的品德修养，要求学生有正确的政治方向、高尚的道德情操和科学

功能配合物研究组成员，左起：程鹏、阎世平、廖代正、王耕霖、姜宗慧

献身精神。廖老师共培养了 25 个博士，12 个硕士。现在已经有 14 位成为教授，任教于中科院、清华大学、南开大学、天津大学和华东师大等国内重点科研院校。他们都已经成为所在课题组的科研主力，是国家科研以及教学的中坚力量。谈起自己的学生，廖老师欣慰而又自豪："国内搞分子磁性研究的单位，几乎都是跟南开有关系。"南开的分子磁性的基础研究课题组也形成了一支老中青结合的学术梯队。在这个有多个导师（王耕霖，廖代正，姜宗慧，阎世平，程鹏）的大课题组里，廖老师注重培养学生独立工作的能力，更尊重学生的科研劳动成果。论文署名的第一作者永远都是学生，而指导教师的名字是放在后面的。在廖老师这里没有"师门之别"，任何一位组里的学生，无论是师从课题组的哪位教授，得到的都是全组教师的共同指导。多年来课题组英彦辈出，有 2 人曾获中国大学生"五四奖学金"。师生之间亦师亦友其乐融融，科研环境轻松愉悦。生活之余廖老师非常喜欢跟同学们聊家常，甚至对同学们的终身大事都很挂念，哪一位大龄女学生没有成家，都会成为他的心事，他还经常从中做媒撮合姻缘，也留下了许多佳话。

　　2010 年分子磁性课题组中年长的学术前辈已先后退休，廖老师成了课题组中唯一一名"老"成员，那时已经 72 岁的老先生虽然也即将退休，但他坚持"退而不休"，仍然给学生们开设了一门理论性很强的"基础分子磁

百年耕耘

南开化学

廖代正教授指导博士研究生进行科研工作

性理论"课程。因为他希望年轻人一定要打好理论基础，才能在将来的学术研究中厚积薄发。

　　谈及 50 多年科研生涯的秘籍，廖老师会语重心长地教导我们年轻教师："如果说搞科研有什么秘籍，我想一是保持平和的心态，不要计较功利得失，二是永远不要失去对学习的兴趣……"我们也会永远记住廖先生的话，努力进行科学研究，为国家在分子磁性领域做出我们的一些贡献！在纪念南开化学学科创建百年的今天，我也代表他的所有学生衷心地祝愿老先生身体健康！诸事顺遂！拥有健康幸福美好的晚年！

　　　　　　　　　　　　　　　　　　　　　　　文章作者：马越

王淅临

1939—

　　南开大学化学学院化学系教授，1939 年 6 月出生于河南淅川，1951—1957 年在开封女中上学，1957 年 9 月—1961 年 7 月在河南师范大学化学系上学，1961 年 7 月大学本科毕业后，同年分配到河南大学化学系物理化学教研室任教。1965 年 2 月—1966 年 6 月在南开大学化学系进修物理化学专业。1973 年调入南开大学化学系物理化学教研室任教。1988 年晋升副教授，1998 年晋升教授，1999 年退休。

1965年2月我在河南大学化学系辅导物理化学和带物理化学实验近四年，经高教部批准怀着急需深造的心情来到南开大学化学系进修物理化学，充分体会到南开大学化学系非常重视基础教学和实验技能的培养：由具有较高学术水平和经验的老教师到教学第一线，并配备业务精良的青年教师队伍。我在南开大学进修收获很大，为我以后从事物理化学教学和科研打下了坚实的基础。在这期间我受到主讲教师梁正熹先生很大的帮助。

1973年调入南开大学后，我先后给73、75级工农兵学员，69、70届回校班学生讲授物理化学课（上册部分内容），给化学系76级工农兵学员讲授物理化学课（贾同文先生讲上册，我讲下册）。

恢复高考后我给生物系77、78、79级学生讲物理化学课。从1982年给化学系学生讲授全学年物理化学课（上下册），直到1999年9月退休，共教了17届化学系学生，并连续带了6届的学生科研毕业实践。自教授化学系80级开始直至退休，我担任历届化学系研究生入学物理化学试卷命题工作，是主要命题人之一。

由于我的工作偏重在教学方面，仅此进行如下的回顾。

1982年2月化学系80级学生分两个大班，杨瑞华老师和我各负责一个大班主讲物理化学课（全学年上下册）。当时正处于"文化大革命"结束，恢复正常教学的时期，杨老师和我首先明确两个方面：

（1）坚决执行当时国家高教部颁发的物理化学教学大纲。给学生确定出较为合适的物理化学主要参考书。

（2）一开课就向学生宣布以下规定：每学完一章进行一次考试，平时考试成绩占最后成绩的20%。每次课后布置的习题必写在作业本上，下次上课前按时交作业，老师批改，备两个作业本轮流使用。期末考卷两个主讲教师共同命题。

只有严格要求自己，才能严格要求学生。对各个教学环节严格把关，在培养学生能力上下功夫。

授课期间我以几乎全部的精力投入教学，认真备课做到细致入微，所讲内容有根据并备有大量素材。在充分理解教材内容基础上，我考虑到如何讲解利于学生接受，写出讲稿，每个新学年都要充实更新讲稿。我用我理解和有体会的语言讲课并有见解，语言有感染力学生爱听，课上充分鼓励学生动脑，以积极的态度听课。在讲解过程中我重视如何分析问题，怎样理解，用逻辑思维怎么推导，对关键点和难点部分能一语道破、重点讲解，让学生在学习中少走弯路，较快掌握。同时，我很重视理论联系实际，学以致用，激发学生对学习的兴趣和积极性贯彻教学始终。我通过学习有效地提高了学生的分析、解决问题能力，理解和逻辑思维能力。一章一考提高了学生平时学习的自觉性，引导学生正确地进行学习，培养了学生认真踏实的学习态度。我很注重与学生的互动，学生的人和名字我都能对上，很便于每次课前对学生的检查，学生很少逃课。另外我会不定时地抽查批改部分学生的作业，鼓励学生多提问题，教学相长。课后布置有一定难度的作业题，批改有关作业发给学生后，我才将亲自写出的较详细难解题答案发给学生，让学生找出自己的问题，正确掌握，提高学生的解决问题能力和举一反三能力。为提高作业题的质量我从多所学校的研究生考卷中选出一些有难度的考题，集中印刷成册发给学生，以便课下留作业题时使用。

我根据教学中发现的问题，经过深入研究后，写成教学论文，发表在：《大学化学》（两篇，独立作者）；《南开教育论丛》（一篇，第一作者）；《全国物理化学教学交流方面的文集》（六篇，独立作者）。并向高等学校化学题库提供 50 道物理化学习题及答案。

教学上获得了一些奖励：

1986—1987 学年被评为校级教书育人优秀教师；1988—1989 学年（第一学期）获得校级教学双优奖；1997—1998 学年（第二学期）所授课程被评为校级优秀课程和优秀示范课程；1998 年研究项目获评国家理科基地创名牌课程项目。

在南开大学需要我的时候，我在教学方面贡献了自己的力量。

1977 年高考恢复后，中美两国协商在我国十二所重点大学化学系推荐出 100 名应届毕业生，经过统一考试录取前 50 名，分配到美国各有关大学攻读研究生。

南开大学化学系 80 级可以推荐 8 名学生参考。考试前杨瑞华老师和我各负责物理化学的一半内容，对他们进行深化辅导。结果 8 名学生有 6 名被录取。

81 级仍由杨瑞华老师和我各负责物理化学一半内容深化辅导。结果是推荐的 8 名学生有 7 名被录取，并且物理化学南开大学的学生考取了第一名，取得了相当出色的成绩。显示出南开大学化学系的优秀教学水平，为南开大学争得了荣誉。当时沈含熙系主任对物理化学取得的成绩予以肯定。

1986—1987 学年杨瑞华老师和我都被评为校级优秀教师。1986 年 8

月学校送我们到北戴河休养。

1986 年同杨瑞华老师在北戴河留影

1995 年初，在南开大学举办全国化学竞赛，我是命题小组成员之一，竞赛试卷的第八大题是我出的。之后从中选出四名表现优秀的学生组成"中国代表队"参加 1995 年暑期国际奥林匹克化学竞赛。赛前我和朱志昂老师各负责有关物理化学一半的内容进行深化辅导。最后经过化学系各有关基础课老师的辅导，竞赛结果是 4 名参赛学生都获得了金牌，为中国争得了荣誉。南开大学化学系出色完成了国家交给的任务。为此我也获得了中国科学技术协会、国家教育委员会颁发的表彰证书，表彰我在这次竞赛对"中国代表队"的培训工作中做出的突出贡献。

1995 年与中国代表队参加国际奥赛的四名队员合影

在南开大学化学学科创建 100 周年之际，写下了我在南开大学化学系所做的点滴工作，并深深地感谢在工作中给予我帮助的老师和同事们！并祝各位教师同人谨记"允公允能，日新月异"校训，把南开大学打造成世界一流大学。

文章作者：王淅临

项寿鹤
1939—

　　浙江瑞安人，南开大学化学系教授，博士生导师。1939 年出生于浙江瑞安，父亲是当地远近闻名的医生，他没有走上从医的道路，而是在中学老师的影响下对化学产生了浓厚的兴趣。1957 年毕业于温州一中，以化学优异成绩考入南开大学化学系，1962 年毕业留校任教。

改革开放初期，各行各业百废待兴。20世纪80年代初在石油炼制领域，国家引进了临氢降凝工艺，其中由于ZSM-5分子筛有优异的催化性能受到国外普遍重视和应用。因技术垄断，价格昂贵，国内无法获得优质的分子筛催化剂。为填补国内空白，打破技术壁垒，项寿鹤教授决心研发分子筛项目，做出中国自己的分子筛催化剂。在研发过程中，缺少资金，设备简陋，甚至中试放大实验用的反应釜都需要向外单位借用。他加班加点，经常吃住在实验室。经过反复论证和实验以及坚持不懈的努力，最终在合成ZSM-5分子筛核心技术领域取得重大突破，发明了直接法合成ZSM-5分子筛。该项科研成果被国家技术委员会评为国家发明二等奖。

"直接法"突破了国际上合成分子筛必须用有机胺或其他试剂的传统理论和方法，具有重大技术经济意义。直接法合成ZSM-5分子筛，具有良好的晶体结构、物理化学性质和优异的催化性能。其工艺先进、操作简单、生产稳定、生产周期短（为乙二胺法的1/3-1/4）；产率高（为乙二胺法2.6倍），可大幅度减低原料成本（约为乙二胺法1/9）；并解决了使用有机胺生产带来的三废污染问题。（摘自天津市科委评审意见）

直接法合成ZSM-5分子筛荣获国家发明二等奖后，在国内多个催化剂厂投入使用，应用在石油炼制、石油化工、能源开发、环境保护等多个领域，产生良好的经济效益和社会效益，至今仍在广泛使用，为我国工业产业发展做出重要贡献。

项寿鹤教授长期致力于分子筛合成和催化研究，涉及材料科学、多相催化学科领域。研究微孔沸石分子筛，磷酸盐、亚磷酸盐分子筛，复合纳米材料-中孔材料的合成、结构解析及性能表征，通过物理化学方法探索合成机理，设计和开发功能新材料。他着重于催化过程的基础研究及以分子筛材料为基础的催化剂设计、开发与应用（石油炼制、石油化工、精细有机物合成等），研究催化剂的活性中心与不同反应类型适应性基本规律。他曾在1988—1990年、1995—1997年先后两次在美国Worcester Polytechnic Institute无机膜研究中心（Center for Inorganic Membrane Studies，Worcester Polytechnic Institute）从事沸石分子筛膜合成研究，在分子筛领域继续学习探索，科研发明，并取得美国专利一项。他是"六五"和"七五"期间国家自然科学基金重大项目，"八五""九五"国家自然科学基金重点项目主要参加者，并为协调组成员，发表论文一百多篇，取得多项研究成果，获得两项中国专利。先后获得国家发明二等奖，天津市优秀科技成果一等奖，

百年耕耘

南开化学

天津市十佳专利奖，中国专利优秀奖。被评为国家级中青年有突出贡献专家，天津市自然科学技术授衔专家，享受国务院特殊津贴。2019年荣获庆祝中华人民共和国成立70周年纪念奖章。

项寿鹤教授注重对学生的培养，多年来先后培养了近40名硕博士研究生，其中博士生12名。他传道、授业、解惑，悉心培养人才，为学生授课，指导学生做实验、写论文，关心学生的成长，为学生所尊敬和爱戴。他为人低调宽厚，始终坚持踏踏实实做人，埋头苦干做事，始终不忘南开大学对自己的多年培养，言传身教，教书育人。

文章作者：项寿鹤、张明慧、李牛

姚心侃

1939—

　　教授，1939 年生。1957—1960 年，在南开大学化学系学习。1960—1962 年，在南开大学物理二系放射化学专业学习。1962—1964 年，在南开大学物理二系放射化学专业任教。1964—1982 年，在南开大学化学系无机化学教研室任教。1982—2002 年，在南开大学中心实验室任教。1985—1992 年，任南开大学中心实验室结构分析室主任。1987 年加入中国共产党。1992 年晋升教授。1992—1996 年，任南开大学中心实验室副主任。1996—2000 年，任南开大学中心实验室主任。2002 年退休。2010 年被评为校级优秀共产党员。

百年耕耘

南开化学

教学工作。我主讲 2 门硕士研究生必修课（"固体结构分析""专业外语"），主持和参加 1 门硕士研究生必修实验课（"现代仪器分析实验"），指导硕士研究生 4 人。主讲的研究生课程曾先后 5 次获得校级优秀教师奖、教学质量优秀奖、优秀教学成果奖。1997 年获南开大学 1993—1997 年教学成果校级三等奖（集体）。2000 年获南开大学 1992—1999 年实验教学技术成果校级三等奖（集体）。合译《配合物化学》（作者 Fred Basolo and Ronald C. Johnson，北京大学出版社，1982 年 11 月）。合著《中级无机化学实验》（南开大学出版社，1995 年 12 月）、《现代分析仪器分析方法通则及计量检定规程》（科学技术文献出版社，1997 年 10 月）、《高分子结晶和结构》（科学出版社，2017 年 3 月）。

科研工作。我的主要研究方向为：无机配合物的合成、结构和性质；单晶小分子 X 射线晶体学；多晶 X 射线衍射数据分析。历年参加并完成了 3 项国家自然科学基金项目、1 项国家自然科学基金重点项目、1 项高校博士点专项科研基金项目。主持 2 项天津市自然科学基金项目、共同负责 1 项天津市自然科学基金重点项目（纳米金属材料的合成及结构与性能关系的研究，该项目属于中捷政府间科技合作项目，由天津市提供经费）。共同负责主持 2 项国际合作科研项目，它们是与国际衍射数据中心（International Center for Diffraction Data，简称 ICDD）的合作项目 X 射线粉末衍射标准数据的研制和金属与合金晶体结构数据库的研究。作为第一作者发表论文 10 篇。曾获国家教委科学技术进步二等奖（1989 年，获奖人之一）、中国分析测试协会"CAIA"一等奖（1999 年，第一获奖人）。与 ICDD 的国际合作科研项目 X 射线粉末衍射标准数据的研制，从 1987 年开始延续直至 2020 年，于 2013 年获得 ICDD 颁发的 Distinguished Grantee Award。

计量认证工作。国家技术监督局选择了一批有多类先进仪器并集中管理和有效使用的有实力的高校进行了计量认证资格评审工作。1995 年中心实验室提出计量认证初审的申请，我负责软硬件各项准备工作，以及观察各仪器组的检测过程和检查所完成的检测报告（国家评审组将提供盲样来考验检测能力）。在校领导和物资设备处、财务处领导和支持下，中心实验室按计量认证工作的严格要求，在样品接收、保存、测定、留样，人员资格认定和各组织机构职责、测定仪器精密度和准确度的检定标准和方法、样品检测方法的标准规程等所有环节确定了严格规章制度，建立了质量管理手册（1995 年 4 月版）。实验室在严格的规定时间内成功完成了国家评审组所提供的盲样的准确测定，通过了国家评审组的评审。这使中心实验室在中华人民共和国计量认证合格证书及所通过的项目表出具的检测数据具有了公正性、科学性和权威性，具有第三方的公正地位并获得了国际承认的法律效力。2000 年 6 月中心实验室又按规定申请复查换证。着重检查 5 年来质量保证体系运行情况，修改健全组织机构，修改部分规章制度，重新编制人员名册。根据仪器设备更新情况，重新编制仪器设备一览表，并组织仪器检定、搜集检测方法的有关标准规程、重新调整业务范围项目，全面改善实验室环境条件。最终修订成质量管理手册的 2000 年 7 月版本。中心实验室全体人员在我的组织领导下对上述工作极为重视并全力以赴，顺利通过了复查。

分析测试工作。我主持了我校 2 台多晶 X 射线衍射仪和 1 台 X 射线单晶四圆衍射仪的验收工作，提出了将 X 射线单晶四圆衍射仪引入南开大学，使化学学院的有机合成、金属有机和无机金属配合物的科研工作第一次拥有了这个先进仪器的帮助，获得了大量新合成有机物和配合物的晶体结构和分子的三维立体结构图像和数据。在我和同事王宏根、王如骥的努力下，在长达 15 年的时间里（1984—1999 年），只要没发生故障，该仪器就一直保持全年 365 天昼夜满负荷开机工作，为许多教师、学生解决论文撰写中遇到的单晶问题。该仪器的开机时间、完成结构解析的化合物的数量和质量，均居全国同型仪器的首位。在化学学院有至少数百名硕士和博士研究生的毕业论文使用了这台仪器。在《南开大学自然科学论文摘要集》（1999 年）的化学类论文中，有 13.2％是以 X 射线单晶四圆衍射仪的结果为主要内容或主要内容之一的。我们自己动手解决硬件故障和改进软件性能的能力，令该仪器厂商也为之叹服。

校外学术活动和任职。1982 年国家教委用世界银行贷款为近 20 所高校购买一批多晶 X 射线衍射仪。受南开大学和国家教委委托，我作为专家组组长领导制定了该批多晶 X 射线衍射仪的验收标准。后又作为国家教委专家组成员，用验收所得实际指标与厂商谈判索赔问题获成功，多家院校均受益。南开大学因此而获赔 9000 美元。1995—2010 年，历任《现代仪器》杂志（中国科技核心期刊）的编辑、编辑组组长、副主编。1996—2000 年，任 CAD4 型 X 射线单晶四圆衍射仪中国用户协会理事长。1999—2008 年，任中国晶体学会常务理事。2000—2009 年，任天津市分析测试协会理事长。2000—2007 年，为《结构化学》《高等学校化学学报》等学术期刊

百年耕耘
南开化学

的重点审稿专家之一。2001 年教育部批准我中心实验室承办全国"多晶 X 射线衍射 Rietveld 方法高级研讨班",我是该活动的负责人。2005 年上海大学举办单晶结构解析讨论班,邀请我为主讲人。2006 年山东泰山学院举办单晶结构解析学习班,我是 2 位主讲人之一。2006—2012 年,任国家纳米技术与工程研究院检测中心的技术顾问、检测中心主任。2007—2012 年,任天津市 X 射线分析研究会理事长。

文章作者:姚心侃

百年耕耘
南开化学

朱志昂

1939—

　　南开大学化学学院化学系教授、博士生导师，曾任化学系系主任。天津市教学名师，享受国务院特殊津贴，南开大学优秀共产党员，百年南开大讲坛主讲人。1939 年 6 月生于江苏江都县。1951—1957 年在江苏省扬州中学上学，1957—1962 年在复旦大学化学系读本科，1962—1966 年在吉林大学化学系电化学专业读研究生。1978 年 4 月调入南开大学化学系任教。1991 年任南开大学化学系教授。1992 年 12 月—1994 年 6 月在美国明尼苏达大学化学系做访问学者。1996 年 11 月—2001 年 3 月任南开大学化学系系主任，2005 年 9 月 1 日退休。

朱志昂 1984 年被国家教委聘为理科化学教材编委会物化组编委。1990—2000 年被国家教委（教育部）聘为高等学校化学指导委员会物理化学及结构化学指导组成员。曾任天津化学会理事、南开大学教学指导委员会委员、《中国化学》（英文版）杂志编委、全国危险化学品管理标准化技术委员会委员、全国教学仪器标准化技术委员会委员、中国化学会物理化学专业委员会委员。

朱志昂在南开大学化学学院化学系任教期间获得的主要奖项有：

（1）编著出版的《近代物理化学》（第四版，上、下册）及《物理化学学习指导》作为南开大学近代化学教材系列之一获 2009 年国家级教学成果一等奖（第四获奖人）。

（2）2000 年上海宝钢教育基金优秀教师特等奖。

（3）2003 年度天津市高等学校教学名师奖。

（4）2002 年被教育部和国家自然科学基金委评为国家基础人才培养基地先进工作者。

（5）物理化学课程建设于 2004 年获天津市级教学成果二等奖（第一获奖人）。

（6）物理化学课程建设于 2004 年 11 月获南开大学教学成果二等奖（第一获奖人）。

（7）2004 年获南开大学优秀共产党员称号。

（8）2003 年南开大学教学名师奖。

（9）南开大学化学院 2003 年突出贡献奖。

（10）物理化学教学改革与教材建设于 2009 年获南开大学教学成果一等奖（第二获奖人）。

（11）2013 年物理化学系列课程教学团队建设获天津市教学团队奖（第三获奖人）。

（12）2017 年物理化学系列课程教学团队建设获南开大学教学成果一等奖（第三获奖人）。

（13）1999 年天津市总工会"九五"立功奖。

（14）1999 年天津市教育工会"三育人"先进个人。

（15）"加强基地建设，培养高层次优秀化学人才"获南开大学 2000 年教学成果一等奖（第二获奖人）。

（16）在 1995 年国际化学奥林匹克竞赛中国代表队的培训工作中，做出突出贡献（领队），获中国科协、国家教委表彰。

（17）作为主要研制人之一，多功能综合性高等化学试题库的研制和应用于 1997 年获国家级教学成果二等奖。

（18）作为主要研制人之一，高等化学教育研究与实践教改项目获 1989 年全国普通高等学校国家级优秀教学成果集体奖。

（19）新型卟啉和 Salen 配合物合成及物理化学性质研究获 2007 年天津市自然科学三等奖（第一获奖人）。

（20）溶液配位反应的热力学及动力学研究于 1991 年获国家教委科技进步二等奖（第五获奖人）。

自 1978 年 4 月调入南开大学任教 40 余年，朱志昂一直没有离开本科教学第一线。主讲专业课"统计力学"及基础课"物理化学"。退休前一直主讲基础课"物理化学"，任课程组组长。多年来培养了一批优秀的中青年教师。在 20 余年讲授基础课"物理化学"的过程中，无论多忙，每次上课前朱志昂都要花两个单元时间认真备课，不仅传授知识，更注重讲授物理化学的思维和解决问题的方法。常讲常新，他不断地将学科前沿知识和自己的科研成果融入课堂讲授内容。每次提前十五分钟到教室，每节课必点名，课后布置五道题的作业。早年一章一考，后仍坚持期中、期末考试以及课堂小测验，并组织学生撰写、展讲学习物理化学小论文，帮助打牢基础。朱志昂主讲的"物理化学"课程是南开大学精品课、国家理科基地名牌课。

朱志昂十分重视教材建设，自 1984 年起编著出版的物理化学教材已出版六版，配套的物理化学学习指导亦已出版三版。出版的教材获国家级教学成果一等奖。还出版一本译著《化学弛豫基础》。发表教学论文近 30 篇。

在教学的同时，朱志昂在陈荣悌院士科研组长期从事配位物理化学的研究，在金属卟啉、手性席夫碱配合物等领域进行热力学、动力学、分子识别、催化等方面的研究工作。朱志昂不仅重视基础研究，还十分重视利用科研为国民经济服务。其先后承担并完成国家自然科学基金项目 3 项，天津市自然科学基金项目 1 项，国家重点实验室项目 3 项，省市级合作项目 2 项，国际合作项目 3 项，在国内外期刊发表科研论文 160 多篇。指导本科生毕业论文 30 余篇，硕士研究生 20 余名，博士研究生 10 余名，博士后 1 名。图 1 是在 1997 年朱志昂带领化学系团队与美国史克-必成制药公司合作项目的签字仪式。

图1   朱志昂与美国史克-必成代表在合作协议书上签字

朱志昂任化学系系主任期间，锐意进取，以教学为核心，对化学理科基地的建设做出了突出贡献，南开大学化学理科基地于1999年11月验收评估为优秀并正式挂牌。2002年，朱志昂被教育部和国家自然科学基金委评为国家基础人才培养基地先进工作者。朱志昂十分注重学科建设，1997年筹建材料化学专业，于1999年招收本科生。后发展成为独立的材料科学与工程学院。朱志昂十分重视对学生能力和创新思维的培养，1998年在国家基金委支持下，在南开大学化学系召开第一届全国大学生化学实验竞赛，传承发扬南开化学重视学生实验动手能力培养的优良传统。该项目一直延续至今，由各高校轮流主办。在国家基金委及学校领导支持下，朱志昂负责策划、组织，最终于1999年暑期，化学系主办了全国化学研究生讨论班，参加人数达160人，聘请多名院士、校内外知名教授讲课（朱志昂本人讲了4学时的"统计力学"）。为提高全国研究生水平，提高南开大学化学知名度和影响力做出积极贡献。

朱志昂2005年9月退休后不仅担任南开大学教学督导组组长、承担南开大学教学指导委员会委员工作，而且一直活跃在全国物理化学教学领域，

百年耕耘

南开化学

发挥传承和引领的作用。2007 年，在化学院领导支持下，由朱志昂策划组织，南开大学化学学院和科学出版社联合主办了全国物理化学课程教学研讨会。随后每两年一届，至今已举办七届。在每届会上朱志昂均做大会报告，推动了全国物理化学课程的教学改革，为提高全国各高校青年教师的教学水平做出了积极的贡献。

朱志昂自 2005 年退休后一直参加化学学院物理化学教学团队的建设。图 2 是 2018 年朱志昂在化学学科系列教学研讨会做报告。在 2017—2018 年，朱志昂录制了 10 个物理化学难点讲解视频（挂在中科云网站）和 100 个物理化学课程知识点讲解小视频。在 2018 年出版的第六版物理化学教材中直接扫描二维码即可观看。

图 2　朱志昂在 2018 年化学学科系列教学研讨会做报告

在 2019 年南开大学百年校庆期间，朱志昂作为百年南开大讲坛主讲人参加了系列活动，如图 3 所示。在 2020 年上半年新冠肺炎抗疫期间，朱志昂为物理化学课程教学团队网上授课不仅提供电子版教材，还提供亲自讲授的 10 个课程难点讲解视频、57 个知识点讲解视频，为抗疫做出积极贡献。2020 年下半年积极参与化学学院物理化学课程申报国家一流课程建设项目的工作。现虽已八十一岁高龄，朱志昂仍将一如既往地为南开大学化学学科再创辉煌做出贡献。

图 3　朱志昂与沈含熙教授、张全兴院士、程津培院士及化学院师生共同寻迹南开百年化学

文章作者：朱志昂

黄文强

1940—2012

　　广东丰顺人。南开大学化学学院教授、博士生导师，九三学社天津市常委。1966年毕业于南开大学化学系，随后留校任教至1974年。1974—1978年在湖南岳阳石化总厂工作。1981年南开大学化学系硕士研究生毕业获理学硕士学位。在南开大学高分子化学研究所历任讲师（1983年）、副研究员（1988年）、教授（1990年）、功能高分子研究室主任。1983年赴加拿大麦基尔大学化学系做访问学者，1985年回国。曾任南开大学吸附分离功能高分子材料国家重点实验室第一任主任（1994—1997年）。1993年起享受国务院特殊津贴。天津市第12届人大代表、第10届政协委员。

在南开大学工作的几十年里，黄文强教授一直坚守在科研与教学第一线。他主要从事功能高分子材料的研究工作，包括离子交换和吸附功能高分子材料、反应性高分子材料、光电活性功能高分子材料及高分子化学的基础性与应用基础科学研究以及研究生的教学工作。黄文强教授治学严谨、为人谦逊，深受学生们的爱戴。几十年里先后培养了几十名硕博研究生（包括协助何炳林院士指导与自己的博士生10余名），大多数已经成为高等学校教学与科研的骨干，活跃在高分子领域的第一线。

黄文强教授具有很强的科学前瞻性，开创了强酸树脂催化剂与树脂的组合化学研究领域。他还具有开放的科学态度，鼓励学生和年轻教师探索全新的研究方向。张会旗（现任南开大学教授、博士生导师）在攻读博士期间通过查阅文献打算进行光致变色偶氮液晶聚合物这一当时属于国际科学前沿的研究工作，黄老师给予了大力支持；研究组内李晨曦与印寿根两位老师也在国内率先开展了聚合物发光二极管的研究工作。这些都大大拓展了南开大学高分子学科的研究领域。此外，黄文强教授还具有敏锐的科研洞察力。有一次他的博士生白锋（现任河南大学教授、黄河学者）在回收反应液中的二乙烯苯（DVB）时发现蒸馏的 DVB 溶液中会出现浑浊的现象，他认为这是一个很有意义的现象，值得进一步研究。随后白锋在黄文强教授与组里杨新林老师的共同指导下成功发展了一种全新的制备均匀聚合物微球的蒸馏沉淀聚合方法。该项研究成果发表于 Macromolecules（2004，37，9746-9752）上，迄今为止已被引用260余次。目前，这一聚合技术已被国内外20多个研究组广泛用于窄（单）分散功能性聚合物微球、核-壳型微球、无机氧化物/聚合物杂化微球及 yolk-shell 型微球等的合成。

黄文强教授在其学术生涯中取得了丰富的科研成果。从1987年起到2005年退休，他先后承担了7项国家自然科学基金项目与4项省部级科研项目。在国内外的学术杂志上发表了130余篇论文。作为主译之一翻译出版了《聚合反应原理》一书（科学出版社，1987年）。与何炳林院士共同主编出版了《离子交换与吸附树脂》一书（上海科学技术教育出版社，1995年），它至今仍是该领域中具有代表性的工具书。他还作为主编之一出版了《国际通用离子交换技术手册》（科技文献出版社，2000年）。此外，其还参编了科技著作3本，包括：《海外高分子科学新进展》（何天白、胡汉杰主编，化学工业出版社，1997）、《功能高分子与新技术》（何天白、胡汉杰主编，化学工业出版社，2001年）与《功能高分子材料》（马建标、李晨曦主编，化学工业出版社，2000年）。其于1996年获国家教委科技进步三等奖2项。

　　在开展基础科学研究的同时，黄文强教授非常重视产学研相结合，实现了多个科研成果的产业化。例如：在20世纪80年代，利用强酸树脂催化莰烯水合制樟脑项目已在两家工厂实现工业化生产，取得了大幅降低樟脑的生产成本与减少环境污染的双重效果；在90年代，利用强酸树脂替代液体酸催化酯化反应用于酸酐生产，解决了设备腐蚀、废料回收的问题，在提高产率的同时也起到了很好的保护环境的作用。上述工作将科研成果有效转化为生产力，极大地促进了我国化学工业技术的发展，为国民经济建设做出了不可磨灭的贡献。

　　　　　　　　　　文章作者：张会旗、李晨曦、杨新林、侯信

百年耕耘

南开化学

刘振祥

1940—

河北容城人，中共党员，研究员。1960年考入南开大学化学系，1965年毕业并留校任教。在化学系工作期间，历任年级辅导员，分析教研室党支部书记；1984年1月—1990年1月任化学系副主任；1990年1月任南开大学实验室设备处处长；1992年11月任南开大学后勤党委书记兼实验室设备处处长、房产管理处处长；1995—2001年任南开大学党委常委、副校长；曾任天津市南开区第13届人大代表。社会兼职：天津市高校实验室研究会常务理事；2001年受聘天津市高校实验室研究会顾问；1994年任全国高校实验室研究会常务理事；1996年被全国高校实验室研究会评为实验室工作专家；1997年任天津市高校后勤研究会理事长，全国后勤研究会常务理事。

在化学系工作期间，我曾担任化学系中级仪器分析课及专业课光学部分实验教学课，编写了实验教学讲义，在科研方面从事原子发射光谱和ICP-AES基础研究及应用研究工作，该项目是国家自然科学基金资助项目，我是项目主要参加者之一，和大家一起做出了多项科研成果。

1984年—1990年1月，我连任两届化学系副主任，全面协助系主任工作，除教学、科研外，主要分管全系的行政、人事、后勤，本科生和研究生的行政管理、招生分配、安全保卫，并主管财务工作，制定管理规定和发展规划，并把重点放在发展和落实上。

值得提出的是，为了调动广大教师干部的积极性，化学系在全校率先制定了教师教学科研的奖励机制，奖励做出突出成绩的科研人员和基础课教师，并在职称晋升等方面向他们倾斜，大大地激发了广大教师的积极性。

1976年唐山大地震，南开大学一些建筑遭到破坏，其中化学楼由于年代已久破坏严重，第一教学楼顶层全部倒塌，严重影响了教学科研工作正常进行。当时学校需要解决的问题很多，无法及时解决化学系的困难。在这种情况下，化学系自力更生，并充分利用学校现有资源，把系行政所有办公用房腾出来用于教学科研用房，在第一教学楼后花园建立了简易临时系办公室、化学系库房、化学药品库、仪器维修室及学生活动用房，并逐步在第二、第六教学楼后边建了中级仪器分析实验室和科研用房，部分实验室当时还用于引进优秀回国人才以解决燃眉之急，这些措施对保证化学系教学科研，促进化学系发展起到关键作用。

另外，在化学楼的前期设计、筹备建造、内外装修等方面都投入了大量时间和精力，近2万平方米的化学楼在1990年正式投入使用，极大地改善了化学学科的教学与科研条件。

1990年1月我被调到学校实验室设备处任处长，主持全面工作，主要职责是：实验室的规划管理与建设；仪器设备、物资及化学药品供应与管理；实验室队伍建设；世行贷款设备购置及验收、实验室设备费、一般设备费、专项设备费的使用与管理。经过几年的努力，实验室设备处获评全国先进单位。

记得刚调任实验室设备处工作几天，国家教委就布置了在全国委属院校开展物资清理整顿工作，国家教委认为南开大学面临的困难很大，可以申请晚半年进行，其间其他院校已经准备了一年，而南开大学却还没有开展这一工作，我当时提出一定要和全国委属高校同时开展物资清理整顿工作，获得了校长支持和国家教委同意，于是我充分发动全校教职工的积极性，经过八个月的夜以继日的艰苦努力，顺利通过了国家教委专家组的验收并被评为优秀，大大提高了实验室设备处在全国的地位。与此同时，很多教职工也荣获校级先进个人称号。1993年国家教委布置全国委属院校物资清理整顿工作，全国仅有两所院校受到表彰，南开大学是其中之一。1994年校园文明建设中，我分工负责的实验室设备处和房产处均被评为校级先进单位。

我在设备处工作期间，实现了实验室设备处的信息化管理。从1990年下半年开始，实验室设备处安排专职人员进行信息化管理。经过几年的努力，完善了仪器设备、化学试剂、实验项目、实验人员、实验室设备处档案的信息化管理，这一工作当时在全国处于领先地位。

实验室大型仪器设备的购置使用和管理工作在国家计委、世行贷款办公室、国家教委组织验收中受到好评。当时我校共有实验室94个，其中国家重点实验室2个，专业开放实验室4个，用世行贷款建立的校级中心实验室1个。为了管理好大型精密仪器设备，学校制定了《南开大学设备管理办法》《南开大学大型、精密、贵重仪器管理办法》。为了合理布局、充分利用这些大型、精密、贵重仪器设备，学校将其分三类不同性质，分别放在校系二级中心实验室、国家重点实验室和专业开放实验室，实行多层次的专管共用管理体制，既充分发挥了投资效益，又提高了仪器设备的使用率，在国家计委、世行贷款办公室、国家教委组织的验收中一致受到好评。1995年8月，我被国家教委聘为专家，参加了部分委属院校国家重点实验室的验收工作。在期刊建设方面，我做了很多前期工作，推动了《实验室科学》创刊。

1995年我负责南开大学党委常委、副校长，分管后勤、实验室设备处、保卫处等工作。

任副校长以来，正是20世纪90年代学校财力最困难的时期。当时学生宿舍、北村教工住宅三楼以上经常没水；教学楼也因水电供给不足受影响；全校供暖面积严重不足，供暖管道设备老化经常跑水；由于历史原因，学校住宅建设相对滞后，人均住房面积小，大部分教职工住房困难，也造成了我校人才流失的情况。

基于以上情况，学校决定，首先要解决影响学校教学、科研、教职工、学生等的生活问题，后勤每年提出重点要办的十件实事，学校研究后执行。

每年年终总结落实情况，经过五年的艰苦努力及争取到的天津市、国家教委的大力支持，上述问题得到很大改善。

根据当时的校园规划和学校决定，预计用几年的时间重点解决学校教职工住房困难的问题，首先拆除了西北村和原农场及校内其他地方 8000 多平方米的一批简陋平房，逐步建设了兴南小区（龙腾里）、龙兴里小区、西南村和迎水道 4 片楼群 33 座楼，总建筑面积 14.5 万平方米，抓住国家教委统一布局改造筒子楼的机遇，改建了 3 万平方米的筒子楼，大大改善了教职工的住房条件。房产处制定了全校教职工分房细则，经过教代会反复讨论，学校研究决定，颁布南开大学文件并予以执行。1998 年，教育部启动实施了"长江学者奖励计划"，我校为入选人才提供了较好住房，为吸引和稳定人才提供了支撑。

1996 年教育部主管部门推进高校后勤社会化管理，按照学校党委要求，我负责主持后勤社会化改革总体方案，该方案在 1996 年 10 月初步完成，1997 年 1 月开始执行，此后在执行的过程中不断完善。其间我发表了《浅谈南开大学后勤改革的基本思路》一文，刊载于《中国高校后勤研究》。

保卫处在我分管期间，获评天津市高校实验室消防安全先进单位，并在南开大学召开现场会推广。获评校园环境综合治理先进单位；获评全国高校周边环境治理优秀单位，并在中央电视台新闻联播中播出。

我曾获天津市"七五""八五"立功奖章；天津市五一劳动奖章；1993 年被评为天津市优秀教育工作者"三育人"先进个人称号；1996 年被全国高校实验室研究会评为"高等学校实验室工作专家"。

从 1960 年来南开至今已有 60 余年，我对南开园有着深厚的感情，我要衷心感谢各级领导和同事给予的支持和帮助。南开大学和南开化学都已进入新百年，期望学校和化学学科在新时代，深入贯彻落实习近平总书记来校视察重要讲话精神，全面贯彻党的教育方针，坚持社会主义办学方向，落实立德树人根本任务，持续推进教育科技改革，加快高层次人才培养，为建设南开品格、中国特色、世界一流大学和世界一流化学学科做出新一代南开人的历史贡献。

文章作者：刘振祥

李平英

1942—

　　1942 年 12 月生于河北省巨鹿县农村，国家抚育成长。在本县读完小学、中学后于 1961 年 7 月考入南开大学物理二系，因院系调整又转入化学系元素有机化学专业学习。在学习期间于 1966 年 3 月加入中国共产党，1966 年 8 月毕业后留校到元素所从事农药研制工作。自 1974 年始曾先后担任元素所所办公室副主任、科研办公室主任、一室副主任、党总支委员等。1986 年调到新建立的高分子所任办公室主任，并参加树脂合成与生产。之后任高分子所党总支书记兼副所长，至 2000 年化学院实现实体化，任学院党委书记。2003 年退休。于 1980 年晋升讲师，1988 年晋升副教授，1996 年晋升教授级高级工程师。

五年大学生活是紧张度过的，1966年春节过后我开始进实验室做毕业设计，元素有机专业由元素所老师参加指导，所以后来我留校到元素所工作有回家的感觉。元素所是化学重镇，学术气氛浓厚。我于1970年之前先参加"电影胶片会战"半年，又到分析室学习元素分析。之后学校组织去宝坻小靳庄考察除草剂，通过一段时间的集中劳作和思考，我真正体悟到农业增产对农药化肥的渴望。尔后，我参加一室激素组在研项目，组织田间小区药效试验。1971年后，可使棉、麦增产的季铵盐型植物生长调节剂"矮健素"完成小试，我便立即和另外一位老师到保定化工实验厂联合工业小试，历时八个月。"矮健素"项目于1974年通过河北省技术鉴定，集体获1978年全国科学大会奖。在此期间，我秉持服务意识，先后邀请国家科委、化工部情报所和天津市科委专家来所指导并组织课题组座谈，促进科研为国民经济服务。1981年，植物生长调节剂"7841"研制成功并确定了对于大豆、花生等作物增产的药效后，天津市科委主持并通过药效技术鉴定，国家科委新技术局曾发简报向全国推广。1989年1月植物生长调节剂"7841"获国内发明专利，并被列为"七五"国家重点科技攻关项目。在"7841"研制过程中，我曾多次在农药车间扩试放样，先后组织技术人员赴青岛、石家庄、常州农药厂协作中试。该项目于1991年3月通过化工部专家组验收，同年12月化工部主持通过中试技术鉴定，1992年5月化工部颁发国家科技攻关重大成果荣誉奖。

1986年我到高分子所工作，正值审批高分子重点学科和申报国家重点实验室，业务压力很大。当从老先生手里接过相赠的两本书《功能高分子（日）》和《高分子化合物化学原理（苏）》时，我暗下决心，认真学习，虚心求教，尽快跟进。1993年我参加的大孔弱酸性阳树脂工业生产取得成功，该产品具有质量高、工艺简单、成本低的特点，1994年该树脂占领了80%的国内市场，社会、经济效益显著。1996年该项目（大孔弱酸性阳离子交换树脂生产新工艺）获国家教委科技进步三等奖。后我相继组织了多个研究成果技术开发，如D001-CC、共混合金材料及用于工业废水治理的树脂产品等，都取得了厂校合作共赢的效果。1997年获校科研处发简报鼓励。1993—1998年我参加三项国家自然科学基金资助项目，为主要研究人员。1992年在学校支持下建立"合成""正天"两个所办科技发展公司，支持了研究所的发展和国家重点实验室的建设与开放。1992—1996年，在实行"所办厂"期间，在学校领导下，我团结并全力支持化工厂及分厂领导班子直面困难、加强规制、理顺关系、提高技术能力，以保证企业逐步走出困境，扭亏为盈，实现了校党委关于化工厂"平稳过渡，待机发展"的方针。自 1993 年始，作为校工会委员代表，我曾参与校党委组织的"建、分房方案"论证及"设备器材购置招标"评议等学校政务民主公开活动。自 1994 年始，我参加校工程技术系列和管理系列高、中级职务晋升评审推荐工作。

遵照"学科进步，经济繁荣"和"教学、科研与生产相结合"的一贯主张，我参加两所一厂管理尽职尽责。工作中坚持教书育人，注重培养学生的创新思想和解决问题的实践技能，使之成为德才兼备具有协作攻关精神的跨世纪人才。我曾获南开大学优秀教育工作者奖励（1990 年 10 月，1995 年 9 月），全国普通高等学校优秀教学成果南开大学一等奖（1993 年 4 月，1996 年 8 月）、天津市一等奖（1993 年 4 月）、天津市二等奖（1996 年 8 月）和天津市科委科技管理成果奖（1990 年 4 月）。

我于 2003 年 3 月退休，依然关注南开，倾心南开化学。2004—2014 年我被学校组织部聘为化学院兼职组织员。其间曾作为校巡视组成员参加数学、物理、生科、软件、信息等学院的党员先进性教育活动，并对学院班子和主要领导干部进行评估。自 2005 年开始我参加各学院（除化学院）领导班子和主要干部年度民主评议考核。

南开化学百年，我届学子伴随六十载，当铭记国家培养，恩师教诲和一道走来的同志们多方面的帮助和支持。祝福南开化学再创新的辉煌！

文章作者：李平英

陶克毅

1942—

中共党员，教授，博士生导师，中国化学会催化专业委员会委员，退休前在南开大学化学学院新催化材料科学研究所工作。1965年毕业于北京化学纤维工学院化学工程系基本有机合成专业，1970年后在南开大学任教，2008年退休。主要研究方向：非均相催化反应与动力学。

我在教学工作中，长期讲授"催化反应与动力学研究方法"等研究生教学课程。在科研工作中，主要研究氧化物催化剂、负载型金属催化剂和分子筛催化剂及催化反应与动力学。研究方向包括：纳米催化剂的制备科学基础研究、非均相催化反应与动力学基础研究、石油化工与精细化工中的基本有机合成应用研究等。作为主要参加者，承担了两项国家自然科学重大项目与两项重点项目。作为课题负责人主持承担了国家自然科学基金项目、国家科委国际合作项目、教育部科技重点项目、教育部博士点基金项目、天津市科技重大与重点攻关项目及国内大型石化企业项目与横向项目等 20 余项。在国内外发表学术论文 170 余篇。申请国家专利 18 项，鉴定成果五项。曾获天津市科技成果一等奖、三等奖等奖项及天津市"劳动模范"称号。2001 年，市教卫委授予"优秀共产党员"称号。在本人名下，培养硕士生 56 名，博士生 18 名，获评"南开大学首届良师益友"。

光阴荏苒，如白驹过隙，虽转瞬即逝，然感慨系之。南开大学化学系从老前辈们在极其艰苦的初创岁月，历经磨难，到一代一代南开人持续艰辛努力，再到如今的成长与发展，使南开化学学科能长久立足于国际、国内前列，诸多事迹和成就，让每一位南开化学人为之骄傲和自豪。而今，我们这一代人都处于耄耋之年，在这纪念化学学科百年之际，也因曾经为她添砖加瓦而无愧于心。

我们都曾使用过简单的实验设备去做科研和指导学生，也都曾站在简陋的教室里认真地挥洒汗水，也都曾和同学们一起步行至蓟县夏秋支农、常驻多个工厂实习操作，也曾经历数年布满校园的简易地震棚时期，并亲眼见证化学大楼拔地而起。而今，大化学科部门齐全、设施先进、人才荟萃、业绩卓著。追忆往事，历历在目，一如昨日，它记载着无数化学师生、党政干部、后勤员工们的辛勤贡献。

我们赶上了好时代，南开化学人必不负韶华，代代传承，南开化学必将相沿不辍，历久弥新。

文章作者：陶克毅

张宝申
1944—2016

　　教授，1964 年考入南开大学化学系学习，1969 年以优异的成绩毕业并留校任教，1999 年晋升为教授，长期从事本科生有机化学课程的教学工作，连续十年担任天津市化学高考出题教师，并长期担任奥林匹克化学竞赛主讲教师，培养出多名奥赛金奖得主。曾参与"十一五"国家级规划《有机化学》等多部教材的编写，于 2005 年 9 月与课题组共同获得教育部国家级教学成果一等奖。

张宝申教授一生热爱教育事业，并将全部精力投放在教书育人上面。他对自己讲授的课程从备课到教课历来是精益求精，并善于把艰深枯燥的化学理论课讲解得通俗易懂、生动活泼，深受学生们的喜爱和欢迎。他对每一个学生高度负责，答疑解难循循善诱、耐心细致，他培养出来的中外学生现大都已经成为各个领域的精英，不愧为"人类的工程师"，桃李满天下。

张宝申教授受南开大学委派，连续十年担任天津市化学高考出题教师，并长期担任奥林匹克化学竞赛主讲教师，培养出多名奥赛金奖得主，为天津市和南开大学争得了荣誉。他的学生还曾在2013年第45届国际化学奥林匹克竞赛中获得国际金奖第一名。

张宝申教授退休后，仍心系学校的教学改革及发展并为之出谋划策，为学校教育事业发挥余热。他为教育事业鞠躬尽瘁、无私奉献的精神始终是我们敬仰和学习的榜样。

【学生的回忆】

我是在16岁那年的暑假认识张宝申老师的，那时他到南开中学开奥赛辅导班，为天津市化学会选拔奥赛苗子。我因了14岁时一个离奇的梦，痴迷于化学，于是踌躇满志地撞进了他的课堂。多年以后，我时常回忆起那个暑假，觉得那便是我人生的一个重大拐点了。所以后来，我总会跟同事们交流：当老师的，一门课可能只能影响学生一个学期的2个学分，但也可能会影响学生一辈子。于我而言，有机化学就像一座圣殿，我曾短暂

百年耕耘
南开化学

地在那里与"神"进行过心灵的交流，而为我推开门缝的人，正是张老师。

张老师在学生中口碑甚好，出了名的和善。给我们几个高中生做赛前培训时，会如聊天一般把课程内容娓娓道来。20世纪90年代初期，新建的南开大学化学楼里面冷得像冰窖，然而半天时间里，张老师会讲得满头冒汗。写完十支粉笔，抽完十支香烟，他老人家宣布半天课程结束。我便带着满足的大脑和冻僵的身体蹦蹦着走下5楼，推着自行车从化学楼跑到天大北门才热乎起来，然后骑车回中学吃晚饭。当然，张老师也有不那么和善的时候，每年的大二学生，都会有一批人折戟沉沙在有机化学上，因为张老师号称"化学系四大名捕"之一。

在学校工作以后，我在想象化学系这样的大系里面，当然有很多驰骋在科研一线的"大牛人"，他们是栋梁。同时也还有张老师这样几十年坚守在教学第一线的支柱，他们只负责给每一个学生把好质量关，让每一个学生合格毕业。虽然没有像数学院顾沛老师那样的国家级教学名师，也没像邱宗岳先生那样用一堂课换来一座楼，但是化学院的地位与他们这些人默默无闻的工作是密切相关的。

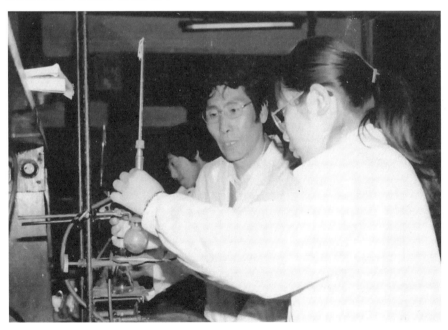

大二那年，有机化学结课的时候，按照张老师的要求，要上交一篇自命题论文。我在化学楼里熬了一周的通宵，写出了人生的第一篇学术论文。虽然只占期末成绩的10分，但是于我而言，那可能是我这一生最幸福最难

忘的一段时光。考试卷的时候，你只是知识的奴隶；只有在写论文的时候，你才能真正地在知识的海洋里遨游，才能有资格在圣殿里与神对话。我第一次感受到了科学的和谐与美，那种美是无法用语言来表达的。

张老师也是南开大学知名的"舞神"之一，本科四年，我给四届新生办了四届扫舞盲培训班，张老师都是义不容辞的义务教员。所以，在那一个时代，每一个化学系的学生都认识他，甚至熟知他。

再次听同学们讲起曾经听张宝申老师竞赛课的经历，老师的字字句句如在耳边。而如今，斯人已逝，对先生的景仰与缅怀，却将永远萦绕在我们心间。

"仙人已过蓬莱阁，德范犹香启后人。"张宝申教授虽然离开了我们，但他矢志不渝、诲人不倦的高尚品质将为后世所铭记，他为化学事业做出的贡献和他孜孜以求的身影将永存于我们心中。

资料来源："南开化学"微信公众号

百年耕耘
南开化学

吴鸿毅

1945—

中共党员，1945年出生在山东省烟台市，1951年入木斋小学读书。1961年首次在城市学生中招兵，应征入伍至齐齐哈尔23军205团，同年选调到哈尔滨军事工程学院，分配到海军工程系任实验员。1995年任南开大学中心实验室党支部书记。

我叫吴鸿毅，中共党员，1945年出生在山东省烟台市，家父在北平中国大学上学时组织同乡读书会加入了中国共产党，1947年我随母到天津团聚，父亲在平津城工部工作。1951年入木斋小学读书。1961年首次在城市学生中招兵，我应征入伍至齐齐哈尔23军205团，同年选调到哈尔滨军事工程学院。那年哈军工刚成立8年多急需补充教学辅助人员，我被分配到海军工程系任实验员。哈军工对教辅人员十分注重培养，每周都组织半天业务学习，大家每天下班吃完晚饭后，都进入学习状态。有的学习老师所传授的内容，有的到图书馆借来相关的基础知识书籍。那个时候，天天晚上都是学习，实验室的氛围，对我们的成长影响很大。

到了1963年，学校看到1960年前后从部队来的这么一大批教学辅助人员，决定重新开启夜大学。上夜大学是要经过考试才能录取的。我们都参加了考试。由于我们304实验室的业务学习组织得非常好，所以参加考试的很多同志成绩都名列前茅，我是海军系报考夜大学分数最高的。1965年我从夜大学毕业。

国防科技大学夜大学专科毕业证书

1970年，我随哈军工（1978年哈军工回归部队序列，更名为国防科技大学）计算机系一起南迁，到了长沙。1972年开始招工农兵学员，我读了大学，攻读计算机专业。毕业后我当了7年教师，参加了教学和银河巨型计算机的研制，是集体一等功成员，并获个人三等功。后转研究生教务、管理工作。从哈军工到国防科大，以抗大校歌为代校歌，以三八作风为校风，献身国防的坚定信念和勇攀高峰的英雄气概培育着哈军工人。30年亲身经历使我受益良多。

1991 年我转业回天津来到心目中的学术殿堂南开大学。起初我被安排在武装部军事教研室。虽然在部队 30 年，但我一直在军事技术工科院校，不懂军事，只有加紧学习，听了两个循环的全部军事理论课课程，参与了军事理论课教学管理和集中军训，空余时间赶忙充电，3 年来听了社会学系、政治学系、历史系、中文系等诸多课程，可以尝试解释改革开放众多社会和思想上的问题。彼时我很庆幸自己的选择，这在纯工科院校里是得不到的。

1995 年我被调到中心实验室任党支部书记。与林少凡教授、姚心侃教授组成了和谐的班子。中心实验室含计算机机房，可进行仪器分析（用物理原理获取化学信息）、化学分析和计算机在化学领域的应用等研究。中心实验室是用世行贷款建设的为全校教学、科研服务的部门，并担任研究生培养任务。整体工作性质和规律还是熟悉的，但是对于"半路出家"的我还是非常困难。

对于分析测试中心，教育部和学校都非常重视，几经努力通过了教育部计量认证考核，体现出我们学校仪器的状态、精度，技术人员的实验分析能力，管理的规范都达到各院校测试中心的应有水平。此后，我积极参加教育部组织的测试中心主任的学术交流，也为社会提供科学有法律依据的数据。

2000 年 7 月，南开大学实施科技和管理体制改革，化学学院要实现实体化。原化学系、元素有机化学研究所、高分子化学研究所、新能源材料化学研究所、应用化学研究所和中心实验室合并组建化学学院，关乃佳任院长，李平英任党委书记。中心实验室领导班子积极配合，顺利实施科技和管理体制改革，化学学院实现了实体化，教学、科研、仪器设备力量聚合。测试中心和原化学系分析教研室整合成立了分析科学研究中心，严秀平教授为主任，研究中心的分析测试水平和培养研究生能力均得到提高。各届主任和党支部密切配合工作有力、成绩显著。

南开大学是一片学术沃土，经常有著名学者做精彩的学术报告，只要有空就不错过，是获取知识的捷径，10 余年来我不断有收获、有提高，对"允公允能、日新月异"深有感悟。综合性大学的良好的文化底蕴是育人的良好环境，环境育人符合马克思的"社会存在决定人们的意识"。

退休后我出任了哈军工—国防科大天津校友会的秘书长，这也得益于在南开大学工作 15 年的成长。

目前我是哈军工国防科大天津校友会的资深志愿者，兼任《军工之光》校友会资料性内部刊物的主编和"魂系哈军工天津校友合唱团"团长，2019年南开大学百年校庆时率团参加了合唱节，发挥了余热。

文章作者：吴鸿毅

2019年南开大学百年校庆时，吴鸿毅率"魂系哈军工天津校友会合唱团"参加合唱节

吴世华
1945—2018

　　1945 年出生于安徽，中共党员，教授，博士生导师，化学系副主任，化学实验中心主任。1970 年毕业于南开大学化学系，并留校任教，其间于 1984—1986 年在加拿大多伦多大学做访问学者，1991—1992 年在英国 Bristol 大学做博士后研究，1992—1993 年在西班牙 Sevilla 大学做客座研究员。主要研究方向：纳米材料的制备及性能研究；有机金属化合物的合成与研究；石油添加剂的研制；医药辅料的研制。先后承担自然科学基金项目和横向课题多项，在研基金包括国家自然科学 1 项（负责人），横向课题 3 项，发表学术论文 120 多篇（SCI 收录 50 多篇），授权专利 5 项，申请专利 2 项，天津市科委鉴定成果 2 项，本人负责研制的 NMT 汽油抗爆剂项目实现产业化。

取之于南开，用之于社会

  1964 年，南开大学招生宣传材料上周恩来总理视察母校的照片深深地吸引了我，使我在报考大学时把南开大学作为第一志愿填写在高考志愿表上。就这样我成了南开的一员，并一直在南开大学学习、工作了 40 余年。

  当时社会上流传着一句话："学好数理化，走遍天下都不怕。"受此影响，我报考的专业是数学、物理和化学，也许是我数学、物理考的成绩不理想，或许是因为我化学考的成绩更优秀，我被南开大学化学系录取了。当年安徽省来安中学一百多名考生只有我一个人考进了南开。我的一个同班好友考取了北大化学系，后来有人问我，你第一志愿未报考清华、北大，后悔不后悔，我说："南开是周总理的母校，周总理都说'我是爱南开的'，考取南开是我极大的荣耀，高兴还来不及呢，有什么好后悔的？"开学后，当我走在南开笔直绵长的大中路上，环顾两旁荷花绽放的马蹄湖、宽广平静的新开湖、宏伟高大的教学主楼，我一下子就爱上她了，后来经过多年在南开的学习和工作，我逐渐明白其实我更爱的是南开那百年积淀的文化底蕴，日新月异、奋发向上的奋斗精神，严谨求实的治学态度，艰苦朴素的优良校风。正是这些深深地陶冶了我，指引我走过了几十年的人生历程，至今并将永远在我身上起着作用。

  在我上学的时候，南开大学化学系人才聚集，名师荟萃，一批蜚声国内外的杰出化学家如邱宗岳、杨石先、高振衡、何炳林、陈茹玉、陈荣悌等都在此任教，当时南开化学系无论在师资力量还是仪器设备方面，都在国内高校中数一数二。难怪在我收到南开化学系的录取通知书以后，我中学的化学老师对我说：南开大学化学系是全国最好的化学系。由于老一辈化学家打下的雄厚基础和化学系全体化学同人的共同努力，南开化学系在教学质量、学术水平、科研成果等方面一直保持着全国领先水平。

  南开大学化学系通过几十年的积淀，形成了自己的办学特色。强调理论联系实际，重视实验课教学，注重培养学生的动手能力和良好的实验素养等，都是南开化学系的优良传统。因此南开化学系培养出来的学生因"基础知识扎实，动手能力强"，普遍受到用人单位的好评。记得我由于中学的实验条件所限，基本上没做过化学实验，所以进大学以后最怕的就是上实验课，一做实验心里就有些紧张，再加上指导实验课的老师盯得很严，来回在实验室里转，老师经过身边的时候我更紧张。有一次做无机化学实验，见老师过来，我心里发慌，手发抖，一不小心把烧杯摔在地上，那一次给我的触动很大。从此，每一次做实验之前，我都会认真预习，写出预习报告，弄清实验原理、熟悉操作步骤，久而久之，做实验就不紧张了，而且喜欢上实验课了，现在看来，大学期间实验课的学习，对我以后的教学、科研工作帮助极大。1970年我毕业后留校任教，承担的第一门课就是指导大学一年级的无机化学实验课。当时许多有经验的老教师也教授实验教学课，他们不仅学风严谨，业务精湛，严格要求学生，同时也十分关心青年教师的成长。每次实验课之前，我们都要预做实验，集体讨论和备课，在老教师的传、帮、带之下，我们这一批青年教师成长很快，到20世纪80年代都成了指导学生实验课的骨干教师，而且南开化学系重视实验教学，重视学生动手能力培养的优良传统，在一代又一代的教师身上得到了继承和发扬。1988年在我主管化学系教学工作期间，由我校教务处和化学系倡议，受国家资金委和教育部的委托，在我系举办了"全国首届大学生化学实验邀请赛"，包括清华、北大、复旦、南京大学在内的14个"国家化学人才培养基地"等25所大学参赛。由于本次邀请赛办得很成功，影响很好，国家资金委和教育部决定每两年举办一次。在2000年吉林大学举办的"第二届全国大学生化学实验邀请赛"上，南开大学化学系获得团体总分第二名（以后各届邀请赛只设个人奖，不搞团体排名），再次证明了南开化学系学生的实验能力。1999年，化学系以世行贷款项目为契机，改革教学实验室管理体制，实验室由原来的校、系、室三级管理变为校、院二级管理，成立化学实验中心，由我担任化学实验中心主任，化学实验中心一手抓硬件建设，一手抓软件建设。中心利用"211"项目、世行贷款项目、化学基地建设项目等投资1000多万元，购买了诸如300兆核磁共振仪、拉曼光谱仪、圆二色仪、气质联用、ICP、原子吸收光谱仪等一大批先进的大中型仪器，如此多的贵重仪器用于本科生实验教学在全国各高校中并不多见。2002年学校投入几百万元对化学实验中心5000平方米的实验室进行了维修改造，使实验室的面貌焕然一新，这时的南开大学化学系实验教学条件应该是历史上最好的。在软件上中心狠抓实验队伍的建设，吸引高水平的教师从事实验教学工作，到 2002 年，中心指导本科实验课的正教授有 15 人，其中博士生导师 8 人，这么多的教授、博导参加本科生实验教学，在全国高校中也不多见。中心还进一步深化实验教学改革，减少验证性实验，多开综合性、研究型实践。实验室实行对外开放，学生可以在开放实验室做自选实验。2004 年暑假，化学实验中心大部分实验室将搬进新落成的综合实验大楼，届时化学教学实验室环境和设备都称得上全国一流。一流的师资，一流的设备，一流的教学水平一定会培养出一流的学生。近几年，一些基础厚、知识新、能力强的拔尖本科生相继涌现，继 1999 级本科生张磊同学在第七届"挑战杯"全国大学生课外学术科技作品竞赛中荣获特等奖之后，2000 级学生易龙在 2003 年举办的第八届全国大学生"挑战杯"科技竞赛中又获特等奖，这种情况在全国高校化学系中绝无仅有。

南开化学一贯注重科学研究。著名化学家杨石先校长对科学研究更是加倍重视。在他领导下，南开大学成立了全国高校第一所化学研究机构——元素有机化学研究所。南开大学化学系无论在学生培养还是教师晋职方面都十分重视科研能力的培养和科研成果的考核。毕业论文不合格的学生得不到毕业文凭，科研成果不突出的教师很难晋升为副教授以上职称。今天，我能在国内外核心刊物上发表 110 多篇论文和获得国家 6 项发明专利与我在南开受到的严格的科研素质的培养以及南开大学良好的科研、学术氛围的熏陶和影响是分不开的。我在南开大学化学系任教期间曾经 3 次出国进行科研工作。1984 年受学校派遣到加拿大多伦多大学化学系做访问学者，与著名教授 G. A. Ozin 一起进行金属蒸气合成方面的研究。金属蒸气合成是一种特殊的先进的合成技术，当时只有英、美、加等少数发达国家拥有这项技术，在我国还是空白，通过两年的合作研究，我不但熟练地掌握了这项技术，而且在国外著名刊物上发表了两篇高水平研究论文。记得我在美国化学会志（J. Am. Chem. Soc）上的论文发表后，很多加拿大的同事，包括教授和研究生都来向我祝贺。当时我激动不已，不仅因为她是我的处女作，还因为是在如此高级别的刊物上发表。1986 年 2 月 4 日，我一天也不差，正好两年回国继续在南开工作。后来学校花了 3 万美金从美国购买了一台金属原子反应器，从此我一直进行金属蒸气合成与金属原子方面的研究。1998 年我利用金属原子反应器发明了一项金属催化剂的制备方法——溶剂化金属原子浸渍法制备高分散负载型金属催化剂。至今，我已在金属原子反应研究方面获得过两项国家自然科学基金，两项天津市自然科学基金，6 项国家重点实验室基金，培养出 5 名博士生，10 名硕士生，发表论文近 80 篇，获得专利 3 项，使这方面的研究一直处于全国领先水平，研究成果得到了国内外同行专家的认可。1991 年，金属蒸气合成的创始人英国 Bristol 大学化学系的 Timms 教授邀请我去做博士后研究。如果说第一次去多伦多大学是以进修学习为主，这一次则是真正的合作研究。我与 Timms 教授在金属蒸气合成的各个方面进行了深入的探讨。1992 年我又受邀到西班牙 Sevilla 大学材料研究所做为期一年的客座研究员，在纳米二氧化钛膜材料方面进行研究。在我去过的几个不同国度的大学，有一个共同的感受就是他们对南开大学都有一定的了解和认识，对南开化学系的学生和教师都有很好的印象。例如我在加拿大多伦多大学做访问学者时，当时在多伦多的中国留学生和访问学者不过百人左右，然而南开化学系就有 3 人。记得获 1985 年多伦多大学特等奖学金的外籍学生只有 3 名，而南开化学系的刘国军就榜上有名。这是多伦多大学历史上第一次华裔学生获此殊荣。当时在多伦多华人以及中国留学生中都传为佳话，所以南开的威望很高。为什么南开化学系的学生所到之处都能做出骄人的成绩？为什么南开化学系的学生受到用人单位的普遍欢迎？我认为最主要的原因是与他们在母校受到的教育特别是与南开化学系一贯重视基础知识的传授、动手能力的培养、科学研究的训练分不开的。南开化学从事科学研究不仅重视基础，更重视应用，为国民经济发展服务，从老校长杨石先研究出十几种新农药，开创我国农药研究生产之先河，到何炳林院士创建我国第一个树脂厂，以及现在的新能源材料研究所研制和生产的镍氢电池，这样的例子举不胜举。在老一辈化学大师的影响下，我在进行基础研究的同时，也试着搞些应用方面的研究，例如石油添加剂、药用辅料的研制与开发等。有些已实现工业化生产，我组研制的新型无铅汽油抗暴剂已经在胜利油田投入生产，填补了我国锰基汽油抗暴剂的空白。目前年产值已达亿元，扩产后产值将更高，取得了良好的社会效益和经济效益。

南开是伟大而朴实的，南开化学是辉煌而严谨的，我毕生受南开的培育，也毕生为南开、为祖国而工作，我向南开索取的太多，回报的却太少，我愿意做个默默无闻、勤勤恳恳为南开、为祖国耕耘的南开人。

资料来源：《南开学人自述》

文章作者：吴世华

宓怀风

1946—2018

　　知名生物化学专家，南开大学化学学院高分子所教授、博士生导师，曾任吸附分离功能高分子材料国家重点实验室主任。1946 年生于上海，1968 年南开大学化学系本科毕业，1978 年考入南开大学元素有机研究所杨石先小组，1979 年赴西德深造并顺利获得慕尼黑大学博士学位，1982 年回南开大学任教，后多次赴德开展生物化学研究工作，1999 年回南开大学化学学院高分子所任教授，2000—2003 年任吸附分离功能高分子材料国家重点实验室主任，主攻分子印迹技术。

宓怀风老师 1946 年生于上海，自幼家中文化氛围浓厚，宓老师从小就具有极强的动手能力，曾经自己修复过破损的小提琴，听丝竹以悦耳、化腐朽为神奇。1964 年考入南开大学化学系进行本科学习，1968 年毕业后自愿去青海地质队工作，高原苍苍、昆仑皑皑，宓老师在青藏高原十年，践行了青年人的使命。1978 年，宓老师考入南开大学元素有机研究所杨石先、陈茹玉、李正名先生研究生指导小组，在读研期间磨炼了坚韧不拔的毅力，并对科学研究产生了浓厚的兴趣。

1979 年，宓怀风老师作为中国第一批派往德国的留学生赴西德深造，获得了 DAAD（Deutscher Akademischer Austausch Dienst）奖学金，并在慕尼黑大学攻读生物化学专业博士学位，于 1982 年顺利获得博士学位（Doctor Rerum Naturalium），两年多时间拿到博士学位，这在当时是十分难能可贵的。后来宓老师回国后在教育部报到的时候才知道，他是"文革"后全国第一位获得海外博士学位的研究生。1982 年博士毕业后，宓老师飞越阿尔卑斯山、横跨亚欧大陆，最终返回南开大学任教，1983 年在化学系被评为讲师，1986 年被聘为副教授。

1987 年 10 月，宓老师获得西德洪堡基金会研究基金（Alexander von Homboldt Foudation），赴海德堡大学分子遗传研究所进行研究工作，并先后在海德堡德国国家癌症研究中心、德国海德堡大学医学系人类基因研究所、德国弗赖堡大学医学系生物化学和分子生物学研究所从事生物化学、分子生物学和分子免疫学的研究工作，其间作为课题带头人领衔完成了多项科研任务，其倡导的活性炭富集染色液的方法沿用至今，这种高效环保的理念在当时是颇具前瞻性、绿色环保、深入人心。

1999 年，宓老师再次回南开大学化学学院，在高分子研究所任教授，2000—2003 年，其担任吸附分离功能高分子材料国家重点实验室主任，主要研究方向为分子印迹聚合物。宓老师"五进五出"，在国外取得了多项丰硕成果，学成归来后把自己的心血全部奉献给了南开化学，特别是在撰写教材、为人处世、科学研究、教书育人方面硕果累累。

在撰写教材方面，宓老师在 1990 年针对南开大学化学学科的特点，建立和发展了注重概念理解、强化与实际体系的联系和应用的具有南开特色的课程体系，并与生物化学的科学前沿紧密结合，撰写了一本适合化学学科学生使用的《生物化学》教材，近 700 页的教材内容翔实、图文并茂，这本书就像一个窗口，为化学学科学生打开了一个神奇的世界，受到了化学学院学生的普遍欢迎。漫漫又漫漫，行行重行行。

在为人处世方面，宓老师诚恳待人、谦恭礼让，吸引了很多国内外知名青年教师进驻高分子所，为南开大学化学学院的高分子化学与物理专业补充了新鲜的血液，为此宓老师在 2000 年让出了自己的独立办公室给新来的年轻教师使用，而自己则一直在实验室的角落里查阅文献、办公科研，直到退休也没有申请一间属于自己的办公室，这种奉献精神深受广大青年教师的敬佩。高山安可仰，徒此揖清芬。

在科学研究方面，宓老师从 2002 年开始作为负责人主持了近十项国家自然科学基金项目，内容涵盖"白介素 4 基因启动子中衰减子结合蛋白的研究""用克隆蛋白质作为模板用于吸附相应天然蛋白质的分子印迹聚合物的研究""用分子印迹聚合物从细胞提取液中纯化微量天然蛋白质的研究""识别肿瘤细胞表面特征蛋白质的分子印迹纳米微球的研制"，极大丰富了分子印迹技术在生物化学领域的广度和深度，并在 BIOMATERIALS、BBRC、FEBS LETTERS 等著名期刊发表了多篇具有影响力的论文。不畏云遮眼，身在最高层。

在教书育人方面，宓老师讲课深入浅出，就像个神奇的魔术师，他可以用小小的跳蚤丈量悠悠历史，他可以用轻轻的树脂从海洋捞出绣花一针，他可以用圆圆的离心杯富集微不可查的蛋白，他可以用乖乖的基团制作三维的锁孔。由于在教书育人上的突出贡献，宓老师在 2010 年获得了首届南开大学良师益友的称号，这个荣誉是对宓老师教书育人的充分肯定。桃李不言语，下自成蹊径。

21 世纪初，宓老师退休后仍心系学校的科研教学及高分子学科和重点实验室建设发展，亲自指导了生物高分子领域课题组的科研工作，他为教育事业鞠躬尽瘁、无私奉献。从黄浦河畔到海河岸堤，从中欧高山到南开圣地，宓怀风教授用实际行动践行了"允公允能、日新月异"。云山苍苍，江水泱泱，先生怀风，山高水长。

文章作者：夏建军

宓怀风教授生活照

首届良师益友颁奖典礼：宓怀风教授（左）、阎虎生教授（右）与时任南开大学校长饶子和院士（中）合影

宓怀风教授在教师节接受同学献花

王新省

1946—

　　南开大学化学学院化学系教授，硕士生导师，中国共产党党员。1946年5月出生于河北省河间市。1964年9月考入南开大学化学系学习，毕业后留校任教37年。2006年9月1日退休。1989年评为校优秀教师。2000年获浙江东港企业集团提供的优秀教师二等奖教金；同年荣获南开大学化学基地建设先进个人称号。曾兼任全国化学标准化技术委员会无机化工分会委员会委员和天津市微量元素学会理事。

王新省从教 37 年，长期承担化学系分析化学基础课的教学任务。王新省对教学工作认真负责，曾被评为化学系德育优秀教师。在实验教学中，其注重培养学生的实验技能和科学素养。辅导过的课程有：化学系本科生的"分析化学""分析化学实验""仪器分析实验""综合实验"；材料系本科生的"仪器分析实验"；生物系"无机及分析化学实验"；化学系"研究生实验"；等等。

1989 年，王新省开始主讲化学系本科生的"仪器分析"课，直到退休共 18 年。该课程是改革开放后化学系新开设的课程，其内容涉及的知识面广，讲课教师必须具备深厚的基础理论知识。为教好此课程，她虚心向老教师们请教学习，刻苦钻研专业知识，认真备课，一丝不苟讲好每一节课。在教学中，她注意对学生独立思考能力和掌握知识能力的培养，并抓好课下辅导、答疑等教学环节，对学习有困难的同学加强个别辅导，得到学生的好评。她将现代化教学手段带入课堂，将较难理解的基础理论及仪器的构造等用多媒体的形式讲述，学生易理解，也提高了学生们的学习兴趣，取得了较好的教学效果。她研制的仪器分析多媒体教学软件荣获"南开大学第一届多媒体教学软件制作"一等奖。

王新省以课程体系改革促进教材建设。20 世纪 80 年代初，仪器分析主要讲授无机成分分析和有机成分分析，其中无机分析内容约占 80%。随着教学改革的不断深入，仪器分析课程设置及内容均发生了较大变化。按照教育部教学大纲要求，王新省参加了魏继中教授主持的《仪器分析导论》讲义的编写。该讲义增大了有机成分分析的比例并增加了结构分析的章节。此讲义在化学系使用数年。后其与山东大学合作编写了《基础仪器分析》（1993 年出版）用作化学系教材。

另外，王新省还与陆淑引、许晓文、黄志荣等教授合译出版了《离子平衡及其数学处理》一书；参与编写了穆运转教授主编的《分析化学》第五章。

随着教学体制改革，化学系组建化学教学实验中心。1991—2002年，王新省任中级化学实验室（改制前为仪器分析实验室）主任兼化学教学实验中心副主任。中级化学实验室主要承担化学系和材料系本科生"仪器分析实验课"的教学。在 12 年的时间内，她在完成本人承担的教学任务及实验室管理外，还做了下面几项工作：

（1）把世界银行贷款项目落地中级化学实验室，购买了既适用于教学又具有先进技术的仪器设备。在院系领导的大力支持下（当时何锡文教授任院长兼党委书记，朱志昂教授任系主任，阎世平教授任系总支书记），王新省带领实验室的教师们对世界银行贷款项目做了认真细致的调查研究，并多方征求意见，首先确定了66类共500万元的仪器清单。第一批290多万元贷款到位后，他们又查阅大量有关仪器的文献，反复研究论证，经化学系及设备处领导等多方面协调，最后落实到仪器的厂家和型号。仪器到校后，又相继完成了傅立叶变换红外光谱仪、等离子体发射光谱仪及高效液相色谱仪等多台大型仪器的安装、调试及验收等工作，任务相当繁重。

同期，在设备处及化学系领导的支持下，实验室又协助承办了世界银行贷款项目负责人组织的分子荧光光谱培训班，邀请了沈含熙教授等专家做了学术报告。参加培训的各高校教师及技术人员都受益匪浅。培训班得到了参会各位代表好评。

（2）王新省带领实验技术人员，对实验室500元以上仪器（分布在15间实验室）进行三遍账、物核对，达到准确无误，同时维修了数件损坏的仪器。到1999年教学评估时，中级化学实验室的仪器完好率达到95％以上，部分仪器的单人操作率达到100％。在不影响实验教学的前提下，对实验室进行了装修改造，为学生的实验教学提供了良好的学习环境。

（3）根据中级化学实验室的特点，相继建立了实验室安全卫生、大型仪器的维护管理及实验技术人员考核等一系列的规章制度。

（4）对仪器分析实验课的教学内容进行大胆创新和改革，将仪器分析实验课教学提高到新水平。王新省组织仪器分析实验课的老师们更新实验内容，在原有实验的基础上增加了5个有机成分分析及结构分析的新实验。实验个数由原来的12个增加到17个。同时编写了新的《仪器分析实验》讲义。

1999年教学评估时，教育部教学评估专家组组长和专家组成员分别两次到中级化学实验室进行询问、考查。专家们对实验室的建设、仪器设备的完好率、大型仪器的使用管理及仪器分析实验内容的改革等方面都给予了高度评价。

随着"211"项目的实施及学校对化学基地的资金投入，中级化学实验室又相继增置了圆二色光谱仪、核磁共振谱仪及拉曼光谱仪等数台大型仪器。上述先进的仪器设备为化学教学基地的建设提供了强有力的硬件支持，而且在化学学院的科学研究中也发挥了重要作用。

王新省和实验室的教师及实验技术人员为中级化学实验室的建设，"仪器分析实验"课的教学改革，为化学教学基地的建设做出了应有的贡献。实验室曾获1996—1999年度教学实验室管理三等奖。

王新省在搞好教学的同时，积极参加科研工作。她的研究方向为原子吸收光谱及流动注射分析。曾参与了两项国家自然科学基金项目，一项天津市"七五"科研项目，两项学校科学技术发展基金项目及一项横向课题的研究。指导本科生毕业论文23名，指导硕士研究生10名，指导校外进修教师3名。在国内外学术期刊发表论文30余篇。她参与的α-烃基吡啶类萃取剂的研究获1989年天津市第三届发明展览会优秀奖。B. P. R树脂的合成及性能测定应用的研究获1989年第四届全国科技发明展览会铜奖。

文章作者：王新省

王永梅

1946—

教授，1969年毕业于南开大学化学系（本科），1979师从王积涛教授，1982年硕士研究生毕业留校任教。长期从事有机化学的教学和科研工作，主编、合编四部有机化学方面的教材约四百万字左右，共同获得国家级教学成果一等奖。在科研方面从事有机化学合成等研究，得到国家973、国家自然科学基金等项目的支持。发表论文一百多篇，申请专利多项，获得天津市自然科学二等奖一项、天津市技术发明奖二等奖一项、中国专利优秀奖一项。曾任教育部"科技奖励评审专家"、《中华医学研究杂志》专家编辑委员会常务编委、农药国家工程研究中心（天津）高级顾问。

王永梅教授长期从事有机化学教学工作，主讲本科"有机化学"课程，在教学中进行启发式教学，极大地调动了学生学习的热情和兴趣，得到学生的一致好评。在教学的同时，其主编、合编有机化学相关的教材，教材深入浅出，在再版中不断加入当前科技新成果，比如天然冰的发现、生物DNA研究的最新进展等，让教材与时俱进，让学生了解学科的进展。此教材得到许多同行的好评，并被多所高校作为教材，在我国台湾有的大学也使用该教材。共同申请并获得国家级教学成果一等奖。另外她还参与"有机化学习题集"的编写工作，在习题中引进国外的内容，如美国伯克利大学的考题，让学生了解国外教学对学生的要求，开拓了学生的视野。后来从事专业课"高等有机"的教学，该课程是本科的专业学生的必修课。同时开设了研究生"高等有机化学"选修课。

王永梅教授在教学工作中有如下创新点。①随时介绍有机学科的新进展，让学生跟进整个学科的发展，接触最新的世界前沿的方向。②给学生布置外文习题，让学生查阅相关外文资料，写出习题答案，并让学生进行讨论，学生都十分活跃。当时因选王永梅教授课的学生太多，很多学生都选不上。③严肃考试纪律，不允许学生有违纪行为，对不及格的学生绝不调分，因此学生都非常认真，对端正学生学习态度及基本品质起到了很好的作用。④对研究生的课在讲授以外还要布置专题讨论，如氨基酸的手性合成进展等，学生积极查阅资料，写出报告进行讲解，极大提高了学生们的能力，也扩展了他们的科研眼界。⑤结合课程内容及时补充世界研究的新进展及自己和同行的研究内容、成果。理论联系实际，在教学中起到很好的作用。在讲授"高等有机"同时，王永梅教授编写了《高等有机习集》，该书是国外教科书的配套习题集，每题的答案都要从查阅相外文文献中得出，王永梅教授查阅了三千多篇文献，为学生的学习提供了一新的模式。这本书是当时国内首部。

在科研工作方面，王永梅教授在进行教学的同时，积极开展科研工作，主要如下。①手性合成方面的研究，创新性地把小分子支载到高分子树脂上，用于手性氨基酸合成，取得了很好的效果。这种催化剂最大的优点是回收方便，可反复使用，解决了价格昂贵的手性小分子催化剂不易回收、成本高的问题。②药物化学研究，进行了手性环氧药物的合成，通过十多步全合成了手性药物 RR-福莫特罗，可用于哮喘、肺阻塞等疾病的治疗，并申请了专利。此药物被美国列为重点上市药物。还研究了对某些特定的病菌有抑制的药物前驱体的研究，发表了相关论文。③合作研发了光致变色化合物的合成与应用，申请了多项专利和奖项。

文章作者：袁华堂

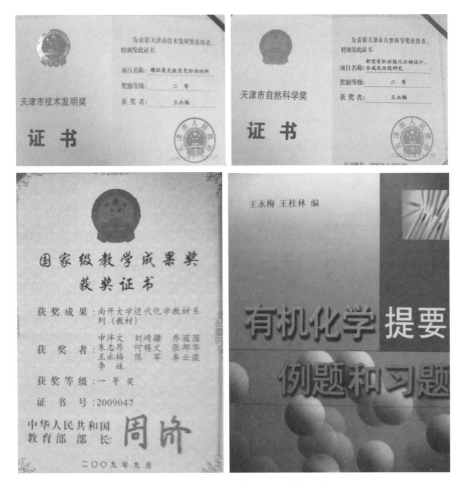

王永梅教授获得的奖励和出版的教材

阎世平

1946—

　　1946 年生，籍贯河北省。1964 年考入南开大学化学系。1969 年毕业留校任教，2011 年退休。教授，博士生导师。1998—2000 年曾任化学系党总支书记（兼职）。2000—2007 年任南开大学图书馆馆长（兼职）。国家自然科学基金评审专家，河北省科技厅科技项目评审专家。2004 年天津市"十五"立功（五一）奖章获得者。

南开情，化学缘

——纪念南开大学化学学科创建 100 周年

南开求学

我在老家河北省饶阳中学读高中时，就对化学逐渐产生了兴趣，这源于教我化学的老师幽默风趣的讲解，以及化学实验中那些变化莫测的化学反应（现象）。兴趣使然，在各科学习中当然我的化学成绩是最好的。以至于在我高中毕业时，他告诉我：争取考北大南开，要学化学就考南开。在老师的鼓励下，怀着上南开的梦想，我报考了南开大学化学系。天遂人愿，我被南开大学录取了。1964 年 9 月我带着喜悦的心情走进了南开园，开始了南开求学路。记得在迎新生大会上，杨石先校长说：南开新同学们，要好好学习，增长本领，将来参加祖国社会主义建设，为南开增光。校长的重托大大激发了我们的学习热情。1964 年我们国家在党和毛主席的领导下，战胜了前所未有的三年自然灾害，经济迅速恢复，各行各业呈现出朝气蓬勃、欣欣向荣的景象。对于我们饱受过极度困难之苦的年轻学子，恰逢春风沐雨，在这样大好的形势下，认真学习，孜孜不倦。两年的正规学习训练，增长了知识才干。正当我们在南开大学这个高等学府里，茁壮生长时，突如其来的"文革"打乱了一切正常秩序，停课了。一时间，我的南开化学梦想也破碎了。之后浑浑噩噩地就到了该大学毕业的时候了，无人关心，无人过问，直到 1970 年夏才结束了在南开大学化学系 6 年的生活。万没想到，组织决定我留校任教。说实在的，让我留在南开大学当老师我心中是高兴的，这可以实现我学习化学的理想了，但也有些不甘，因为"臭老九"的余毒尚在。

做一名合格的化学教师

做一名南开大学化学系的教师当然光荣与自豪，但是要名副其实。就专业知识条件来说，当时留校的我是不合格的。才读完两年的基础课，条件差得远呢。1970年在老系主任高振衡先生及多位老教师的建议下，化学系领导决定给我们补课。有机化学、物理化学相继组织了系内最强的教师担任我们的任课教师。一年多的补课夯实了我们的专业知识，为我们承担教学科研任务提供了必要的保证。

记得我很快就参加了工农兵大学生的教学任务。当时教学改革的口号是"典型产品带教学"。为此，我在无机化学教研室几位老师的带领下，先后到过内蒙古、北京、天津、山东、江苏上海等地，参观并搜集资料，编写教材。又亲自参加物理化学课（仅对无机专业学生）、配位化学课的教学工作。在王耕霖老师的带领下，到北京冶金设计院完成了72级部分同学的毕业论文，于1976年与姜宗慧老师一起远赴广东，在珠江冶炼厂（稀土冶炼厂），经过8个月的生产实习、毕业设计，圆满完成了74级无机学生的专业课教学和部分学生的毕业论文。这些教学实践活动是我在教师岗位上的一次很好的历练。

走上科研之路

20世纪80年代初恢复了招收研究生制度，高校迎来了大发展的春天。由王耕霖先生领导的无机化学固体配合物研究组成立。我被抽调到研究组从事科研工作，协助王先生指导研究生的课题研究。这对我来说无疑是上了一个新的台阶。王耕霖先生的渊博知识及知人善用、身体力行、不畏困难、坚持不懈、实事求是的精神深深地感染了我。在她的指导下我的业务水平有了显著的提高。经过几年的努力，研究组不但培养出一批研究生，而且科研成果大获丰收。连续在《中国科学》上发表了5篇文章，同时较早地以英文形式在国外期刊发表多篇文章。进入20世纪90年代，王耕霖先生招收博士研究生，申请国家自然科学基金资助研究课题，加快了科研步伐，科研成果和科研水平在这一时期达到了新高度，多次获得学校、天津市、国家奖励。2003年我们科研组以廖代正为首（我为主要参加者）获得国家自然科学二等奖。这在当时来说是不多见，为学校争得了荣誉。

出国进修

1986 年我获得对方资助赴美国明尼苏达大学化学系做访问学者。这是一个难得的学习机会。和国内相比他们的实验条件、图书资料非常先进。所以我在做访问学者期间，充分利用美国大学完善的实验条件和先进的仪器设备，在旁听有关专业课的同时把大量的时间精力投入化学实验中。在国际交流的大平台下，我亲身体会到来自世界各国的研究生、博士后、进修教师，都在无形中展示着自己。由于长期从事科学科研的缘故，我的实验技能并不亚于他们。差的是大型仪器独立操作能力、英语水平、交流能力上。经过两年的刻苦努力，我发表了 6 篇科研论文（JACS 两篇，IC 两篇，Inorganicsynthesis1 篇，ICA1 篇）。我的研究成果和研究能力获得认可。其后，我又于 1994 年再次赴美进行学术交流和合作研究，主要是从事生物酶催化双氧键的断裂（氧分子的活化）及其催化机理研究，包括高压技术，低温光谱技术和 schlenktechnique。这些为我之后培养研究生，承担有关生物无机研究课题大有帮助。

招收研究生，开展生物无机化学课题研究

1996 年前我主要是协助王耕霖先生指导研究生，一起完成国家自然科学基金课题工作。1997 年破格晋升为教授，次年招收博士研究生。生物无机化学方面的研究国外 20 世纪 70 年代就开始了，并成为一个新的分支学科，我国起步较晚。由于涉及多学科交叉，研究具有极大的挑战性。记得在我出国之前，申泮文院士站在无机学科发展的高度，建议我进修生物无机化学。为了我校无机化学学科的发展及兴趣驱动，我成了该领域的一名新兵。研究包括金属酶的化学模拟、核酸的切割以及金属药物的研究。我吸取了国外研究生的培养模式，即确定研究课题后，研究生要做文献调研，写开题报告，个别指导与召开组会的方式。组会内容包括两个方面，其一是文献讲述（英语），其二是实验进度报告，每周一次例会。这样大大提高了研究生的阅读文献的能力和外语水平。同时研究课题进展报告无形增加了研究生认真做好课题的内动力。相互讨论，提出问题，不但活跃了气氛，还提高了研究生的分析问题能力，相互借鉴，取长补短，共同提高。实践

百年耕耘

南开化学

证明效果很好。到 2011 年 9 月退休前，我承担了国家自然科学基金重点项目 2 项，面上 4 项，天津市基金 1 项。共培养了硕士研究生 19 名，博士研究生 15 名。发表研究论文（以我为主）300 余篇。

阎世平教授工作照

我在南开大学求学、工作、生活 50 余载，取得点滴成绩，都源于母校的栽培与教育，王耕霖先生、廖代正先生的培养提携，使我终身受益。值此纪念南开大学化学学科成立百年之际，谨献上自己一份真情的祝贺，感激母校及化学系老师的教育培养，恩情没齿难忘。

文章作者：阎世平

杨秀檩

1946—

　　南开大学化学学院化学系教授。1965 年由河北省武邑中学考入南开大学化学系，1970 年留校任教。曾担任物理化学实验室党支部书记，于 2002 年 9 月退休。杨秀檩教授研究领域为高分子材料，并长期担任本科生物理化学基础课教学任务。主讲化学系、环境科学与工程学院以及生命科学学院（包括南开医学院）本科物理化学基础课及物理化学实验课。

【获奖情况】

（1）1989 年　全国普通高等学校国家级优秀教学成果奖
（2）1989—1990 年　校级教学质量优秀奖
（3）1997—1990 年　校级优秀课程奖（负责人朱志昂）
（4）2000—2001 年　校级优秀课程奖（负责人杨秀檩）
（5）2001 年　校级优秀共产党员

【教学】

30 多年来，在从事化学系物理化学基础课教学中，杨秀檩老师工作认真负责，爱岗敬业。

物理化学基础课是理论性较强的一门课。她每次讲课前至少保证两个单元时间认真备课。在教学环节中，对同学严格要求，每节课必留 5 道题，作业全部批改。多年来，除讲课外，习题课及批改作业均一己承担。即便是 180 多人的大课，也是如此，以便及时掌握同学对知识的掌握情况，做到能及时改进教学。长期以来，坚持期中和期末考试，以使同学掌握知识比较牢固。

在授课过程中，杨秀檩老师始终做到不仅仅是教授知识，还注重培养同学的逻辑思维能力及解决问题的能力。在讲课时不断将科学前沿知识及有关老师的最新科研成果融入课堂讲授内容。譬如将物化理论知识及物化实验方法应用比较多的研究生毕业论文介绍给同学阅读；同时还组织同学撰写物理化学小论文，以提高同学们学习物理化学的积极性。

同学们对杨秀檩老师的教学给予了较高的评价。譬如，考上研究生的同学反馈说："物理化学虽然不好学，但是最后感觉物化学得很扎实，考研时心中有底。"又譬如，在教学评估时，专家多次听课后，当面评价说："讲课思路清晰，逻辑性强，口齿清楚，给人一种感染力。"

在教学过程中，杨秀檩老师坚持教学改革和学术研讨。多次参加全国及天津市高等学校化学教学改革及研讨会，以及全国高等学校物理化学教学研讨会，共计发表教学改革及学术研讨论文 18 篇。其中有 5 篇在《大学化学》、《内蒙古大学学报》（自然科学版）、《大学化学实验》等刊物上发表。

百年耕耘
南开化学

【教材建设】

在教学中，为提高教学质量，杨秀檩老师结合自己教学心得与其他老师合作编写填补本科相关教学空白的教材及习题集，具体如下：

（1）化学系本科生用《物理化学补充习题集》两册；

（2）环境科学与工程学院、生命科学院（含医学院）本科生用《物理化学补充习题集》一册；

（3）参与编写《基础化学实验》（物理化学实验部分共 5 章）；

（4）从 1996 年起，与医学院的封洫老师和化学系的袁婉清老师合编《生命与化学》讲义一册。每年为全校学生开设"生命与化学"选修课。

【科研】

杨秀檩老师积极参与科学研究，获国家和天津市自然科学基金资助，多项研究成果在国家级重要期刊发表，具体如下。

（1）基金项目：

1996—1998 年，国家自然科学基金，新型功能金属钛箐配合物的研究。

1997—1999 年，国家自然科学基金，金属原子与配合物的反应及其产物性能研究。

1999—2000 年，天津市自然科学基金，功能高分子材料的合成及其性能研究。

（2）横向科研项目：1994—1996 年，蛇笼树脂合成及其应用研究。

（3）主持科研项目：2001 年，天津市科委、天津市农业生物技术研究中心科技攻关计划项目：秸秆资源饲料化技术研究子课题项目秸秆资源饲料化成分分析及性质研究主持者。

（4）发表论文 14 篇于《高等化学学报》《南开大学学报》《内蒙古大学学报》《高分子科学与工程》《功能高分子学报》《石油化工》《化学通报》等刊物。

文章作者：杨秀檩

袁华堂

1946—

1969 年毕业于南开大学化学系。1994 年赴美国迈阿密大学做访问教授，师从著名能源专家、国际氢能协会主席 T. N. Veriroglo 教授。曾任南开大学新能源材料化学研究所所长、材料化学系主任、教授、博士生导师。曾任稀土学会固体科学与新材料专业委员会副主任、天津市人民政府学科评议组成员。长期从事储氢材料和化学电源的研究与开发工作。承担国家863 计划、973 计划、国家科委攻关、国家自然科学基金及天津项目 20 多项。发表论文 300 多篇，获发明专利 21 项、国家教委科技进步二等奖 2项、天津自然科学一等奖两项、天津发明二等奖 1 项、天津市科技进步二等奖 1 项。2016 年以来，连续多年获评"爱思唯尔全球高被引学者"。主要从事镍氢动力电池产业化开发及镁基储氢电池、可充镁电池的研发工作，出访北美、南美、澳洲、亚洲等地区，和各地专家进行广泛交流。

农民的儿子

袁华堂 1946 年 1 月出生于湖南益阳县（现益阳市赫山区）一个淳朴的农民家庭。家中有四个孩子，种地收入是家中唯一的经济来源，父亲还有支气管炎，生活相当艰苦。虽然家境贫寒，其父母在教育方面依然有着严格的要求：一是要求他们能吃苦，"吃得苦中苦，方为人上人"；二是要求他们必须好好读书，"书中自有黄金屋"；三是要求他们与人为善，"为善者得人心"。父母刻苦、勤学、为善的价值观对袁华堂未来人生道路的选择产生了深远影响。

袁华堂从小参加田间劳作，最辛苦的是夏天"双抢"：抢收、抢扦工作。每年七月，他头顶炎炎烈日，脚踩水田里被烈日晒烫的水，工作十几个小时。年复一年的劳动，锻炼他的身体，磨炼了他的意志，培养出了他不怕苦、不怕累的品质。

袁父重视子女的教育。家境困难，为凑齐儿女念书需要的学费，他将家里唯一必要的农具——谷仓卖了，供袁华堂上学。每追忆起这段往事，袁华堂对其父充满了敬佩。

1954 年夏天，湖南发大水导致道路受阻，乡亲出不了家。袁家有条小船，袁父叫袁华堂划着船到乡亲们家中帮忙运输防汛物资，或者接一下人。当时他才 8 岁，乡亲们都叫他"二卡子"，益阳话的意思是能干的小伙子！

袁华堂的童年是辛苦的、进步的、乐观的！

南开之愿

袁华堂的初中、高中都是在益阳市第二中学度过的。益阳市第二中学（原龙洲书院，现为龙洲中学）坐落在资江南岸的龟台山上，风景秀丽，文化底蕴深厚，是益阳市的重点中学。龙洲书院建于 1551 年，有五百多年的历史，许多名人、名家都出于这里或者在这里讲过学。毛泽东主席于 1917 年在写湖南农民运动考察报告时来益阳，并两次寄宿于龙洲书院。高中期间，通过了解学习学校的历史与价值观，袁华堂深有感触，并立下志向要努力学习，建设共产主义事业。

每当回忆起中学岁月，袁华堂总会提起他的三位老师。一位是化学老师莫老师，博闻强识，讲课深入浅出，生动形象。在讲到化学中的分子扩散时，莫老师以生活故事来举例："隔壁炒辣椒，我在这里打喷嚏，这就是分子扩散。"袁华堂因此喜欢上了化学。另一位是班主任周老师，毕业于清华大学，在谈起中国的大学时总会说到南开的主楼，是仿莫斯科大学主楼建的，是当时中国大学最高、最大的楼。袁华堂每听起都会心里痒痒的，对南开大学产生了向往。第三位老师是语文老师蔡老师，他的儿子当时正读杨石先校长的研究生，尤为称赞南开化学是全国最好的、世界著名的。

这样的南开大学、南开大学化学在袁华堂的心里深深扎下了根，使他产生了一定要刻苦努力学习，考上南开大学，就读南开化学的愿望。1964年经过高考，他终于如愿以偿收到了南开大学化学专业的录取通知书，开始了自己梦想的大学生活！

南开之训

那是1964年之秋，袁华堂背着简单的行李，怀着兴奋的心情踏进了向往已久的南开大学，放下行李，在蔡老师的引领下来到主楼，看到高大的主楼心里特别骄傲和自豪！他将在这里学习五年，感到很幸福。

化学系迎新会在主楼阶梯教室举行，系主任高振衡教授首先代表化学系全体老师对他们表示欢迎并详细介绍化学系的历史和当年现状，袁华堂受到很大的鼓舞。现场响起一阵阵掌声，同学们都深感他们是时代的幸运儿。

在求学期间，袁华堂刻苦学习，努力钻研。大中路上有他的足迹，新开湖畔有他朗朗的读书声。

南开的品格刻在他的骨子里、南开的精神溶化在他的血液中。在那个年代，学校的领导、老师们经常引用毛主席在莫斯科大学的讲话："世界是你们的，也是我们的，但归根结底是你们的，你们是八九点钟的太阳，希望寄托在你们身上。"在他们这代青年学子身上灌注了巨大的精神力量。在学期间，毛主席发出"向雷锋同志学习"精神号召。学校上上下下、课上课下都是满满的正能量，带到工作中、带到学习中。袁华堂深受鼓舞，决心要为国家奉献出自己的力量。

几十年后，当昔日同学重回南开园时，袁华堂感慨道"当年的味道依然浓浓的"。千言万语化成一句话："我是爱南开的。"

科研历练

20 世纪 80 年代，改革开放蓬勃发展，压抑多年的科研热情爆发，而科研工作终止多年，百废待兴。在这关键时刻，袁华堂加入了申泮文、张允什的科研课题组。

在当时，课题组什么仪器设备都没有，只有几间空空的房间。开展工作的第一步就是寻找相关的仪器设备——去各单位，比如十八所、半导体所、大沽化工厂等，到他们废弃的仓库里寻找一些能用的仪器。袁华堂回忆到，有一次他和张允什先生骑三轮车到后河村淘得一个电炉，他们轮流骑车几十里将仪器运回实验室，虽然汗流浃背，但心里很高兴，拿到了一个"宝贝"。

经过多年的科研攻坚，申泮文教授提出了合成氢化铝锂的新方法，课题组经过努力终于不久又打通了合成路线，拿到了产品。后续又开展系列氢化物、储氢材料的研发工作，取得了巨大进展！特别是储氢材料与镍氢电池课题被列入国家 863 重大项目，成为国家队的领头羊。

1998 年 6 月中国科协组织国内专家参加在布宜诺斯艾利斯氢能会议，申请并获得 2000 年氢能会议举办权

当时的袁华堂正处于年富力强、工作勤奋的时期，且受到申泮文教授、张允什教授的帮助和教导，事业迅速发展。他是同辈中最早晋升副教授、教授的，并且是学校特批。当时学校发布的获得经费排序表中，袁华堂排名第三。科研创新方面，他发明了置换扩散法合成镁基储氢合金，通过了天津市科委组织的鉴定。在镁离子电池方向开拓性、创新性的研究成果，发表多篇学术论文、申请了国内首项镁离子电池研究的专利，同时获得了多项镁离子电池研究的国家自然科学基金。

学科建设

材料学科是国家重点发展的学科，特别新材料的设计与制备，是学科中的难点。早年间，南开大学在材料科学方面的研究较少，几乎是空白。经过申泮文教授、张允什教授等科研工作者的长期积累发展，逐渐具有了材料化学的研究条件并取得了许多成果。经过一系列的组织、申请、报送材料，通过学校、教育部审批以及各方的支持，最终建立了材料化学系。袁华堂担任首届材料化学系主任，学校对材料学科的发展十分重视，在第一期985学科建设中，重点支持两个学科：一是有机化学，李正名先生任组长；二是材料化学，袁华堂任组长。此后，材料学科得到飞速发展，博士学位点、天津市重点学科相继获批，为后来材料科学与工程学院的创立打下了雄厚的基础。

退休后的余热

袁华堂教授在67岁才退休离开了自己心爱的工作岗位，虽然退休了，但是他还在为化学学科辛勤耕耘，积极参加国内外相关学术会议，联络各种项目申请、协调，在他的号召和努力下，成功地申请了储氢方面的多个973、863项目。2016年以来，他连续多年获评"爱思唯尔全球高被引学者"，为他心爱的南开继续发光发热。

文章作者：袁华堂、王一菁

袁华堂教授出席"南开大学-爱思唯尔战略合作协议签约仪式"

袁华堂教授出席国际会议

袁满雪

1946—

　　1964 年 9 月—1969 年 9 月就读于南开大学化学系，1970 年 8 月至今于南开大学化学系任教（助教、讲师、副教授、教授），曾教授"物理化学""结构化学"课程，曾任化学系党总支副书记（主管学生工作）、化学系副系主任（主管教学工作）、南开大学教务处处长，现已退休。

南开化学育我，我爱南开化学

今年是南开大学建校 102 周年，是南开大学化学学科创建 100 周年，我的人生 75 载，在南开化学就有 57 年。母亲只生我的身，南开化学育我魂；学习在南开化学，工作在南开化学；一生在南开化学，一生为南开化学；南开化学爱我，我更爱南开化学。仅以此文点滴回忆，汇报于我的南开化学。

圆梦南开化学

1964 年 9 月，我从河北辛集中学毕业，报考了梦寐以求的南开大学化学系，那时候，我只知道，南开大学是周总理学习过的地方，南开化学是全国最好的学科，南开的图书馆藏书 76 万册。我还听说，南开的大中路很长，南开的新开湖很美，南开的操场很阔……南开化学，我的向往。

来到南开，我才真正感受到南开的深刻内涵。聆听"允公允能，日新月异"的南开校训，沐浴在南开创始人张伯苓校长的教诲中："惟其允公，才能高瞻远瞩，正己教人，发扬集体主义的爱国思想，消灭自私的本位主义；允能者，要建设现代化国家，要有现代化的科学才能"，"有爱国之心，兼有爱国之力，然后始可实现救国之宏愿"。我逐步从为祖祖辈辈辛苦的农民读书的狭隘目的，树立起为人民、为中华崛起而读书、为人民服务的人生观和世界观，发奋刻苦努力学习。新开湖畔有我们朗朗的读书声，图书馆里有我们埋头疾书的身影，操场上有我们强体锻炼的汗水，一砖一瓦都有迹，一草一木皆是情。朝气蓬勃，犹如早晨八九点钟的太阳。

化学是我的最爱，化学实验课是我最喜欢的课程。能把一种物质变成一种新的物质，这也许是创新思维和创新能力培养的重要途径。化学是以实验为基础的科学，南开化学以强调动手能力的培养而闻名国内外。走进古老的第一实验教学楼，雄伟的第二教学楼，我顿感化学的神圣。至今，实验辅导老师在我们身后仔细监察指导实验的身影还历历在目，我们曾数次被盖上"重做"的印章，但我们并不埋怨老师，都乖乖地重做，严格的训练培养了我们严格的科学研究素养和实验动手能力，可谓严师出高徒。

我们 745 班 31 人是一个团结的集体，那时的同学关系非常亲密，11个女同学更是亲如姐妹。我们上课肩并肩，食堂碗碰碗，运动手拉手，劳动互相帮助，班会、团组织生活会积极讨论发言，开展批评和自我批评……团结、友爱、生动、活泼、奋发向上。

做南开化学教师，任重道远

1970 年 8 月，我留校做了南开化学系教师，开启了我一生的教学生涯。有幸为我的母校、我的化学做贡献是我由衷的骄傲。整理行装，负重前行。我们深知，我们距一位合格的南开化学教师还差得太远。化学系为我们开办了化学基础课学习班，周秀中先生给我们讲授有机化学，李大珍先生等给我们讲授物理化学……为我们胜任南开化学教师资格培训提高。大家利用各种机会努力提高自己，边工作边学习，以不愧南开化学教师的光荣称号。

精心于结构化学教学

我于 1978 年进入结构化学课程组。结构化学是现代物理化学的重要组成部分，是本科生重要的基础理论课，是在原子、分子水平上研究物质的性质和结构等关系的化学。

提到结构化学，总会想起结构化学的领头人、我们的恩师赖城明先生，赖先生领导组建培育了老、中、青结合的结构化学教学科研团队，周哲人、郭俊怀、袁满雪、马淑英、孙宏伟、陈兰、沈荣欣、段文勇、张明涛等都曾是这个团队的成员。

在赖先生的带领下，我们响应教学改革的需要，精简学时，将结构化学原来讲授的 120 学时精简到 60 学时左右，突出重点，突出基本原理，注重与实际体系的应用结合，完善了具有南开特色的结构化学课程体系。将理论性较强的结构化学讲得生动、形象、深入浅出，成了同学们喜欢的课程。

20 世纪 50 年代，南开大学物理化学学科创始人朱剑寒教授创建了结晶模型室，自制了大量精细的结晶模型，传承至今，在结晶实习中发挥了很好的作用。在赖先生的带领下，我们又扩建了结晶模型室，自制、购置了更多、更完善的原子、分子、晶体模型，建成了全国高校最好的结晶模型室，加强了结构、结晶实习。实行开放模型室，学生可以随时来模型室实习，也可以借模型回宿舍自己练习，书包里装着一袋晶体模型，边走边摸，有几个对称轴，几个对称面，属于什么晶系，大大提高了学生学习兴趣，提高了教学效率和教学质量。

经过几代人的努力，2006 年，以青年教师孙宏伟为带头人的"结构化学"课程被评为南开大学精品课程，2009 年被评为国家级精品课程。2014年，《基于现代技术的结构化学精品课程的建设与实践》获天津市教学成果等奖。

借此机会，再次向为南开化学，尤其是结构化学建设做出卓越贡献的赖城明先生致以崇高的敬意和谢意，相信赖先生的在天之灵会因看到他的事业后继有人而欣慰放心。

结构化学课程组成员（前排左起：赖城明、袁满雪，后排左起：段文勇、孙宏伟、陈兰、沈荣欣）

百年耕耘
南开
化学

为南开化学建设，勇于担当

1991—1994 年，学校任命我为化学系党总支副书记，主管学生工作。一边教学，一边和各年级辅导员（刘欣、张伟、张明涛、王丽华）一起，组织学生会、团支部各项活动，交流学习心得，组织军训、运动会、文艺晚会……和年轻活泼可爱的学生们在一起，好像又回到了学生时代，忙得不亦乐乎。学生会负责人杨大军、赵莹、尹正、史晓东、尹国平等在各项活动中积极组织，以身作则，使化学系的各项学生活动走在全校前列。

1994—1998 年，根据工作需要，我被任命为化学系副主任，主管教学工作。从 1991 年开始，国家教委选择了一批代表我国先进水平的、在国内具有重要影响和起骨干带头作用的学科，建设为"国家理科基础科学研究和人才培养基地"，南开大学化学专业被批准为首批国家基础科学研究和人才培养基地。化学基地提出了"改革领先，成果突出，师资优化，设备先进，教学优秀，质量一流"的基地建设目标，和培养"基础厚、知识广、能力强、素质高"的基地人才培养目标。在全体师生的努力下，基地建设取得了显著成效，基地教学条件大大改善，教学改革生机勃勃，教学管理日趋规范，教学质量明显提高。1994 年 9 月，顺利地通过了国家教委对化学基地的中期检查评估。1997 年，人民日报头版发表了《强化理论基础，锻炼动手能力，南开大学化学基地培养高素质人才》的报道。南开化学基地培养的人才受到国内外各高校、科研单位等的欢迎与青睐。2002 年，基地正式挂牌。

为南开大学尽力，再上新征程

当学生知勤奋刻苦，做教师志教书育人，做管理遵严格要求，努力践行南开学风，为南开建设添砖加瓦。

1998—2004 年，我被任命为南开大学教务处长。悠久的南开化学专业办学历史，优秀的南开化学专业建设，严格的南开化学办学管理经验……需要我去继承发扬，这是我的责任，义不容辞。在教务处工作中，我们每学期开始，都要深入各学院进行调查研究，共同讨论本学期工作重点，存在问题和困难，提出解决办法，化学学院的经验也是我们关注、宣传、推广的重点，可谓"无化学不南开"。

1999年，教育部开展本科教学单位优秀评估，南开大学作为试点单位。学校成立了领导班子，一个单位一个单位地检查落实，总结办学目标、师资队伍、专业建设、课程改革与建设、教材建设、实验室建设、学生培养、教学成果等等，落实档案资料，整理实物展览……化学有了基地评估的基础，各项工作都走在了前面，教务处组织各系到化学院参观取经，很好地支持和推动了各单位的工作。

周总理纪念碑"我是爱南开的"就在办公楼的对面，我经常独自来到这里，是缅怀、是请示、是汇报……而后迈着坚定的步伐回去继续工作。

1999年5月，由北京大学副校长王义遒任组长的评估专家组来到南开大学，进行为期一周的检查评估。评估组在南开考察后称赞："南开大学以杰出校友周恩来为楷模，用多层次素质教育观塑造学生健全人格的素质教育工作非常成功。学校强调科学精神与人文精神并重，以学生的全面发展为教育宗旨，重视发挥学校深厚文化底蕴的育人功能，坚持进行校史、校训、校歌和不忘国耻的爱国主义教育，爱国、爱校、勤劳、朴实、奋发进取成为风尚。"专家组到化学系考察，对化学系本科教学、化学基地建设给予了高度评价。

在这里，必须提到的是，早在1995年4月3日，人民日报发表了《南开学风，堪称一流》（时任人民日报教科文部主任李新彦，杨明方）的文章。对南开大学的学风建设给予了高度肯定，并进一步推动了南开大学的学风建设，对南开大学本科教学高度评价，对南开化学基地建设起到了总结、推动作用。《南开学风，堪称一流》已经载入南开大学、南开化学百年史册。

构建学生科研平台，努力提高学生创新能力

自1998年起，化学院、生命科学院率先实施了"开放实验室"，学生可以自选题目，自选导师，在开放实验室内做科学研究，开放实验室很快得到了广大同学的欢迎，在总结经验的基础上将活动推广到全校范围。

从2002年起，学校每年出资100万元，开展创新科研"百项工程"；并出台了一系列政策和管理规定，包括立项、经费管理、中期检查、结项、奖励、教师工作量等，以保障活动的开展和规范；构建了校、院两级科研创新平台，为本科生培养科研创新能力提供了学习和实训环境。

学生通过参与此项活动，较好地提高了专业科研能力和创新能力，涌现出一批创新拔尖人才，在国际、国内的比赛中屡获佳绩。到 2005 年，资助了 902 个学生科研项目，参与学生达 4000 余人次，参与指导的教师达 1400 余人次，完成报告、论文数百篇，不乏发表在《美国化学学会会志》《美国光学学会会刊》等世界顶级刊物上的优秀论文。化学院副院长程鹏教授积极组织百项工程，并亲自指导学生张磊、易龙两位同学接连获得了"挑战杯"全国大学生课外学术科技作品竞赛"特等奖"。

2005 年，"构建学生科研平台，努力提高学生创新能力"（袁满雪、程鹏、刁虎欣、张开显、金柏江）获得国家级教学成果一等奖。

有幸在南开化学学科创建百年之际，向我学习、成长、工作、生活的南开化学汇报点滴。回忆过往，有自豪、骄傲、光荣，也有惭愧、内疚，实感不足。我决心将南开化学给予我的一切奉献于社会。

衷心祝愿我最热爱的南开化学在新的征途上，继往开来，砥砺前行，再创辉煌。

文章作者：袁满雪

张政朴

1947—

　　1964 年毕业于江苏省常熟市梅李中学；1969 年毕业于南开大学化学系（本科）；1971—1977 年于天津市南郊区双港公社南马集中学任教，1973年加入中国共产党；1978—1981 年师从何炳林教授攻读南开大学化学系高分子专业研究生并获硕士学位；1982—1986 年在南开大学元素有机化学研究所任助理研究员，在陈茹玉教授、杨华铮教授的领导下进行除草剂的化学结构及生物活性定量关系（QSAR）的研究。1987 年调入高分子所化工厂。1988 年 9 月—1990 年 1 月在英国兰卡斯特大学化学系 P.Hodge 教授团队做访问学者，主要从事聚合物支载的有机化学反应的研究。1990 年任南开大学高分子化学研究所副研究员。1992 年 7 月—1993 年 7 月在英国曼彻斯特大学化学系 P.Hodge 教授团队做高级访问学者，主要从事聚合物负载手性催化剂的研究。1994—1996 年任南开大学高分子化学研究所属化工厂总工。1994 年被评为天津市教卫系统优秀共产党员。1996 年获国务院颁发的政府特殊津贴。1997 年任南开大学高分子化学研究所研究员。1997—2000 年任南开大学高分子化学研究所所长。2003 年担任博士生导师。主要从事反应性高分子及生物可降解材料等方面的研究。主编的《反应性与功能性高分子材料》一书被评为 2007 年度南开大学研究生优秀教材；同年本人被评为南开大学首届"良师益友"。2013 年退休。

我的老家在江苏常熟，是富庶的江南鱼米乡。1964年我如愿考进了南开大学化学系。受"文革"影响我们这届学生只学了无机化学和分析化学课。1970年我被分配到天津市教育系统五七干校，一年后再分配到天津市南郊区双港公社南马集中学（戴帽小学）任教，在那里我由于工作积极、踏实肯干、教学效果好而光荣入党。继1977年大学恢复招生，1978年又恢复了考研究生制度，我有幸考上了何炳林先生的研究生。1981年研究生毕业后我被分配到元素所陈茹玉先生的研究团队，在陈茹玉教授、杨华铮教授的领导下进行除草剂的化学结构及生物活性定量关系（QSAR）的研究。在这里我学到了很多有机化学实验技术，为今后发展打下了坚实基础。

　　在螯合树脂研发方面，传统的电解食盐水制备烧碱工艺，有隔膜法及水银法。这两方法的缺点是耗电量大，产品质量差，生产过程不安全，有石棉纤维和汞污染等问题。20世纪80年代，国外开始使用离子膜法制烧碱，离子膜是全氟磺酸和全氟羧酸复合膜。离子膜只允许阳离子通过，阻止阴离子和气体通过。因此在电解过程阴极产生的H_2和阳极产生的Cl_2不会因为相混合而引起爆炸，同时又能减少Cl_2和$NaOH$溶液发生副反应而影响烧碱的质量，防止了石棉纤维和汞污染问题，还可以节省电能。当时我国从国外引进了离子膜法电解食盐水制烧碱新工艺的成套设备，该技术的核心是离子膜。由于离子膜非常昂贵，为保护膜，延长其使用寿命，要求二次盐水（相对于一次盐水而言。含$NaCL$ 300g/L精盐水，经在线加入$NaOH$和Na_2CO_3预处理后得到一次盐水，其中Ca^{2+}、Mg^{2+}、Fe^{3+}等杂质可降至10 ppm，再经螯合树脂净化得二次盐水）中Ca^{2+}、Mg^{2+}浓度要低于50ppb，为达此指标，国外进口的成套设备中配有胺基磷酸型螯合树脂（Duolite ES 467法国、太阳珠 SC-401日本）。但那时该树脂为国内空白。为此化工部组织了"年2万吨离子膜法制烧碱国产化""八五"攻关项目，胺基磷酸型螯合树脂国产化，是该项目的子课题，由南开大学承担。我由于有有机磷的工作背景，设计了一条能够实现工业化生产的合成胺基磷酸型螯合树脂的路线。我和我的合作者合成了该树脂并进行表征及性能测试、中试及生产性试验。经天津大沽化工厂、上海石化总厂、广东江门电化厂及齐齐哈尔化工厂试验，结果完全符合要求，并通过了化工部组织的专家鉴定，该项目获天津市科技进步二等奖，杜邦科技创新奖；国家计委、科技部、财政部联合颁发的国家"八五"科技攻关重大科技成果奖。

　　在生物医用可降解材料领域，我的研究内容包括壳聚糖、高分子量

PLLA、PLGA、PLGA-PEG、透明质酸等，其中高分子量 PLLA 制备生物可降解骨折内固定螺钉（与宁波博硕倍公司合作）、交联透明质酸在皮肤填充剂方面的应用（与北京爱美客公司合作）已实现产业化。

离子交换纤维具有吸附和解吸速率快，能根据需要制备成各种形状等优点。用 γ 射线辐照 PTFE、PP 等高分子纤维制备了强酸性、弱酸性、强碱性、弱碱性离子交换纤维，这些离子交换纤维有很好的应用前景。上述成果已应邀写进了 Preparation of Functional Polymers via γ-Radiation（In: Radiation Physics research Progress，2008，Nova Science Publishers，Inc.）以及《现代离子交换与吸附技术》（清华大学出版社，2015）一书中。

在教学方面，我紧跟国际反应性与功能性高分子领域的最新发展，开设了"固相合成与组合化学"研究生选修课，颇受学生欢迎，听课的学生来自化学系、高分了所和元素所。期末考试我根据讲课内容列出十几个题目供同学们选择做相关的文献综述。2010 年沈阳化工研究院来南开代培的一位学生选择了"固相有机合成中钯催化的交叉偶联反应"这一题目，非常巧合的是 2010 年诺贝尔化学奖分别授予了美国 Delaware 大学名誉教授 Richard F. Heck、美国 Purdue 大学教授 Ei-ichi Negishi 和日本 Hokkaido 大学名誉教授 Akira Suzuki。他们分别因发明了 Heck 反应、Negishi 反应和 Suzuki 反应而获此殊荣。我鼓励该同学对综述稍加修改后发表（《固相有机合成中钯催化的交叉偶联反应研究进展》，高分子通报，2011，（7）1-23）。经我辅导的博士研究生 8 人、硕士研究生 27 人及若干本科生，他们都已成长为各领域的骨干。

在国际合作方面我和英国曼彻斯特大学化学系 P.Hodge 教授、捷克科学院化学过程和原理所 K.Jerabek 教授、罗马尼亚科学院蒂米什瓦拉化学所 A.Popa 教授等建立了良好的合作研究。

我兼任国际 International J. of Polymeric Materials 杂志编委；《离子交换与吸附》杂志副主编及国内外许多学术刊物的审稿人。已在国内外各类学术刊物发表研究论文 100 篇左右，获专利 9 个。

文章作者：张政朴

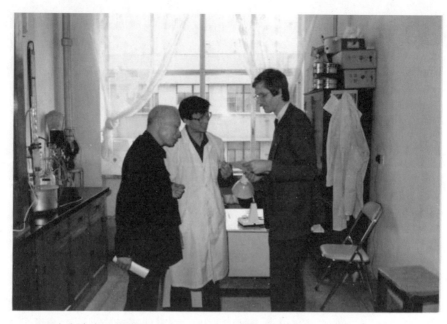

1988 年何先生和德国 Technische Universität Braunschweig 大学 H. Widdecke 教授参观我的实验室

我和部分学生合影

张智慧

1947—

南开大学教授，1965 年考入南开大学化学系，1970 年本科毕业留校任教。长期从事化学系物理化学基础课教学及配位化学科学研究。曾担任过物理化学教研室主任，党支部书记及化学学院研究生课程指导委员会成员。1990 年 11 月—1992 年 6 月，在美国明尼苏达大学化学系做访问学者。2000 年 7 月—2001 年 9 月，在美国堪萨斯大学化学系做访问教授。2001 年 10 月—2003 年 2 月，在美国天主教大学玻璃实验室做访问学者。2008 年 3 月退休。

张智慧长期全年从事化学系本科生物理化学基础课教学，主要是主讲化学系本科生物理化学基础课及物理化学实验课。主讲过生命科学学院（包括南大医学院）本科生物理化学基础课及环境科学学院本科生物理化学基础课。

主要获奖情况如下：

（1）1988年被评为南开大学校级优秀共产党员。

（2）1989年被评为校级优秀教师并获教学质量优秀奖。

（3）1996年主讲的生命科学院物理化学课，被评为校级优秀课程。

（4）1997—1998年度课程评估中被评为校级优秀课程（第三完成人），课程组长为朱志昂教授。

（5）1999年"新型功能性大环多胺化合物的研究"荣获天津市科技进步二等奖（第二完成人）。

主持的研究项目如下：

天津市自然科学基金1项（1997—1999年）；南开大学发展基金1项（1994—1995年）；元素所国家重点实验室基金1项（1995—1996年）；天津市面向21世纪教学改革立项（1997—1999年）；横向项目1项（2004—2007年）。参加国家自然科学基金4项（为项目组主要成员）。

科研方向如下：

（1）具有不同功能的有机配体配合物研究。

（2）功能金属配合物的物理化学性质及生物活性研究。

（3）功能配位聚集体及晶体工程研究。

主要成果如下：

（1）在国内外杂志上发表的科研及教学研究论文共80余篇。论文分别发表在 Inorg. Chem.、Polyhedron、Journal of chemical crystallography、Transition metal chemistry、Applied organometallic chemistry、Inorganica chimica acta Synthesis and Reactivity in Inorganic and Metal-Organic Chemistry；Chinese Journal of Chemistry、Chinese J Struc. Chem.、Chinese J of Inorg. Chem 等期刊上。

（2）作为硕士研究生导师招收并培养了硕士研究生9人，协助指导博士研究生3人，指导本科生毕业论文13人。

（3）负责编写《近代物理化学》（下册）第十三、十四章（2004），由科学出版社出版，早已投入教学使用。

张智慧和她的研究生（摄于南开园）

张智慧一直从事物理化学本科教学工作，从辅导教学到主讲大课，工作认真负责，爱岗敬业。教学中，她始终注意教学相长。她认为高校讲台是神圣的，是教师与学生直接交流的通道。在课前课后她经常和同学交流，了解同学学习中的问题，以便更好地改进教学方法，提高教学质量，达到教学相长。同时，她还注意对青年教师的培养。基础课教学是教师的共同任务，搞好教学、提高教学水平是学校及教师的共同目标。对于新上岗的青年教师，她注意传帮带，除了与年轻教师一起讨论教学中的问题以外，还把自己多年撰写的讲稿提供给他们，供他们参考。

几十年来，张智慧在教学科研工作中踏踏实实，忙忙碌碌，常常是下了讲台直奔实验室，节假日用来撰写科研论文。

张智慧认为，高等院校是培养人才的地方，教学工作，特别是基础课教学是基础的基础。为了提高教学水平，她不仅注意深入研究教材，而且注意与国内外同行交流教学经验。

1991 年在美国明尼苏达大学化学系做访问学者期间，张智慧利用实验间隙，聆听了美国明尼苏达大学物化部分章节的课，与国内自己的课做比较，学习国外的宝贵经验。2002 年在美国天主教大学访问期间，她利用业余时间，电话访问了马里兰大学化学系物化实验室教授，了解了物化实验与教学的安排，并收集了有关资料，回来后向系有关领导做了汇报。

张智慧常与国内同行交流学习，多次参加全国物理化学研讨会，并积极投稿，所投稿件均被收集到会议文集中。

物理化学基础课是一门理论性较强的课程，要使学生打好基础，首先教师要提高水平，张智慧阅读了大量课外参考书，并做了大量题解，她和同事一起，将历届物化考题整理出来并装订成册，供教学使用。她常说：要力求让自己成为"问不倒"老师。她讲课比较受学生的欢迎，1993年在主讲化学动力学部分时学生突然用相机给她拍照，也因此留下了珍贵的纪念。

张智慧在讲课（1993年摄于南开园）

如果教学是高校培养人才的基础，科研就是上层建筑，除了认真教学之外，她特别重视科研工作。因为没有科研，教学就是死板的，缺乏生气。她研究的方向是功能配合物的结构、功能及其应用。她发表了几十篇较高水平的科研论文，大多被 SCI 收录。在长期的科研工作中她也做出了较好的成绩。1991年她在美国明尼苏达大学做访问学者期间，时任南开大学校长母国光先生和化学系主任沈含熙教授去看望了在明尼苏达大学的南开大学的访问学者和留学生。

母校长与张智慧交谈（1991 年摄于美国明尼苏达大学）

化学系主任沈含熙教授与张智慧及留学生们合影（1991 年摄于美国明尼苏达大学）

文章作者：张智慧

车云霞
1948—

　　南开大学化学学院教授，师从申泮文先生，长期从事大学化学基础课的教学与教学改革研究工作，30多年教龄，有丰富的教学经验，她主讲的大一年级"化学概论"课程于2003年被评为国家理科基地名牌课程，2004年被评为国家级精品课程，2012年入选国家级精品资源共享课程。她是连续三届四次国家级教学成果奖的主要完成人之一（2001年、2005年、2009年）。她主持承担教育部、高等教育出版社、南开大学等教学改革研究项目多项，在全国最早开展多媒体教学，主持编写并出版了6部多媒体教学课件、电子教案、新世纪网络课程等电子出版物。多年来，她协助申泮文先生进行高校化学教育教学改革工作并取得丰硕成果，在全国高校起到了很好的示范辐射作用。

车云霞 1948 年 4 月生于北京市，1968 年从北京到山西大同县插队务农，1972—1975 年在山西大学化学系读书。1975—1980 年先后在山西省腐植酸实验室、北京矿务局炼铁厂实验室工作。1980 年到南开大学化学系读研究生，1983 年获硕士学位留在化学系任教师，从事基础教学工作。1994 年在化学系读申泮文先生的在职博士研究生，1999 年获南开大学理学博士学位。1993 年晋升副教授，2000 年晋升教授。

车云霞教授所获奖项

车云霞 1972 年开始师从申泮文先生，深受其教育教学思想的影响。申泮文是高等化学教育教学改革的设计者和引领者，作为他的学生和助手，车云霞是申泮文教育教学改革工作的践行者。她十分热爱教学工作，春风细雨润桃李，心系学生、情注讲台，她长期从事大学化学基础课的教学与教学改革研究工作，30 多年教龄，有丰富的教学经验。她是大一年级化学基础课程"化学概论"的主讲教师，这是化学学院的第一门专业基础课。一些人认为既然是给大一新生开的课，"随便找个刚毕业的研究生翻翻课本就能讲"，不需要付出太多的精力和时间，但在车云霞眼中，这门连接高中和大学化学知识的"化学概论"课程却是需要极大的付出和努力。她认为这门课程并不能仅仅只是告诉学生基本的化学理论和概念，更重要的是给予学生通才教育，让学生了解化学发展的最新前沿和潜在远景，关心世界发展中与化学相关的各种问题，让学生全面认识化学学科，并对未来选择专业方向有初步憧憬。除此之外，她教会学生正确的科学道德观，引导刚刚进入大学校园的学生适应学习方法和视野的转变，也是这门课程的重要任务之一。所以每年的第一堂"化学概论"课都被车云霞当作与 freshman（大一新生）的座谈会。从学习的目的到人生的理想，从学习方法到以往优秀学生的学习经验和感悟，她总是循循善诱、娓娓道来，告诉学生将如何面对今后全新的学习、追求和生活。

"在百慕大三角飞机和轮船为什么会失踪？让陷入能源危机的人类看到新希望的可燃冰真的是冰吗？……"课堂上一双双年轻的眼睛被求知的渴望点亮，发呆、睡觉的现象很难在车云霞的课堂上被发现，即使下了课学生也久久不愿离去，依然围着她问个不停。她认为要激发起学生学习兴趣和热情，就必须让学生看见化学的实用性，让学生深刻体会到化学对人类社会的重要作用和贡献。教学经验丰富的她知道什么是学生喜闻乐见的，什么是学生感兴趣的，知道怎么讲课才能牢牢抓住学生的心。在她教授的每一堂课里，学生都能感受到她为这门课付出的努力和辛勤劳动。

虽然这门课程她已经讲了很多年，但每次为本科生上课前，她都还要认真地备课，一次次地修改教案，一次次地把当年最新的科技动态、最新的教学内容和教学思想加进去。她不仅是年年更新教学内容，更是把信息技术作为提高教学质量的重要手段，她不仅自己亲自编写、制作和使用多媒体上课，在信息化教学方法上也不断更新，她组织和引导学生通过计算机利用网络资源和多媒体课件学习，培养学生自主学习的能力和创新的思维，提高学生学习兴趣。她的课，年年讲，年年新，年年不一样，课堂教学效果好，课堂学习气氛活跃。

车云霞一直是改革传统教学手段的先行者，勇于改革、不断创新。为了帮助学生理解抽象、枯燥的理论知识，她始终致力于教学方式的创新和教学内容的立体化，从用气球扎的原子轨道到用纸盒糊制的高硼烷二十面体，她总是勇于走在教学改革和实践的最前线。1994年，既没有学过计算机软件开发又不懂动画制作的车云霞，在申泮文先生的引领下，带领几个学生开始学习计算机技术，研制开发多媒体教科书软件。仅仅用了几年的时间，"化学概论"课程元素部分的教改内容——《化学元素周期系》多媒体教科书软件就研制成功并由高等教育出版社正式出版发行，这是我国第一部多媒体化学教科书软件。她及时把研制成果应用于教学实践，1998年在化学学院新开多媒体计算机讲授基础化学课的试点班，经过1997、1998、1999和2000级四届本科生教学工作的实践，取得了实质性的教学改革经验，创造出一套"元素化学快速高效教学法"，既缩短了学时，又活跃了课堂学习气氛，调动了学生学习的积极性，引发了学习兴趣，深受学生的欢迎。1999年5月，教育部和高等教育出版社在南开大学召开了"全国高校化学教学方法和手段改革研讨与多媒体教科书软件《化学元素周期系》使用培训班"，在全国范围内推广该教科书软件的应用，该多媒体教科书软件及教学成果也获得了2001年国家级教学成果一等奖。

2003年她主讲的"化学概论"课程被教育部评为国家理科基地名牌课程，2004年被评为国家级精品课程，成为化学学院的第一门国家级精品课程，2012年入选国家级精品资源共享课程。她在全国最早开展多媒体教学，在教育部和高等教育出版社主持下，"化学概论"国家级精品课举办了多次全国高校教师培训班，推广南开大学教学改革的成果，深受兄弟院校教师的欢迎。

车云霞品德端正，师德高尚，责任心强，肯于"坐冷板凳"，30多年如一日，坚守在本科教学的第一线，工作非常勤奋，无须扬鞭自奋蹄。她深爱所从事的教育事业，不仅对教学工作兢兢业业，对学生更是关心爱护，耐心帮助学生解惑。她不仅传授给学生知识，更多的是在教学生怎样做人。她常常对学生说："在大学这几年的生活中，你们不仅仅就是学习这几本教材，知识是永无止境、不断在更新的。在大学里，你们更重要的是要找到和培养一套适于自己自主学习的方法和能力，这种能力的培养才是最重要的，它会使你受益一辈子。"除了课堂，她办公室的门常年为学生敞开，只要学生在学习或生活中遇到任何疑问或困难，随时都可以在办公室里找到这位没有周末和节假日的"坐班制"大学教授，甚至一些并不认识的学生来求助，她都会竭尽全力帮助他们。她会耐心地听取每一位学生的诉说，开导、劝慰他们，给他们提出建议或帮助，她帮助学习好的学生设计更好的发展规划，对学习困难的学生耐心地帮助他们分析原因，找出问题，鼓励他们努力赶上。不少学生已经大三、大四了，遇到了什么困难或想不通的问题，都还愿意来找车老师说说心里话。尽管她有时也会严厉地批评犯错的学生，一改往日的"好脾气"，但日子长了，她教过的学生，还有从新疆、云南、四川、黑龙江来南开大学化软学会进修的几位教师，都用"车奶奶""母亲般的关怀"来称呼和形容她，她就是这么一位对工作忘我奉献，对学生关怀备至的"慈母"教授。就连自己女儿高考最紧张的阶段，她也因为工作太忙而只能在学校食堂给女儿买饭吃，难怪她的女儿常常抱怨母亲关心学生比关心自己多。

车云霞教授与学生们交流畅谈

申泮文先生创意，和车云霞一起组织创建了师生课余社团，申泮文将它命名为"南开大学化软学会"（Chemisoft，效仿 Microsoft）。化软学会秉承了申泮文一贯"大兵团作战"的工作作风，吸收部分学习好而计算机技术又好的学生来参加工作，既能完成教学改革的任务，又能帮助学生增长知识智能，发挥他们的计算机技术特长，培养创新型交叉学科人才，一举多得。

车云霞主持化软学会工作，负责指导学生会员的研究课题立项、具体实施以及学生会员的人才培养等工作，她带领着化软学会一届又一届的十几名本科生、硕士和博士研究生，圆满完成了多项教学改革任务。例如，1997年承担"九五"国家重点科技攻关项目——高等教育重点课程课件的研制与开发；2000年承担教育部"新世纪网络课程建设工程"项目、教育部世界银行贷款项目——化学、化工21世纪教育改革的研究；2002年教育部"国家理科基地创建名牌课程项目"；2003年高等教育出版社重点课程"高等化学教学资源库"项目……从多媒体课件的创意、框架设计、脚本的编写、成品的检查、试用和修改、出版和推广应用，车云霞参与了多媒体课件研制与开发工作的全过程。

化软学会师生在学校历任校长和各级相关领导部门的支持、帮助和关怀下，勤奋、努力、刻苦、忘我地工作，化软学会多年的工作积累，支撑南开化学的教育教学改革工作获得了多项国家级奖励，例如连续三届四次（2001年、2005年、2009年）获得国家级教学成果奖，以及"化学概论"课程获得国家理科基地创建优秀名牌课程和国家级精品课程等，这些工作对我国高等学校化学教育教学的改革进步做出了很大贡献，起到了促进作用，在全国高校影响深远，有很高的知名度。

化软学会大兵团作战的工作经验证明了这项教学改革工作的创新性和前瞻性，既培养了学生集体主义团队协作的精神，又给学生创造了自由发展的空间，他们互教互学，能者为师。师生平等民主、宽松和谐的学术研究氛围，不仅使他们共同创造出许多优秀的作品，取得多项重大教学改革成果，还为创新型人才的培养积累了丰富的经验，培养造就了一大批优秀的创新型交叉学科人才，同时还锻炼成长了一批精英中青年教师，为促进新兴交叉学科"计算机化学"的发展做出了贡献。

文章作者：车云霞

程津培

1948—

　　1948 年出生，天津人，籍贯江苏灌云，1975 年天津师范学院化学系毕业；1975 年 8 月—1978 年 9 月于天津塘沽师范学院任教；1981 年获南开大学硕士学位；1982 年 12 月—1987 年 2 月于美国西北大学有机化学专业攻读博士学位；1987 年 3 月—1988 年 8 月于美国杜克大学做博士后研究。1988 年回国后在南开大学任教，先后任讲师、副教授、教授、博士生导师，物理有机化学研究室主任。1995 年 12 月，当选为南开大学副校长。1997—2000 年任天津市政协副主席、致公党天津市委主委。2000 年 4 月—2008 年 4 月任科学技术部副部长。2001 年当选为中国科学院院士；同年当选为第三世界科学院院士。历任致公党第十二、十三、十四届中央副主席，第九、十、十二届全国政协常委，第十一届全国人大常委会委员。

程津培，1948 年 6 月出生在天津一个普通职员家庭。祖父曾是连云港板浦镇乡绅，遇战乱家道中落，在躲避日军轰炸逃难途中客死他乡。当时父亲已独立谋生，从此便离开原籍，随单位西迁四川。为保国企饭碗，曾被集体加入国民党。多年后在讲阶级斗争的年代，这竟成为晚辈的出身污点。程津培在父母迁居天津后出生，1955 年就读天津鞍山道小学，因父亲工作调动，转学塘沽实验小学。全家刚团聚，突遭变故，时任长芦塘沽盐场财务科长的父亲突患脑溢血去世。家里顶梁柱坍塌，生活顿时陷入困境。此刻，曾经的大家闺秀、名校海州师范毕业的母亲孤身一人担起抚养五个未成年孩子和赡养老人的重任。程津培那时 8 岁。他很早就学会做家务，洗衣、做饭、修鞋、缝补衣裳全上手，还拾煤渣、挖野菜，减轻家里负担。尤其在母亲最看重的学习方面，从未让人操心过，学习自觉，成绩一直名列前茅，还担任中队长。1961 年他升学至塘沽二中，仍旧学业出众，各科均衡。他初中三年连任班长，品学兼优追求上进，却因出身不好终于未能入团，以致到毕业时全班只有两名团员，还不够组建支部。程津培曾为得不到政治信任烦恼，也曾打算放弃升学直接支边，以为这样就能表示自己已跟旧家庭划清了思想界限，但这个幼稚想法被班主任坚决劝阻，命他效仿前贤，报考全市招生的南开中学。

　　1964 年，程津培以优异成绩考取南开高中。前辈校友大家云集，老师中大师者众，同辈中能者如织，如此学堂让他如鱼得水，又深感天外有天，激励自己积极进取。虽因大环境所限他改变边缘身份的愿望在那仍未能实现，但该校爱国传统深厚，周恩来精神高山仰止，"允公允能，日新月异"校训深入血脉，程津培又因家远住校与孙海麟、张元龙等能力更胜一筹的同学同住一宿舍 4 年，耳濡目染，这些丰富营养在程津培"三观"形成最关键的时期已然潜移默化入心，使他终身受益。学校素有培养学生综合素质的传统，课外社团颇为活跃，他的弹拨乐在业余界最负盛名的南中民乐队得以提升。1966 年"文革"爆发，全国学校停课。不谙世事的中学生们受人误导在校内外乱折腾一通回来，往日校园风光已不再，许多人忙着组织各种无聊"战斗队"搞派性争斗，有的百无聊赖则打牌度日。程津培和乐队队长么恩庄却组织了长征宣传队，扛背包携乐器，步行数千里，把文艺节目带到沿途山乡。1968 年 12 月，毛主席下达最高指示："知识青年到农村去，接受贫下中农的再教育，很有必要。"程津培写了血书申请支援边疆，但因出身不好未被批准，成了老三届上山下乡大军中的一员，跟杨乃

百年耕耘

南开化学

东等南开同学一道，远离学校家人，赴老区山西平陆县张店公社插队务农。他吃苦耐劳的品性使他很快融入当地山村，乡亲们看人不在出身，重在表现，下乡不久就将他选为村干部，在全县知青中属首例。那期间他还被抽调到县工作队被派到外村独当一面开展"抓革命促生产"，组织管理能力进一步受到锻炼。1970 年 12 月，会些乐器的他被选调到刚刚重新组建的县剧团，成了知青中第一批调离农村的工薪阶层，工作主要是"送戏下乡""宣传毛泽东思想"，在那还与擅长样板戏的北京知青黄韵如结缘。1972 年，毛主席又发出最新指示"大学还是要办的"，他的求知欲望再被唤起。虽然考场老师偶然发现陪考的程津培比考生明显"厉害"，但当地土政策规定不许已进城的知青报考，还要讲出身，这让程津培没少费周折。最后，他幸运地被天津师范学院化学系录取，比出身好的黄韵如招到山大艺术系只晚了半年。

当时"文革"还未结束，大学乱改学制，从 5 年缩到 3 年，如果扣除入学初先要补习高中课程和毕业前近半年的实习，实际学习时间只两年多一点。程津培十分珍惜这来之不易的学习机会，平日如饥似渴地吸纳知识，毫无保留地与人分享学习心得，同学的事总是积极相助，受人爱戴。其间他还担任了校学生会委员、文艺部部长，为活跃那个年代学生的沉闷生活，倾其所有课余时间组织了许多大型文艺活动，成了"学生会最忙的人"。为节约时间他走起路来飞快，这个习惯一直保留至今。当时教育领域颇多禁锢，比如化学系不许开设外语，不鼓励教师做科研等。程津培因为之前学的是俄语，再想学点英文，他只能像做地下工作似的偷偷自学。靠挤出来的点滴时间积累，竟也完成了英专大二课程。毕业实践时，几位化学系和物理系的老师决心开启钠硫电池、气敏探测仪等项目研究，需要学生参与，使得程津培第一次有机会接触科研。从中他不仅初识了科研路数，刚学的英语也正好在查阅文献中派上用场。1975 年他师大毕业，被分配到塘沽师范学校任教，担任化学主讲教师和数化外语教研室主任。当时学校只有他一个化学专业课老师，却要培养以前从未培养过的初三化学师资，学制两年，一切只能从零开始。因此，他每周都要上 12 堂以本科化学教材为基础的新课，还自编讲义，兼管实验，做班主任，又成了该校最忙碌的老师。

1978 年是改革开放元年。研究生恢复招生，唤起程津培新的追求。他极限利用工余时间补习备考，顺利被南开大学录取，成为高振衡先生的开门弟子。其时长期相隔两地的妻子也从山西调来天津，随后又迎来女儿降生，似乎时运转还。高先生时任南开化学系主任，早年曾在清华和西南联大任教，留学美国哈佛大学，随"有机合成之父"、诺贝尔奖得主 Woodward 教授学习并获得博士学位，是我国物理有机化学奠基人之一。1980 年，高先生与何炳林、陈茹玉、陈荣悌、申泮文 4 位南开教授，同时当选中科院学部委员。连同杨石先老校长，南开的化学学部委员达到 6 名，仅次于北大，当时是南开化学的鼎盛时期。程津培和李翔跟随名师，刻苦钻研，完成了噁唑类衍生物激光转换效率的结构与性能研究，成果达到当时国际先进水平，填补了国内激光染料研究的空白。1981 年程津培以优异成绩硕士毕业，留在物理有机化学研究室任助教。1982 年，国家扩大开放，选派优秀学生和青年教师出国深造，程津培经化学系推荐入出国预备班，随后通过了教育部的 EPT 英语出国资格考试，被批准公费赴美留学。但那时 TOFEL 和 GRE 考试还没有引入中国，教育部的 EPT 也仅是为内部选拔而设，还未被美方认可，如何联系美国学校，如何让对方了解本人够不够格，程津培自己毫无概念。此时高先生为程津培把向定舵，让他去何炳林、陈荣悌等几位老先生曾经工作过的美国西北大学读博。该校 Bordwell 教授是世界著名物理有机大师，两年前在 IUPAC 国际物理有机会上与高先生相识，虽然该校以前从未接受过新中国成立后来自大陆的学生，他对那时中国的教育水平也是全然不知，但出于对高先生的高度信任，竟欣然接受了推荐，难题立解。

程津培留学时期

1982 年 12 月，程津培告别导师和家人，赶赴西北大学所在地芝加哥，到校时秋季学期已过大半。他先要补考四门研究生入学考试，通过后刚要赶课，就迎来阶段考试。虽然因落课太多考得不够满意，但他最不能接受的是自己的主科、在南开已经学过还考了全班第一的"高等有机化学"只得了"B"。这是他平生第一次考砸，倒让他清醒认识了中美考试模式的显著差异：我们重在考核与知识点相关的事情，而他们是从科研中遇到的实际案例中选题，考的是如何综合运用学到的知识解决问题，看重的不是熟知而是动脑。程津培反思，都说美国教育能培养更有创造力的人才，诀窍是不是就在于这种"不唯书本但唯思考"的教育理念贯穿始终呢？这个疑问促使他开始关注什么样的科研会更有利于提升思辨能力。他还注意到，美国名校研究生录取后绝非稳拿学位。为确保质量，他们除课程考试外还设有"博士资格考试"一个要害关口，最后总淘汰率将近 1/3。他所在的美西北的"博资考"不采用通常"累积考试（CUM）"的方式，而是让研究生提交一份完全独立设计的 NSF 基金项目模拟申请书，内容不得是自己未来的研究工作也不得与文献报道有任何重叠，并须通过一个教授小组的答辩才能正式取得 PhD Candidate 资格。为此，程津培提出用新方法测定有机物溶剂化能的研究方案，获得教授们一致好评。虽然花了他很多时间，但也确实训练了他的研究开拓能力，接着就可以集中做博士论文研究了。最初，导师因从未带过中国学生，给了他一个较为保险的课题。经过相当时间的摸索思考，程津培找到导师说自己准备另外选题：做极具挑战性的阳离子自由基酸性标度的系统研究。阳离子基是化合物失电子后形成的活泼中间体，其热力学参数对研究化学键的活化极为重要。他在博士论文中，通过对数百个典型结构阳离子基酸度的测定，首次构建了阳离子基中间体质子转移的热力学参数基础。与此同时，还建立了测定化合物均裂键能（BDE）简便易行的溶液态方法，使得不适合用气态方法的更多有机物的 BDE 得以系统测定。这些工作至今仍堪称该领域的经典。答辩结束后庆贺派对上，Bordwell 教授对这位关门弟子的答卷大加褒奖，程津培也对导师的充分信任和悉心指导表示由衷感谢。其后，师生合作对这些原创性工作进行梳理，在《美国化学会志》上相继发表了 8 篇系列文章。读博期间，他还曾担任西北大学中国留学生联谊会会长，热心服务同学和访问学者，给大家留下深刻印象。跟高振衡先生一样，Bordwell 教授也欣然推荐程津培到好友美国科学院院士、时任杜克大学化学系主任的 Arnett 教授那里做博士后训练。之后程津培到杜克大学做了一年半研究获得很好成绩，于

1988 年 8 月举家归国。

程先生和其博士生导师 Bordwell

　　回到南开园，程津培被聘副教授。他准备围绕化学键能学开辟有重要意义的新研究领域，得到高先生的鼓励和物理有机研究室老师们的支持。但不经磨砺，何谈人生。一年后高先生仙逝，几位同届留校的同学也陆续离开，国内那时基础研究经费又极少，使得程津培的起步阶段相当艰难，连真空蒸馏装置都要亲自请玻璃工吹制。条件虽艰苦，程津培还是坚持初心，开展了独具特色的键能研究，主要有：揭示了 Class O/S 类自由基稳定性的构效关系，对原有自由基取代效应理论做出重要补充；系统研究了 NADH 辅酶模型负氢转移三种可能机制各基元步骤的能量，建立了判断负氢多步转移和一步转移的能学判据，基本解决了学术界对这一问题的长期争论。通过研究叶立德前体的 pK_a，建立了 N、P、Se、Te、S 等不同类型叶立德热力学稳定性的统一标度，为判断这一常见中间体的反应活性提供了定量判据；建立了 NO 载体分子及相应中间体以不同方式释放 NO 的能量标度，为理解和预测生物信使分子 NO 的生理学行为提供了理论依据等。

他2000年调任科技部后研究工作仍继续坚持,但只能挤周末和晚间的零星时间。幸有团队的精诚合作,集腋成裘,在物理有机导向下的手性催化、理论计算等方面时有进展,特别是在新型溶剂序列-离子液体中的键能研究及溶剂化作用的定量解析方面,跃居国际领军地位。上述各项工作自成系统,都属于各自领域中开创性的原始创新,为未来有机化学能继续发展成更为理性的科学,提供了关键核心数据的系统支撑。在这一过程中,程津培在事业上取得了扎实进步。1989—2000年,他担任"物理有机化学"主讲教师;1990年担任物理有机化学研究室主任,破格晋升正教授;1993年成为全国政协委员;1994年被聘为博士生导师;1995年担任南开大学副校长;1997年任致公党天津市主委,天津政协副主席,全国政协常委;2000年任科技部副部长。

程先生工作照

2001年,程津培入选中国科学院院士,同年当选第三世界科学院院士。在科技部工作期间,他在学者和官员双重身份之间自如游走,促进共识,殚精竭虑,为我国基础研究的发展做出贡献。在他任下,组织构建了包括学科类、企业类等5种不同类别国家重点实验室的完整体系,解决了长期困扰学科类国重发展的财政资源问题,为国重成为国家战略科技力量打下坚实基础;启动了学科综合交叉、体量较大的国家实验室建设试点,为这一新型创新组织模式的发展摸索了宝贵经验；973 计划被打造成为基础研究旗舰计划，引领中国基础研究走向世界，为国家培养了大批领军人才；及时启动了《国家纳米科技行动计划》、中国牵头的《国际人类肝脏蛋白质组计划》等，推动我国在相应领域走到世界最前列；成功组织了我国作为主要成员国加入国际热核聚变（ITER）计划，成为重大国际科技合作的标志性样板；2003 年就组织制定了《科学技术评价办法》和《关于改革科学技术评价的决定》，其主要原则意见支撑了目前正在进行的科技评价制度改革；等等。2008 年，程津培从行政岗位上退休，先后任十一届全国人大和十二届全国政协常委、教科文卫委员会副主任。任职期间恪尽职守，主要工作包括：为十二届人大成功推荐了《科技进步法》的修订和《中医药法》的制定，促进了立法进程；牵头组织了以国家实验室为主要议题的全国政协双周协商会，为党和国家高层决策提供了关键依据；牵头组织了以科技评价和奖励制度改革为议题的政协双周协商会，为高层决策提供了重要参考意见；牵头组织完成了中科院重大战略咨询项目"关于国家重点实验室重组方略的建议"，为国重体系的健康有序发展提供了重要决策参考；等等。这些工作从宏观战略层面促进了科技发展环境的优化。此外，他在担任中科院学部常委、主席团成员和致公党 12—14 届中央副主席的工作中，也结合各自的职责做了许多有益贡献。

程先生工作照

2012 年，程津培在清华大学建立"基础分子科学中心"，与南开大学的物理有机相互呼应，共同致力于推动中国的物理有机研究走到世界最前列。由于他在国际化学键能学研究领域的杰出贡献，从 2013 年起，参与国际权威巨型工具书《CRC 化学与物理手册》(*CRC* Handbook of Chemistry and Physics) 的年度更新工作，目前是负责键能部分的唯一编委，也是美国为主的编委会中唯一来自亚洲的学者。他还牵头南开和清华团队打造了键能领域唯一的智能型综合性大型键能数据库 *i*BonD(*i*nternet Bond-energy Databank)，2016 年上网开通运行，对国内外学术界免费开放，建立了学术界的中国品牌，受到广泛赞赏，也为将来化学领域基于大数据的人工智能 AI 发展增添了核心数据基础。2018 年，受 JACS 主编邀请，程津培团队发表了该刊创刊以来键能领域的第一篇 Perspective 文章，这表明中国的化学键能学研究，已经走到世界的最前列。

文章作者：程津培、何家骐、李鑫

杨万龙

1949—

南开大学教授。1975 年 9 月毕业于南开大学化学系分析化学专业，毕业后留校任教。从事分析化学的教学和科研工作 30 多年，讲授分析化学、分析化学实验、仪器分析实验等课程。所讲授的课程先后被评为校级精品课程，多次获校级课程优秀奖。在国内外刊物上发表论文 50 余篇，编著《定量化学分析》《仪器分析实验》《无机及分析化学实验》（滨海学院环境科学与工程专业用书），参与编著《近代分析化学》等 5 本专著。曾荣获天津市"九五"立功奖章、天津市总工会教书育人先进个人称号。

教学工作及教学改革

1. 教学工作

1975年9月毕业后留校任教,我一直从事分析化学的教学和科研工作,讲授"无机及分析化学""分析化学""分析化学实验""仪器分析实验"等课程。

在基础课的教学工作中,无论是讲课,还是指导实验等都是认真负责,兢兢业业,勤勤恳恳,为人师表,严格要求学生,注重教书育人,教学效果好,受到学生的好评。

1975年9月毕业,我和马锦秋老师共同担负75级分析化学专业学生的"分析化学"课及实验的教学工作,担任助教。为了能够胜任助教工作,我边进行教学边学习,圆满地完成了教学工作。

从1975年到1991年,我一直担任主讲老师的助教,辅导学生"分析化学"课,主要工作是答疑和批改学生的作业。同时,还指导学生的"分析化学实验"及"仪器分析实验"课程学习。

从1992年开始,我主讲本科生的基础课,1992—1993年,主讲环境科学系"无机及分析化学"课,工作内容包括主讲、答疑、批改作业。1992年2月我第一次上讲台讲课,感觉到光荣,同时也感觉到压力,但是,我勇敢地承担教学任务。我第一次上讲台讲课,就赶上了课程教学评估,1992年4月份,在我事先不知道的情况下,来了四位专家和学校教务处的老师听我的课,进行课程评估。其中有南京大学的无机化学专家,本校无机化学专业、有机化学专业、分析化学专业的专家,四位专家经过听课和学生座谈,对我所讲的课给予了很高的评价,于是我顺利通过了教学评估,1993年,这门课程被评为校级优秀课程。

从1994年开始,我主讲化学系本科生的"分析化学"课和指导"分析化学实验",我们成立了一个课程组,组长是许晓文老师。课程组有四位老师,师资力量雄厚,机构合理。任课教师都是中青年骨干教师,其中有教授、副教授等。在教学中,我们对教学大纲、教学内容、教学方法、教学环节进行了改革。

1998年,由于许晓文老师退休,由我和李一峻老师共同主讲化学系本科生的分析化学课。分子科学与工程专业招生后,我又主讲分子科学与工程专业的分析化学课。

2. 教学改革

（1）制定出具有南开特色的教学大纲

1990年以来，国家教委未组织过对分析化学教学大纲的修改，老的教学大纲已经不适合教学任务了，为此，我们根据多年的教学经验，结合我校的具体情况，对原大纲进行了改进，制定出了我们自己的教学大纲。1996年9月国家教委教学指导委员会制定的教学大纲是以我们的教学大纲为基础的。我们的教学大纲的特点是：用较少的学时可使学生掌握分析化学的基本理论和方法，具有严格的"量"的概念。可以培养学生从事理论研究和实际工作的严谨的科学态度和能力。

（2）教学内容的改革

适当精简了溶液平衡浓度的烦琐计算，注重"解决问题的方法"的讲授。增加了实验数据的统计处理与评价、分离技术、分析试样的制备和分析示例等内容，为学生进入高层次学习打下基础；从1994开始，在全国率先使用法定计量单位，变动了一些传统的概念、定义和数学表达式。

（3）教学方法的改革

课堂讲授以难点和不易深入理解的内容为主，突出重点，注重讲授处理问题的方法；适当增加学生自学的内容，对重点章节组织学生进行讨论，充分调动学生的学习积极性。

（4）教学环节的改革

为了适应计算机的发展，1994年我们课程组就开始研制分析化学辅助教学软件，率先将计算机引入分析化学课的教学中，该软件经过多次修改、完善和补充，在化学系基地班教学中使用，学生反映效果很好。

3. 教材建设

在1996年以前，我们的分析化学课一直没有比较完整的教材，现有的教材已经不能适应教学的需要。为此，许晓文老师、沈含熙先生和我共同编写了《定量化学分析》教材，由南开大学出版社出版第一版，该教材结合作者多年的教学经验，并考虑到培养新型人才的需要，教材具有适当的深度和广度，将分析化学最新的内容加入其中。教材概念准确，清楚；推理严谨，简练。此书受到使用者的好评。

为了更好地适应教学改革的需要，此书于2004年由我和李一峻老师结合自己的教学经验，共同完成了第二版的编写工作，压缩了内容，重新编写了一些章节，增加了新的内容。2016 年我和李一峻、陈朗星、夏炎三位老师，又重新对第二版进行了修订，出版了第三版。此书供化学学院、材料学院、药学院、环境科学与工程学院的学生使用。

2002 年 9 月起，我担任了化学教学实验中心中级实验室副主任，和李文友老师一起进行实验室建设，对课程设置、实验内容进行了改革，做了大量的工作。主编了《仪器分析实验》教材，由科学出版社出版，供化学学院、材料学院等本科生使用。

科研工作

1975 年毕业后，我就进入到史慧明、何锡文两位先生的科研组进行科研工作，一边科研一边从事分析化学实验和仪器分析实验的教学工作。科研组除了我以外还有另外两位老师，我的资历最浅。在大学学习期间，所学的知识偏少，压力比较大。为了能够尽快胜任科研工作，我在工作之余，利用一切时间不断学习，在史慧明和何锡文两位先生的指导下，经过自己不断的努力很快进入了状态。史慧明、何锡文两位先生，是我的恩师，两位先生不但学识渊博，而且品德高尚。两位先生不但教授我知识，更教授我怎样成为一名合格的教师和有一定能力的科研工作者。两位先生孜孜不倦的工作精神和渊博的知识，使我受益匪浅。经过多年的不断努力，我在科研方面取得了一些成果，在国内外刊物上共发表论文 50 多篇，参加国家自然科学基金项目 10 项。经过教学和科研的磨炼和刻苦努力工作，1984年我晋升为讲师，又经过 10 年奋斗，1994 年晋升为副教授，2005 年晋升为教授。在科研组里，我除了自己进行科研以外，同时还协助何锡文先生带硕士研究生。

获奖情况

（1）1987 年开始，三次获南开大学教学质量优秀奖。

（2）1992 年教学评估，我参加主讲的"无极及分析化学"课程，获校级优秀奖。

（3）1996 年教学评估，我参加主讲的"分析化学"课程，获校级优秀奖。

（4）1996 年教学评估，我参加主讲的"分析化学实验"课程，获校级优秀奖。

（5）1998 年被评为中国教育工会天津市委员会 1997 年度"三育人"先进个人。

（6）1998 年被天津市总工会授予"九五"立功奖章。

（7）2000 年，由我参加撰写的《开拓进取，做好初高中化学教学的衔接》的论文，获中华教育教学优秀论文二等奖。

（8）1996 年、2000 年，分别被评为校级优秀共产党员。

为人师表，具有良好的职业道德和敬业精神

我们课程组的教师为人师表，有高度的职业道德和敬业精神，教学态度严谨，工作认真负责，认真执行各项规章制度，从未发生过教学事故。严格要求自己和学生，认真备课，全面关心学生成长，在向学生传授知识的同时，努力做到教书育人，要求学生树立正确的学习态度。党员教师积极鼓励学生向党组织递交入党申请书，鼓励学生向党组织靠拢。

文章作者：杨万龙

王俊芬
1950—

    1971 年 10 月—1975 年 4 月在南开大学化学系高分子专业学习，毕业后留学校工作。1975 年 11 月，被学校派到天津市汉沽区茶淀乡普及大寨县进行为期八个月的工作锻炼，1976 年 7 月回校后在政治经济学系工作。1977 年 3 月—1980 年 2 月年调回化学系，参加了高分子专业教研室何炳林先生安排的分析化学、物理化学理论课再次学习；承担定量分析、物理化学实验课学习和助教工作。1980 年 3 月—1983 年 8 月调校人事处调配科负责理科教师调配工作。1983 年 9 月—1990 年 8 月调教育部装备司建立的中国教学仪器设备公司上海分公司任办公室副主任。1990 年 9 月—1996 年 8 月调学校师资处外语培训中心工作。1996 年 9 月—2006 年 3 月在化学学院农药国家工程研究中心（天津）工作。

王俊芬在大学高分子专业学习期间，认为自己知识起点低，就加倍努力学习，课上认真听讲，做好每一个实验，向老师和同学请教，不放过任何难点。毕业前被安排到长春应用化学研究所高分子研究室，在黄葆同先生、陈文启等先生的精心指导下进行毕业论文设计与实践。由于论文要求连续不间断完成橡胶合成实验和物理化学性能测试，她和张江海同学每天24小时倒班合作，经过四个多月的学习和实验共同努力完成了《异戊二烯橡胶的合成和物化性能测定》的毕业论文。他们的论文通过了本专业老师和外请导师的答辩。该论文在当年的《化学通讯》刊物上发表。读大学期间，她热心为同学服务，曾担任化学系学生会文艺委员，在不影响学习的情况下，与其他同学共同组织完成化学系和学校安排的多次文艺演出，得到老师和同学们的好评。

　　王俊芬参加工作后，无论是在高分子专业教研室、学校行政部门，还是在教育部上海教学仪器公司工作期间，都做到了工作上服从领导的安排，对工作积极认真，踏实肯干，能按时完成领导交办的各项工作。她诚恳待人，关心同事，工作中与同事合作愉快。在师资处外语培训中心工作期间，同时有三位学校聘请的外籍教师开课，每周课时安排很满，工作量很大，而且培训中心承担每年两次托福、GRE考试需要出差北京等，由于工作完成出色，师资处给予王俊芬3％晋升工资奖励。

　　农药国家工程研究中心（天津）是依托于南开大学元素有机化学研究所、元素有机化学国家重点实验室，根据国家计委1995[1797]号文件批复建立于南开大学。主要任务是开展新农药创制和新农药研究，将科研成果转化为生产力。

　　王俊芬在农药国家工程研究中心（天津）工作十年间，担任办公室主任、党支部书记工作。她全心全力协助中心主任李正名院士认真完成所有行政工作，同时带领全体共产党员发挥党支部的战斗堡垒作用和共产党员的先锋模范作用，在中心和绿保公司全体人员的共同努力下，基本实现将新创制研发的农药除草剂单嘧磺隆和单嘧磺酯产业化以及进行大田大面积药效试验并取得成效。农药中心党支部被评选为化学学院优秀党支部。1997年10月王俊芬被学校职称评聘委员会聘为副研究员。

　　新农药创制需要工程技术人员，中心积极引进大连农药厂高级工程师黑中一先生。王俊芬和黑中一先生从中国农大、山东农大、北京理工大学、上海华东理工大学、天津理工大学等院校招聘硕士、本科毕业生数十人加

百年耕耘

南开化学

入中心工作。她多次协调人事处、房产处共同解决调入人员的住宿、生活困难。这些新生技术力量的加入，加快了农药中心建设的步伐。

购置新创制农药生产基地。在天津市渤海化工集团和北辰区科委的大力协助下，经过李正名先生与香港商人多次协商，以港商接受的最低出让价格，购置了北辰区北孙庄原计划生产橡胶的厂房及一些生产设备，1999年10月17日李正名先生和港商签订了购置合同。为感谢香港商人，李先生邀请他们参加了南开大学建校八十周年校庆活动。

李正名先生与香港商人合影

快速建成新农药合成和制剂生产基地。王玲秀教授带领工程中心生物测试实验室孟和生、高发旺等人员进行新农药药效测试，在获得实验室测试数据后，黑中一、刘桂龙、张学舜、寇俊杰等技术人员立即进行新创制除草剂单嘧磺隆、单嘧磺酯的生产设计，请来生产工人进行设备改制和安装，同时用较短时间设计和安装处理生产中产生的废水的设施，从而达到北辰区环保部门要求的对当地人民和生活环境无污染的标准，使新除草剂可以在生产基地进行批量合成及生产粉剂制剂。

农药工程中心工作人员

成立天津市绿保农用化学科技开发有限公司。由于生产新农药、进行田间药效测试和产品推广的需要，必须建立公司才能进行产品注册登记。王俊芬和刘桂龙高工着手起草成立公司所需要的各种文件和资金运作，聘请公司运行的相关人员，完善公司运行的必要规章制度，在较短的时间成立了公司并逐渐运作正常。

经过农药中心和绿保公司全体人员的共同努力，生产出经中心分析室检测分析各项数据合格的新除草剂的粉剂制剂，并进行了批量生产。中心和绿保公司人员将新的制剂送到天津市武清区实施新农药的田间试验，有了田间药效的结果，再将制剂送到河北省栾城进行大田大面积推广试验。

两种新创制农药除草剂有了真实的试验数据（在李正名院士的获奖报告中有详细数据和照片）。农药工程中心（天津）还参加了 2001 年 10 月在深圳举行的第三届中国国际高新技术交易会。工程中心工作人员在展会上向来自各地的参会者介绍了新农药的药效和大田试验成果。

王俊芬于 2006 年 3 月退休。

百年耕耘 南开化学

赵卫光、王玲秀、王俊芬、孟和生在高新技术交易会上

文章作者：王俊芬

刘育

1954—

　　南开大学教授，1977 年毕业于中国科技大学，1991 年获日本姬路工业大学博士学位，同年回国在中科院兰州化物所做博士后。1993 年任南开大学教授。主要从事有机超分子化学的研究，已在国内外核心刊物发表论文 500 多篇，论文 SCI 他引 15000 多次，授权国家发明专利 40 多项，主（参）编专著 13 部。1996 年获评国家杰青，2000 年为教育部"长江学者奖励计划"特聘教授，2003 年获宝钢优秀教师特等奖。2006 年和 2010 年为 973 重大研究计划项目首席科学家。2005—2013 年任化学学院院长。第 7 届和第 8 届国务院学位委员会学科评议组成员。自 2004 年担任多个国际学术组织的顾问委员会成员，并作为第一完成人获国家自然科学奖二等奖和 3 次天津市自然科学一等奖。目前是《中国化学快报》副主编、AJOC 等 7 种杂志编委。

我于1954年生于内蒙古呼和浩特，1977年毕业于中国科学技术大学，1991年获得日本姬路工业大学博士学位，同年回国后在中国科学院兰州化学物理研究所博士后流动站从事研究工作。1992年底博士后出站，1993年到南开大学任教授。

　　回首往事，至今我已在南开大学工作了28年。在这段时间里，我时刻能够感受到作为一名教师和科研工作者所面临的教书育人及攻克科研难题的责任和压力。初到南开，我就面临人员不足和科研经费短缺的困难。然而，1972年作为兵团战士在内蒙古草原上挥洒青春和热血，与大自然抗争救火的经历造就了我坚韧的品格。人员短缺，我就在校各级领导和老一辈科学家的支持和帮助下，扎根于实验室，每天工作十几个小时，节假日也不休息，几十年如一日。那段时间，我的爱人也成了我的助手，每天下班后都会来实验室和我一起工作。我的爱人是天津人，她的母校是南开大学，同样是化学专业出身的她向我讲述了南开大学化学的发展史和奋斗史，这更加坚定了我在南开大学工作的信心。科研经费不足，我就充分利用国家教委和学校提供的科研启动基金，把每一分钱花到"刀刃"上。实验需要用到的量热滴定仪是国外进口的，总体的价格非常昂贵。我就只购买了量热滴定仪的主机，将国产配件进行改装之后与进口的主机配套使用。这样一来既保证了仪器的正常运转，又节约了大量经费。对于科研项目的申请，我从不放弃任何一次申请科研经费的机会，刚开始，连续几次申请国家自然科学基金都没有成功，经费短缺使我面临研究无法进一步发展的压力。我没有怨天尤人，而是阅读大量文献，积极思考，努力找出自己的不足加以改进然后继续申请。后来国家杰出青年科学基金项目的申请使我印象最为深刻。早在1994年我申请国家杰出青年基金的项目就通过了初评，不幸的是止步于北京香山答辩环节。1995年再次在兰州的答辩环节栽了跟头，连续两次答辩失利使我深深地感受到了巨大的压力。卡耐基曾经说过："当你感觉到步履维艰的时候说明你正在走上坡路。与其抱怨，不如思辨。"我反复回忆自己答辩中的细节，听取前辈们多方面的建议，努力提升自己做报告的能力。同时，在研究工作中寻找新的亮点，不断完善项目内容。皇天不负有心人，1996年我的研究项目终于在激烈的竞争中脱颖而出，获得国家杰出青年科学基金的资助。之后又于1999年和2003年先后两次获得国家自然科学基金重大研究项目的资助，使得实验室得到了赖以生存和持续发展的基础。目前，实验室的发展已经有了一定的经费保障，但我仍然时时告诫学生不要浪费，要把经费用到必要的地方。入校以来，我承担了包括国家教委留学回国人员基金、国家教委优秀中青年教师基金、国家教委跨世纪优秀人才基金、教育部博士点基金、天津市教委和科委跨世纪优秀人才基金、天津市自然科学基金（4 项）、国家自然科学基金（5 项）、国家杰出青年科学家基金和国家自然科学基金重大研究项目（2 项）等多项科研项目。

在科学研究上，我一直坚持的就是：思维要创新，研究要系统，工作要投入，意志要坚定。这是我从几十年的研究工作中总结得出的学术经验，包含了我在学术探索和科研体会上的精华。

化学作为一门基础科学，已经被广泛应用到生活生产上，但它的研究和发展永无止境。初到南开时，我有幸得陈荣悌院士指点。陈荣悌院士多次和我谈科研工作和未来发展，即使在经费不充裕的情况下，也支持我参加国内外学术交流。大师的品格就像春雨一样，润物细无声，在无形中感染着我。他是我的榜样，也是我依靠的力量。当年协助陈荣悌院士指导学生的经历为我后来自己指导学生和带领课题组积累了经验。在科研探索过程中，很多学生常常会感觉到自己的课题已经没有什么可以做的了，已经到头了。学生面临着论文和毕业的压力，往往很容易急躁。每每遇到这种情况，我都会先稳住学生的心态，然后循循善诱，引导其寻找新的突破口，告诉学生思维要创新。我们的知识是有限的，当无路可走的时候，要跳出那个熟悉的小圈子，站在更高处去发现，沉下心来找出突破点。只要善于思考和能够坚持，肯定能够"山重水复疑无路，柳暗花明又一村"。在组里，我一直都给学生足够的自由度，让他们自己选择研究方向和安排工作时间。一直跟学生强调，在设计实验时要有目的性，不要盲目地去模仿，尤其是博士生要有自己的研究特色和系统地研究工作。我们做科研，不能东一榔头西一棒槌，要有系统性，在经历最初的科研训练后要能够选定自己的研究主题，并沿着这一方向深入地研究，要耐得住寂寞，在自己的研究基础上，要持续、深入地去挖掘，不断去创新，总能开拓出自己的一条路，随后的科研成果都是水到渠成。1998 年，我在美国《有机化学》（J. Org. Chem.）杂志上报道了一种新的化合物——丙二硒桥联环糊精，6 年来共有 5 位硕士和博士先后进行了该化合物的后续研究工作，并相继发表了十几篇基于此化合物的高质量的文章，至今对其性能的开发仍在继续，这充分说明系统研究的重要性。

化学是一门实验科学，需要动手做大量实验，在实验过程中我们要理论结合实践，善于思考和发现。我一直鼓励学生要多和老师沟通交流，尤其是实验上遇到问题时。在交流过程中，我能够发现学生的实验可能欠缺的地方，有时候很简单的实验学生没有做就理所当然地认为这个化合物不具备某一性质，但往往一些大的发现就是在这种情况下产生的。我会要求学生对于一切未知化合物的性质都要自己去做实验验证，而不能简单地与已报道的类似化合物进行类比。近几年，室温磷光材料的研究非常热门，我在一篇文章中看到我们组常用的一个客体分子溴苯基吡啶盐作为基团修饰到环糊精上能够发磷光，由此想到我们以前做的很多溴苯基吡啶盐客体分子与主体葫芦脲组装的工作是不是也会产生室温磷光。我坚持让学生去尝试，发现确实通过主客体组装的方法能够诱导溴苯基吡啶盐的磷光量子产率大大提升，这是当时纯有机室温磷光量子产率的最高纪录（81.2%），这一工作成果发表在《德国应用化学》（Angew Chem Int Edit.）上。随后，我们在此基础上又做了一系列工作，通过避重就轻策略实现了超长的室温磷光[《化学科学》（Chemical Science）]，通过协同策略实现了固态超分子高产率长寿命的室温磷光[《德国应用化学》（Angew Chem Int Edit.）]，通过共价引入具有肿瘤靶向的透明质酸高分子链实现了水溶液中的室温磷光并用于细胞成像[《自然通讯》（Nature Commun）]，通过 CB[8]包结折叠的双吡啶基团客体分子实现了99%的磷光量子产率[《先进材料》（Advanced Materials）]，等等。"客随主变助窜越，避重就轻长发光，协同策略两相宜，水相磷光来成像，分子折叠全窜越。"这些系统深入而且优秀的研究工作都是基于学生们勤奋地做实验、细致的观察和认真的思考，再加上不断地创新和突破才能够得以实现。也将为以后关于磷光的理论的提出和完善提供更加坚实完善的实验基础，我希望我们课题组能够做出更多这样完善系统的工作，为科学的进步贡献自己更多的力量。

作为一名教师，教书育人是我的使命。在当今这样一个多元化的经济时代，我不仅要教学生做科研，更要教学生做人——做对国家、对民族、对社会有用的人。要将学生培养成爱国爱家、德才兼备、无私奉献的有

为青年。在科研上，我要求学生要勤奋刻苦、注重合作，更要有创新意识、创新精神和创造能力。首先，我要求学生在经历最基本的实验训练后要注重看文献，瞄准国际前沿，掌握最新的科技动态，在比着葫芦画瓢的基础上描绘出属于自己的画作。我也时常告诫学生，不能一味地停留在对已有研究的变相重复上，要不断提升自己，提高目标，要创新，寻求质的突破。我们课题组的组会是很自由的形式，老师和学生们都可以畅所欲言。我时常鼓励学生们多多交流，广开思路，勇于开拓，大胆探索，引导学生突破思想的束缚，登高望远。在实验上，我要求学生一定要自己动手做实验，要认真记录实验记录本，做实验时要规范操作，将实验误差降到最低。在生活中，我会用心关怀学生们，和他们交心，尽可能地帮助他们解决生活上的难题，使他们可以心无旁骛地投入学习和工作中。我会有计划地组织各种集体活动，如郊游、采摘、爬山、登长城等，使师生之间加强沟通，学生之间加强团结，让大家感受到超分子大家庭的温暖。在这二十几年里，我已经培养了100多名博士和硕士，10名博士后和访问学者，其中多人获得南开大学优秀奖学金特等奖并荣获"南开十杰"光荣称号。很多学生已经成为全国各高校的教学科研骨干，包括优青和杰青。

在给南开大学的学子们讲授公共课时，我始终强调一个"新"字，在教学中总是将自己的科研成果与国际前沿的发展结合，让我的课成为一个学生们了解当今世界最新科技动态的窗口，力求学生们听我的课能够有一些启发。这种在讲授课本知识的过程中融入科研元素的授课方式非常有趣，增强了课堂的吸引力和感染力，也使同学们对化学有了更浓烈的兴趣。为了使授课内容更加直观、形象、立体，我用科研经费购置了多媒体设备用于教学，收到了非常好的效果，受到同学们的普遍欢迎。在教材建设、教学研究与改革创新方面我也贡献了一分力量。我编写的《超分子化学——合成受体的分子识别与组装》现在已经作为研究生的教材使用，参与编写的由申泮文院士主编的《无机化学》现已作为本科生的教材使用。每年我的实验室都会吸引很多本科生参加科学研究，让学生从本科阶段开始就进入研究梯队，从而形成了"理论用于实践，实践丰富理论"的良性循环。由于在教学工作上的突出贡献，我于2002年被评为全国高校优秀骨干教师，并获南开大学"敬业奖学金"二等奖，2003年获"宝钢教育基金"优秀教师特等奖，并获南开良师益友称号。

回忆在南开的近30年，我在教学科研、学院管理和研究生培养上都竭尽全力，并取得了累累硕果。现在虽已过花甲之年，仍老当益壮，潜心科研，不断寻求突破。允公允能，日新月异。南开大学为我提供了一流的科研平台，我将继续为南开化学的发展添砖加瓦，为南开跻身于世界一流大学之列贡献自己的力量。

【主要著作】

（1）刘育，尤长城，张衡益编著，《超分子化学——合成受体的分子识别与组装》，天津，南开大学出版社，2001年。

（2）刘育，张衡益，李莉，王浩编著，《纳米超分子——从合成受体到功能组装体》，北京，化学工业出版社，2004年。

（3）Yu Liu, Yong Chen, Heng-Yi Zhang Editors, *Handbook of Macrocyclic Supramolecular Assembly*, Volume 1, Springer 2021.

（4）Yu Liu, Yong Chen, Heng-Yi Zhang Editors, *Handbook of Macrocyclic Supramolecular Assembly*, Volume 2, Springer 2021.

文章作者：刘育

关乃佳

1956—

材料科学与工程学院教授，博士生导师。1981 年和 1984 年分别获南开大学本科及硕士学位，1991 年获德国波鸿鲁尔大学博士学位。1994 年 8 月回国。历任南开大学化学学院副教授、教授。2001—2005 年担任化学学院院长；2005—2006 年为南开大学教务长；2006 年 11 月—2016 年 11 月担任南开大学主管国际事务副校长。多年来从事氮氧化物的催化净化、分子筛的合成与应用、甲醇/低碳烃的催化转化、氧化物固体催化剂制备、光催化/环境催化等研究工作。曾任中国化学会常务理事，分子筛专业委员会副主任，天津市化学会理事长，等等。现任中国化学会催化专业委员会委员，在 Science，JACS，Angew Chem Int Ed 等国内外学术杂志上发表文章 200 余篇，参与编写专著 3 部。先后承担国家重大基础研究发展计划（973 计划）等科研项目共 40 余项。培养硕、博士研究生 80 余人，其中 2 位已获国家自然科学基金委杰出青年基金资助。2020 年被选为中国化学会首届会士。

学生的评价：她是师长，耕耘奉献、教书育人；她是学者，潜心科研、勇于创新；她是党员，不忘初心、率先垂范。

百年耕耘
南开化学

关乃佳于 1956 年 7 月出生于北京的一个知识分子家庭，父亲曾留学日本，是有名的建筑师，为了支援当时交通部所属新港造船厂大型船坞建设，举家迁来天津。幼时家庭的熏陶使她从小就埋下科学的种子，喜爱读书，兴趣广泛。可惜在小学三年级时，赶上了一场中国文化的浩劫，老师没有书教，学生没有课上，荒废了几年，一直到初中至高中（1972—1974年）才开始学习一些知识。初中毕业，由于上山下乡的哥哥姐姐陆续回城，学校也按家庭条件发给她一纸下乡通知书。正当她不知所措时，学校又通知可以在上高中和上山下乡之间做一选择。原来，附近成立了一所新中学校，没有高中生源，初中老师把这个消息第一时间告诉了她，她则第一次遇到了转机。由于是新学校，高中老师都是从在企业工作的大学生里挑的，数学老师是塘沽建筑公司的，物理老师是新港造船厂的，政治老师是天津港务局的……用现在的话说，学生不仅学到了知识，还了解了企业文化。当时印象最深的一件事是，由于强调知识要与生产实际相结合，老师就带领大家到生产车间参观，正赶上一群工人正在围着电炉聊天，烤馒头片。待他们散去后，老师让大家把烤馒头片的电炉的电路图画下来，当时学到的物理知识有限，看到这么个黑乎乎的大东西还真不知道从哪里下手，经过再三琢磨，反复推敲，关乃佳终于成为所有同学中唯一正确画出电路图的人。

　　高中毕业后，赶上轰轰烈烈建设天津港口，天津港务局成立建港指挥部，经老师推荐，关乃佳被分配在宣传处工作，两年后恢复高考，她成为她们年级唯一的一个考上大学的学生，如愿进入了南开大学。尽管地震后条件很差，但是大家学习很努力，经过本科生和硕士生的培养，关乃佳积累了较为扎实的基础知识，为后来的科学研究创造了条件。

　　直至 2020 年，南开大学材料科学与工程学院正在进行着一场已经持续了 26 年的化学反应：在一个高压反应釜中，高效的分子筛催化剂正数年如一日地默默奉献着，择型催化一批又一批样品，使之具有高选择性、高转化率，成为对国家和社会发展有用之物质。如今，完成催化的 26 组样品正分布在中国的四面八方，为祖国的建设贡献着自己的青春和力量。而这个高效的催化剂，就是关乃佳老师。

　　1994 年，关乃佳从德国留学归国，回到了化学系。当时的催化研究室人员老化，设备破旧。望着分到的一间实验室，关乃佳做的第一件事是买桶白涂料和长柄刷，自己动手把墙粉刷了一遍。依靠学校给的 1 万元科研经费和催化剂工厂的支持，购置了催化反应必要的设备，自制了反应炉等设备。

当时六教条件真是艰苦，只有一套反应装置，如果坏了大家都做不了实验。一名本科生小姑娘来实验室做毕业设计，在利用固定床装置进行催化剂评价反应时，由于管路复杂不慎将仪器弄坏了，小姑娘十分紧张和害怕，完全慌了神，关乃佳自己花了整整一上午时间修理仪器，并耐心地为小姑娘讲解仪器操作过程中的注意事项，一直等设备恢复工作后才长舒一口气。

课题组成立 22 年以来，共培养博士生 34 人、硕士生 52 人，其中 2 人获国家自然科学基金委杰青项目，2 人获国家自然科学基金委优青项目，1 人获中国催化新秀奖，6 人获评南开大学优博论文，1 人获评天津市优博论文，每年都有学生获得李赫咺奖学金，24 人在各高校及中科院研究所工作，5 人在神华集团、中石化等大型企业和研究院工作。

2000 年开始，关乃佳担任化学学院院长，除了学术研究和学生培养的工作外，还肩负化学学科的发展振兴重任。当时面临的一个重要任务，就是整合整个化学学科，9 个处级实体单位，成立一个处级实体化学学院。这意味着 9 个单位降级，成为化学学院下面的系、所、中心，原来各自的规章制度，包括经费管理办法，职称晋升标准，工作量考核标准、仪器使用办法等等都要统一。在担任南开大学化学学院院长期间，她夜以继日地工作，几乎是抛家舍业、呕心沥血，甚至染上了胃病，一次在陪同客人参观时胃难受，只能等客人转到另一个实验室时偷偷呕吐，然后再打起精神继续陪同。令人难忘的是，当时的院领导班子为了聘岗而开会至深夜，回家时学校西门的大铁门已经关了，大家都完成了有生以来第一次"翻爬大门"。

引进人才是振兴化学学科的最重要的任务，为了吸引更多的才俊加盟南开，关乃佳利用一切机会宣传南开，耐心与学者沟通，解释南开引进人才政策，向学校争取更多支持，利用晚上时间与学者邮件联系，有的多达几十封，详细介绍情况，直至他们下定决心来南开工作。

2006 年始，关乃佳担任了南开大学副校长，分管国际交流工作。她经常不顾出国时差反应，放下行囊即回学校，积极推动南开大学在国际交流和对外合作方面的发展，搭建了南开与世界多所著名高校的交流平台。她还经常与外国留学生交流沟通，了解他们的需求，帮助他们解决问题，因此她的"粉丝圈"也有相当多的外国面孔。

2015 年学校成立了材料科学与工程学院，关乃佳担任了材料科学与工程学院党委书记。作为一名新成立学院的领导，纷繁复杂的事物全部涌在了她面前，辛苦程度不言而喻。作为一名老党员，她不仅坚持加强自身的理论学习，还特别注重发挥党员的模范带头作用。连续 4 年支持了海南五指山一位贫困女大学生，还支持甘肃省庄浪县万全镇田坪小学家庭经济特别困难的孤儿。此外，关乃佳 2005—2014 年连任二届天津市政协委员，中国科协七大、八大代表，天津市党代会代表，被评为天津市"三八红旗手"，"九五"立功先进个人。

　　岁月如歌，光阴似水，我们的国家已经迈入"十四五"开局之年，关乃佳从硕士毕业留校至今，她的"南开龄"已经有三十七个年头。她年复一年地培养着自己的学生成材成器，而自己也即将步入退休的行列。她将自己最美好的青春年华奉献给了南开，奉献给了祖国的教书育人事业。她说自己是感恩南开的，怀揣着对南开的无限情愫，她为百年南开化学送上了几句祝福：

　　祖国发展为我们的进步赋予了宝贵的前提，努力做好自己方能不辱使命；机遇转瞬即逝，不要指望别人懈怠时我们才能进步，只有比别人走得更快才能迈向时代前列；创新是永恒的主题，创新能为你开辟出一个更广阔的天地；祝愿南开化学永远年轻，有了你，世界变得更加绚丽多彩。

文章作者：关乃佳

　　2007 年 4 月 18 日，吉林大学徐如人院士受聘为杨石先讲座教授，关乃佳为徐如人颁发聘书

　　2012 年 9 月 19 日，韩国水原大学建校 30 周年庆典仪式隆重举行，南开大学时任副校长关乃佳应邀出席

　　2013 年 3 月 12 日，美国高校联盟公司（Academic Partnerships）总裁北亚区行政总裁特伦斯·梁（Mr. Terrance Lenug）访问南开大学，时任副校长关乃佳在专家楼会见了客人。

周其林

1957—

　　化学家，南开大学化学学院教授，中国科学院院士。周其林 1957 年出生于江苏南京，1978 年考入兰州大学化学系，1982 年考入中国科学院上海有机化学研究所，1987 年获博士学位。经过在国内外多年博士后研究训练，他于 1996 年加入华东理工大学精细化工研究所，1999 年受聘教育部"长江学者"奖励计划，加入南开大学元素有机化学研究所。周其林在有机化学，特别是在手性化合物的不对称催化合成研究领域做出了杰出贡献，为国家培养了大批人才。

周其林 1957 年 2 月 19 日出生于江苏南京江心洲乡的一个农民家庭。他祖籍安徽无为，祖父 1929 年从无为迁至南京。父亲识一些字，能够阅读，母亲不识字，但他们深知读书的重要，一直支持子女读书。可是，由于"文化大革命"的缘故，周其林 1974 年高中毕业以后无缘考大学，回到了农村务农，直到 1978 年考上大学。

南京江心洲是长江中无数沙洲岛屿中的一个，周其林在江心洲上生活了 21 年，这期间给他留下最深刻的记忆是饥饿和迷惘。这饥饿既有身体上的，也有精神上的。在童年时代，饥饿意味着经常吃不饱，到了读中学以后饥饿是指找不到书读。那是一个物质和精神都极度贫乏的年代。迷惘是那个时代青年人的共同特征，周其林既不甘心每天的重复劳动，又看不到未来的出路。他经常一人独坐大江边，看着那滚滚江水东流去，想着哪天自己才能走出江心洲。

转折发生在"文革"结束以后恢复高考。1977 年，在邓小平的直接推动下，停止了十年之久的高考得以恢复，周其林又有了上学的机会，他决定一试。但是由于积压了十年，全国有考生 500 多万，而当年只招收 20 多万名大学生，录取率不足 5%，可见竞争是多么的激烈。1977 年底，周其林从农田里直接去参加高考，什么也没准备，理所当然没有考上。但是这次考试让他发现试题并不难，如果加以复习是可以考上的。后来经过几个月的复习，他于 1978 年考上了兰州大学化学系。复习考试的几个月是周其林人生中最辛苦的一段时间。他每天白天参加生产队的劳动，晚上骑车进城里参加补习班，夜里回到家已经快一点了，早上六点又要起床上班。这段时间虽然辛苦，但他觉得非常充实，也满怀激情，一扫心头的长期阴霾。

1978 年秋，周其林来到了兰州大学化学系。这原本不是他填报志愿的学校和专业，他是被分配来的。但是，经过一段时间的学习，他发现兰州大学学风淳朴，老师用心教，学生努力学，渐渐喜欢上了兰州大学，喜欢上了兰州大学化学系。从此，他开始一头扎进了知识的海洋，如饥似渴地从书中汲取着营养，恨不能把被"文革"耽误的时间补回来。在兰州大学的学习阶段，周其林从开始接触化学到了解化学，发展到后来喜欢以至热爱化学，所以毕业时他毫不犹豫地报考了研究生。大学的四年，周其林完成了从一个科盲向一个虔诚的科学信徒的转变，并且渴望能够进入科学之门，一探究竟。

考研究生要比考大学容易多了。凭借四年大学的扎实基础，1982 年周其林顺利地考取了中科院上海有机所，跟随著名有机化学家黄耀增先生研究金属有机化学。金属有机化学在当时是属于新兴学科，正好那年夏天在上海召开了"中日美金属有机化学学术讨论会"，黄耀增先生是中方主席，使得周其林对于金属有机化学和黄先生有所了解。硕士期间，他的毕业论文是合成含氟烷基聚乙炔。为了合成聚合物单体——全氟烷基乙炔，他设计了一个钯催化乙炔与全氟烷基碘化物的偶联反应。但是反应始终没能得到所需要的全氟烷基乙炔，而是得到一个未知化合物。经过几个月的仔细研究，他终于弄清楚了这个未知化合物的结构，这是一种新化合物类型——全氟烷基烯胺。为了回答这个新化合物是如何生成的，周其林又研究了半年，最后他发现是反应中作为碱的三乙胺参与了反应，同时发生了氧化脱氢过程。这是一个过去未见报道的全新反应。在征得导师的同意后，周其林将这个新反应作为了他博士论文的研究内容。又经过三年研究，他将这个反应发展成为合成含氟烷基烯胺的有效方法。

经过五年多的研究生阶段学习，周其林对自己的科研能力有了信心，他发现自己可以做一些创新研究，因而进一步坚定了从事科学研究的人生道路。师从黄耀增先生对于周其林是一大幸事，他经常这样说。黄先生出生于书香门第，性情儒雅，对学生和蔼可亲，也给学生充分的自由发挥空间。这使得周其林感受到了做研究的乐趣。在上海有机化学研究所读研究生阶段，周其林还收获了爱情，在那里他找到了后来成为他人生伴侣的李冰女士。

1987年从上海有机化学研究所获得博士学位以后，周其林希望出国做博士后，研究手性化合物的不对称催化合成。这出于两方面的考虑：一是当时国际上不对称催化合成研究方向处在早期的快速发展阶段，正孕育着重大发现；二是手性化合物在药物和材料领域的巨大应用前景开始被认识。然而，当年的政策是博士毕业后需要先在国内工作学习两年后才能出国。于是，周其林选择了先去华东化工学院（现华东理工大学）跟随朱正华先生做博士后，然后于1990年去外国继续做博士后研究。经过在德国Max-Planck研究所（合作导师Klaus Mullen教授）、瑞士Basel大学（合作导师Andreas Pfaltz教授）和美国Trinity大学（合作导师Michael Doyle教授）的博士后研究，他已经完全做好了从事不对称催化合成研究的知识和技术准备，并于1996年回到了华东理工大学，准备大干一场。

可是，当周其林回到国内以后，才发现基础研究的条件比他出国前并无多大改善，研究基金依然很少，他不得不做一些横向课题，帮助企业特别是国外企业解决一些技术难题，用技术开发挣来的经费补助基础研究，因此耽误了很多宝贵时间。后来，由于申请到了国家杰出青年基金，并受聘教育部"长江学者"奖励计划，周其林才真正能够专心做他的基础研究。由于当年各个学科的"长江学者"岗位需要经过教育部批准设立，而有机化学的岗位最初也只有南开大学和兰州大学两个，因此，周其林于1999年应聘了南开大学的有机化学"长江学者"岗位，来到了天津。此时，他的不对称催化合成研究才算走上了正轨，进入了快车道。

不对称催化合成研究的核心是手性催化剂的设计。周其林从做博士后期间就一心想设计一个结构新颖、应用广泛的手性催化剂，可以说在他脑子里已经有了很多种设计方案，回国以后开始逐一用实验验证。经过他和学生们的不懈努力和无数次的失败，终于发现了手性螺环催化剂。手性螺环催化剂在许多不对称合成反应中都保持了最高的催化活性和对映选择性记录，成为迄今最高效的手性催化剂，并被广泛应用于手性化合物和手性药物的合成。由于这一发现，周其林2018年获得"未来科学大奖——物质科学奖"，2019年获得"国家自然科学奖"一等奖。手性螺环催化剂的发现前后经历了20年的时间，这也充分说明基础研究创新需要长期坚持。

周其林不但在科学研究上做出了杰出成绩，获得了多项学术奖励，还在教书育人方面做出了表率。他不遗余力地关心支持年轻教师，帮助他们尽快成长。他被评为2018年"全国教书育人楷模"、2020年"全国先进工作者"。

文章作者：周其林

百年耕耘
南开化学

周其林——中学时期   周其林——大学时期

周其林——研究生时期

周其林——1996年刚回国在华东理工大学实验室

周其林——2000年在南开大学办公室

百年耕耘
南开
化学

373

周其林——2018 年获"未来科学大奖"

朱晓晴

1957—

　　1957 年 10 月出生于安徽省安庆市，现为南开大学化学院教授，博士生导师，元素有机化学国家实验室学术委员，国家杰出青年基金获得者。朱晓晴教授从事物理有机化学研究近 30 年，标志性成果有：（1）建立了有机化合物负氢性定量标度参数 pK_H 数据库，填补了有机化合物负氢性没有定量标度参数的空白；（2）发现了 Marcus 电子转移理论原则性错误并建立了一个新的化学反应动力学方程（称为 Zhu 方程）；（3）提出了对化学反应动力学同位素效应本质的新认识。

朱晓晴，1957 年 10 月出生于安徽省安庆市，1982 年 2 月毕业于安庆师范大学，1982 年 2 月—1986 年 2 月在安徽劳动大学从事普通化学教学与科研工作，1986 年 2 月—1991 年 8 月在安庆师范大学从事有机化学教学与科研工作，1991 年 9 月—1996 年 6 月在兰州大学攻读博士学位，1996 年 9 月—1998 年 12 月在南开大学做博士后，1998 年 12 月至今在南开大学从事物理有机化学教学与科研工作。朱晓晴现在是南开大学化学学院教授，博士生导师，元素有机化学国家实验室学术委员，2001 年国家杰出青年科学基金获得者。自 1991 年 9 月起，朱晓晴教授一直从事物理有机化学研究，标志性研究成果有：（1）建立了有机化合物负氢性定量标度参数（pK_H）数据库；（2）发现了 Marcus 电子转移理论原则性错误根源并建立了一个新的化学反应动力学方程（称为 Zhu 方程）；（3）提出了动力学同位素效应新认识。

（一）有机化合物负氢性定量标度参数 pK_H 数据库的建立

众所周知，有机化合物是由碳、氢、氧、氮、硫以及卤素等非金属元素组成。由于氢原子的电负性比碳、氧、氮、硫以及卤素的电负性均小，所以有机化合物中氢原子通常都具有酸性（释放质子的性质）。回顾 20 世纪物理有机化学的研究史可以看出，在几乎整个 20 世纪中，有机化合物酸性研究一直是物理有机化学的一个中心研究课题。国际上许多著名的化学家，如 Lewis、Brфnsted、Hammett、Bordwell 以及我国化学家程津培等把他们几乎毕生的精力都献给了有机化合物酸性定量标度参数以及有机酸碱反应理论的研究中。如今许多常见的有机化合物在水、乙腈以及二甲亚砜等介质中的酸性定量标度参数 pK_a 值均已用实验方法测出。与此同时，一些与有机化合物酸性有关的化学反应速率方程，如 Hammett 方程、Brфnsted 方程等也由此提出。这些成就极大地促进了有机化学电子理论的建立和发展。然而，有机化合物中氢原子的负氢性（反应中释放负氢离子的性质）也是有机化合物氢原子的一种普遍存在的化学性质。有许多天然的有机化合物，如烟酰胺辅酶、黄素辅酶、维生素 C 以及无数人工设计合成的有机杂环化合物等均具有很好的负氢性，它们在化学反应中均能直接或间接地提供负氢离子。然而，与有机化合物酸性定量标度参数 pK_a 研究不同，有机化合物负氢性定量标度参数（pK_H）的研究到 20 世纪末基本上是空白，主要原因是有机化合物在有机介质中通常条件下不能释放出可检测量的负氢离子。为了填补有机化合物负氢性没有定量标度参数（pK_H）的空白，朱晓晴教授经过多年探索建立了一套有效的实验方法成功地测定了各种各样有机化合物在乙腈介质中负氢性定量标度参数 pK_H 的数值，建立了数千个常见的有机化合物在乙腈介质中负氢性定量标度参数 pK_H 的数据库，结束了有机化合物负氢性没有定量标度参数的历史。

有机化合物（XH）酸性：

$XH \rightarrow X^- + H^+$　　酸性强度定量标度参数：pK_a

有机化合物（XH）负氢性：

$XH \rightarrow X^+ + H^-$　　负氢性强度定量标度参数：pK_H

（二）Marcus 电子转移理论原则性错误及 Zhu 方程的建立

化学反应动力学是物理化学一个中心研究内容。如何科学地预测化学反应速率常数一直是物理化学的一个难题。历史上丹麦化学家 Brønsted 和美国化学家 Hammett 根据一些特殊反应中反应速率常数与反应热力学驱动力间的关系分别提出了著名的 Brønsted 方程和 Hammett 方程。这两个方程虽然形式有所不同，但本质是一样的，它们均认为，化学反应活化自由能是化学反应热力学驱动力的一元一次函数。由于这两个方程均来自对一些特殊反应的经验归纳，没有抽象上升到理论，因此它们不具有普遍意义。1956 年美国科学家 Marcus 利用外层电子转移反应的特殊性，提出了著名的 Marcus 方程。该方程认为，化学反应活化自由能是化学反应热力学驱动力的一元二次函数。虽然 Marcus 因提出了 Marcus 方程于 1992 年获得了诺贝尔化学奖，但 Marcus 方程完全是错误的，因为它不仅违背了科学原理也不符合事实。2013 年朱晓晴教授连发了 3 篇学术论文指出了 Marcus 方程原则性错误及其错误根源。与此同时，朱晓晴教授根据化学反应中化学键断裂与形成过程中能量变化规律的差异于 2013 年建立了一个新的化学反应动力学方程（称为 Zhu 方程）以取代 Marcus 方程。Zhu 方程与 Marcus 方程以及 Brønsted 方程和 Hammett 方程最大区别在于，Zhu 方程认为化学反应速率常数或活化自由能（$\Delta G^{\neq}$）的大小不仅取决于反应热力学驱动力（ΔG^o）的大小还要取决于反应内阻能（$\Delta G_o^{\neq}$）的大小。Zhu 方程已通过了十几万个不同类型的化学反应实验验证具有普遍适用性。事实上，Zhu 方程在许多化学研究领域已获得了广泛的应用。

化学反应：$XL + Y \rightarrow X + YL$（$L = e, H^+, H^-, H, CN^-, NO, Cl^-, \cdots\cdots$）

Brønsted 方程：$\lg k = -\alpha \, pK_a + \beta$（$\alpha$ 和 β 常数）

Hammett 方程：$\lg k = \rho\sigma + C$（ρ 和 C 是常数）

Marcus 方程：$\Delta G^{\neq} = \lambda/4\,(1+\Delta G^{o}/\lambda)^{2}$（$\lambda$是常数）

Zhu 方程：$\Delta G^{\neq} = \Delta G_{o}^{\neq} + \frac{1}{2}\Delta G^{o}$，其中，$\Delta G_{o}^{\neq} = \frac{1}{2}[\Delta G^{\neq}(Y=X) + \Delta G^{\neq}(X=Y)]$

（三）化学动力学同位素效应本质的新认识

化学反应动力学同位素效应是化学反应动力学理论中一个常见的基本概念，人们常常根据化学反应动力学同位素效应大小来判断化学反应的类型和机理。然而对化学反应动力学同位素效应的本质，文献和教科书中普遍存在着错误的认识。它们均认为分子中不同的同位素原子（如氢原子与氘原子）属于同一种原子，具有相同的化学性质，在化学反应中它们经过的势能面是相同的，动力学同位素效应来源于它们的零点能的不同和隧道效应的不同。这种传统的同位素效应理论不仅不能定量预测一个化学反应动力学同位素效应数值，而且对于许多化学反应动力学同位素效应实验值不能给予合理的解释。对化学反应动力学同位素效应真正的本质，朱晓晴教授经过多年研究于 2016 年在美国《物理化学》杂志上发表了长篇文章（J. Phys. Chem. A 2016，120，1779—1799），提出了一个全新的观点和看法。他认为两个不同的同位素原子（如氢原子与氘原子）在化学上应属于两种不同类型的原子，它们之间不仅物理性质不同，化学性质也是不完全相同。在相同的化学反应中它们经过的势能面是不同的。化学反应动力学同位素效应正是源于两个不同的同位素原子间（如氢原子与氘原子）个性的差异，与反应物零点能和隧道效应无关。事实上，一个化学反应自身根本不存在有隧道效应。朱晓晴教授提出的对化学反应动力学同位素效应本质的新认识不仅可以解释所有的实验事实，同时还可以利用 Zhu 方程预测每一个化学反应动力学同位素效应的数值。朱晓晴教授正是根据对同位素效应本质的新认识利用 Zhu 方程已成功地预测了上万个不同类型的化学反应动力学同位素效应数值。

文章作者：朱晓晴

阮文娟

1958—

天津市教学名师，南开大学教授，浙江绍兴人。1978—1982 年在天津大学化工系学习，获学士学位；1989—1996 年在南开大学化学系学习，先后获硕士、博士学位，并于 1996 年留校工作；1999—2000 年在以色列巴伊兰大学化学系做博士后。1998—2004 年任南开大学副教授、硕士生导师；自 2004 年起任南开大学教授、博士生导师。

阮文娟教授长期从事大学本科生的物理化学教学工作和功能配合物及配位聚合物的基础研究和前沿探索方面的科学研究。在教书育人、教学改革、科研创新方面做出了积极的贡献。

作为物理化学系列课程教学团队的带头人，阮文娟教授在物理化学课程建设包括师资队伍、精品教材、精品课程等方面取得了丰硕成果：于2017年被评为天津市教学名师，同年获得"宝钢教育基金优秀教师奖"；物理化学系列课程教学团队于2013年被评为天津市级教学团队。1997年"多功能综合性高等化学试题库的研制和应用"获国家教委全国普通高等学校国家级优秀教学成果二等奖，集体奖（主要研制人员之一）。

阮文娟教授自博士毕业留校任教以来，一直连续全年主讲本科生专业必修课"物理化学"。作为教师，她秉承教书育人的理念，无论是对本科生还是研究生她都既严格要求又言传身教，以自己的言行影响学生，让学生身心健康地成长。

为培养学生创新能力、提高学生综合素质，阮文娟教授对教学内容和教学方法不断进行改革，将启发式、讨论式的教学方法引入课堂，将学科前沿领域的科研成果融入教学内容，用以激发学生的学习积极性和主动性，培养学生科学的思想方法和分析问题、解决问题的能力。由她主持的教育教学改革项目"学生的主动性和创新能力的培养"，获得南开大学本科教育教学改革优秀项目奖（2016年）；主讲的"物理化学"课程于2015年获南开大学"魅力课堂"奖，同年阮文娟被评为南开大学第九届"教学名师"。她多次应邀在全国物理化学教学研讨会和全国物理化学教学研究会等教学会议上做大会报告，例如：在第六届全国高等学校物理化学（含实验）课程教学研讨会（2016年7月）的报告题为《物理化学教学方法改革的尝试——激发学生的学习兴趣和热情》，第七届全国高等学校物理化学（含实验）课程教学研讨会（2018年7月）上做物理化学教学示范课的题目为《问题导向的授课方法——化学平衡》，全国物理化学教学研究会第4次会议（2018年8月）上的报告题目为《物理化学第一课的教学设计思想》等。发表教学研究论文4篇。

阮文娟教授对教材建设工作非常重视，2012年申请的"南开大学教材建设项目——物理化学课程导读"被定为重点建设项目，《物理化学课程导读》于2016年由科学出版社出版。另外，阮文娟教授还积极从事物理化学教材和学习指导的编写工作。《近代物理化学》第三版（朱志昂主编，阮文娟、张智慧参编）和第四版（朱志昂、阮文娟编著）教材分别于 2004 年和 2008 年由科学出版社出版，并分别于 2007 年和 2012 年入选普通高等教育"十一五"和"十二五"国家级规划教材，且第四版教材和 2006 年由科学出版社出版的《物理化学学习指导》（朱志昂、阮文娟）作为"南开大学近代化学教材系列（教材）"成员，获得 2009 年国家教学成果一等奖。更名为《物理化学》的第五版、第六版教材分别于 2014 年和 2018 年出版。另外，在 2012 和 2018 年还分别出版了《物理化学学习指导》第二版、第三版（朱志昂、阮文娟）；2009 年"物理化学教学改革与教材建设"获南开大学教学成果一等奖（排名第一）。

阮文娟教授不仅教书育人成果突出，还培养了一批主讲物理化学课程的年轻教师，她对青年教师的言传身教、倾心相助使他们迅速成长，很快就成为独当一面的主讲教师。2004 年"物理化学课程建设"获天津市级教学成果二等奖（排名第二），2008 年主讲的物理化学课程被评为"天津市精品课程"，"物理化学系列课程教学团队建设"获南开大学教学成果一等奖（2018 年，排名第一）。

在长期承担繁重的教学工作的同时，阮文娟教授还积极从事功能配合物及配位聚合物化学的基础研究和前沿探索。为建立对酶催化反应的反应物和产物具有识别、荧光响应双功能纳米 MOF 的设计与合成的新途径，并建立以双功能纳米 MOF 为基础的对酶催化反应的动力学过程进行实时监测的研究方法做出了贡献。此外，在研究 MOF 发光性质和荧光响应的基础上，开发出了一系列基于 MOF 的荧光检测体系，可分别用于硝基化合物和金属离子的检测、生物活性物质和酶活性检测、环境污染物和生理代谢物检测、药物同系物和生物碱同系物的检测等。这些工作均取得了理想的研究结果，为后续研究奠定了基础。

到目前为止,阮文娟作为项目负责人承担国家自然科学基金项目 3 项，天津市自然科学基金 1 项，留学回国人员基金项目 1 项；作为主要参加人参加国家自然科学基金项目 5 项，天津市自然科学基金项目 1 项，国家自然科学基金重点项目 1 项；自任教以来在国内外高水平重要学术期刊（如：Chem. Commun.、J. Mater. Chem. A、Chem. Eur. J.、J. Phys. Chem. C、Scientific Reports 等）上共发表科研论文 130 余篇；获发明专利授权 1 项；2007 年获天津市自然科学三等奖。

作为博士生导师，阮文娟教授还培养了 25 名硕士研究生、3 名博士研究生，其中 2 名获国家一等奖学金，4 名获南开大学奖学金。

阮文娟做大会报告

阮文娟讲授物理化学课程

获奖情况：

1. 2017 年 第 11 届天津市高等学校教学名师奖

2. 2017 年 宝钢教育基金优秀教师奖

3. 2013 年 物理化学系列课程教学团队被评为天津市级教学团队（带头人）

4. 2008 年 主讲的物理化学课程被评为天津市精品课（课程负责人）

5. 2015 年 南开大学第二届魅力课堂奖

6. 2015 年 南开大学第九届教学名师奖

7. 2013 年 天津市精品课项目检查优秀项目奖

8. 2004 年 天津市教学成果二等奖（排名第二）

9. 2018 年 天津市教学成果一等奖（排名第七）

10. 2007 年 天津市自然科学三等奖（第二完成人）

11. 2017 年 南开大学教学成果一等奖（排名第一）

12. 2016 年 南开大学教育教学改革项目优秀项目奖（排名第一）

13. 2015 年 南开大学 2015 届本科生优秀毕业论文奖（指导教师）

14. 2009 年 南开大学教学成果一等奖（排名第一）

15. 1997 年 国家教委国家级优秀教学成果二等奖（集体奖）

文章作者：阮文娟

杨光明

1958—

　　南开大学化学学院教授，博士生导师，天津高校教学名师。校党委委员、本科教学指导委员会委员，曾兼任中国高教学会大学素质教育研究分会副秘书长、理科教育专业委员会常务理事、教学研究分会常务理事、教育部大学化学课程教学指导委员会委员等。

杨光明 1958 年生于安徽省阜南县，1972 年小学毕业后进入中学，初中后期，学校就逐渐不正规上课了，即使偶尔上课，教材也仅有一些简单的农工技术，或安排学习各种"文件"，去工厂、农村的学工学农开门办学。后期连教材也没了，课也不上了，就自己打"黑工"补贴家庭，但学籍和班级建制还在，这样一直持续到 1976 年底中学"毕业"。"毕业"后继续边干农活挣工分，边打"黑工"。

1977 年按知青政策杨光明被安排到县城关粮站工作，1977 年 10 月底，国家恢复高考政策，杨光明 11 月便报名（同时填报志愿）参加 12 月的高考。在没有学过高中内容，也没有教材，更没有任何复习资料的条件下，杨光明向单位请假，仓促参加了一个多月补习班就走进了考场。1978 年 1 月录取初选分数通过，他获得政审和体检资格，但不出所料，直到 3 月也没等到大学录取通知。

随后在国家改革政审规定的鼓励下，杨光明继续放弃工作，白天混入高中毕业班教室旁听，晚上参加补习班恶补，连续两年报名参加 1978 年和 1979 年 7 月的全国统一高考，1978 年分数不够录取线，1979 年分数高出录取线较多，全县排名第三，在所有考试科目中化学的分数最低，刚及格，却全县排名第一。由于怕冷，杨光明希望到南方上学，结合老师和亲友的建议，就选报了南开大学化学专业。收到录取通知书才知道南开大学在天津，查找地图发现天津在寒冷的北方，而不是他所希望的温暖南方，就这样意外地与南开化学结缘，并永远留在这里。

入学不久，杨光明就赶上了南开大学 60 周年校庆，庆祝大会在当时的一食堂（现在海冰楼）与游泳池（现在的游泳馆前停车场位置）之间的露天电影广场举行，杨光明坐在铺着报纸的地面参加了隆重的庆祝大会。1982 年，杨光明读大三时要分专业，当时化学系有无机、分析、有机、物化、高分子和环保 6 个专业，由于学业成绩上没有优势，他就没报大家公认最难进的有机专业。考虑到自己基础物化学得不好，想强化一下，就报了物化专业，结果没有如愿，却意外被调剂到了有机专业。

1983 年初，杨光明被分到元素所除草剂组做毕业论文实验，研究生也没考上。6 月结束毕业论文，毕业分配计划按一人一个也下来了。当年大家都希望能回到家乡或离家近的地方工作，遗憾的是安徽没有计划，他只能选报上海、南京离家乡近的计划，结果到手的却是南开化学系辅导员的分配计划，面对无法改变的现实，杨光明只能在失落中无奈地接受。报到上岗后，杨光明就协助系里送毕业生离校，参加高考阅卷，准备迎新，承担化学系 83 级辅导员工作。

做辅导员工作的同时，杨光明不想放弃专业，就参与到有机化学实验课教学中。1985 年，他从辅导员被调整到化学系党总支秘书的岗位，并继续参与实验课教学。基于此，学校给秘书认定科级的同时，还陆续给杨光明认定了助教、讲师的教师职称。1988 年，在学校激励政策鼓励下，杨光明考了在职研究生，边工作边读研。1992 年结束研究生学业，获工学硕士学位，同时从总支秘书干部岗转到有机教研室教师岗。1992 年，他再次考了在职博士，边工作边读博，1998 年结束博士学业，获理学博士学位，同时转到无机教研室工作，任无机教研室主任，后组建综合化学实验室并任主任。

2000 年杨光明被公派到日本进修，2001 年返回，刚好赶上庆祝化学学科成立 80 周年，他有幸被学院推荐在庆祝大会上代表青年教师发言。就在他准备全身心投入教学科研工作时，被先后安排兼任综合化学实验室主任、化学实验教学中心副主任、化学系党总支书记，2002 年又被安排兼任化学院党委书记，2011 年参与组织化学学科 90 周年庆祝活动，并组建南开化学校友会。

至此，杨光明本应结束党委书记的超期任职，回归到专职的教学科研。2012 年初，在被免党委书记的同时，他又被安排学校教务处长、教体改办主任的职务，还兼伯苓学院常务副院长。2017 年，超期任职教务处长后，又被调整到校机关党委书记岗位，直到干部任职 60 岁年龄高限的 2019 年，

才结束各种管理实岗的任职，回归到全职教师岗位。

　　杨光明在南开工作 38 年，不论任何职，几乎没有脱离教学科研。他先后主讲或合作 13 门课程，教学中主动适应时代发展，不断创新教学方法和手段，坚持教书育人之本，用言行潜移默化影响和感染学生，在传授知识的课堂中，挖掘育人的内涵，融入对学生"三观"的启示，结合现实问题引导学生对经典的思辨，诱发学生反思、创新的欲望。杨光明负责建成国家精品视频公开课、精品课、精品资源共享课、线上线下混合式一流课各 1 门；参建国家精品在线开放课（在线一流课）、在线开放课各 1 门。2014年 7 月 16 日《中国青年报》以"化学布道者"为题，介绍了所讲课程"化学与社会"的内容和改革特色，中国新闻网、新华网、科学网、凤凰网等多家媒体网站进行了转载。

　　杨光明主持或参与了省部级教育教学改革、调研项目 10 多项；参与10 多所高校或专业的本科教学审核评估或专业认证。他多次受邀到大、中学和各种教育教学类论坛、会议，就教育教学改革和实践、素质教育、教师培训等进行交流。2016 年 11 月 14 日《齐鲁晚报》分别以《自编字谜游

戏"玩转"化学》和《把学习当成玩,才会不觉累》两篇文稿介绍和评价了他在山东两中学的两次报告。

杨光明先后获南开大学教育教学杰出贡献奖(2020年),天津高校教学名师奖(2014年);合作获国家教学成果二等奖2项(2009年、2018年),天津市教学成果一等奖5项(2009年、2018年)、二等奖1项(2004年)。杨光明为天津市劳动模范集体——化学实验教学中心主要成员(2007年);首批国家级教学团队无机化学创新教学团队成员(2007年);首批国家级实验教学示范中心——化学实验教学中心主要成员(2006年)。

杨光明主持完成国家自然科学基金5项,天津自然科学基金2项,参加完成多项国家和天津自然科学基金项目;培养硕士16人,博士13人;合作发表教学科研论文170多篇,获专利7项;合作获天津自然科学一等奖1项(2001年)、三等奖1项(2009年)。

文章作者:杨光明

马建标

1959—

  1959 年 8 月出生在河南省濮阳县一个农民家庭。1977 年恢复高考，作为应届高中毕业生考入郑州大学化学系。相继在郑州大学获得学士、硕士学位，在北京医科大学药学院获得博士学位。1988 年 1 月作为南开大学首批博士后研究人员之一，进入高分子化学研究所，在何炳林院士指导下开展研究工作，1989 年 6 月留校任教。分别于 1993 年 9 月—1994 年 3 月在英国思克莱德大学化学系、1994 年 3 月—9 月在英国曼彻斯特大学化学系、2001 年 6 月—9 月在德国马尔堡菲利普大学制药技术与生物药学研究所开展访问研究。1990 年晋升副研究员，1992 年破格晋升研究员，1996年增列为博士生导师。1993 年起享受国务院特殊津贴，1994 年被评为天津市授衔专家，1998 年入选教育部"跨世纪优秀人才"培养计划，1999年入选人事部"百千万人才工程"第一、二层次。1994 年 12 月—2000 年7 月任南开大学化学学院副院长、高分子所副所长，其间于 1997 年 11 月任吸附分离功能高分子材料国家重点实验室主任。2000 年 8 月任天津工业大学副校长，2001 年 9 月任天津市教育委员会副主任，2006 年 6 月任天津理工大学校长，2013 年 10 月任天津理工大学党委书记。2018 年 1 月任天津市第十七届人大常委会委员、教科文卫委员会主任委员。当选天津市第十五、十六、十七届人大代表，兼任教育部第一届理科材料科学教学指导委员会副主任，中国化学会第 25—28 届理事会理事，天津市科协第八届常委会委员，天津市社科联第六届常委会委员，天津市仪器仪表学会理事长，天津市化学会第 7—8 届理事会副理事长等。

马建标在担任化学学院副院长期间，负责学科建设、科研、研究生教育等工作，组织实施了化学学院"211 工程"学科建设项目的申请和建设。化学学院成立时，南开大学启动第一期"211 工程"建设，化学学院整合力量申请实施了两个学科建设项目，得到约 2000 万元经费支持，占学校6000 万元学科建设经费的三分之一。其中，一个项目以有机化学国家重点学科为基础，整合相关系、所、重点实验室和工程中心的有机化学力量；另一个项目以高分子化学与物理国家重点学科为基础，突出功能材料化学研究，主要整合了高分子、无机和物化学科的力量。通过实施两个"211工程"学科建设项目，显著改善了化学学院当时的科研与研究生教育条件，促进了化学学科发展。此外，为拓宽研究生视野，培养其创新思维，马建标组织化学学院博导联合开设了"当代化学前沿"博士生课程。

在担任高分子所副所长期间，马建标秉承何炳林先生的办学理念，着力推动科学研究与研究生教育。一是坚持把国家需求作为科研的主要方向，巩固和发展吸附分离功能高分子材料以及共混材料等传统优势领域；二是瞄准学科前沿，鼓励发展交叉学科，包括生物医用高分子材料、光电高分子材料等；三是加强基础研究，支持高分子物理和高分子化学基础研究；四是不拘一格培养高层次人才，研究生招生和博士后研究人员、教师招聘的专业背景不仅包括高分子、有机、无机等化学学科，还扩大到医学、生物学、物理等学科，培养了大批交叉学科人才。其间，在学校大力支持和固定研究人员共同努力下，国家重点实验室建设与运行初步实现了规范化，呈现出良好的发展势头。

在高分子所工作期间，马建标主要从事科学研究和研究生培养。2000年到校外任职之后，他一直坚持在南开大学招收、指导研究生，直到2016年 6 月最后一名博士生毕业，马建标在南开大学共指导培养博士生 16 名、硕士生 10 名，受何炳林先生委托协助指导博士生 5 名、硕士生 5 名。马建标注重培养学生的创新思维和独立从事科学研究的能力，包括瞄准国家需求和学科前沿选题、合理设计实验路线、科学总结研究结果、中英文写作学术论文、限定时间报告研究成果等能力。马建标自编教材开设研究生课程"高分子生物材料"；主编《功能高分子材料》一书，深受读者欢迎，目前已出版第二版；参编《功能高分子与新技术》和《离子交换与吸附树脂》，分别撰写其中一章；与合作者一起，获得国家教学成果二等奖和天津市教学成果二等奖各 1 项。

马建标的研究领域主要集中在三个方面：一是拓展南开大学高分子学科传统优势，开展吸附分离功能高分子材料研究；二是应对环境资源挑战，以天然产物为原料设计合成生物降解高分子材料；三是发展交叉学科新领域，设计合成两亲性生物降解高分子，研究其胶束化性质以及对药物的控制释放性能。他主持承担了国家自然科学基金重大项目子课题、国家"973计划"前期研究专项子课题、科技部新药研究"九五"攻关项目、教育部重点项目、国家自然科学基金面上项目、天津市基金项目以及国内国际横向合作项目等。其发表学术论文200余篇，单篇被引用次数最高为373次（2020年）。马建标与合作者一起获得国家自然科学三等奖1项，教育部科技进步一等奖1项、二等奖1项，以及教育部霍英东教育基金会、中国化学会、天津市的青年科技奖励各1项。

他的一些科研成果引起同行的高度关注或具有良好应用前景。在吸附分离功能高分子材料领域，他深入研究了不同比例二乙烯苯交联的聚苯乙烯多孔球、纯聚二乙烯苯多孔球的热性能和孔结构。研究发现，交联度低于30%时，玻璃化转变温度Tg随着交联度增加由100℃逐步上升至160℃；交联度高于30%时，则不发生玻璃化转变，而在265℃出现放热峰，IR和拉曼光谱证实为二乙烯苯共聚时残留的未反应乙烯基在此温度下发生了热化学反应。纯聚二乙烯苯多孔球该现象更为突出，证明其存在更多的残留乙烯基。当交联度低于10%时，多孔球在大约270℃发生熔融；一旦交联度高于15%，不再发生熔融现象。交联聚苯乙烯多孔球分解温度随着交联度的增加而升高，最高可达到350℃。交联聚苯乙烯型多孔球的孔径处于中孔范围，是在制备多孔球时致孔剂引起的微核-微核之间形成的孔。随着交联度升高，其孔径变小，比表面增大。低交联微球的孔接近圆柱形，高交联微球的孔形状为近似"墨水瓶"形。马建标设计合成了不同极性的吸附树脂，研究其对天然产物如绞股蓝皂甙、三七皂甙、甜菊糖甙的吸附性能，并首次从绞股蓝皂甙酸水解次生甙元中分离鉴定出一个新化合物（20R,25S）-12β,25-环氧 20,26-环达玛烷-2α,3β-二醇。以交联聚苯乙烯树脂或球形酚醛树脂为载体，通过亲水性间隔臂连接L-脯氨酸功能基，与过渡金属离子形成手性螯合树脂固定相，用于色谱拆分 DL-氨基酸。

马建标以天然产物为原料设计合成生物降解高分子材料，主要包括两个方面。一是以天然生物高分子如甲壳素、明胶、淀粉等为基本原料，通过化学修饰或接枝聚合，合成生物医用高分子材料。甲壳素经水解制备壳聚糖，通过冷冻干燥技术由壳聚糖溶液或与明胶等共混形成互穿网络溶液制备出多孔膜（海绵），作为组织工程支架材料附着培养人胎儿皮肤真皮细胞，可形成人真皮组织，该研究成果发表在 Biomaterials 期刊（2001 年）上，属于国内较早开展组织工程支架材料研究的重要成果。由甲壳素和壳聚糖制备磷酸化衍生物，加入磷酸钙骨水泥，形成增强增韧的无机-有机杂化材料，可以诱导成骨细胞增殖，作为骨组织工程材料适用于骨缺损修复。N,O-羧甲基化壳聚糖修饰 L-天冬氨酸酶，可以延长体内半衰期，对白血病治疗具有重要意义。甲壳素经水解和降解制备的水溶性壳聚糖，具有降血脂和抗菌等多种生物学活性。以水溶性壳聚糖为原料，通过接枝聚合制备了壳聚糖-聚乳酸、壳聚糖-聚 L-亮氨酸接枝共聚物。明胶在 DMSO 溶液中引发 DL-丙交酯开环聚合，形成的明胶-聚丙交酯接枝共聚物具有两亲性，可形成粒径为 100—400nm 的球形胶束。由淀粉制备的 β-环糊精是由七个葡萄糖单元构成的低聚糖，对其中一个单元的 6-位进行功能基化并通过适当反应偶联聚丙交酯或丙交酯-乙交酯共聚物，合成了具有包络作用和两亲性的生物降解高分子，制备成毫微囊可以高效包封蛋白质类药物。二是采用生物质资源制备新型聚酯。以来源于蓖麻油的 10-十一碳烯酸为原料，经衍生化制备一系列二元醇、二甲酯和 A-B 型羟基脂肪酸甲酯单体，通过缩聚合成了脂肪族聚酯。以天然产物香草醛、丁香酚等为原料，转化为相应的二甲酯衍生物，再与 α,ω-二元醇缩聚，合成了芳香族聚酯。

马建标采用嵌段聚合、交替聚合、接枝聚合、偶联等技术，设计合成两亲性生物降解高分子和环境敏感两亲性生物降解高分子。一是由亲水高分子与疏水高分子形成两亲性生物降解高分子。聚乙二醇引发 DL-丙交酯开环聚合，生成 ABA 嵌段高分子，利用其两亲性通过界面凝聚技术制备毫微囊，可以用于包封药物，这是两亲性生物降解高分子研究的早期成果，发表在 Colloid and Polymer Science（2001 年）。以氨基聚乙二醇单甲醚引发 N-羧基 L-丙氨酸环内酸酐开环聚合，合成了两亲性聚 L-丙氨酸-聚乙二醇嵌段共聚物，圆二色谱测定证明共聚物中的聚 L-丙氨酸链段以 α-螺旋棒状结构存在，动态光散射和透射电镜研究证明嵌段共聚物能够在水中形成球形胶束，用芘荧光探针方法测定临界胶束浓度发现其与共聚物中两个链段的相对长度密切相关。采用相同技术合成的聚乙二醇-聚谷氨酸-聚丙氨酸三嵌段共聚物，具有两亲性和 pH 响应性。制备同时含有亲水侧链和疏水侧链的聚合物，也可以获得两亲性，如 L-谷氨酸苄酯与 L-谷氨酸

（甲氧乙氧乙基）酯的嵌段共聚物、L-丙氨酸与L-（羟丙基）谷氨酰胺的嵌段共聚物等。二是通过亲水单体与疏水单体交替聚合，合成温度敏感两亲性生物降解高分子。采用疏水性的α,ω-脂肪族二酸如丁二酸、己二酸、辛二酸与亲水性的低聚乙二醇如三甘醇、四甘醇、五甘醇缩聚，生成的交替聚醚酯不仅因具有两亲性，能够在常温水中形成胶束，而且意外发现其还具有温敏性，即在胶束溶液升温至某一临界温度时胶束发生聚集而形成更大的胶束粒子。用疏水性的二异氰酸酯（如L-赖氨酸甲酯二异氰酸酯、L-赖氨酸丁酯二异氰酸酯）代替二酸与低聚乙二醇缩聚，可制备出具有两亲性和温敏性的交替聚醚氨酯。或者采用疏水性的α,ω-脂肪族二醇与聚乙二醇衍生的亲水性二异氰酸酯缩聚，同样可以合成出具有两亲性和温敏性的交替聚醚氨酯。含可离子化基团的二醇（如N,N'-二（羟乙基）哌嗪、N-甲基二乙醇胺）与疏水性二异氰酸酯缩聚，制备出的聚氨酯不仅具有两亲性和温敏性，而且具有pH响应性。三是通过亲水高分子的偶联反应，制备环境敏感两亲性生物降解高分子。L-天冬氨酸热缩聚得到聚琥珀酰亚胺（PSI），碱水解生成聚（α,β-L-天冬氨酸），再进行部分酯化，合成出聚（α,β-L-天冬氨酸）-聚（α,β-L-天冬氨酸酯）无规共聚物，具有两亲性和pH敏感性。以肼和3-氨丙基咪唑为亲核试剂与PSI反应，制备聚（α,β-L-天冬酰肼）-聚[α,β-L-天冬（N-咪唑丙基）酰胺]无规共聚物，醛化聚乙二醇通过与酰肼形成腙键偶联到聚合物上，使聚合物具有两亲性和pH敏感性，由于腙键也对pH敏感，更适用于药物控制释放。将两性离子基团引入侧链，也可以制备两亲性和pH敏感性的共聚物，比如PSI以乙醇胺开环时，加入L-组氨酸或L-赖氨酸，得到聚[α,β-L-天冬（N-羟丙基）酰胺]与含氨基酸侧链聚（α,β-L-天冬酰胺）的无规共聚物。

回顾在南开大学13年全职工作和16年兼职指导研究生的经历，马建标深感南开精神赋予师生成就人生、成就事业的强大动力。初到南开，他就能感受到浓浓的爱国情怀和高昂的"公能"品质。何炳林先生经常对师生讲他在新中国成立之初克服阻力从美国学成回国的经历和回国后报效祖国的成就，为青年师生树立了爱国主义丰碑。当时高分子所实验室所在的"二教"（思源堂）是遭受日军轰炸后唯一得以修复的标志性建筑，是活生生的爱国主义教育基地。"允公允能，日新月异"的校训，既传承了以爱国

百年耕耘

南开化学

主义为核心的民族精神，又呼唤了开拓创新的时代精神，是南开人的座右铭。在南开化学欢庆百年华诞之际，我们秉承校训教导，弘扬南开精神，永远保持不畏艰险、锐意进取的毅力，共同创造南开化学新辉煌！

文章作者：马建标

庞代文

1961—

　　1982 年获得武汉大学物理化学（电化学）专业理学学士学位，1992年获得电化学专业理学博士学位。1994 年武大病毒学系博士后（生物电化学）出站并入职化学系任教，1996 年破格晋升教授，1998 年任分析化学博士生导师。2001—2005 年任武大化学与分子科学学院院长。2018 年调入南开大学化学学院任杰出教授。

百年耕耘

南开化学

弱不禁风的"天之骄子"

1961年7月庞代文出生于湖北省松滋县新江口镇。当时正值国家"三年自然灾害"困难时期，由于先天性营养不良，他小时候一直体弱多病。在镇二小上小学时，放学后，庞代文经常会去爸爸工作的交通局写作业并顺便在县政府食堂蹭饭，稍稍改善一下营养。当爸爸的同事们看到他的作业时，常常赞不绝口。而每当此时，爸爸总是无望地哀叹："我儿要是能有个机会上大学，该多好！"而此愿望，在当时无异于白日做梦！

世事难料，1976年10月6日"四人帮"粉碎，"文化大革命"十年内乱结束，邓小平复出，改革开放，万象更新，科学和教育的春天终于来临！1977年12月，中断长达11年之久的全国高考恢复。作为时代的幸运儿，他激动不已：终于有机会可以通过自身努力，公平竞争上大学，实现爸爸和自己多年的夙愿！那时，成为"天之骄子"——大学生，是许多年轻人的梦想。

一次偶然的机会，他从《湖北日报》上看到一篇有关武汉大学化学系查全性教授在"文革"动乱期间仍坚持研究氨-空气燃料电池，性能达到国际领先水平的长篇报道，就暗下决心：报考武大，争取成为查老师的学生。1978年10月庞代文终于如愿，成为武大物理化学（电化学）专业的学生。经历过十年内乱的那一代大学生，珍惜每一分钟，如饥似渴地学习。超负荷的学习给从小就体弱多病的他带来严重困扰，总担心掉队，无奈之下，除了拼命学习外，他还刻苦锻炼。令人意想不到的是，原来他瘦小的身体居然蕴藏着出众的体育"天赋"，大学期间庞代文先后获得武汉大学校运会1万米竞走第二名和湖北省大运会第六名。从此他便更加刻苦学习，磨砺意志，立志将来报效祖国。

庞代文从17岁进入武大电化学之门开始，一直到硕博连读、交叉学科博士后、留校任教，都先后得到查全性、董庆华、姚禄安、王宗礼、陆君涛、周运鸿、吴秉亮、刘佩芳等众多名师大家的培养和教诲，正是从他们身上庞代文才懂得何谓"学高为师，德高为范"，电化学低调、求实之门风，国内外少见。多年后的某天，庞代文突然从中央电视台"东方之子"栏目知道，原来是自己的博士生导师查老师建言邓小平恢复高考，才改变了一代人甚至整个国家的命运，也才有了自己更好地报效祖国的机会，感恩的同时，他深感自己身上责任更加重大！

交叉创新　不辱使命

1992 年 6 月在博士后合作导师程介克教授（分析化学）和齐义鹏教授（病毒学）的大力倡导和推动下，庞代文进入武大病毒学系开展交叉学科博士后研究，从此踏上了荆棘丛生的交叉研究不归路。

近 30 年来，庞代文主要从事化学与病毒学交叉领域研究。他先后主持完成了国家自然科学基金委杰出青年科学基金（2000 年）、创新研究群体科学基金（学术带头人，2006—2012 年）和国家传染病重大专项课题（2009—2010 年）等项目，两次担任国家重大科学研究计划（973）项目首席科学家（2006—2015 年）。在这些重要项目的支持下，庞代文创立了半导体荧光量子点活细胞合成及准生物合成方法，通过从时间和空间维度耦合胞内原本从不交会的生化反应途径，调控活细胞合成出多色荧光量子点等无机功能晶体；突破单个病毒多重标记难题并建立量子点标记单病毒三维实时动态示踪方法，揭示了活细胞内单个禽流感病毒侵染的精细动态行为机制；开发出生物检测和显示技术用高质量低成本量子点，其原材料及技术完全自主，具有强劲竞争力。"活细胞合成量子点等纳米材料"成果入选《"十一五"国家重大科技成就展（2011）》，"荧光纳晶活细胞合成及其生物标记性能的调控"获湖北省自然科学一等奖（2017 年，第一完成人），"DNA 表面化学及基于 DNA 的生物传感"获教育部自然科学一等奖（2006 年，第一完成人）。他所取得的研究成果得到了国际学术界认可：因其在发展量子点单病毒示踪方法学方面的突出贡献而当选 2021 年美国医学与生物工程院（AIMBE）Fellow，也曾先后担任美国化学会 Anal. Chem. 顾问编委、英国皇家化学会 New J. Chem. 副主编、J. Electroanal. Chem. 编委等。

特别值得一提的是，通过长期的多学科交叉合作研究，庞代文建立起了一支包括化学、病毒学、肿瘤学、物理学等不同学科领域学者在内的创新团队，核心成员达到 20 多人，组织实施了一批国家重大科研项目，形成独特的交叉学科文化，培养出包括 9 位国家杰青、2 位国家 973 计划项目首席科学家、1 位国家自然科学基金委创新研究群体学术带头人等在内的一大批优秀人才。同时，也培养出了一批优秀的学生，包括博士 56 位、硕士 37 位、博士后 12 位、访问学者 12 位，目前已有 31 位成为大学正教授

（其中"985""211"高校 19 位），2 位获得国家自然科学基金杰出青年科学基金资助，7 位获得国家"四青"人才计划资助，1 位任国家重点研发计划青年科学家专题项目负责人。

板凳甘坐廿年冷

庞代文的行事风格是看准了就不会轻易改变或放弃，而是义无反顾地走下去。科研选题除了追求原创性，他更重视系统性。同时，他还十分关注国家重大需求，特别是"卡脖子"关键材料和技术。2001 年至今，围绕半导体荧光量子点这一领域他就做了整整 20 年，解决了上百的问题，一直力推产业化。这种坚忍不拔、低调严谨既继承了其导师的作风，也得益于大学期间竞走、越野长跑等高强度体育锻炼对意志的磨砺。与其合作的成果转化团队武汉珈源量子点技术开发有限责任公司也深受其影响和带动，从 2005 年开始，16 年来一直坚持开发量子点生物标记技术和背光显示技术。庞代文共获授权发明专利 35 项，参与两项量子点国家标准制订，"量子点新型荧光标记试剂"获第七届中国国际高新技术成果交易会"优秀产品奖"（2005 年，用户达 1000 多家）。

目前，他们团队能以 3 公斤/天的产能合成高质量量子点（半峰宽小于 22 nm，量子产率大于 95%），是早期的 10^5 倍！并实现了所有原料、设备的国产化。尤其是解决了量子点不能耐高温加工的世界性难题，量子点经 200℃—250℃ 高温重新加工制备光学转换器件，色域可达 120% NTSC。在高温高湿蓝光（60℃，90%，40 W/m² 蓝光）的加速老化条件下稳定性测试超过 1500 h，光衰小于 10%，处于世界领先水平，竞争力强劲。由于其团队工作的影响力，他先后担任国家纳米科学技术指导协调委员会专家组成员、"纳米研究"国家重大科学研究计划专家组成员、"纳米科技"国家重点研发计划实施方案和指南编制专家组成员、全国纳标委纳米光电显示技术标准化工作组组长，为我国纳米科技的发展做出了应有的贡献。

文章作者：庞代文

陈永胜

1963—

　　南开大学化学学院教授、博士生导师。1963 年出生于河南省温县。1984 年毕业于郑州大学化学系，1987 年在南开大学元素有机化学研究所获理学硕士学位。随后进入北京科技大学任讲师。于 1993 年赴加拿大维多利亚大学攻读博士学位，1997 年获博士学位之后在美国肯塔基州立大学和加州大学洛杉矶分校从事博士后研究。2004 年，他放弃国外的优厚待遇，毅然返回祖国，投身于南开大学的教育和科研工作中。回国以来，他长期专注于功能高分子和碳纳米材料的相关研究，至今已发表科研论文 400 多篇。2010 年获天津市自然科学一等奖，2015 年被评为天津市劳动模范，2018 年获国家自然科学二等奖。

陈永胜，1963 年出生于河南省温县的一个普通农民家庭，从小艰苦的生活环境练就他坚强的意志品质，同时让他立下了"为国为家"的理想。1980 年，他考入郑州大学化学系学习有机化学，毕业后获得理学学士学位。1984 年，他考取南开大学元素有机化学研究所，师从王序昆教授攻读硕士学位，从事金属有机化学方向的学习研究。王序昆教授曾先后赴苏联和美国留学，治学严谨，兢兢业业，对陈永胜以后的学习和发展产生了深远影响。

1987 年在南开大学获得理学硕士学位之后，陈永胜来到北京钢铁学院（现北京科技大学）担任讲师。当时正值改革开放的初期，我国在科研水平和投入上都与欧美国家有着较大的差距。他在满怀热情地教授有机化学课程的同时，还开展了多项技术攻关，包括轻稀土萃取分离所需的 P507 等有机磷试剂。那段时间国内外交流已十分活跃畅通，这些讯息使得不到 30 岁的他意识到如要做出更多更大的成绩仍需大力提升自己，因此他决定远赴海外留学深造。

1993 年陈永胜先进入加拿大维多利亚大学，在 Reginald H. Mitchell 教授的指导下深入开展有机化学方向的研究，主要从事芳香化学和光致变色材料的研究，于 1997 年获得理学博士学位。博士毕业之后，他又先后在美国肯塔基大学和加州大学洛杉矶分校从事博士后研究工作。在美国著名化学家 Robert C. Haddon 教授和 Fred Wudl 教授的指引下，他进入当时新兴的碳纳米材料和导电高分子材料领域，在富勒烯、碳纳米管和导电聚合物等方向开展深入的探索研究。从此，他便与碳纳米材料与功能高分子材料结下了不解之缘。

在北美留学和工作的十几年时间，正是国家改革开放后发展极快的时期，随着改革开放的不断深入，中国的经济和科技都发生了巨大的变化。他十分关心、留意祖国的发展，对祖国的每一点成就都感到由衷的高兴，同时那段时间"银河号"事件以及南联盟大使馆被炸事件都对他产生了重要影响。心中的"位卑未敢忘国忧"以及国内的高速发展使他决定放弃国外的优厚待遇毅然回国。日后陈永胜追忆这段往事时说："国外的留学和工作环境都很好，但那毕竟不是我们自己的，更不是我们未来的。有国才有家，国家好小家才能好。而且自己经过近 20 年的国内外的学习积累也确有可能为国家做出一点贡献。"

陈永胜于 2004 年回到了母校南开大学，受聘为南开大学化学学院教

百年耕耘

南开化学

授、博士生导师、天津市特聘教授，担任南开大学纳米科学与技术研究中心主任。十几年来，陈永胜始终站在科研的第一线，每天早来晚走，他的办公室常常成为蒙民伟楼最后一个熄灯的房间。回国之初，实验室条件尚不完善，但他克服重重困难，建立了碳纳米和光电材料研究团队。

陈永胜是国内最早开展石墨烯研究的先驱之一。2004年，石墨烯被英国科学家成功制备，陈永胜敏锐地意识到这种新型二维碳纳米材料具有巨大的研究价值和应用前景。他在国内率先采用可规模化生产的氧化还原方法制备石墨烯，并首次实现石墨烯类材料在超级电容器等能源器件中的应用。随着研究的不断深入，他意识到石墨烯材料要想得到大规模实际应用的关键问题是在维持石墨烯二维本征结构和性质的前提下获得其宏观的体相（monolithic）材料。他提出了"三维交联石墨烯"高分子体相材料的设计理念，获得的三维石墨烯材料在从4到1200K的极宽温度范围内展现出超弹性、零泊松比等独特性质，并率先实现了这类材料的宏观光驱动。

陈永胜指导学生实验

2008年，陈永胜意识到我国经济的高速发展对能源结构和环境保护都提出了更高的要求，开发高效率清洁能源必将成为未来社会与经济持续发展的关键。他提出了"向太阳要能源"的新能源发展方略，利用自身留学期间在有机/高分子光电材料领域的深厚积累，带领团队开展有机太阳能电池领域的研究探索。他发展了具有"给体-受体-给体"（A-D-A）构架的溶液可处理高效寡聚小分子光伏材料体系和有机光伏器件效率计算模型。陈永胜带领团队刚刚进入有机光伏领域的时候，国际普遍的研究水平还仅仅停留在5%左右的光电转换效率上。经过十几年的不断深耕，他带领团队一次又一次刷新了这一领域的光电转换效率纪录。2018年，他带领团队实现了 17.3% 的光电转换效率。这一成果一经发表在美国《科学》期刊上，便受到了国内外同行的极大关注和广泛赞誉。国际有机光伏领域专家认为这一"超出很多学者想象"的成果"大大超越了（有机光伏领域）长期的效率瓶颈"，是"里程碑式"的进展，把有机太阳能电池的研究推向了一个新的高度。

陈永胜与团队成员在科研一线

陈永胜在立足于基础研究的同时，力求让研究成果尽早转化为生产力，大力推动碳纳米材料和功能高分子材料在新能源领域的产业化应用。针对新能源产业中电化学储能方向的关键问题，他率先开发的石墨烯超级电容器和石墨烯/钛酸锂电池已经实现产业化生产，在交通、电网及国防领域得到广泛应用。

回国 10 多年，他在碳纳米材料和功能高分子材料领域取得了丰硕的研究成果，至今已发表科研论文 400 多篇，累计引用超过五万次，2014—2020 年连续七年入选科睿唯安全球高被引科学家。2010 年获天津市自然科学一等奖，2014 年获得中国侨界贡献奖，2015 年被评为天津市劳动模范，2018 年获国家自然科学二等奖。

在教书育人方面，他培养了一批碳纳米和高分子领域的高科技人才，共培养研究生 100 多名，包括已毕业获得博士学位的 40 多名，获得硕士学位的 20 多名，其中多人已经受聘为国内外各大高校的教授和研究员，成为各自领域中的青年佼佼者。

陈永胜时常提起，在南开大学就读时期多位名师大家特别是化学学科老一辈科学家的深刻教育和爱国思想让他受益终身。他坚信"科技创造未来，实干成就事业"，时常鞭策自己为祖国的发展贡献多一点力量。

文章作者：陈永胜、张洪涛

李靖
1963—

　　江苏省苏州市人。南开大学化学学院元素有机化学研究所教授，博士生导师。研究领域：有机化学，高分子合成化学。1963 年出生于上海市。1978 年就读于南开大学化学系，1982—1988 年在南开大学元素有机化学研究所攻读硕士、博士学位，1988 年获理学博士学位并留校任教。1988 年至今在南开大学元素有机化学研究所工作，1996 年起受聘为教授。1992—1994 年在西班牙 OVIEDO 大学化学学院做博士后研究，2001—2002 年在加拿大 McGill 大学化学系做访问教授。

李靖教授师从王积涛教授和谢庆兰教授，学习和研究第四主族金属有机化学，在有机硅化学和有机锡化学领域开展研究多年。作为第二完成人的"生物活性有机锡化合物研究"获 2002 年天津市自然科学二等奖。

1994 年底李靖教授完成在西班牙 OVIEDO 大学化学学院的博士后研究回到元素有机化学研究所工作。当时所里青年教师处于断档期，李靖作为改革开放以来第一个元素所自己培养的博士出国留学归国人员，被寄以厚望。1996 年元素所两位老领导李正名先生和金桂玉先生分别担任国家农药工程中心主任和元素有机化学国家重点实验室主任。为培养青年干部，李靖教授成为元素有机化学研究所所长，从此开始进入行政管理领域。2001 年他接替金桂玉先生任元素有机化学国家重点实验室主任，2002 年任化学学院副院长。在元素所和元素有机化学国家重点实验室任职 8 年间，李靖教授在杨石先先生"发展经济，繁荣学科"的元素所建所理念指导下，在保持应用研究优势的基础上不断加强基础研究力量，使南开有机化学和农药学两个学科均在主流领域形成国内外影响力。

1998 年世界华人有机化学家学术研讨会在南开召开，其间一位南开校友的一句话深深刺激了李靖，他认为南开有机化学当时在有机合成化学这个主流方向上缺少力量，是大短板。从这以后，李靖开始更加关注基础研究的力量积累，积极引进最优秀人才。通过引进和培育为元素所积累了一批有朝气的青年学者。周其林院士、席真教授等均是在 2000 年前后加盟元素有机化学研究所，成为南开大学有机化学和化学生物学领军人物。在这期间，李靖还和大家一起利用化学学院实体化的契机以元素有机化学国家重点实验室为核心将南开化学的有机化学和农药学科力量整合在一起，形成目前的"大有机"格局。

2004 年，李靖在学校安排下任职南开大学研究生院副院长，2006 年任常务副院长至 2014 年。在研究生院工作 10 年间，李靖为南开大学研究生教育的发展尽力工作，得到大家的认可。2014 年，响应国家号召，李靖成为中组部第八批援疆干部，赴喀什师范学院挂职副院长。在新疆工作的三年中，李靖用实实在在的工作赢得了喀什师生的认可。在喀什师范学院更名喀什大学及喀什大学的学科建设和科研体系建设方面都做出了重要贡献。2017 年李靖荣获新疆维吾尔自治区党委颁发的"第八批优秀援疆干部"称号。

2016 年李靖任南开大学副校长，2017 年从新疆喀什结束援疆任务后回到南开大学上岗工作。学校安排分管后勤基建工作，对口支援工作和定点扶贫工作。李靖坚决服从学校安排，在工作中学习，不断提高管理能力和水平，努力投入新的工作。2020 年南开大学定点帮扶的甘肃庄浪县正式宣布脱贫摘帽，标志南开大学的定点扶贫任务圆满完成。

在多年的科研和教学工作中，李靖教授长期从事有机合成化学和金属有机化学和高分子合成化学研究，在国内外重要化学期刊上发表研究论文 80 多篇。1991 年获"中国有突出贡献博士学位获得者"称号；2002 年获天津市自然科学奖二等奖，2003 年获第七届天津青年科技奖，2007 年获"天津市中青年授衔专家"称号。曾担任中国化学会理事，《化学通报》期刊编委，中国农药工业协会理事。

文章作者：李靖、柳凌艳

邵学广

1963—

1963 年出生于山东省莘县，1984 年毕业于聊城师范学院（现聊城大学）化学系，1984—1992 年于中国科学技术大学应用化学系攻读分析化学硕士和博士学位，其间于 1990—1991 年被选派赴日本京都工艺纤维大学攻读中日联合培养博士研究生。毕业后留校任教，从事分析化学教学与科研工作，其间多次出访法国科研中心、香港理工大学、加拿大英属哥伦比亚大学（UBC）等开展合作研究工作，2005 年调动至南开大学化学学院，2014 年，作为特聘教授组织了南开大学分析化学"天山学者"科技援疆团队，全面参与了喀什大学化学与环境科学学院的教学、科研及学科建设等工作。先后兼任 Chemometrics and Intelligent Laboratory Systems、《高等学校化学学报》、《分析化学》等多种期刊的编委会委员，中国化学会理事，计算机化学专业委员会和有机分析专业委员会委员，中国仪器仪表学会近红外光谱分会副理事长，天津市分析测试协会副理事长。2002 年获教育部第三届高校青年教师奖，2003 年获国家自然科学基金委杰出青年基金，2010 年获宝钢优秀教师奖，2012 年获国务院特殊津贴，2018 年获中国仪器仪表学会"陆婉珍近红外光谱科技奖"。

邵学广主要从事分析化学教学和化学信息学方法与应用研究。先后主讲了"分析化学""仪器分析原理""分离科学及进展""当代分析化学前沿"等课程，1999 年在国内率先开设了"化学信息学"课程并出版了《化学信息学》教材，培养硕士、博士研究生 80 余名。所培养的研究生多次获得国家奖学金及南开大学各类奖学金，某些毕业生已在其工作岗位上取得了突出成绩。先后主持国家自然科学基金委、科技部、教育部、天津市科委及横向合作项目 30 余项，在化学计量学研究领域开展了系统深入的研究工作，在国内外学术期刊上发表学术论文 300 余篇，编著、翻译或合作出版学术著作 5 部。

化学信息学是化学的新兴分支学科，通过数学、统计学、计算机及网络等技术对化学数据进行分析与建模，实现化学知识的发现与创新。作为化学信息学的重要研究内容，化学计量学算法与应用研究对分析化学的发展具有重要意义。自 1992 年起，邵学广先后开展了化学因子分析、优化算法、免疫算法、小波分析等方面的研究工作，建立了一系列复杂分析化学信号分析新方法。针对分析化学重叠信号的解析问题，率先开展了小波分析在分析化学中的应用研究，对小波分析的算法进行了改进，提出了适合于分析化学信号处理的计算方法，克服了原有算法的某些限制和缺陷，简化了计算步骤，增强了小波分析在分析化学信号处理中的实用性及应用效果，并在复杂体系色谱、光谱等分析中得到成功应用。有关论文发表在 Accounts of Chemical Research，Analytical Chemistry 等具有较高影响的学术期刊上，并被 the Alchemist 的进行了专题报道，应邀为 Angew. Chem. 撰写评论文章。他将免疫算法引入化学计量学领域，建立了用于一维、二维重叠分析化学信号处理的免疫算法，为复杂分析化学信号的解析提供了新型原理和手段，对解决分析化学中实际复杂体系的定性、定量分析问题具有一定的科学意义和实用意义。有关论文发表在 Analytical Chemistry 和 Trends in Analytical Chemistry 等杂志上。其开拓了化学计量学研究的新内容，为化学计量学研究提供了新型原理与新型手段。同时，还开展了团簇结构优化及分子动力学模拟等方法在化学领域中的应用研究，在结构优化、分子间相互作用及分子运动规律、自由能计算方法等方面取得了创新性的研究成果。有关论文发表在 Journal of Computational Chemistry 和 Journal of the American Chemical Society 等学术期刊上。

近红外光谱具有很强的实用性，但光谱信号弱且重叠严重，严重制约了近红外光谱分析技术的发展。20 世纪 90 年代后期，邵学广将化学计量学方法应用于近红外光谱分析，建立了一系列光谱信号处理和建模方法，提高了复杂体系近红外光谱分析的准确性和稳定性。同时，灵敏度低或检测限高一直是限制近红外光谱技术发展的关键问题，邵学广采用化学计量学和实验手段相结合的方法，开展了近红外光谱在微量成分分析中的应用研究。他分别以树脂和功能化的硅酸盐为吸附剂实现了采用近红外光谱定量分析溶液中低浓度的有机和无机成分的分析方法。2010 年以后，邵学广基于温度对近红外光谱的影响，提出并研发了温控近红外光谱方法与技术，并开展了水光谱探针研究，以水光谱为研究对象，开展了水的光谱特征与溶液组成、溶质（蛋白质）结构的关系研究，探讨了以水为探针的分析方法及疾病诊断方法，建立了新的分析方法，进一步拓展近红外光谱的应用领域。在理论研究的基础上，他开展了近红外光谱的应用研究。邵学广还针对工业生产领域的定量分析问题，开展了常规成分及微量成分建模方法研究，将先进的化学计量学方法引入建模方法研究，解决了定量模型的稳定性和实用性问题。针对工业生产的过程分析，他建立了基于多元统计过程控制（MSPC）和在线定量模型的工业生产监控方法，提出了"动态模型"新思路，实现了模型的自动维护和更新。针对药品非法添加和药品一致性检验问题，他开展了新的判别方法研究，为近红外光谱药品快速检测核心技术的建立奠定了理论和技术基础。针对近红外光谱技术应用的发展趋势，邵学广及时开展了大数据及云计算等相关的方法研究，并积极参与了药品近红外快速检测平台建设及工业原料物联网建设等研究工作。

文章作者：邵学广

百年耕耘

南开化学

史林启

1963—

　　南开大学化学院教授、博士生导师，1963 年 9 月出生于河北清苑，1980 年考入河北大学化学系，1984 年 7 月毕业获学士学位，同年在河北大学化学系任助教，1987 年 9 月考取中国科学院长春应用化学研究所高分子化学与物理专业硕士研究生，1989 年转为博士研究生，1993 年 1 月获理学博士学位，1993 年 5 月—1995 年 5 月到南开大学高分子化学研究所做博士后研究，1995 年 6 月为副教授在南开大学高分子化学研究所工作，1998 年 12 月晋升为教授，2001 年为博士生导师，2003 年 10 月—2004 年 2 月到加拿大蒙特利尔大学和 2004 年 3 月到 2004 年 5 月到美国纽约州立大学石溪分校做访问教授。2001 年任南开大学高分子化学研究所副所长，2009 年任高分子化学研究所所长，功能高分子材料教育部重点实验室主任，2015 年任药物化学生物学国家重点实验室副主任。1997 年加入中国共产党。

史林启 1978 年 8 月考入河北省清苑中学，中学时期对化学产生浓厚兴趣，化学成绩一直名列前茅。1980 年 9 月考入河北大学化学系，1984 年毕业获理学学士学位，同年在河北大学化学系有机高分子教研室任助教，1984—1987 年辅导本科生高分子化学和高分子物理专业课，同时主讲本科生课程高分子物理实验，在此期间奠定了扎实的高分子科学基础。

史林启 1987 年 9 月考取中国科学院长春应用化学研究所硕士研究生，1989 年转为硕博连读研究生，在研究生期间开展含有机硅三元嵌段共聚物的合成及形态结构和有机硅富氧膜改性的研究，观察到含有机硅三元嵌段共聚物存在蜂窝状微观形态，这是高分子中一种特殊的形态结构。另外，他对含有机硅嵌段共聚物的组成、形态结构与富氧膜性能之间的关系开展了深入研究，揭示了富氧分离系数及透过速率与嵌段共聚物组成及形态结构的关系。于 1993 年 1 月获理学博士学位。

1993 年 5 月史林启来到南开大学高分子化学研究所做博士后，主要开展用于清除尿毒素的血液净化吸附树脂研究，工作中将该类树脂的吸附功能与膜分离的选择性分离功能相结合，开发了一类新型的复合吸附树脂，提高了吸附的选择性，在复杂环境中的吸附效率及血液净化效果得到明显改善。1995 年 6 月史林启任副教授，在南开大学高分子化学研究所工作，开始从事活性自由基聚合的基础研究及聚乙烯醇缩丁醛（PVB）树脂及安全玻璃膜片的应用研究，其中 PVB 树脂合成工艺的研究，改善了树脂的结构、堆积密度、发黄等多项指标，1998 年在青岛昊成树脂有限公司实现产业化。安全玻璃膜片的研究与秦皇岛嘉华塑胶有限公司合作，改善了膜片发黄、发黏及抗冲击强度等多项指标，1998 年在秦皇岛嘉华塑胶有限公司实现产业化。两项产业化项目均取得良好的经济效益。其 1998 年晋升为教授，1999 年开始注意到国际学术领域高分子自组装成为前沿热点，另辟蹊径以高分子胶束为基元，开展胶束自组装的基础研究，观察到多种胶束聚集形态，基于在这一基础科学领域的重要成果和贡献，他于 2001 年任博士生导师，同年任南开大学高分子化学研究所副所长，2004 年评为教育部新世纪人才，2006 年获国家杰出青年基金的资助。2007 年史林启开始开展高分子自组装胶束作为多功能药物载体的研究，在载体的响应性和药物载体多功能集成及协同方面取得重要进展，并多次承担国家自然科学基金重点项目和重大研究项目。在多年研究药物载体的基础上，他逐渐认识到生物体内蛋白质的重要性，重要的生命过程几乎都与蛋白质相关，他针对蛋白质的问题提出通过可控组装与响应性高分子制备纳米分子伴侣，从结构与功能多个层面模拟了分子伴侣的结构与功能，在保护蛋白质的活性、提高稳定性，抑制蛋白质错误折叠，预防和辅助治疗退行性神经疾病，辅助蛋白质跨越生物屏障，介导免疫过程，提高免疫应答等方面取得重要进展，这方面的工作具有原创性，研究成果得到国内外同行的高度评价，获得国家自然科学基金重大研究计划中的重点项目和集成项目的持续支持。

史林启在教学方面注重理论与实践相结合，先后主讲"当代化学前沿""改变世界的高分子""膜分离科学与技术""功能高分子"等课程。所培养的研究生有 7 人已经是国内外高等学校的教授，已经培养博士研究生 40 名，硕士研究生 50 名，有一人获得国家杰出青年基金资助，一人获评青年千人。

2009 年史林启任南开大学高分子化学研究所的所长和功能高分子材料教育部重点实验室的主任，在 2019 年教育部主持的教育部重点实验室评估中，带领的功能高分子材料教育部重点实验室评为优秀。他积极为学科服务，担任国内多个国家重点实验室、教育部重点实验室和地方重点实验室的学术委员，担任中国化学会理事、中国材料研究学会理事、中国生物材料学会理事、高分子生物医用材料分会副主任。他曾被聘为国家自然科学基金委员会工程材料学部有机高分子学科专家评委，并多次担任国家杰出青年基金的会评专家，作为负责人之一主持制定国家基金委工程材料学部材料领域中生物医用高分子材料和新概念材料"十四五"发展规划。同时，他还兼任《离子交换树脂》副主编，《高分子学报》《化学通报和功能高分子学报》编委，ACS Bio Applied Materials 编委等。

文章作者：史林启

卜显和

1964—

辽宁人，1986 年本科毕业于南开大学化学系，1992 年获南开大学博士学位（导师陈荣悌院士）并留校任教。1995 年任教授（1996 年起任博导），1997 年被评为教育部跨世纪人才，1999 年获国务院特殊津贴，2002 年获国家杰出青年基金资助，2004 年被评为"长江学者"特聘教授、国家百千万人才工程人选、天津市劳动模范及授衔无机化学专家，2014 年被评为英国皇家化学会会士，2016 年评为天津市首批杰出人才。任国家自然科学基金委创新研究群体及教育部创新团队学术带头人。长期从事配位化学研究，在配位体系的精准合成、结构-性能调控、功能体系构建研究中取得多项系统而富有特色的原创性成果，已在国内外重要刊物发表论文 400 余篇，他引 2 万余次（H 指数 85），获中国发明专利授权 30 余项，部分专利实现转化。主编《配位聚合物化学》专著 1 部（240 万字，科学出版社），副主编《配位化学》教材一部，合作主编或参编其他专著与教材 5 部。以第一完成人身份获 2014 年度国家自然科学二等奖 1 项、2018 年度天津市自然科学特等奖一项及天津市自然科学一等奖 2 项（2011 年、2002 年）。担任中国化学会晶体化学专业委员会主任及多个国内外重要期刊的顾问编委、编委及副主编等。任全国政协委员、中国致公党中央委员、致公党天津市委会副主委等职。

百年耕耘

南开化学

卜显和，1964 年出生在辽宁朝阳县的一个普通农民家庭，自幼喜好读书，勤奋好学，成绩优异。高中毕业时他凭借全县理科第一名的成绩，于 1982 年考入南开大学化学系。当年南开化学是中国化学高等教育的重镇，大师云集、声名远扬，天津市仅有的 6 名中国科学院化学部委员（院士）都在这里。受校训"允公允能，日新月异"的影响及对杨石先、高振衡、何炳林、陈茹玉、陈荣悌、申泮文等几位先生的事迹及精神风范的敬仰，他勤学苦读、砥砺进取，本科毕业后以优异成绩考取陈荣悌院士的硕士研究生（两年后转为博士研究生），在攻读学位期间，他经陈先生推荐被国家教委公派至日本留学（联合培养），师从著名化学家木村荣一教授（曾任日本药学会主席）。完成学业后，应陈荣悌院士之邀，他怀着浓烈的家国情怀回到母校南开大学工作。

　　怀揣梦想，白手起家建立一流实验室。回国初期，科研条件艰苦，科研经费不足、设备条件落后。面对这些挑战，他没有气馁，在陈荣悌院士及学校的大力支持下，建立了实验室。随后，在他和团队成员的共同努力下，先后获国家自然科学基金、教育部优秀青年教师基金、天津市青年基金等多项基金资助，科研条件逐步改善。此后，他继续获得多项其他基金的支持，如 2002 年度国家杰出青年科学基金项目、国家自然科学基金重点项目、重大研究计划项目、科技部 973 课题、教育部重点项目、天津市科委重点项目，并领衔获评国家自然科学基金优秀创新群体项目等。目前他的实验室已经配备了 X 射线衍射仪、热重分析仪、氮气吸-脱附分析仪、红外光谱仪、荧光光谱仪、磁强计、手套箱及一些先进原位测试设备等。这些设备为他的团队取得国际一流的研究成果提供了条件。比如，最近他的课题组运用原位分析手段，阐明了动态金属-有机框架材料在高效分离轻质烃类异构体的机理（Adv. Mater. 2017；JACS，2019；Angew. Chem. 2021）；还发展了新型光催化剂，实现了高效光催化全解水（Adv. Mater. 2020）。此外，他们建立晶态主-客体平台，获得高度可调的给-受体材料，为设计新型给-受体异质晶态材料和新型集成光子学器件提供了新策略（Adv. Mater. 2018；Angew Chem. 2019）等等。

　　勇于开拓，科学研究取得创新成果。他的研究既立足前沿基础研究，也面向应用及国计民生，特别敢于挑战困难课题。多年来，他立足国际配位化学前沿，艰苦奋斗、砥砺进取，在配位体系的精准合成、结构-性能调控、功能体系构建等方面取得多项系统而富有特色的原创性成果。这些成果主要有：从配体设计入手，以光、电、磁等性能导向，构筑了多个系列具有独特性质的新型配位聚合物（配合物），研究了溶剂、温度、酸碱度等因素对其结构及性能的影响；率先系统地开展了柔性配体配合物的研究，被同行评价为"代表一个重要的新方向"，提出了配合物构筑中的非配位基团效应，发展了电荷竞争体系的合成方法，并在若干体系中阐明了结构与性能之间的关系及相应调控方法。

因为系统深入的研究成果，他领衔获 2014 年度国家自然科学二等奖、2018 年度天津市自然科学特等奖、2002 年及 2011 年度天津市自然科学一等奖；他还获得 1998 年度天津青年科技奖、2000 年度霍英东教育基金会青年教师奖（研究类）、2012 年度中国侨界贡献奖（创新成果）及 2016 年度中国侨界贡献奖（创新人才）等个人奖项。他于 1997 年入选教育部跨世纪优秀人才，2004 年被评为"长江学者"特聘教授、新世纪首批百千万人才工程国家级人选、天津市劳动模范、2017 年度天津市优秀科技工作者、首批天津市杰出人才、天津市最美科技工作者等称号。

2004 年"长江学者"特聘教授受聘仪式

尊师重教，矢志不渝注重人才培养。他特别注重在科研实践中培养学生，注重学生科研能力、学术思路、科研素养的培养。即使再忙再累，他也总是要抽出时间与学生进行沟通，及时了解学生情况，尽快帮助他们解决困惑与问题。在培养学生过程中，卜显和特别注重启发式教育。他经常邀请国内外著名教授给大家做学术报告，为的就是让大家学习了解一些最新科研动态，希望他们自己能够从中找到一些科研切入点。他还主动与日本、美国、西班牙、澳大利亚及国内某些大学有关科研机构开展多方面合作，为学生们创造更为广阔的成长空间。他已培养博士后、博士、硕士毕业生及国内访问学者 150 多人次，指导的学生中不乏国家奖学金，南开大学特等、一等奖学金的获得者，及全国大学生的最高荣誉"五四奖学金"的获得者。至今，他培养的学生已经有 20 多人成为正教授，有多人担任院长或副院长职务，并在国内各高校与重要研究机构成为学术带头人或骨干。在国家首批"青年千人计划"入选者中，有两人是他的学生，有两人获得国家杰出青年基金，三人获得国家四青人才称号等。他也特别重视教学工作，副主编了《配位化学》教材一部，受到好评，并亲自参加配位化学慕课及其他课程的讲授。鉴于在教书育人方面的突出贡献，2010 年，卢嘉锡基金会授予他卢嘉锡优秀导师奖。

胸怀家国，履职尽责热心各项服务。他担任《科学通报》《中国科学（化学）》《中国化学》《高等学校化学学报》《中国化学快报》《无机化学学报》《应用化学》《结构化学》《科技导报》等期刊编委或副主编，担任国际学术杂志 Aggregate、Dalton 等杂志的顾问编委，为学术期刊的发展尽力；他作为组委会主席，多次组织大型国内外学术会议，包括 Nature Conference、全国晶体学大会、全国固体化学与无机合成会议等；他担任南开大学化学系主任 10 年并作为南开大学材料科学与工程学院首任院长，为南开大学化学与材料学科的发展均尽心尽力，做出积极贡献。

卜显和担任全国政协委员、中国致公党中央委员、致公党天津市委会副主委等诸多职务，在这些职务上，他履职尽责，充分发挥自身特长，以饱满的政治热情、强烈的责任担当和良好的精神状态积极参政议政，提交大量各类建议、议案，受到有关方面的重视与好评，为国家及天津市的经济社会和科教发展献计献策。

文章作者：许伟、李娜

程鹏

1964—

南开大学教授，1985 年本科毕业于南开大学化学系，获得学士学位，1991 年和 1994 年分别获得南开大学硕士和博士学位。1994 年毕业留校从事教学和科研工作，1996 年破格晋升为教授，1997—1999 年先后在法国国家科研中心和美国 Texas A&M 大学从事合作研究和博士后研究。1999 年获得教育部首届青年教师奖，2004 年获国家杰出青年基金资助，2005 年获宝钢教育基金会优秀教师特等奖，2006 年获得国家教学名师奖，2007 年入选教育部"长江学者奖励计划"特聘教授和人事部等七部委的"新世纪百千万人才工程"国家级人选，2015 年入选国家高层次人才特殊支持计划（万人计划）。2000—2013 年任南开大学化学学院副院长，2014 年至今任南开大学伯苓学院院长。

我 1964 年 2 月出生于天津市，1981 年从天津市第十六中学（耀华中学）考入南开大学化学系，1985 年毕业获得学士学位。在天津市无机化学工业研究所工作 3 年后，1988 年回到南开大学化学系无机化学专业攻读硕士和博士学位，导师是王耕霖教授。1994 年留校工作，至今已经 28 年。

留校工作以来，我首先承担了本科生一年级基础课"无机化学实验"的教学工作。实验课是培养化学专业学生动手能力的最重要基础课，而南开大学化学学科一直以培养学生动手能力和实验技术而著称。在经验丰富的老教师帮助下，我每次实验课前都认真准备，实验中对基本操作和基本技术严格要求，使学生从一年级开始打好化学实验基础。在一次滴定实验中，一个同学几次滴定数据都不平行，我没有简单地批评他，而是仔细观察他的操作，耐心帮他分析原因，重新制备样品并重复实验，本应在上午 11 点多结束的实验，两个人没有吃饭和休息，直到下午 2 点多才得到满意的结果。这次实验对他影响很大，以后每次实验都一丝不苟，认真完成。目前这名同学在华中科技大学从事实验性很强的生物医学光子学交叉领域研究。当分别多年之后再次见到我时，他仍充满感情提到当初在南开所受到的严格的实验训练。

1995 年，一个偶然的机会把我推到了本科生基础课大课的讲堂上，这对本想一心一意教好实验、搞好科研的我来说是一个很大的挑战。正是这次偶然的机会，改变了我对大学教师的理解：不仅要自己出成果，更重要的是育人。"无机化学"是化学专业学生第一门专业基础课，对学生专业兴趣的培养和后续课程的学习具有重要意义。我接到讲课的任务已经是 5 月份了，而 9 月就要给新生上课。于是我停下了正在做的科研课题和写作中的论文，借来了大量的教学参考书，全身心投入备课当中。白天看书学习，准备资料，并多次登门向退休的老教师求教，晚上，等年幼的孩子睡着后，在两家合用的客厅一角写教案。经过一个暑假的精心准备，我谦虚而又充满信心地登上三尺讲台，后来得知我无意中成了化学学院第一位担任本科生基础课主讲教师的年轻博士。随着教学经验的丰富，我不断注重教学内容的更新并及时给学生介绍国内外发展的最新动态，使学生不但专业基础扎实，而且知识面宽、视野开阔。从 1995 年至今，除了出国 2 年之外，我一直坚持在教学一线给大一本科生讲授基础课。在基础课的讲堂上，培养了一大批学有所成的青年学子，他们中有的在本科阶段就崭露头角获得全国大学生"挑战杯"课外科技作品竞赛的特等奖和一等奖，有的毕业之后在国内外继续深造，目前在国内外知名高校担任教授，有的获得各种国家级人才称号成为单位的骨干。

2000 年，我在继续从事基础课教学的同时，走上了化学学院副院长和国家级基础科学人才培养基地负责人的教学管理岗位，一直干到 2013 年。在离任时我用"稳定、提高、创新"六个字概括了化学院十几年的教学管理工作，即稳定教师队伍、提高教学质量、创新育人模式。21 世纪初，由于历史原因，师资队伍青黄不接。为了稳定教师队伍，落实教育部《关于加强高等学校本科教学工作提高教学质量的若干意见》（2001 年 4 号文件），学院领导班子决定在职称晋升和岗位聘任中向教学工作倾斜，如在岗位设置上，明确了四大基础课无机化学（包括基础无机化学和无机化学）、分析化学（包括化学分析和仪器分析）、有机化学和物理化学（包括结构化学）课程组负责人、名牌课和示范课的主讲教授、化学基地负责人和化学实验中心主任均为关键岗位。基础化学实验中心所属的三大实验室（基础化学实验室、中级化学实验室、综合化学实验室）主任、四大基础课及其他主干课的主讲教师、各实验课课程组长、校和院两级公选课及其他有重要影响选修课的主讲教师均为重点岗位。在岗位聘任中充分考虑了从事本科教学的教师工作量，将教学成果奖与科研奖励同等对待，教学研究论文与科研论文同等对待、教学研究经费与科研经费同等对待，对教学实习、编写教材、设计新实验等其他教学工作均有相应的规定。一批教学经验丰富、教学工作量大的教师在退休之前晋升为教授，带着体面和尊严离开奉献了整个职业生涯的化学教育事业光荣退休。

为了进一步提高教学质量，学院层面大力支持教师参加教学会议、参与各级教学改革项目、编写教材、制作多媒体课件、鼓励双语教学、加强实验室建设等，如受教育部委托先后举办了"十五"规划教材《无机化学》和《有机化学》研讨会、高等教育重点课程化学类教学软件与试题库培训班暨研讨会、面向 21 世纪课程教材《无机化学》和《近代化学导论》研讨会、第六届全国"大学化学化工课程报告论坛"等全国性教学会议。特别是与科学出版社合作的"全国物理化学课程骨干教师高级研修班"从 2007 年开始至今已经连续主办 7 届，形成了品牌效应。提出了"高等化学资源共建共享"理念并在高等教育出版社的资助下组织全国 20 多所高校教师建立了国家高等化学资源库。在国家级基础科学人才培养基地建设中，南开大学化学基地历次验收和评审都被评为优秀基地，2001—2016 年从基金委获得竞争性的基地建设经费 1240 万元。

创新育人模式的主要举措之一是实行酝酿已久的本科生课外科研创新基金，目的是推动本科教学改革和培养学生创新意识与创新精神。从 2000 年开始，每年通过基地经费资助本科生自己提出创新课题，由学生自己联系导师和实验室，利用课外时间开展课题研究，自己完成开题报告、中期检查和结题汇报整个流程。经过几年的尝试深受学生欢迎，取得很好的效果，引起了国内专家的高度评价和《中国青年报》《光明日报》《科技日报》《天津教育报》等媒体宣传，中央电视台《焦点访谈》节目以"大学里的创新教育"为题在 2004 年 12 月 17 日进行了专题报道。在化学学院取得成功的基础上，南开大学设立了资助本科生课外创新活动的"百项工程"，目前形成了"国家大学生创新计划"、天津市"大学生创新项目"、南开大学"百项工程"多层次的创新能力培养机制，深受学生欢迎，受益的学生越来越多，带动了全国高校建立本科生创新培养模式。为了适应国家需求，以化学专业为依托，先后建立了材料化学专业、分子科学与工程专业、药学专业和化学生物学专业。在综合实验室率先建立材料化学实验室和化学生物学实验室，并对综合化学实验内容进行更新。其中分子科学与工程专业是南开大学化学学院和天津大学化工学院按照教育部"独立办学，紧密合作"要求，利用各自办学优势和特点，坚持"高起点、高标准、创特色、建一流"原则在全国首创了培养理工复合型人才的全新专业，教育部为此特别设立全新专业代码。分子科学与工程专业学生前两年在南开大学、后两年在天津大学集中培养、统一管理，毕业授予理学和工学双学士学位。该专业自 2003 年招生以来，经过多年实践建立了卓有成效的理工复合型人才培养体系，为培养具有扎实理科基础、能够解决重大工学问题的高水平复合型人才开辟新路，同时建立了以学生为本，相互协作，统一管理的跨校管理新模式。该专业培养了一大批理工复合型人才，2020 年入选国家级一流本科专业建设点。药学专业和材料化学专业分别于 2008 年和 2015 年转到新成立的药学院和材料科学与工程学院。2009 年化学学院作为首批试点单位，实施教育部"基础学科拔尖学生培养试验计划"，组建化学"伯苓班"，从培养目标、教学计划和教学内容改革、科研创新能力培养、国际交流等几个方面对化学拔尖人才培养模式进行探索与实践。目前我在伯苓学院负责南开大学"基础学科拔尖学生培养基地 2.0"的建设。

在科学研究领域，我有幸得到了王耕霖教授、廖代正教授、姜宗慧教授和阎世平教授的长期指导和无私的帮助。在攻读研究生的几年中，我重点开展了过渡金属多核配合物的合成、结构和磁性研究，几位老师都给了我很多具体的指导，使我掌握了配位化学和分子磁学的系统研究方法，几位老师的低调谦虚、严谨负责、团结协作、无私奉献的精神更是深刻地影响了我。毕业留校后，我继续从事功能配合物方向的研究工作，研究体系从过渡金属配合物转向电子结构更复杂、能级结构更丰富的稀土配合物，功能性质从磁性拓展到荧光、传感、磁电和催化等领域。1999 年回国后我连续获得了国家自然科学基金、科技部、教育部和天津市各类基金的资助。从 1991 年在《中国科学》发表第一篇论文开始，研究水平和论文质量不断提高。到目前为止培养了博士后、博士生和硕士生 80 余人，其中第一位博士生获得了全国百篇优秀博士学位论文。培养的研究生中有 1 人获得国家杰出青午基金、4 人入选国家级青年人才计划。

文章作者：程鹏

李一峻

1964—

　　南开大学化学学院教授。1988 年毕业于中国科学技术大学应用化学系，获理学学士学位，1994 年毕业于中国科学院长春应用化学研究所电分析化学国家重点实验室，获理学博士学位。曾任教育部化学基础课程教学指导委员会委员（2006—2013 年）、实验教学指导委员会委员（2013—2018 年）。现任天津市化学会理事，《分析试验室》编委会委员，南开大学化学学院院长助理。主讲本科生"定量化学分析""电分析化学"，研究生"高等电分析化学"等课程。参与编写《定量化学分析》《基础化学实验》《仪器分析实验》等教材 7 部，主持和参加各级教学改革研究项目 30 余项。获国家级教学成果二等奖 1 项，天津市教学成果一等奖 4 项。2019 年获天津市高等学校教学名师奖。主要从事电分析化学新方法、新技术的研究。主持国家自然科学基金和其他各类科研基金 10 余项，发表论文 70 余篇。获省部级科技奖一等奖 1 项，二等奖 1 项。

我 1964 年出生于西安一个军医家庭，幼时随父母迁到天津，在天津读完了小学、中学。最早的梦想是去北京大学读考古或历史，但高二文理分班时屈从于各种压力最终选择了理科。1983 年高考，最初的志愿是清华大学计算机系，但由于各种原因又成了无法实现的梦想。在"学好数理化，走遍全天下"的影响下，报考了中国科学技术大学应用化学系（选择化学是因为实在不喜欢数学和物理）。

上大学后，我依然对计算机很感兴趣，课余时间看很多计算机方面的书籍，自学了 Basic、Fortran 等编程语言，这在后来的工作中发挥了很大的作用。1988 年大学毕业后我考到中国科学院长春应用化学研究所电分析化学重点实验室，师从董绍俊院士。拿到博士学位以后回到天津，很自然地选择了南开大学作为工作单位，从 1995 年入职化学系分析教研室工作至今。

刚开始工作时，教研室安排我以实验教学为主，主要是协助老教师带仪器分析实验，至今我仍记得和张春煦老师一起趴在地上用滴管吸取洒在地上的汞滴的场景。其间我于 1996 年赴香港科学技术大学进行合作研究。回国后接受教研室任务，从 1998 年秋季开始主讲本科生"定量化学分析"课程，由此走上了讲台，正式开启了教书模式，至今已教了 23 届学生。张春煦老师退休后，我于 2002 年又接过"电分析化学"授课任务，至今也教了 19 年。

1999—2000 年我赴瑞士联邦环境科学与技术研究所进行学术交流。回国后服从教研室安排担任分析化学实验室主任，至今也有 20 年了。其间又陆续担任过基础化学实验室副主任（2003—2012 年）、实验中心主任（2012—2019 年）等职，同时承担了"分析化学实验""仪器分析实验""综合化学实验"三门实验课程的教学任务，实验教学也逐渐成了工作重点之一。

2004 年我担任化学系副主任一职，协助卜显和主任负责化学系的本科教学，2007 年任院长助理，协助主管教学副院长负责化学学院本科教学，由此教学管理又成了一项重要工作。这期间我陆续担任过教育部高等学校化学与化工学科教学指导委员会化学基础课程教学指导分委员会委员（2006—2013 年）、教育部高等学校实验教学指导委员会委员（2013—2018年）、天津市化学会第九届理事会理事（2017 年至今），参与了化学类专业化学理论教学建议内容、化学类专业化学实验教学建议内容、化学专业本科实验教学规范等一批文件的制订工作。

我在教学工作中十分重视教学改革，努力探索新时期下分析化学教学改革的新思路、新方法。把培养学生的创新意识和动手能力放在首位，以学生为本，以学为本，不但讲授基本理论和基本方法，还注重与实际工作相结合，使学生掌握解决实际问题的思路和方法。为配合课程学习，陆续开发了分析化学习题库、分析化学实验计算机辅助多媒体教学软件、分析化学实验网络多媒体教学系统等，建立了分析化学、电分析化学课程网站，建设并维护化学实验教学中心网站（http://cec.nankai.edu.cn）。经过多年建设，"分析化学"被评为 2006 年度校级精品课程，2007 年又被评为校级示范精品课程。"高等电分析化学"被评为南开大学 2007 年度研究生精品课，并获得南开大学 2009 年度研究生优秀教学成果奖。我作为主要成员的"基础化学实验"2007 年被评为天津市精品课程，化学实验系列课程教学团队2010 年被评为国家级教学团队。我本人也分别于 2016 年和 2019 年获得南开大学教学名师奖和天津市教学名师奖。

担任国家级化学实验教学示范中心主任期间，我对实验教学团队的建设，特别是青年教师的培养非常重视，制订了一系列规章制度，开设了系列培训课程，培养了一批实验教学经验丰富、责任心强的青年教师，解决了多年来实验教学中存在的实验教学队伍数量不足、教师责任心不强的问题。同时，我协助教学副院长制订一系列鼓励青年教师从事实验教学的政策，包括：年终考核教学工作量不合格一票否决制度；提高教学工作量分值；打破专业界限，鼓励青年教师跨专业上实验课；对实验课教学过程进行监督；等等。经过几年的建设，实验中心实验教师数量充足，实验教学质量也有了很大提高。

在多年的从教工作中，化学系（学院）很多老教师们给了我很多无私的帮助。何锡文先生、沈含熙先生、史慧明先生等老一辈化学家一直是我学习的榜样，他们给了我极大的支持与帮助。走上讲台之初，因缺乏教学经验，不免有些紧张，张春熙、杨万龙、张绪宏、刘六战、郝韵琴等老师们不断鼓励我、帮助我，给了我很多有益的建议，使我受益匪浅。参与本科教学管理工作以后，我得到了刘育、周其林、陈军、朱守非几位院长的大力支持，以及程鹏副院长、王佰全副院长、郭东升副院长的支持与帮助，使得各项工作得以顺利进行。

从调入南开大学任教至今已 25 年，我感受颇深的就是从第一任校长张伯苓先生开始就深深印入每一位南开人骨子里的爱国主义情怀，"爱国三问"振聋发聩。如今南开化学已走过百年历程，正在向世界一流学科稳步迈进，祝愿南开化学越来越好，南开越来越好！

文章作者：李一峻

孙平川

1964—

　　南开大学化学学院高分子化学研究所研究员，博士生导师。1964 年生于四川省乐山市，1982 年考入南开大学物理学院，1986 年获得理学学士学位。1986—1988 年在河北工业大学基础部任助教，1989 年考入南开大学物理学院攻读硕士和博士学位，并于 1991 年和 1994 年在南开大学获得理学硕士和博士学位。1994 年博士毕业后留校任高分子化学研究所讲师，1996 年晋升副教授，2005 年晋升研究员。2015 年担任化学学院副院长、功能高分子材料教育部重点实验室副主任，高分子化学研究所副所长，无党派人士。

孙平川，1964 年生于四川省乐山市，1972 年随父母迁居天津，就读东升里小学，后进入四十三中学就读初中和高中，高中毕业时曾获得第一届全国青少年科学创造发明比赛数学组一等奖。1982 年报考南开大学物理系，进入固体物理专业学习，师从丁大同教授，毕业论文是低场固体 NMR 谱仪射频单元电路设计。1986 年毕业获理学学士学位后在河北工业大学基础部任教，负责基础部本科生物理实验课程的教学工作。于 1989 年考取南开大学物理系固体物理专业硕士研究生，师从丁大同教授开展固体 NMR 在分子筛催化机理领域的研究，其间得到李赫咺和王敬中等教授指导。1991 年考取博士生，在同一课题组继续攻读博士学位，开展超大孔径分子筛的计算机模拟设计以及固体核磁共振表征等工作。1994 年 12 月博士毕业后留校任高分子化学研究所讲师，主要负责吸附分离功能高分子材料国家重点实验室 400MHz 固液两用超导核磁共振谱仪的管理、新功能开发与应用工作，其间得到何炳林院士和黄文强等教授亲切指导进入高分子科研领域。1996 年晋升副教授，2005 年晋升研究员。2006 年获得中国物理学会王天眷波谱学奖，2008 年获得国家杰出青年科学基金资助。中国化学会纤维素专业委员会委员、中国物理学会波谱学专业委员会委员，《波谱学杂志》和 Magnetic Resonance Letters 编委。

孙平川从 2000 年开始招收研究生，注重培养学生的科学素养与创新能力以及独立思考和分析问题能力；注重理论与实践相结合，多学科的交叉融合，提高学生探索学科前沿的兴趣。几十年来先后培养了 26 名硕士研究生、11 名博士生和 3 名博士后研究人员，另外还指导了 12 名本科生的本科毕业论文并开展南开大学的"百项工程"创新课题等项目的工作。工作期间他承担了"聚合物现代光谱技术"研究生课程教学工作，任课期间认真备课，将国内外著名大学中关于核磁共振课程的优秀素材融入教学中，编写了《聚合物核磁共振波谱》的教学讲义、教学大纲和内容。另外还承担了本科生"当代化学前沿 II"等课程的教学工作。在教学启发学生对化学科学的兴趣与探索创新精神，为国家培养了一批优秀的人才。

在科研工作中紧跟国际前沿研究领域，努力开拓创新，围绕国家重大需求开展基础与应用基础的科研工作。主持了包括国家杰出青年科学基金、国家自然科学基金重点和面上项目、973 子课题以及横向课题在内的 10 余项科研项目。围绕多相聚合物、环境响应性高分子及天然生物大分子中的若干重要科学问题开展研究，发展了表征高分子多尺度结构和动力学及其复杂固液转变行为的系列固体 NMR 新技术，以及检测热可逆聚合物中动态共价键的新方法，为高分子和材料科学提供了新的检测手段和技术支撑，为发展高分子物理理论和构筑高性能聚合物材料提供了新认识。发展了系列仿生分子设计合成高性能热可逆聚合物的新方法，通过多种超分子物理交联（多重氢键、离子键等）制备了系列高性能聚合物材料，实现了传统聚氨酯的高性能化，为通用高分子材料的可再生循环利用和高性能化提供了新思路，部分成果开展产业化应用研究，为国民经济发展做贡献。此外，孙平川以通讯作者身份在 Adv. Mater.，Macromoleculeshe 和 Biomacromolecles 等国内外重要学术刊物发表 SCI 论 150 余篇，与 Miyoshi 教授等共同编著 NMR Methods for Characterization of Synthetic and Natural Polymers（RSC 出版）一书，获得授权发明专利 3 项。在国际交流与合作方面，孙平川作为会议主办人于 2013 年在南开大学成功召开了 "2013 年固体核磁共振及其在先进材料中应用国际研讨会"，邀请了德国 Halle-Wittenberg 大学 Saalwaachter 教授、美国 Michigan 大学化学与生物物理系 Ayyalusamy Ramamoorthy 教授、美国 Akron 大学高分子科学系 Toshikazu Miyoshi 教授和美国国家高磁场实验室 Riqiang Fu 研究员等国际著名固体 NMR 波谱、高分子及生物大分子领域的专家到实验室访问和合作，每年多次在国内外学术会议并做邀请报告，提高了课题组在国际上的学术影响力。

孙平川在 2015 年担任化学学院副院长，在负责化学学院研究生工作期间，努力扩大研究生招生宣传、提高生源质量、创新研究生培养模式、完善研究生教学及学科建设和导师队伍建设等。组织完成了化学学科博士点国际评估、化学工程专业硕士学位点评估、植物保护学科硕士和农药学博士学位点评估、组织撰写学院双一流建设项目任务书等工作。2019 年后负责学院纵向项目的科研管理，在岗位上努力推动学院的双一流建设和学科评估工作、积极推动学院教师在国家和省部级科学基金、人才基金项目、科研奖励等方面的申报。上述工作有力地推动了化学学科的建设和发展。在高分子学科和功能高分子材料教育部重点实验室建设上，孙平川大力推荐和引进优秀人才，帮助优秀青年教师成长，推动高分子学科不同研究方向和领域的交叉融合和学科发展。

文章作者：孙平川

孙宏伟

1966—

    南开大学教授，1983 年考入南开大学化学系，1990 年硕士毕业留校任教，1998 年获理学博士学位。讲授结构化学课程 20 年，将化学学科公认的最难课程打造成国内著名的精品课。课程先后被评为国家级精品课、国家精品资源共享课和国家一流本科课程。曾获天津市优秀教师、天津市高等学校教学名师、宝钢优秀教师奖和南开大学教学教育奖励杰出贡献奖，所授课程获评国家和天津市教学成果一等奖、南开大学首届"魅力课堂"。

孙宏伟，1966年12月生于吉林省长春市，1983年考入南开大学化学系，1987年师从赖城明教授进行硕士研究生学习，1990年留校在中心实验室任教。1998年博士毕业后转入化学系从事结构与计算化学的教学和科研工作。

1998年，他讲授的第一门课程是化学系研究生的"计算机在化学中的应用"，他率先采用将计算机应用能力作为教学的首要目标，全面修改了教学大纲并采用当时最新的投影技术进行实时软件应用讲解，编著了极具实用性的《计算机在化学中的应用》电子版讲义约20万字，课程讲义迅速成为国内众多院校授课的蓝本。

2000年，他开始讲授化学学院本科生专业基础课——结构化学。这门课程是化学学科公认的教师最难讲、学生最难学的课程。在恩师赖城明先生和袁满雪老师的关怀和指导下，他在很短的时间内就成为化学系的教学骨干。2001—2002年他参加了南开大学第一届青年教师教学水平竞赛，得到了众多听课老教师的好评，成为全校10名获奖者之一，2003年代表南开大学参加了天津市高校第六届青年教师教学基本功竞赛，获得三等奖。

在结构化学教学中，他一方面拓展知识，提升自己的理论水平，一方面积极思考破解结构化学教学难题的方法。

针对结构化学课堂讲授中概念难以理解、空间结构规律难以掌握的问题，他通过制作函数图、动画和交互式虚拟现实动画，在课堂上形象展现原子、分子轨道性质和分子轨道形成的动态过程；通过计算化学、晶体学专业软件设计制作分子、晶体的3D结构数据、图片、动画和虚拟现实动画，在课堂上实时展现分子和晶体结构。他在5年多的时间里设计制作了各类结构化学资源素材3000多个，完成了课程交互式多媒体课件。这些工作的完成激发了学生的学习积极性和教师的创造性，解决了多年来一直困扰结构化学课堂教学的难点。学生的学习热情和对结构化学知识的掌握水平显著提高，南开结构化学课程也从学生畏难抵触变成最喜欢的课程之一。

2002—2006年，他参加并负责高等化学教学资源库-结构化学子库的筹备与建设工作，出版了资源素材光盘，制作的资源素材和课件在全国推广使用，为提高国内结构化学教学的水平发挥了良好作用。2005年"高等化学资源共建共享平台"获国家级教学成果奖一等奖（排名13）。

针对学生课外学习难题，他于2010年录制了结构化学课堂实录视频，视频在超星学术视频网、南开大学结构化学课程网站和爱课程网发布，国内众多视频网站都有转载，深受国内高校学生和业内教师欢迎。2016 年编著的《结构化学》教材在高等教育出版社出版，其中配套录制了结构化学重点难点讲解（微课）视频 77 讲，读者可以直接扫描教材上的二维码观看相关知识点的讲解。同期还录制了教材配套习题讲解视频 97 讲。2018 年他又录制了结构化学课程全程讲授视频 107 讲。这几项工作的完成为学生课外学习提供了多角度、不同层次的视频资源。校外许多学生通过这些教学视频资源学习结构化学课程。

针对学生空间结构学习的难题，孙宏伟设计制作了 5 个模型实习的 3D 数据模型，建立了虚拟模型实习网站，为缺乏实物模型的其他院校提供了学习条件。录制了 35 段模型实习问题讲解视频，开阔了学生的视野，加深了对空间结构规律的理解。

为建设一流课程，他于 2007 年建立了结构化学课程网站并一直服务至今，网站资源随着课程资源建设的进程不断增加。网站包括全部课件，各类资源素材，讲解视频，虚拟模型实习等，目前网站资源共总量为 36GB。

他始终以教学为中心，以实际效果为目标进行辛勤的课程建设，取得显著成果，结构化学课程建设取得了卓越成效，南开大学结构化学课程先后被评为国家精品课程（2009 年，负责人）和国家精品资源共享课（2017 年，负责人）；"基于现代技术的《结构化学》精品课程的建设与实践" 2015 年获天津市教学成果一等奖（排名 1）；2020 年课程被认定为首批国家级一流本科课程（负责人）。

他主讲的四门课程，都是难度高、具有挑战性的课程，他总是能以丰富的知识和激情调动和感染学生，因此享有很高的声誉，教学水平得到国内众多同行和学生的一致好评。在国际顶级化学教育杂志 J. Chem. Edu.及大学化学等杂志发表多篇高水平教学论文，在国内有很高的知名度。他荣获了天津市优秀教师（2007）、天津市高等学校教学名师（2015）、宝钢优秀教师奖（2015）、天津市师德先进个人（2015）和南开大学教育教学奖励"杰出贡献奖"（2019）等荣誉。

文章作者：孙宏伟

百年耕耘
南开化学

　　结构化学课程组成员（前排左起：赖城明、袁满雪，后排左起：段文勇、孙宏伟、陈兰、沈荣欣）

2019年获南开大学教育教学奖励"杰出贡献奖"

陈军

1967—

1967 年 9 月出生于安徽省宿松县。1985 年由程集中学考入南开大学化学系，1988 年加入中国共产党，1989 年获学士学位；1989—1991 年担任化学系 1988 级辅导员（兼职），1992 年获无机化学专业硕士学位，并留校工作。1996—1999 年在澳大利亚 Wollongong 大学材料系学习，获博士学位。1999—2002 年在日本大阪工业技术研究所任 NEDO（新能源产业技术）研究员。2002 年起，任南开大学化学学院教授、博士生导师，2003 年获国家杰出青年科学基金，2005 年入选教育部长江学者特聘教授，2011 年获国家自然科学二等奖，2017 年当选中国科学院院士，2020 年当选发展中国家科学院院士。2013—2017 年任化学学院副院长，2017—2019 年任化学学院院长，现任南开大学副校长、先进能源材料化学教育部重点实验室主任。

我与南开化学

记得上高中时，看到一本《中学生数理化》，期刊封面介绍南开大学化学学科，有杨石先等著名化学家，作育英才，发展学科，繁荣经济，强国兴邦……当时觉得南开大学化学学科实力雄厚。高考填报志愿时，我希望学习化学，就填报了南开大学化学系。回想起来，真是幸运！

1985 年 9 月入学报到后，化学系在主楼 232 阶梯教室举行开学典礼，欢迎来自祖国各地的 120 名新同学。当介绍高振衡、何炳林、陈茹玉、申泮文、陈荣悌、王积涛等学部委员（院士）和专家教授时，掌声雷动。另外，化学系有自己的化工厂生产树脂、农药、催化剂等，并提供学生实习的机会，至此，我对化学系的教学科研与生产相结合印象深刻。

"一个人遇到好老师是人生的幸运……"我在南开化学求学、工作的每一个阶段，都遇到了好老师，很是幸运。大学期间，老师们把每一门专业课如"无机化学""分析化学""有机化学""物理化学""化学工程""实验实训"等都讲得生动有趣，引人入胜，这对教育学生和培养兴趣都非常有好处。大学四年级上学期，是准备报考研究生的关键时期，那时电池是个冷门方向，记得在一次考研动员会后，时任副校长兼化学系主任的张允什教授在现场为同学答疑，我便走过去向他咨询考研的专业方向。张老师讲解了几个校外、校内的专业方向，说："我是研究电池的，电池将来会服务人类……"这一席话激发了我最初的兴趣，于是我选择了校内无机化学专业的电池方向。

20 世纪 80 年代末到 90 年代，随着移动通信的出现，市场对可充电电池如镍镉电池、镍金属氢化物电池、锂离子电池等的需求越来越大。电池看起来普普通通，里面却有正极、负极、隔膜、电解液等好多部分，而正极的活性物质一般是无机非金属材料，负极的活性物质是金属或无机非金属材料，正负极的基材是金属材料，隔膜是有机高分子材料，电解液是有机和无机的复合材料……每一个部分都不一样，都需要学习。我在硕士阶段及毕业留校期间，一直跟随导师张允什教授做电池方面的研究工作。张老师在学术上善于把握战略前沿方向并注重科研团队建设，总是在关键的时候抓到问题的本质，这让我终身受益。

2002年，我从国外回到母校工作，要感谢学校和学院的支持，让我组建课题组，继续从事能源化学科教之路和对科学精神的不断追求。近20年来，我一直站在教学科研第一线，以教书育人为本，以教学科研为乐。

2002—2012年，我能够沉下心来，思考发展。南开秉承"允公允能，日新月异"的校训，弘扬"爱国、敬业、创新、乐群"的传统，坚持"公能"为育人之本，以提升人才的"爱国爱群之公德"和"服务社会之能力"。我和广大教师一样，一直坚持以德育为先导培养学生，把思想引导与行为示范、思想培育与业务培养、思想解惑与助困解难相结合，引导学生坚持正确的政治方向，树立正确的人生观与价值观，培养家国情怀。同时，作为学生进入学术殿堂的领路人，我引导学生求真求实、严谨认真、探索创新，帮助学生破茧化蝶、放飞理想。当学生在学习、科研、生活等方面遇到压力和困难时，我会用自己在学识和生活上的经历来帮助学生，充满爱心、甘于奉献，在第一时间给予学生最为直接的理解、鼓励和帮助，主动关心学生的健康成长，努力成为学生的良师益友。对于教师而言，每名学生都是我们鲜活的唯一，需要我们因材施教，去发现、去培育、去欣赏、去鼓励、去雕琢，从而激发他们更大的创新潜力，充满信心地迎接未来。我从2003年起，一直为本科生和研究生讲授"能源化学""当代化学前沿"等课程。教学之余，我还组织编写了21世纪化学丛书《能源化学》《化学电源：原理、技术与应用》等。每当受到学生的欢迎和好评时，我的心中都充满了幸福和感动。目前，我已培养了博士后、博士和硕士研究生122人。在他们当中，有教授、研究员、管理干部、企业高管，服务国家经济建设和世界科技发展。每当看到毕业生所取得的进步与成功时，我的心中都感觉到无比的激动和喜悦。

科学发展，率先发展，发展是第一要务。万事开头难，课题组科研创业之初，面临实验室装修简单、实验台与基本仪器订购、药品与试剂购买、经费拮据、人员缺少等问题。虽然困难重重，但南开和南开化学的优良传统催我奋进，南开精神指引我前行。在学校和学院的关心与支持下，我很快地完成了安定、稳定到潜心科教的转变，并获得发展。我还清楚地记得，在2003年申请国家杰出青年科学基金时，学校和学院组织院士、杰青等专家在元素所有机合成楼（石先楼）进行预答辩，提出宝贵的建议；在2005年申报长江学者特聘教授、2007年申报国家重点学科、2009年申请教育部创新团队和重点实验室、2010年申请国家纳米重点研发计划、2011年申报国家自然科学奖等方方面面都得到了学校与学院的关怀和同事的支持。正是南开优良的学术环境、奋斗精神、相互关照、支持合作，让我不断得到滋养与启发，进一步融入科教的海洋。

2013年至今，我逐步走上学院和学校的领导岗位，需要投入更多的时间，来服务师生员工。2013年，我担任化学学院副院长，作为班子一员，有幸见证了大家团结一心，增强危机意识，认真分析问题，理出思路对策，把提高人才培养质量作为突破口，创立"人才特区"，真抓实干，攻坚克难，化学学科呈现出良好的发展势头。2017年，学校任命我为化学学院院长，我深感责任重大。新时代新要求，化学学科需要提升管理和服务水平，继续优化人才结构与绩效考核，不断激发与增强创新活力，为立德树人服务，为科技创新服务，为争创世界一流学科和世界一流大学做出重要的、积极的贡献。2019年，组织任命我担任学校副校长，我更加需要不断学习，深入贯彻落实习近平新时代中国特色社会主义思想，提高站位，服务群众，努力做到正确处理行政工作与学术发展的关系，保障足够精力投入分管工作中，抓落实、促改革、求创新、做服务、谋发展；增强工作积极性、主动性、创造性，敢于担当、善于作为，积极投身第五轮学科评估，推动新物质创造前沿科学中心、新能源转化与存储交叉科学中心、新能源电池人才创新创业联盟、"南开大学-沧州渤海新区绿色化工研究院"等大平台建设。

南开化学一直以"知中国，服务中国""扎根中国大地"为宗旨。能源短缺和环境污染是21世纪的世界难题，而化学是一门创造新物质的科学，在能源清洁高效利用及新能源与可再生能源研发等方面都担当重任。我一直从事能源化学及高能电池的研究，针对氢、锂、钠、镁等材料的化学能/电能储存与转化所存在的反应活性低、动力学缓慢、物质输运和电荷传递受限等科学与技术难题，开展能量高效储存与转化探索研究；通过化学、纳米和能源的交叉学科研究，探索使用新材料，提升能量转化效率与能量储存密度，提高电池安全性能，为降低电池电极材料成本及解决电池燃烧爆炸提供了新思路。

能源化学研究是以国家重大需求为牵引，以学科发展前沿为推动，以

百年耕耘 南开化学

先进材料与技术研发来解决能源清洁高效利用为关键，需要从理论和实验研究上创新，攻克道道难关。因此，在科学研究中，我既仰望星空又脚踏实地，既向深厚处钻研又向宽广处拓展，认真抓好立项、开题、研究、总结和交流等重要环节，致力于多学科的交叉融合、科学精神与人文精神的贯通。

2019 年 1 月 17 日，习近平总书记视察南开大学，察看了化学学院和元素有机化学国家重点实验室，我很荣幸在现场聆听了总书记的寄语："南开师生要厚植爱国主义情怀，把小我融入大我，才会有海一样的胸怀，山一样的崇高，把学习的具体目标同民族复兴的宏大目标结合起来，为之而奋斗；要加强基础研究，力争在原始创新和自主创新上出更多的成果，勇攀世界科技高峰。"总书记的嘱托让南开化学人明确了自身肩负的时代责任，也激励我们对标世界一流，奋发前行追求卓越，全面提升学科水平。

"十四五"规划和 2035 年远景目标的建议提出，坚持创新在我国现代化建设全局中的核心地位，把科技自立自强作为国家发展的战略支撑，把科技创新摆在各项规划任务首位，进行专章部署，这在党中央编制五年规划的历史上是第一次。中国已做出 2030 年前实现"碳达峰"和 2060 年前实现"碳中和"的庄严承诺。为实现这些目标，需要在大幅提升能源利用效率、大力发展新能源与可再生能源等方面进行科技创新。新能源必将迎来爆发式增长，新能源汽车和大规模储能领域也将迎来井喷式发展，为新一轮能源革命做贡献。因此，科技创新、实现新能源高效率转化与高密度存储尤为重要。其中，新能源汽车（包含充电电池和氢燃料电池电动汽车）要注重电池、电机、电控"三电"的协同发展，大规模储能要大力发展电化学储能科学技术，加快智能电网建设。新能源科技发展，必将推动能源、汽车、材料、化学化工、人工智能、数字经济等多行业的融通发展，迎来百年未有之大变革。

南开大学已开启新百年的新征程，南开化学是南开大学的重要支柱学科。值此学科百年之际，受邀提笔，书写感受，我只是南开大学、南开化学大家庭中的普通一员，怀着感恩的心，将更加立足本职工作，以爱岗敬业、奉献创新为己任，提高把握新发展阶段、贯彻新发展理念、构建新发展格局的战略眼光和专业水平，坚持科技"四个面向"，开拓创新，勇攀高峰，加快"双一流"建设步伐，不断推动南开事业高质量发展，为党和国家教育事业发展做出新的更大贡献。

文章作者：陈军

崔春明

1967—

博士，教授，博士生导师。现任元素有机化学国家重点实验室主任，元素有机化学研究所所长。1990 年毕业于西北大学化学系。1993 年获南开大学化学系硕士学位。2001 年获德国 Goettingen 大学博士学位。2001—2004 年在美国加州大学伯克利（UC Berkeley）分校和 UC Davis 做博士后研究。2004 年至今任南开大学教授。2007 年获国家杰出青年基金资助。2013 年被聘为教育部"长江学者奖励计划"特聘教授。2017 年入选国家"百千万人才工程"。现任 Applied Organomet.Chem.副主编；Organome-tallics、《化学学报》及《有机化学》期刊编委。主要从事金属有机化学和主族元素有机化学的研究，在 J. Am. Chem. Soc.，Angew. Chem. 等国际知名化学期刊发表 SCI 论文 100 余篇。研究内容包括稀土及廉价金属络合物合成及其在催化反应中应用；有机硼和硅卡宾相似体化学、多重键体系及有机硼和硅芳香和共轭功能分子的合成及性能研究。承担了国家自然科学委重点项目、973 及基金委重大项目等多项科研项目。

百年耕耘

南开化学

崔春明，1967年出生于陕西省武功县，在当地完成了小学和中学的学业后，1982年考入了陕西省化工学校，学习工业分析。从此开始了他的化学探索之路。1985年毕业后，因成绩优秀被留校工作。在化工学校的学习与工作中，他对神奇的化学世界产生了极大的兴趣。为了更能深入地学习，1986年他考入了西北大学化学系，学习分析化学。

因为对化学的热爱，崔春明并没有停止他的求学之路。本科毕业后，又于1990年考入了南开大学，师从王积涛先生，学习有机化学，并于1993年获得硕士学位。经过这三年严谨刻苦的学习，他形成了热爱思考、勤于动手、不怕困难、刻苦钻研的学术风格，为日后的科研工作打下了坚实的基础。

硕士毕业后，他加入中石化石油化工研究院，从事聚烯烃金属茂催化剂的开发研究，发展了间规聚丙烯金属茂复合物催化体系，实现了间规聚丙烯的合成，并成功进行了中试放大，在国内首次实现了间规聚丙烯的生产。他由于对化学的热爱及不断进取的精神，最终决定放弃很多人眼中的铁饭碗，继续深造。他扎实的学术功底和对科研工作的热诚打动了哥廷根大学的 Herbert W. Roesky 教授，1997年11月崔春明被该校录取，远赴德国攻读博士学位。他的研究方向是有机铝化学，有机铝合成有很大难度，经过几年持之以恒的工作，他于2001年5月顺利获得了博士学位。博士期间，崔春明首次合成了一价铝单体，系统研究了一价铝单体化合物与金属配合物及活化有机小分子的反应，开拓了一价铝单体化学。由于博士期间在铝化学研究中的杰出贡献他获得了德国 Otto Wallach 奖，该奖项为纪念诺贝尔奖获得者 Otto Wallach 设立，用于奖励优秀的博士毕业生。

获得博士学位后，他于2001年加入加州大学伯克利分校 John Arnold 教授课题组，从事稀土金属化合物的合成与应用研究。2003年底他又加入加州大学戴维斯分校 Philip P. Power 教授课题组，从事有机硅及锗的多重键化学的研究，合成了一系列有机硅及锗的杂环化合物，取得了一系列创新性研究成果。经过博士及博士后阶段的综合训练及提升，他已经成长为一位能够独当一面的科研人才。2004年7月随着国内科研环境的大幅度提升及中国科研事业的蓬勃发展他选择回到国内，加入南开大学元素有机国家重点实验室，在科学探索之路踏上了新的征程。

从2004年回国至今，崔春明始终站在教学第一线，他亲自授课为研究生讲授金属有机化学基础课，耐心指导研究生科研和论文写作。十几年来，先后培养了 28 名硕士研究生、33 名博士生和 2 名博士后研究人员。其培养的研究生有些已经成长为一些高等学校教学和科研的骨干。2014年，他开始担任元素有机化学国家重点实验室主任，在工作中尽职尽力，为重点实验室发展和提升做出了贡献，特别是在重点实验室安全、规章制度及人才团队建设方面做出了积极努力和一定的贡献，他还积极推进重点实验室的国际化发展，与许多知名研究机构建立了学术交流机制，积极推动"一带一路"联合实验室的建设。另外，他还一直关注和关心国内元素有机化学的发展，为学科发展积极贡献智慧和力量。

崔春明创立课题组这 17 年来，始终秉持做从"0 到 1"的化学的坚定信念，带领课题组以特有的创新思路，克服重重困难，成功完成了多个标签式的引领性研究工作，在金属有机化学及元素有机化学领域开创了多个具有国际影响力的研究方向。崔春明针对主族元素及稀土元素有机化学存在的分子种类少及价键理论不成熟的问题，开展新型分子高效合成、结构和性能的基础研究，以期发展新的有机合成试剂及催化剂和其他功能分子，为创造新物质提供新的手段和方法。他的主要成绩包括：（1）发展了有机硼和硅共轭分子的高效构建方法，系统研究了其结构和光电磁性的关系，结合理论计算提出了该共轭分子新的化学键模型，为理解这类分子结构及功能的关系提供了基础，并发展了系列新型发光及半导体分子，有很好的应用潜力；（2）研究了多种稀土配合物催化剂，系统研究了它们在有机合成及烯烃聚合反应的催化性能，对这些催化剂结构及性能的调控进行了深入研究，发展了高效、高选择性稀土聚合及硅氢化催化体系；（3）以有机硅等杂原子为配体实现了对开壳层金属催化剂的性能调控，实现了 C-H 键的官能化及对氮气的活化及催化转化。由于在元素有机活性中间体、多重键、簇合物及稀土催化领域取得了具有国际水平的学术成果，崔春明已在 J. Am. Chem. Soc.，Angew. Chem. 等国际知名化学期刊发表 SCI 论文 100余篇，承担了国家自然科学委重点项目、973 及基金委重大项目等多项科研项目，并受邀在国际会议上及大学做邀请报告多次。

崔春明在开展基础科学研究的同时，也时刻关注国家发展的重大需求，注重应用性研究，让研究成果尽早转化为生产力，回报社会。催化剂是聚烯烃工业的根本，而中国石油聚烯烃领域的短板恰恰就在于核心技术催化剂的开发上。崔春明带领课题组成员经过多年努力探索，终于发展出了高效的新型杂原子给电子体，将其用于聚烯烃催化剂的研究。目前该专利技术已被中石油成功用于工业化，利用该技术生产的高附加值聚烯烃产品已达到了国际水平。

　　崔春明于 2007 年获国家杰出青年基金资助；2013 年被聘为教育部"长江学者奖励计划"特聘教授；2017 年入选国家"百千万人才工程"。他还热心于社会工作，现任 Applied Organomet. Chem. 副主编，Organometallics、《化学学报》及《有机化学》期刊编委，天津市化学会副理事长，均相催化专业委员会委员。

文章作者：崔春明、张建颖、李建峰

谢建华

1968—

1968 年出生于四川省泸州市，1992 年在四川师范学院获得理学学士学位。1997 年和 2003 年在南开大学元素有机化学研究所分别获得硕士和博士学位。博士毕业后留校开展不对称催化及手性药物和天然产物合成研究。在 2013 年获得国家自然科学杰出青年基金资助，2019 年获得了国家自然科学奖一等奖（排序第二）。突出的学术研究成绩是发现了超高效手性螺环吡啶胺基膦配体的铱催化剂，显著提高了不对称催化效率，并在药物生产中得到应用。

值此南开化学百年之际将自己写入南开化学教师名录应该是值得自豪的，但我过去的日子的确平凡，值得惦记的只是我选择了南开，南开也选择了我。

　　我小时候生活在泸州市纳溪县的一个偏远小山村，在一边上学和一边劳动中完成了小学的课程。我的初中则是在镇上的高完中完成的，虽然我在初中升学考试中的成绩较好，但也只能考上高中。由于在那个时代，上完高中考大学竞争非常激烈，考上的难度是可想而知的。于是我选择了继续复读初中，准备考中师。但复读一年后，成绩也并不理想，因此只好在镇上的高完中念高中。高中三年一晃就过去了，但迎来的是第一年高考失利。随后，我就到县中学去补习，一年后才作为一名定向生考入了内江高等师范专科学校（现内江师范学院）化学系。在 20 世纪 80 年代末，我们镇乃至整个县能考上大学的并不多，我能够考上师范专科学校也是一件很好的事情。因此，我在 1988 年的秋季到内江高等师范专科学校报到，便成了化学系的一名学生。

　　其实，我当时报考该学校并没有选择化学专业，我选择的是生物专业和地理专业。在学习过程中，我逐渐喜欢上了化学，并开启了一个全新的学习时代。因为远离自己的家乡，可全身心用于学习。我每天用于学习的时间超过十二小时，可以说比初、高中还要勤奋。我每天早晨基本上是第一批甚至是第一个到食堂吃早餐的。有时，我背着书包，拿着饭碗，路过食堂，到了教室，才想起自己还没有吃早餐。时间一晃，两年过去了，我参加了学校组织的专升本考试，并以我们年级化学专业第一名的成绩获得了专升本的资格。这样，我就在 1990 年秋季离开了内江高等师范专科学校，到四川师范学院（现西华师范大学）化学系开始了本科阶段的学习。

　　在四川师范学院念本科时，我同样是非常努力的。因为我们班是由来自省内近十个高等师范专科学校的优秀生组成，所以被叫作"优转班"。我们班的同学均已习惯了学习，成绩非常优秀。期中或期末考试考八十多分根本不值一提，这样的成绩估计是倒数第几位了。在这样的班级学习是一种荣幸。由于在那时我萌生了新的想法，想考有机化学专业方向的研究生，就显得比别的同学更加努力。考研究生，我的最大障碍是英语。因此，我暑期不回家，在学校努力学习英语和专业知识。经过几个月的自学，我的英语终于有了明显的起色。在 1992 年考研时，我的英语和政治均过了国家线，但由于考试失误，我的物理化学成绩很差，导致总分未过国家线，而未能如愿。其实，我当时是想考南开的，但我的两位同学报考了，不愿意和他们竞争，我选择了报考四川大学。当年四川大学有机专业招收 8 名研究生，相比较而言，我的成绩也算是较好的，总分排在了第四。随后也收到了面试通知书，但在我准备参加复试时，却意外收到一封不让我参加复试的加急电报，这也是我第一次收到电报。理由是总分未过国家线，依据"宁缺忽滥"的原则，不让我参加复试。于是我就只好接受毕业分配，回老家当一名中学化学教师了。

这也挺好，我 1992 年本科毕业后回到了我当时念中学的高完中开始了教书生涯。虽然在镇上教书比较清苦，但我在努力做好老师的同时，也不忘继续准备考研。幸运的是，我教书的水平也还算可以，一年后我幸运地被调到了我当时补习的县中学。但不忘初心，1994 年我报考了南开，并顺利通过了考试和复试获得了入学资格。1994 年秋，我就到了南开元素有机化学研究所跟随刘天麟教授攻读硕士研究生。由于缺少基本的实验训练，进实验室后也没有师兄或师姐带，只好一个人在探索中成长。但通过努力，1997 年我顺利完成了学位论文并获得了硕士学位。

硕士毕业后，我分配到了中科院成都有机化学研究所工作。但因生活条件和家庭因素的影响，我在有机所只工作了一个多月，便申请改派到中科院成都地奥制药公司新药部从事新药研发工作。这主要是希望自己能够积累一点积蓄后继续求学。三年的工作很快过去，2000 年我顺利考回南开元素有机化学研究所攻读周其林老师的博士生。在读博期间，我首先开展了含联吡啶骨架的吡啶-噁唑啉四齿配体的合成研究。但发现该课题要达到预期的目标难度很大，随后我便开始开展手性螺环双膦配体的设计合成研究，即基于螺双二氢茚手性骨架结构设计发展新型手性螺环双膦配体。能否完成磷原子的引入是该课题的关键。经过多种尝试，我们顺利完成了磷原子的引入，实现了手性螺环双膦配体的合成。基于手性双膦配体，我们发展了高效手性螺环双膦-钌-双胺催化剂，并在简单酮的不对称催化氢化中获得了优秀的对映选择性和催化活性。我也是基于该开创性研究工作顺利完成了博士论文并获得了博士学位。

在 2003 年获得博士学位后，我作为科研助手留在了周其林老师课题组继续开展不对称催化合成等方面的研究。前期的工作主要是协助周老师指导研究生，开展消旋酮和醛等动态动力学拆分不对称催化氢化反应研究，并做一些横向开发课题。在 2007 年秋，我在周老师的推荐下到了美国马里兰大学 Doyle 教授课题组从事了一年博士后工作。回国后，我回到我们课题组继续开展不对称催化合成研究。我主要是针对不对称催化氢化反应，开展设计和发展新型螺双二氢茚骨架结构的手性螺环配体和催化剂的研究。但那时因南开开展天然产物全合成的课题组很少，我也为了挑战自我，开始基于高效不对称催化氢化反应开展复杂天然产物的不对称全合成研究。经过与学生一道努力，我们有幸发现了媲美甚至超越"生物酶"的高效手性螺环吡啶胺基膦配体的铱催化剂，实现了简单酮和酮酸酯的超高效及高对映选择性不对称催化氢化，获得了迄今为止最高的转化数，达到了455 万。我们在天然产物全合成方面也取得了一些成绩，成功实现了包括加兰他敏、文殊兰碱、白坚木属生物碱等含有全碳季碳中心的多环手性天然产物的不对称全合成，显著提高了合成的效率。

这就是我过去的学习和科研经历。人的一生，感恩是重要的，作为教师更当如此。南开化学授业于我，是导师将我引入科学之门，扶我上马，鼓励我策马扬鞭，驰骋于科学殿堂。如果说我在南开工作十多年取得了一些成绩，应归功于一直支持和帮助我的导师，以及跟随我勤学奋进的学生。憧憬未来，我更应秉承"允公允能"，砥砺前行。

文章作者：谢建华

张望清

1970—

博士，研究员，籍贯湖北省，1992 年本科毕业于南开大学化学系，2001 年在南开大学高分子化学研究所获得硕士学位，2004 年在南开大学高分子化学研究所获得博士学位，现任南开大学化学学院高分子化学研究所研究员，博士生导师。2006 年入选教育部新世纪优秀人才，2015 年获得国家杰出青年科学基金。研究方向致力于新型高分子的设计和合成，在均相/非均相条件下通过自由基聚合合成具有一定功能性的新型高分子及其组装体，探索和发展其应用。

张望清老师带领的团队从事均相/非均相可控自由基聚合、热敏聚合物以及聚合物电解质的设计与合成等方向的研究。活性聚合尤其是 RAFT 和 ATRP 聚合是近年来合成结构可控的高分子聚合物的有效手段。张望清老师作为活性分散聚合的早期研究者之一，在非均相聚合条件下，利用 RAFT 和 ATRP 等方法，通过对聚合条件的控制，合成了多种结构明晰的聚合物组装体。另外，张望清老师团队合成和发现了几种新型的热敏聚合物，发现烷氨基团在聚合物的热敏相转变中发挥着重要的作用。

从到南开之日起，张望清老师先后给研究生讲授了"高分子科学的表征方法""高分子化学反应""功能高分子"等课程，他讲课条理清晰，深入浅出，吸引了不少本专业以外的学生来听课。他鼓励学生在课堂上多提问，并且认真耐心地为学生们答疑解惑，受到了学生的一致好评。面对每年拟来课题组学习的研究生，张望清老师都会给予恰如其分的引导。他不仅给学生介绍课题组的情况，还站在学生的立场去为学生提供帮助，从专业的角度认真讲解研究生阶段选择学校和导师的注意事项。

工作中，张望清老师是一个认真负责的人。无论严寒酷暑，他都会准时出现在实验室。除了过年过节，他几乎很少休息，即使寒暑假学生们都回家了，张望清老师也常常一个人按时到实验室来工作，随时与课题组研究生交流实验中遇到的问题。正因如此，课题组学生的研究进展，张望清老师都能做到"门儿清"，想要在课题组内"三天打鱼，两天晒网"地混日子，几乎是不可能的。虽然这种老师就在身边的科研环境让刚刚进入实验室的学生多少有些紧张，但渐渐地就习惯了这种随时能找到老师、实验有不懂就能问、有不会就能学的模式，也在实验的过程中少走了很多弯路，大大提高了科研效率。张望清老师对学生严格要求的另一个方面，表现在他对科研的严谨态度和精益求精上。课题组曾有一新入学的学生因上理论课未及时对样品进行表征，虽然中间只隔了一个小时的时间，还是被张望清老师要求重新实验。面对学生的质疑，他说："即使表征的结果能够证实产物可以达到要求，但它就是真实的结果吗？"他告诫学生应该敬畏科研，不能有任何一丝松懈和怠慢，更不能抱有一丝侥幸。

张望清老师虽然对学生要求很严格，但在生活中对学生也十分关心。2017 年，课题组新招收了一个来自巴基斯坦的留学生 Khan Habib，他在来中国之前一句中文都不会说。张望清老师担心他在来到中国后生活有困难，就提前叮嘱好学生在 Khan Habib 进入课题组后多与他沟通交流，在生活上给予他一些帮助，一边帮助他尽快学习中文，一边可以锻炼我们的英文口语能力。张望清老师还特意提醒大家在平时的饮食说话等方面注意尊重 Khan Habib 的宗教信仰。几年下来，Khan Habib 与课题组的同学们相处得都很融洽。对于每一年的毕业生，张望清老师都会仔细过问学生找工作的情况，帮助学生分析自身的优势和不足，制定合理的求职目标、挑选合适的工作岗位。在张望清老师的督促和学生的努力下，课题组的学生每年都会获得大大小小各类奖学金，每届毕业生都有不错的就业去向。

张望清老师孜孜不倦的治学态度和一丝不苟的探索精神，影响了课题组一届又一届的学生。

文章作者：张望清

张拥军

1971—

　　湖北天门人。1992 年武汉大学学士，1995 年中国科学院感光化学研究所硕士，2001 年北京大学博士。2001 年 8 月—2003 年 10 月任中国科学院化学研究所助理研究员、副研究员。2003 年 10 月—2006 年 12 月在美国 Oklahoma State University 及 City University of New York 从事博士后研究。2006 年 12 月任南开大学教授。2011 年入选教育部新世纪优秀人才支持计划。2016 年获国家杰出青年科学基金资助。

南开大学化学学科历史悠久，名师辈出，文化积淀深厚，在国内外享有盛誉。我有幸于2006年底加入化学学院，开始了自己的学术生涯。多年来得益于学院优异的平台，前辈的指导，领导的支持和学生的努力，我们在科研中有所斩获，解决了高分子水凝胶生物材料领域的一些关键科学问题。现把我们的几个重要工作简单汇报如下，以为化学学科百周年的贺礼。

（一）快速水凝胶光学传感器

1997年美国匹兹堡大学的Asher教授在Nature发表了一种以高分子水凝胶为敏感元件的光学传感器（Nature，1997，389、829），此后很多水凝胶传感器被开发了出来。然而这些传感器响应速度很慢，难以实际应用。通过分析我们发现，这些传感器响应慢的根本原因在于宏观凝胶的溶胀速度慢。根据水凝胶溶胀动力学特点我们提出，使用溶胀迅速的微纳米尺度水凝胶，而不是宏观凝胶作为敏感元件，有望大大提高水凝胶传感器的响应速度。同时可利用微纳米尺度水凝胶自组装形成的有序结构，实现光学传感。根据这一思想我们设计了多种可快速响应的水凝胶光学传感器。例如我们将微凝胶粒子组装成高度有序的胶体晶体，通过聚合反应将其有序结构稳定下来，得到聚合微凝胶胶体晶体。由于其高度有序的结构，这种材料可通过颜色变化或Bragg峰的移动实现光学传感。其溶胀速度比普通水凝胶快3个数量级，可实现快速光学传感。我们还制备了掺杂的微凝胶胶体晶体，利用杂质小球的刺激响应性首次实现了通过外部刺激可逆地向胶体晶体中导入和擦除缺陷态。这些缺陷态可在1分钟内导入或擦除，因此也可实现快速光学传感。特别是我们提出了利用Fabry-Perot干涉条纹实现光学传感的新方法，传感器结构简单，响应时间可快至1分钟，可望用于连续血糖检测等许多方面。

（二）三维多细胞球高通量可控制备

体外细胞模型是生物医学研究的基本工具。和常用的二维培养的细胞单层相比，三维多细胞球更好地模拟了真实组织中细胞的三维环境，能更好地模拟真实组织中细胞的行为，是更好的体外细胞模型，被称为"生物学的新维度"。（Abbott，A.，Nature，2003，424、870.）然而制备上的困难极大地限制了其应用。为此我们发展了多种用于三维多细胞球培养的新材料。例如我们提出的利用温敏可逆细胞支架材料制备多细胞球的新方法，不仅可以方便地接种细胞，而且可以方便地收获多细胞球，并实现了多细胞球的高通量制备。为了更好地控制多细胞球的尺寸分布，我们发展了一种用图案化水凝胶膜制备多细胞球的新技术。我们利用水凝胶膜溶胀起皱原理，原位实现图案化。这一方法不使用任何模板，也无需任何特殊设备，只需加入水使水凝胶膜溶胀，就能得到蜂窝状规整的图案。在这些图案的辅助下，细胞聚集并逐步融合成多细胞球。得到的多细胞球尺寸均一、而且可以调控。更重要的是我们可用一块培养板一次生成约6万个多细胞球，实现了多细胞球的高通量制备。

（三）实现药物零级释放、延迟释放、程序释放

半个多世纪之前人们就认识到不良的药代动力学是药物副作用大、疗效差的重要原因，因此提出了零级释放、延迟释放、程序释放等药物释放模式。其中零级释放载体能始终以恒定的速度释放药物，能将药物浓度始终维持在治疗窗口之中，因此能最大限度地发挥药物的治疗作用，同时最大限度地减轻其副作用。这一想法看似简单，实际难度非常大，虽经几十年努力仍是巨大挑战。我们分析指出，普通载体难以实现零级释放，根本原因在于其药物释放机理。因此要实现零级释放，必须探索新的药物释放机理。

我们在研究中偶然发现，动态层层组装膜在水中可缓慢解离，因此提出了利用动态膜的解离实现药物释放的新的药物释放机理。在此基础上进一步提出，用窄分布高分子组装的动态膜可以实现零级释放。这一设想不仅得到理论的支持，也得到了实验的验证。

利用这一方法我们实现了真正的零级释放，整个释放过程释放速度保持恒定，完全消除释放初期的突释现象。我们已成功实现了胰岛素、鲑降钙素、棉酚等多种药物的零级释放。动物实验证明利用我们的载体可长时间维持血药浓度恒定，因此极大地改善疗效，同时消除副作用。目前相关技术已转让给一家公司，正进行进一步的转化研究。

一些情形下还需要延迟释放和程序释放。延迟释放即给药后并不立即释药，而是经过一段延迟时间后再释放。程序释放即按事先设定的程序将多种药物在适当的时间依次释放。这两种释放方式也非常难以实现。我们最近提出了以动态膜为溶蚀层的延迟释放和程序释放体系。由于动态膜的恒速解离，利用该体系可精确地控制药物释放的时间。

（四）多肽交联的蛋白印迹聚合物

分子识别在生命活动中扮演着至关重要的角色。受酶、抗体等天然受体结构的启发，20世纪70年代，Wulff和Mosbach等提出了制备人工受体

452

的分子印迹技术。和天然受体相比，印迹聚合物具有稳定性高、易于制备、可重复使用、价格低廉等优点，在很多方面都有重要用途。小分子的分子印迹已取得巨大成功。然而意义更为重大的蛋白分子印迹却面临很多的困难，特别是模板去除难和印迹效果差的问题一直难以突破，甚至使得一些作者怀疑，蛋白印迹是否真的是未来的方向？

　　我们最近提出了一条新思路，同时解决了蛋白印迹面临的两大难题。我们注意到，一些多肽可以在 pH 刺激下发生 helix-coil 构象转变，这种转变不仅可逆，而且高度精确，也就是说其螺旋结构可以完全恢复。因此利用多肽的这一特性可实现纳米尺度的形状记忆。按照这一思路，我们设计了多肽交联剂，制备了多肽交联的蛋白印迹聚合物，得到了具有形状记忆能力的印迹空腔。蛋白洗脱在生理 pH 值、生理离子强度、生理温度下进行，洗脱率几乎 100%，洗脱下来的蛋白仍保持活性。蛋白再吸附实验表明，该印迹聚合物吸附容量大，印迹因子达 10。与普通印迹聚合物相比，印迹效果提高了 10 倍。这样的具有高选择性、高吸附容量并且能保持蛋白的结构和功能的印迹聚合物可望取代昂贵的抗体，在蛋白的分离、纯化、检测等领域找到重要用途。

文章作者：张拥军

赵斌

1971—

　　南开大学化学学院教授，博士生导师，国家杰出青年科学基金获得者，"国家万人计划"科技创新领军人才。他是一位具有艰辛的成长经历却始终保持乐观豁达并不断进取的人——幼时小儿麻痹症落下的腿部残疾给他的人生增添了很多普通人未曾经历的挫折和坎坷。他经历三次高考、两次考研；当过电器维修工，做过中学教师。然而这些磨砺不仅没有击垮他，反而造就了他敢于直面失败和挫折并不断奋斗拼搏的优秀品格。最终使他成长为一名无机化学领域知名的专家学者。每次见面，他总是步履从容，语气轻松，笑容灿烂得像是春日的阳光，让人不知不觉深受感染。岁月的磨砺，仿佛只刻在他的心中，滋养着他走得更高更远。

不忘初心砥砺前行

幼时山村求学之路

1971 年 10 月赵斌生于四川阆中市丰占乡的一户农户人家。家住大山深处，虽然山清水秀，却也贫穷如洗。在他的记忆里，童年时光流在白天割草、捡柴、放牛的汗水中，记在夜晚煤油灯下的草纸上，躲在忍饥挨饿的哭声后。三岁的时候他不幸患上了小儿麻痹症，虽经多年治疗，却留下左腿残疾、终身走路不便的遗憾。由于腿脚不便，他 9 岁才开始上小学。学校建在山梁上，离家较远，山路崎岖，赵斌上课常常迟到，因为要花一个小时走别人半小时的路程，没有同学愿意与他结伴。那时候，人们经常看到山路上一个踽踽独行的身影。尤其是在阴雨连绵的季节，道路泥泞，他常摔倒在烂泥里。然而这些都没有浇灭他学习的热情，赵斌一直珍惜着学习机会刻苦读书。初中毕业时，他决定考阆中师范校，但却在第二轮面试时被淘汰，遭受到升学道路上的第一次打击。然而他没有退缩，选择了继续上高中。

三次高考、两次考研之路

赵斌学习成绩一直很优秀，但他参加过 3 次高考，2 次超过本科线，却找不到一所大学愿意录取他。1991 年，将读高三的他做了两次手术，腿骨拉长 4.5 厘米，他带着钢架、骨头里穿着钢针回家，一边养伤一边学习，于是 1992 年首次高考失利，仅过专科线。次年，他复读重考，成绩很高却仍然落榜。他痛苦过，也绝望过，但没有怨天尤人。而是多了几分直面现实的勇气和胸襟，更增添了许多沉着和冷静。连续的挫折和打击，使他明白了一个道理：不管结果怎样，凡事尽力，问心无愧，无怨无悔则可，并常常以"成败不必在我，事事我必抗争"为座右铭。他毅然决然地参加了第三次高考，这次他的成绩超过重点线数十分。虽然有一些学校调过他的档案，但却都因为相同的原因退档。赵斌心里很平静，他想："既然自己已经尽力了，就没什么可后悔的。"没有被大学录取，他打算学一门手艺自力更生，到一家电器维修店做学徒工。就这样他勤勤恳恳地做了一个月电器维修学徒。1994年10月国庆节后，赵斌接到了四川师范学院化学系（现更名为西华师大化学化工学院）的补录通知书，终于圆了他的大学梦。

大学的来之不易，让他倍加珍惜，也促使他在学期间奋力拼搏。本科四年间，他努力学好每一门功课，每学期专业总成绩都名列前茅，老师们都鼓励他考研究生，经过深思熟虑之后，他把考进南开大学攻读研究生作为新的奋斗目标。1998年，赵斌第一次报考南开大学硕士研究生落榜。由于腿的缘故，找工作被某重点中学拒之门外，最终到了一所农村高中任教。他当时教5个高中班，课程繁重，时间很紧，他就每晚10点至凌晨2点复习准备南开的研究生考试。终于1999年考研中，赵斌获得了南开大学无机化学方向第一名的好成绩。然而面对自己的腿疾，他对研究生复试既抱着希望，又害怕失望。终究苦心人天不负，复试很顺利，导师程鹏教授热情地对他说："欢迎你加入课题组！"

南开治学路

命运永远青睐努力奋斗的人，1999年的金秋九月赵斌终于来到向往已久的南开园攻读硕士研究生学位。生活的坎坷培育了赵斌笑对失败和挫折的勇气，锻炼了他从失败中寻求前进动力的能力。这些因素在他科研道路上也起到了积极作用，在南开大学从事的科学研究中，每个很小的进步都是通过数十次乃至上百次失败后取得，每项创新都诞生于无数次失败之中。执着、勤奋与乐观使他在科研领域不断取得进步，有的实验一做就是一通宵，常使他那条健康的腿超负荷运转，十分肿胀和麻木，但一想到试验上不断取得的进展，又兴奋不已，腿上的不适感也减轻许多。2001年他转攻博士学位，博士期间合成出了首例基于稀土和过渡混合金属的三维纳米管状聚合物，作为第一作者在《德国应用化学》发表1篇论文，另有2篇论文发表在《美国化学会会志》。2004年博士毕业后，赵斌留校任教。2006年他的博士毕业论文荣获了全国百篇优秀博士学位论文奖。同年又被中国化学会授予中国化学会青年化学奖。2007年获教育部新世纪优秀人才支持计划和天津市青年"五四"奖章。2009年晋升为南开大学教授。

科研创新之路

多年来，作为硕士和博士生导师的赵斌一直带着他的学生们继续在科研的道路上锐意进取，获得了系列丰硕而有意义的成果。他的课题组研究兴趣主要集中在无机-有机杂化多孔材料以及复杂金属簇合物化学的设计合成与催化、光磁功能探索。围绕与能源环境相关的小分子的催化转化、荧光传感等领域取得较大进展；率先在低氧化态多中心金属键簇合物的合成上取得突破，发现了不同于平面芳香性结构的立方芳香性体系。迄今为止，他在 Nature Commun.、JACS、Angew.Chem. 等刊物上发表 SCI 收录论文 140 余篇，被正面引用 11000 余次。鉴于这些进展，他于 2016 年荣获国家杰出青年基金资助，2017 年获评科技部中青年科技创新领军人才，2018年入选第三批国家万人计划。

科研和教学中他已经培养了多名优秀的博士和硕士研究生，目前已经有多位就职于天津大学、山东大学等国内重点科研院校。他们都已经成为所在课题组的科研主力，是国家科研以及教学的中坚力量。赵老师为人和善，有亲和力，现任南开大学化学系主任，为化学系及无机学科的建设而努力奋斗。无论对无机专业的年轻教师还是学生他都乐于提携，尽力帮助年轻人成长。他经常告诫学生和年轻同事："在自己闯出的道路上，我们应该更加奋勇前行，因为很多事情，奋斗了未必有结果，但不奋斗就肯定没有结果！"他希望学生们在年轻的大好时光里学会管理自我，约束自我，不沉迷于游戏和各种"肥皂剧"；时刻保持清醒而不迷失自我，确定自己的奋斗目标。只要为自己选择的目标锐意进取，不轻言放弃，相信每个人都会绘制出属于自己的亮丽人生！

文章作者：赵斌

百年耕耘
南开化学

焦丽芳

1976—

　　南开大学化学学院教授，博士生导师。1976 年 10 月生于河北保定。1995—2002 年在河北师范大学化学学院学习，先后获学士、硕士学位，2002—2005 年在南开大学化学学院获博士学位，师从著名氢能专家袁华堂教授。2005 年博士毕业后留校工作，2013 年赴澳大利亚卧龙岗大学做访问学者。2016 年获国家基金委优秀青年基金资助，2017 年入选南开大学百名青年学科带头人，2019 年获天津市自然科学一等奖（第一完成人），2020 年获国家基金委杰出青年基金资助。

1976年我生于河北省保定市安国市的一个农村。家里条件不好，父母都是农民，天不亮就去地里干活，到中午才回家吃饭，下午出去接着干直到天黑才回家。农村的孩子早当家，我从小就体谅父母的辛苦，童年过得很苦，但也很快乐。我在8岁时就帮家人做饭，小时候农村做饭的是那种大灶台，由于个子小，炒菜够不到大锅底就直接蹲到灶台上。除了帮大人做饭外，还要喂鸡、喂猪，卖了换钱供我们上学用。记得过年的时候，也才买上十来斤猪肉煮了腌起来一点一点吃。放假的时候也一早就被大人叫起来去地里干农活，拔草、施肥、掰玉米、挖红薯、割麦子……因蹲着拔草第二天大腿疼不敢走路，在玉米地里掰玉米经常被锋利的叶子在脸上、胳膊上留下一道道划痕……

日子越是困苦，越是给了我学习的压力和动力，我从小立志一定努力学习，争取摆脱农村困境，挣个铁饭碗，以后好好孝敬父母，让他们过上好日子。小学的时候，农村里还没供电，都是点着煤油灯学习，蜡烛都舍不得买，我经常是回家后到房顶上借着落日余晖写作业。我初中考上了我们镇上的重点中学，开始了走读的日子，每天早晨雷打不动的5:30起床，吃完早饭带了盒饭骑车到4公里外的镇上去上学，早晨6:30早自习。那时候的路都是土路，遇上恶劣天气如雨雪天气，到学校衣服鞋子都是湿的，但我从来没有因为这些原因缺课。终于熬到了考入安国中学读高中可以住宿的好日子，紧张的高中生活转瞬即逝，报志愿的时候考虑到家里的困难，我报考了河北师范大学，师范生每月的生活补助和周末的家教收入足以自给自足，攒下的钱还可以补贴一些学费。

南开大学一直是我梦寐以求的国内著名学府，2002年在河北师范大学毕业后我考入了南开大学化学学院无机化学专业攻读博士学位，师从著名氢能专家袁华堂教授。袁老师充分发挥学生的自主创新性，组会时能一针见血指出研究中出现的问题，同时教育我们做人做事的道理。2005年博士毕业后我留校工作，秉承校训"允公允能，日新月异"，不断鞭策自己。其间非常荣幸得到了陈军教授的很多帮助和支持，在南开大学良好的学术平台以及同事的关照下，慢慢地成长。

我在教学工作中，一方面不断提高自身道德修养，爱岗敬业，不计名利，力求在教学工作上鞠躬尽瘁，勇于担当，挑战自我，在科研事业中有所开拓；另一方面在实际教学和科研过程中不断思考、探索、实践、创新，以培养能担当民族复兴大任的时代新人为己任，坚持以立德树人为本，把

百年耕耘
南开化学

崇高师德内化为自觉价值追求，不断坚定理想信念，练就过硬本领，勇于创新创造，矢志艰苦奋斗，锤炼高尚品格。在工作中，始终把教学工作放在第一位，注重因材施教，用心参加各种教研活动，学习好的教学方法，唤起学生的自信和期望，造就素质教育人才。我注重培养学生科学精神、创新思维和创新潜力，同时关注学生思想政治素质的培养和心理健康。

我于 2008 年开始招收硕士研究生，作为研究生思想政治教育第一责任人，我树立育人的责任意识，注重引导同学们树立远大的理想和正确的世界观、人生观、价值观。工作过程中，严格要求自己，把师德师风建设放在首位，言传身教。引导学生严守学术道德规范，反对剽窃论文，篡改、伪造实验数据，一稿多投等有违学术道德现象。作为导师，除了解答他们在科学研究上的疑难问题，还会与他们进行思想交流，了解他们思想品德的发展情况，鼓励他们了解自身对国家发展的使命，让学生感受到作为一名青年人才肩上所担负的重大责任，引导学生树立远大抱负。此外，我还会经常和学生分享一些优秀人才的事迹，激励他们为自己的理想而奋斗。作为导师的成就感来源于培养出色的学生，使他们成为国家和社会有用的人才，在各行各业中发光发热，为国家的进步贡献力量。我所培养的硕士研究生共 3 人次获得南开大学优秀硕士论文，协助陈军院士培养的博士生刘永畅获中国青少年科技创新奖、国家奖学金、南开大学周恩来奖学金，工作第二年入选中国科协"青年人才托举工程"，人社部首批"博新计划"。作为博士生导师独立培养的博士生金婷 2020 年毕业后去西北工业大学工作，是国内最年轻的研究员和博导之一。学生青出于蓝而胜于蓝，我深感欣慰，也是作为一名导师的最大成就和自豪感。

日益加剧的环境和能源问题给社会的发展带来了巨大的挑战，因此清洁可再生能源得到了越来越多的关注。太阳能、风能、潮汐能等清洁可再生一次能源都存在间歇性和区域限制，造成部分电力无法并网，弃电严重。针对这些问题，将可再生能源转变为氢能载体和电能载体进行储存是最为理想的方式。因此，采用氢-电协同发展是支撑可再生能源大规模利用的重要途径。作为科研工作者，最大的乐趣就是钻研科学难题和挑战，解决实际需求。我们课题组主要研究方向聚焦于能源的高效储存与电催化转化：设计合成高性能锂/钠/钾离子电池关键电极材料，揭示新材料储能机制；设计开发催化活性高、稳定性好、选择性强的廉价电催化水分解催化剂。我们的研究成果获得了 2019 年天津市自然科学一等奖。我还担任了国内重要

百年耕耘
南开
化学

期刊的编委，作为多个国内学术会议委员，担任天津市科协代表，积极参与各项科技活动。

南开大学留校后我一直工作在教学科研第一线，始终把科研和教书育人当作乐趣和人生重大的事业和成就，针对国家需求和国家重大问题开展基础和实用型研究，服务于社会发展和科技进步，为祖国的发展贡献微薄力量，终生不悔！

文章作者：焦丽芳

朱守非
1977—

　　1977 年出生于安徽省太和县。2000 年和 2005 年在南开大学化学学院分别获得理学学士和理学博士学位，曾在日本东京大学做博士后。2005 年至今在南开大学化学学院工作，2013 年晋升为教授。长期从事有机合成化学研究，重点研究了几类以氢转移为关键步骤的有机反应，提出了"手性质子梭"概念，发现了催化卡宾对硼氢键的插入反应，发展了多种用于负氢转移反应的高效催化剂。入选国家杰青等人才项目，获国家自然科学一等奖（R3）。

化学伴我成长

我 1977 年出生在安徽省西北部的一个小村庄，当年那里交通不便，消息闭塞，初中以上学历的人凤毛麟角，所以形容我为"井底之蛙"毫不为过。但是即使如此，我从小就和化学结下不解之缘。我第一次听到"化学"的大名是从没读过书的爷爷口中说出——他称聚乙烯地膜为"化学布"。这些透明的"化学布"不只是我童年的玩具，更可以保障粮食作物的丰收！

我的化学启蒙从初三开始，那时很有幸遇到几位非常优秀的化学老师，让我对化学这门课产生了浓厚兴趣，成绩一直名列前茅。我高中的化学老师范汝广先生很赏识我，对我关怀有加，更加激发了我学习化学的热情，并在高考中考出了很高的分数。当年由于消息闭塞，我对大学和专业的填报一头雾水，范老师给了我非常具体的建议，对我的志愿填报起到了决定性作用。他认为我比较适合从事化学基础研究，建议我报考享有盛誉的南开大学化学系。我接受了他的建议，并最终和南开化学结下不解之缘。

1996 年秋，我来南开大学报到时，第一次走出小县城，第一次坐上火车，第一次看到大山和大海，第一次看到林立的高楼大厦……我像从小池塘里闯进大海的一条小鱼，贪婪地享受着南开园为我开启的全新世界。南开化学大师云集，学术氛围浓郁。我在课堂上、报告厅聆听博学的老师传道授业，也在实验室感受物质创造的无穷魅力。南开化学的大类培养让我有机会接触到化学学科的多个分支，也让我从中找到了有机化学这个最爱。我被有机转化的丰富多样所吸引，为其背后的机理着迷，为有机合成实验中实现分子操控兴奋不已。

2000 年，我大学毕业，选择继续深造。综合自己的特点和兴趣所在，我决定选择有机合成研究方向。选择导师的时候，周其林先生进入我的视野。周老师 1999 年刚刚由教育部的长江学者计划引进南开大学工作，是同学们心目中的学术明星。虽然我那时还不太清楚他课题组所从事的不对称合成具体做什么，但是知道包含了"催化"和"有机合成"这两个最吸引我的方面，所以毫不犹豫地选择跟随周老师做研究生。

　　我进入实验室的时候，周老师刚刚开展手性螺环催化剂的研究工作。当时用来合成配体的原料螺环二酚在拆分方面非常困难，周老师就安排我发展拆分螺环二酚的新方法。我在周老师指导下，最终通过包结拆分的方法实现了对螺环二酚的拆分，这种拆分方法操作简单，容易放大，拆分试剂可以方便地回收利用，因此使得光学纯二酚的合成变得简单。这是我第一个真正意义上的课题，虽然非常简单，但是使我开始了解化学研究的方式方法，也为后来手性螺环催化剂的规模合成奠定了基础。

　　随后我一直在周老师的指导下从事手性螺环配体的设计、合成和应用的研究，先后参与发展了五类结构新颖、高效、高选择性的手性螺环配体和催化剂；实现了卡宾插入反应、亚胺和不饱和羧酸的氢化反应、钯催化极性反转烯丙基加成反应等几类非常重要又极具挑战性的不对称催化反应；为多种手性胺、手性 α-羟基酸、手性 2-羧基环醚、手性高烯丙醇等重要的手性砌块提供了新的有效的合成方法，其中手性膦-噁唑啉配体还被成功应用于手性药物的生产中。这些工作是 2019 年国家自然科学一等奖项目"高效手性螺环催化剂的发现"的重要组成部分。我很荣幸有机会参加这个项目，在这些研究过程中，周先生不止教会了我如何做实验、收数据、写文章、申请经费，更教会了我什么是科学研究，如何开展有品位、有特色、有价值、有影响的科学研究，坚定了我对科研的热爱。

　　2012 年，我获得了公派出国的机会，到日本东京大学中村荣一（Eiichi Nakamura）教授研究组从事博士后研究。中村老师是著名的有机化学家，研究兴趣广泛，在有机合成、有机材料方面都有建树。中村老师建议我从事一些与以往不一样的研究，他认为这样对以后的科研帮助更大。我听从了他的建议，选择了有机太阳能电池的研究。由于我之前对有机材料方面的研究一无所知，再加上国内实验室的一些事情也无法脱身，所以开始阶段非常困难，接连几个月都没有真正休息过，每天睡觉不超过 5 小时，体重下降了 10 多公斤。不过现在想来，这一年的锻炼对我来说何其难得！通过博士后期间的学习，我拓展了知识面和思维方式，有幸和一批不同国籍和背景的优秀化学家合作，这显然对我未来的研究道路大有裨益。

　　2013 年留学回来，我开始思考未来的研究方向，希望和我的两位导师一样在有机合成领域做出有特色、有影响的工作。我结合之前的工作基础，决定把研究重点放在催化氢转移反应研究上。我认为，由于有机物通常含有氢元素，很多催化有机合成反应都存在氢转移过程，因此从研究催化反应中的氢转移过程入手，发展氢转移催化剂和调控策略，是提高催化效率的一种思路。通过几年艰苦努力，我和课题组的同学们一道，在催化氢转移方面取得了一些重要进展：提出了"手性质子梭"概念，为金属催化的不对称质子转移反应提供了全新的解决方案；发现了催化卡宾对硼氢键的插入反应，为有机硼化合物的合成提供了新的方法；发展了多种用于烯烃氢化和硅氢化反应的高效催化剂，实现了多种重要生物活性分子的高效合成。在这些研究中，我越发沉迷于化学之美，也非常享受和学生们共同成长的经历。

2017 年起，我开始担任化学学院的副院长职务，后来又被任命为院长，成为当时学校最年轻的院长。由于化学学院规模大，方向多，定位高，因此行政事务非常繁杂，我刚上任的时候忙得不可开交，耽误了不少研究工作，因此时常萌生退意。后来，想到南开化学对我的培养，反哺也是理所应当，因此，就硬着头皮挑起这副重担，过起了没有节假日，白天忙院里的行政、晚上忙实验室研究工作的日子，就这样一晃过了三年。如今回头盘点一下，行政工作虽然让我更加忙碌，但是也带给我更宏大的视野和更强烈的使命感。我感到我的生命已经和南开化学融为一体，我有义务为南开化学奉献全部的智慧和心血，和全体南开化学人一道，不断推升南开化学的高度，做出我们这一代人应有的贡献，成就南开新的骄傲！

43 年对人类历史而言弹指一挥，对个体却是沧海桑田。毫不夸张地说，化学赋予了我梦想，也为我提供了实现梦想的无限舞台！一切过往，皆为序章。我将继续享受化学带来的惊喜，也将更努力地朝着"创造改变世界的分子、培养定义未来化学的人才"这一目标不断探索。

文章作者：朱守非

博士毕业时和导师周其林先生合影

和博士后导师中村荣一先生合影

2019 年国家自然科学一等奖团队

课题组合影

万相见
1978—

　　南开大学化学学院教授、博士生导师。1978年出生于河南省永城。2000年本科毕业于东北师范大学，2003年在大连理工大学获硕士学位，2006年在南开大学获博士学位，留校参加工作至今，主要从事有机太阳能电池方面的研究工作，迄今发表论文100余篇。2014年获国家基金委优秀青年基金，2018年获国家自然科学二等奖（第二完成人），2020年获国家杰出青年基金。

我在南开的成长之路

我 2003 年 9 月进入元素有机化学研究所攻读博士学位，屈指算来在南开大学至今已有 18 年了。从读书、毕业到留校工作，从讲师、副教授到教授一路走过来，从一个踌躇青年到一个目前还是心态激扬的中年，我要感谢每一个帮助我成长的人，感谢培养我的南开大学化学学院。

2002 年的暑假，我第一次来南开大学。因为决定要考南开化学学院的博士，就来南开看看。沿着大中路，走到化学楼前，我第一次看到了南开的校训——允公允能，日新月异。日新月异相对好理解，允公允能是在查资料后才知道其真正含义的："惟其允公，才能高瞻远瞩，正己教人；允能者，是要作到最能。"张伯苓老校长立此校训要使南开学生具有"爱国爱群之公德，与服务社会之能力"。一个大学能把自己和国家联系在一起，以培养公能兼备、具有家国情怀的学生为己任，当首推南开了。这一次南开之行，使我未进南开，即受南开精神之教育，至今记忆犹在眼前。

2003 年 9 月，我如愿考入元素有机化学研究所攻读博士学位，师从张正之教授。张老师具有我们老一辈科学家的一切优秀品质，勤奋、严谨和对科研工作的热爱等。记得张老师每天早上都会准时来到实验室，手里总是带着一个记事本，开始时我很是好奇，就问师兄，张老师本子里是什么啊。师兄告诉我那是老板的百宝箱，是他天天查看文献和总结的记录。有一天，张老师拿给我看，让我去查一些相关的文献原文。我看了之后，当时感到很震撼，里面密密麻麻记着各种分子结构、思路信息等。如果没有对科研的热爱和持之以恒的精神，是不能写出如此的笔记和总结的。张老师对科研的热爱、勤勉的作风、优秀的学术品质，深深影响了我，使我终身受益。读博士期间，张老师团队的徐凤波老师和李庆山老师亦对我帮助很大，时时关心我的课题和论文情况，我一直心存感激。

2006 年 6 月我博士毕业。在张老师和徐老师的推荐下，我有幸留校并加入高分子所陈永胜教授研究团队，主要从事有机太阳能电池方面的研究。

当时有机太阳能电池领域正处于相对低谷的时期。凭着对该有机光伏发展前景的判断和巨大信心，我们决心进入这个领域。有机太阳能电池的研究主要包括两个方面，一是材料设计合成，二是器件制备与优化。当时无论是材料设计还是器件制备，我们都是从零开始。经过多年的努力，我们发展了具有特色的有机光伏分子，建立了有机光伏器件制备和检测的仪器平台，发展了光伏器件制备和优化的多项技术，多次刷新了有机太阳能电池领域的效率纪录，在有机光伏领域做出了系列国际领先的工作。

2014 年 7 月，我获得了基金委优秀青年基金的支持。答辩时的情景依然历历在目，作为基金委刚立项的青年人才项目，竞争非常激烈。我对自己说：按照在南开学到的，做好自己，自信地讲好自己的故事，结果如何不去想它。有了这份镇定和自信，我顺利通过答辩。2014 年 10 月份，我获得了留学基金委公派访学的机会，去美国劳伦斯伯克利国家实验室研修一年。这一年的访学，拓展了我的视野，对我最大的影响是提升了我的信心，对自己，对科研，乃至多我们国家的信心。我们不必仰视别人，努力学习和提升自我才是最重要的。其实这也是我们化学学院老一辈先生的教诲和所践行的准则，也是我们南开校训内涵之一。

2018 年，我们研究团队在有机太阳能电池研究方面获得了突破性进展，大幅度刷新了领域的光电转化效率，研究结果发表在 Science 上。上述成果的取得是我们在十几年的积累基础上获得的，这在我们刚开始从事这个领域研究的时候是不敢想象的。同年，在陈永胜老师的带领下，我作为第二完成人获得了国家自然科学二等奖。

2020 年，基于上述研究成果，我获得了国家杰出青年基金的支持。杰青项目作为国内科研界具有标识性的科研和人才项目，既是对个人成果的认可，又是新的起点。在准备答辩的过程中，陈永胜老师和李晨曦老师每天都指导我幻灯片的制作和答辩讲演稿的修改，化学学院组织学术委员会的老师多次听取幻灯片答辩，从各个角度进行细致和耐心的指导，使我备受感动。待获知结果的兴奋和激动之后，我倍感动力与压力同在。

18 年弹指一挥间，在南开化学学院这个具有浓厚科研氛围和积极向上的大家庭里，我从博士研究生，到毕业留校工作至今，一步一步走来，我要感谢所有帮助过我的人，感谢化学学院这个大家庭。2020 年我开始担任高分子所副所长和功能教育部重点实验室副主任，接下来只有努力工作，奋勇向前，方能不辜负帮助我的人和培养我的化学学院。适值南开化学学科成立 100 周年，衷心祝愿南开化学越来越好，为国家培养更多的有用之才。

文章作者：万相见

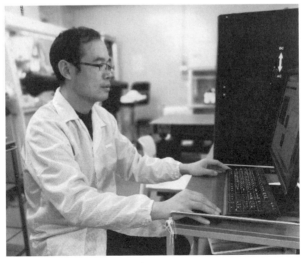

万相见教授工作照

汤平平

1980—

　　南开大学元素有机化学国家重点实验室教授，博士生导师，独立课题组组长。目前任南开大学化学学院副院长，兼元素有机化学国家重点实验室副主任。2002 年本科毕业于南开大学化学系；2007 年毕业于中科院上海有机所，获理学博士学位（导师为俞飚研究员）；2008—2012 年在美国哈佛大学作博士后研究（导师为 Tobias Ritter）。2012 年 9 月加入南开大学化学学院。曾入选国家青年千人计划（2012），天津市青年千人计划（2012）。曾获国家自然科学基金优秀青年项目资助（2015），获中国化学会青年化学奖（2015），Asian Core Program Lectureship Award（2015），Thieme Chemistry Journal Award（2016），中国均相催化青年奖（2017），科技部中青年科技创新领军人才称号（2018），国家自然科学基金杰出青年项目资助（2019）等。以独立通讯作者在 Nature Chem.、J. Am. Chem. Soc.、Angew. Chem. Int. Ed.等杂志上发表科研论文 40 余篇。目前主要研究领域为新药导向的含氟复杂分子的研究。

百年耕耘

南开化学

我和南开化学的故事

相识篇

南开大学一直是与北大、清华齐名的高校，1998 年，我参加完高考后报志愿，按照当时的估分成绩，老师建议我报南开大学，另外一个同学本来也打算报这所学校，但由于当时南开大学在我们省招的名额较少，当时我的估分比他高一些，最终我们商量我来报南开大学，他报天津大学，这样我们还是可以在同一个城市上学，后来高考公布成绩和录取情况，我被南开大学化学系（当时还不是化学学院）录取。虽然我开始报的志愿是生物化学，但最后被调剂到化学，这开启了我与南开化学的不解之缘，我也如愿以偿地到了周总理的母校——南开大学。

求学篇

在南开大学化学系学习的 4 年时间里，我留下了很多美好的回忆，也与化学建立了越来越难以割舍的情谊。还记得张宝申老师给我们上有机化学课时，当时的主楼教室还没有采用电脑等设备，张老师在黑板上给我们画反应机理的场景给我留下了深刻的印象；在思源堂的教室里，王咏梅老师给我们讲解高等有机化学的场景也历历在目；也记得综合实验楼里，王佰全老师示范有机实验操作的神情。也正是通过张老师等老师的有机化学知识的传授，给我们展示了有机化学的魅力，让我对有机化学产生了浓厚的兴趣，最终促使我后来选择进入中科院上海有机化学研究所攻读博士学位，继续在有机化学领域进行进一步的学习和探索。也正是在博士求学的阶段，让我更加深刻体会到在南开大学期间学到的基础理论知识和养成良好实验习惯的重要性，它们帮助我不断地克服科研中碰到的各种困难和挑战。博士毕业后，我很幸运地获得了去美国哈佛大学化学与化学生物系进行博士后研究的机会。在那里，通过与世界一流科研人员的交流和学习，让我为以后的独立科研生涯打下了坚实的基础。

工作篇

2012 年，我有幸重新回到南开大学化学学院元素有机化学国家重点实验室开展独立的科研工作，在"人才特区"政策（与以往学校"终身制"聘用不同，采取了与国际接轨的"3+3"考察、聘任制）的支持下，在当时重点实验室主任周其林老师，化学学院院长刘育老师和其他老师的大力支持和帮助下，很快组建了自己的实验室和科研团队。其中，给我印象最深的是每年年底重点实验室内部的学术沙龙活动，在活动中，周其林老师等各位老师给我们青年教师很多很好的建议，帮助大家凝练研究方向等，使我们受益匪浅。在我申报国家自然科学基金杰出青年项目的时候，周其林老师和当时化学学院院长陈军老师等老师对我的关心和帮助，令我深受感动。课题组第一个国家自然科学基金的成功申请，第一篇 SCI 论文的发表，以及第一个博士生的毕业等等，都离不开学院老师们的大力支持和帮助！

在科研上，我近年来主要围绕新药导向的含氟复杂分子的合成研究来开展工作。我们采用高效的合成策略，合成了多个具有重要生物活性的复杂天然产物分子；发展了后期含氟官能团化方法，高效、高选择性地对天然产物进行后期含氟官能团化；合成了一系列天然产物和含氟衍生物，为新药开发提供了物质基础。主要取得以下成果：（1）首次完成了具有抗 HIV 活性的天然产物 Schilancitrilactone B 和 C 的全合成，并在此基础上，采用集成合成策略（Collective Synthesis），完成了一系列类似天然产物的首次全合成；（2）发展了一系列新型的含氟官能团化方法，实现了复杂分子的后期含氟官能团化，同时，发展了新型的三氟甲氧基化试剂 TFMS，首次实现了银催化的不对称烯烃的溴代三氟甲氧基化，以及醇的脱氧三氟甲氧基化反应等一系列三氟甲氧基化新方法。研究成果在全合成以及氟化学领域产生了重要影响，相关成果多次受到国内外同行的高度评价或作为亮点介绍。

感恩南开大学对我的栽培和教育，在今后的日子里，我将更加努力工作，为南开化学的发展贡献自己微薄的力量。值此纪念南开大学化学学科创建百年之际，谨献上自己一份真诚的祝贺！

文章作者：汤平平

程方益

1982—

　　1982 年出生于湖北省咸宁市。1999 年考入南开大学化学学院，2003 年、2006 年、2009 年分别获得理学学士、理学硕士和工学博士学位。2009 年留校任讲师，2011 年被聘为副教授，2015—2016 年在美国加州大学洛杉矶分校做访问学者，2016 年底晋升为研究员。从事能源材料化学研究，提出系列非计量比电极材料的可控制备新方法，揭示缺陷型过渡金属氧化物的离子脱嵌性能以及电催化活性的构效规律，发展了新型水系可充锌电池和可充金属空气电池。发表学术论文 200 余篇，申请专利 10 余项。2013 年和 2019 分别获国家基金委优秀青年科学基金和国家杰出青年科学基金资助，2016 年和 2017 年分别入选科技部和中组部科技创新领军人才。曾获国家自然科学二等奖（第四完成人）、天津市自然科学一等奖（第二完成人）、中国化学会青年化学奖、中国电化学青年奖等奖励，2018—2020 年连续入选科睿唯安全球高被引科学家。

我与南开化学的反应

1999 年，我以第一志愿被南开大学化学专业录取。那年暑假，我与回家探亲的表哥一起，踏上了开往北方的列车，充满对未来的无限憧憬。报到入学那天，校园热闹非凡，聚集了五湖四海的同学和家长，大家在攀谈中介绍各自家乡和所学专业。跟素不相识的学长打听化学系，听到的都是对南开化学实力的肯定和赞誉，那个时候对冷门、热门专业没多少概念，我心里有点小激动。满怀对大学校园的新鲜感和好奇心，我很快把校园逛了一遍，一栋栋略显古朴的楼错落有致，新开湖边有座图书馆静静被掩映在树丛中，旁边的马蹄湖布满荷叶、荷花和莲蓬，小花园的每个角落都有人手捧着书在读，种种场景与我对象牙塔的想象一样。

我们 99 级新生当时被分到大中路旁的学生十一宿，现在二主楼所在的地方，旁边是派出所，离教学楼、图书馆、食堂、操场都很近，充实而愉快的大学生活就这样开启。20 世纪的最后一年留给我们很多记忆，南开八十年校庆，迎接澳门回归敬业广场放飞千纸鹤，倾听千禧年的钟声敲响⋯⋯

第一次进化学楼，我就被深深震撼。宽阔、雄伟的大楼外观就给人以科学殿堂的视觉冲击，允公允能、日新月异的校训异常醒目，沿台阶拾级而上又有种登堂入室的鼓舞。进入静谧而略显昏暗的图书资料室，看到一排排带厚皮的文摘和一摞摞簇新的期刊，藏经阁似的氛围仿佛让时光停滞。经过入学教育后，我更加认识到南开化学底蕴深厚，名师荟萃，人才辈出。

南开化学对学生的专业培养的一大特色是理论和实验并重，将课堂讲授和实验操作有机结合。分析、无机、有机、物化等几门基础课，都有相应的实验课，而且每个实验都是四个学时，最后还安排了综合实验，合成、提纯、分离、鉴定整个流程都要走一遍，很是考验技能。综合实验里有一个合成的化合物有特殊气味，吸附在毛衣上很久散不去，令我至今还记忆犹新。给我们上课的老师既有白发苍苍而声情并茂的老先生，又有娓娓道

百年耕耘

南开化学

477

来而循循善诱的青年学者。还有丰富多彩的各类讲座，可以开阔视野。沐浴在这浓郁的学术气氛中，我感到幸运和满足。

2003年的本科毕业季我选择了读研。在一次课间的班会上，刚回国不久的陈军老师介绍了新能源电池和新能源化学的美好研究前景和独特魅力，我产生了浓厚兴趣。保研的时候由于每个导师有名额限制，我就挂在申泮文先生名下。申先生一直让我敬仰，耄耋之年还坚守三尺讲台，校史讲座和爱国主义教育激励了一届届新生，80多岁开始学电脑并指导成立学院的化软协会，推动计算机辅助教学。记得去找申先生面谈的时候，先生还特意叮嘱我一定要学好计算机化学软件。

我在陈军老师的具体指导下读研。当时陈老师的实验室在伯苓楼西北角，硬件条件远比不上今天，但课题组氛围很好，师生充满干劲。陈老师非常敬业，每天都来得特别早还走得很晚，导师是榜样，大家也不好意思懒惰，都自觉泡在实验室。陈老师常常给我们讲解文献，教我们如何选题、制订实验计划、开展实验、做实验记录、测试样品、分析结果、撰写学术论文，每个培养环节他都亲力亲为，投入大量的心血。陈老师课题组最初的"家当"少得可怜，他带着我们添置设备，从调研到招标再到一件件的调试，这个过程很能锻炼人。从硕士到博士的六年，陈老师不仅教会了我如何做科研，更重要的是，他对科研和对工作的那种热情与坚持，潜移默化地影响了我。我有时像"打了鸡血"长时间连续做一件事，也是从研究生时候养成的习惯。读研究生期间，我主要开展3d过渡金属基微纳结构电极材料研究，详细做过氢氧化镍、二氧化锰等材料体系，涉及电池和电催化两个方向，在电极材料制备表征与物性研究方面打下了一定的基础。

2009年我博士毕业后留校，实验室搬到了联合楼，研究条件大为改善，研究团队不断壮大。工作最初几年，我协助陈老师指导几名研究生，研究课题主要集中在氧还原和氧析出双功能电催化剂，针对可充金属空气电池应用。我们在前期二氧化锰等简单氧化物的工作基础上，发展了尖晶石结构锰系复合氧化物的室温可控制备新策略，总结了尖晶石的双功能氧催化性能与晶型和组成的关联规律，并将尖晶石锰氧化物作为可充锌空气电池的阴极催化剂。2013年我入选了学校首批"百青"计划，能够以副教授身份带博士生开展工作。我和第一个博士生张宁，将含有阳离子缺陷的尖晶石锰氧化物应用于可充水系锌电池，并提出采用大阴离子型锌盐电解液改善金属锌负极性能，实现了电池稳定循环。研究系列电极材料后，我逐渐

百年耕耘

南开化学

认识到计量比对电化学性能有关键作用，"缺陷"有时胜于"完美"，研究方向集中到非整比电极材料化学，我的课题组也陆续加入博士后、研究生和本科生，形成了规模较稳定的小团队。电极材料是电化学能量转化与储存的反应载体，高比能、长寿命、低成本电极材料研发对发展新能源技术和服务"碳中和"国家战略具有重要意义。我有幸进入这个领域并持续耕耘，很幸运得良师引导，有益友相助。

近两年来，我主讲一个班的"化学概论"课，一周授课两次，也共同承担了一些其他课程的教学任务，同时作为"新能源科学与工程"专业特色班的班级导师。有很多时间与本科生相处，我时常被他们的蓬勃朝气、聪明才智和活跃思维所感染。面对这些优秀的学生，我力求在课件中加入国际前沿学术成果以开阔他们的视野。一些重要概念和专业知识点在备课和讲授过程中得以逐渐加深理解，对解释实验现象甚至设计研究课题也有助益。这些经历，让我切实体会到教学与科研可以相互促进。我想，教学像化学反应，所教和所获如同原料和产物，这个转化过程需要多维度碰撞，进度有快有慢，要提供条件克服能垒，经历从量变到质变，教和学有时也是可逆的。

国家和学校都在创造良好条件对青年教师进行稳定支持。于我而言，在南开这么好的环境和平台，能够为优秀的学生授业解惑，能够做自己感兴趣的科研，是幸福的事。感激这个美好的时代，我只有更深情、更专注、更勤奋工作，才能不负韶华。

2020年9月11日，我有幸受邀参加科学家座谈会。习近平总书记主持座谈会并发表重要讲话，强调需要增强创新这个第一动力，希望科技工作者坚持"四个面向"、不断向科学技术广度和深度进军，指出要持之以恒加强基础研究和基础学科教育。在座谈会现场聆听总书记讲话让我深受振奋，作为从事化学这一基础学科教学科研的高校教师，我深感使命和责任在肩。怎样激发学生培养创新能力，激发创新活力，产出创新成果，更好服务国家需求，是我今后在育人和科研工作中要思考的课题和要努力的方向。

不知不觉在南开园学习工作 22 载，我在学业和事业上的点滴进步离不开南开化学大家庭的培养和支持，因此常怀感恩之心。

衷心祝愿母校新百年赓续辉煌，祝愿南开化学明天更美好！

文章作者：程方益

后 记

在"南开大学化学学科创建 100 周年系列丛书"的编写与出版中，我们得到了南开大学党委宣传部、出版社、档案馆、人事处等单位的大力支持，得到了化学学院全体教师、历届校友和社会各界人士的大力支持，得到了诸多早年教师亲属的大力支持。他们给予我们以真诚热情的帮助，提供了大量可资借鉴的珍贵资料，撰写了大量饱含深情的动人文章。正是这么多人的无私奉献和不懈努力，才使我们能够在较短的时间内为读者献上这套洋洋大观的丛书。在此，谨致以我们最诚挚的谢意！

我们还要特别感谢南开大学化学系 1979 级本科校友游少春出资赞助《南开化学百年简史（1921—2021）》的出版，感谢化学系 1994 级本科全体校友出资赞助《南开化学百年耕耘》的出版，感谢化学系 1990 级本科全体校友出资赞助《南开化学百年树人》的出版，感谢丹娜（天津）生物科技股份有限公司出资赞助《南开化学百年贡献》的出版。

受编者的水平和能力所限，书中难免存在疏漏和不足，敬请广大读者批评指正。

南开大学化学学院

2021 年 9 月

百年耕耘

南开化学

481